水泥企业安全培训教材

安徽海螺水泥股份有限公司　组织编写

主　　编：任　勇

副 主 编：吴　斌　陈永波　李群峰

编写人员：周惟宣　刘　飞　邱军磊　袁　奎

　　　　　左双龙　杨　军　黄　翔　奚小虎

审　　定：汪鹏飞

U0333178

气象出版社

China Meteorological Press

内容简介

  本书针对水泥企业生产经营特点，广泛吸收现代安全科技成果，结合实践经验，对相关安全生产知识进行梳理，搭建适合水泥企业安全培训的知识框架，包括"安全生产管理基本理论""事故基本知识""职业健康基本知识""安全生产管理实务""矿山安全管理""水泥制造安全管理"六部分内容，对水泥行业安全、管理、技术以及危险有害因素等进行全面阐述，从理论到实践进行深入浅出的归纳和提炼，并附有各级岗位的危险有害因素辨识与防范措施表、职业健康目标考核细则表，具有很强的可读性、指导性和可操作性。

  本书是一部水泥企业通用的工具书，既可供水泥企业管理人员在工作中参考，也可供基层从业人员培训使用。

图书在版编目(CIP)数据

  水泥企业安全培训教材 /任勇主编 . —北京：气象出版社，2020.4

  ISBN 978-7-5029-7192-2

  Ⅰ.①水⋯　Ⅱ.①任⋯　Ⅲ.①水泥工业—安全生产—安全培训—教材　Ⅳ.①TQ172

  中国版本图书馆 CIP 数据核字(2020)第 052614 号

Shuini Qiye Anquan Peixun Jiaocai

水泥企业安全培训教材

安徽海螺水泥股份有限公司　组织编写

出版发行：气象出版社				
地　　址：北京市海淀区中关村南大街 46 号		邮政编码：100081		
电　　话：010-68407112(总编室)　010-68408042(发行部)				
网　　址：http://www.qxcbs.com		**E-mail**：qxcbs@cma.gov.cn		
责任编辑：彭淑凡		终　　审：吴晓鹏		
责任校对：王丽梅		责任技编：赵相宁		
封面设计：博雅锦				
印　　刷：三河市百盛印装有限公司				
开　　本：787 mm×1092 mm　1/16		印　　张：21		
字　　数：565 千字				
版　　次：2020 年 4 月第 1 版		印　　次：2020 年 4 月第 1 次印刷		
定　　价：65.00 元				

本书如存在文字不清、漏印以及缺页、倒页、脱页等，请与本社发行部联系调换。

前　　言

根据《中华人民共和国安全生产法》第二十四条的规定和《生产经营单位安全培训规定》(原国家安全生产监督管理总局令第 63 号)第三章的要求,生产经营单位应当对从业人员进行安全生产教育培训,保证从业人员具备必要的安全生产知识,熟悉有关的安全生产规章制度和安全操作规程,掌握本岗位的安全操作技能,增强预防事故、控制职业危害和应急处理的能力。未经安全生产培训合格的从业人员,不得上岗作业。

为了全面贯彻落实国家、省、市关于加强安全教育培训的规定和要求,进一步提升安全生产教育培训水平,2017 年 2 月安徽海螺集团有限责任公司(以下简称"海螺集团")安全环保部组织编写的《深挖事故镜子 点亮安全明灯》内部培训教材印发了,获得了集团内部子公司一致认可与好评。在总结各子公司内部培训实践经验的基础上,海螺集团相关安全管理专家编写了《水泥企业安全培训教材》,以期通过本培训教材的广泛使用,进一步促使广大员工掌握必备的安全理论、安全法规、安全技术和安全操作技能,进而为水泥行业安全教育培训提供参考,推动行业安全健康发展。

教材编写得到了海螺集团下属公司、中国海螺创业控股有限公司及其下属公司的大力支持,吸收了基层单位的安全培训教育实践经验和创新举措,在编写过程中查阅了大量的书籍和文献,在此一并表示衷心的感谢。编写具体分工如下:第一章"安全生产管理基本理论"由袁奎主编,第二章"事故基本知识"由杨军主编,第三章"职业健康基础知识"由左双龙主编,第四章"安全生产管理实务"由邱军磊、黄翔主编,第五章"矿山安全管理"由周惟宣、奚小虎主编,第六章"水泥制造安全管理"由陈永波、刘飞主编,本书附录由吴斌、李群峰主编。任勇负责全书的统筹和主编,汪鹏飞负责审定。

教材编写人员针对水泥企业生产经营特点,在认真总结实践经验的基础上,广泛吸收现代安全科技成果,对安全生产知识内容进行梳理和归类,建立起满足水泥企业安全培训教育需求的融合现代与传统的知识框架,介绍了安全生产管理基本理论、事故基本概念和原因、安全生产管理实务、职业健康基础知识、矿山安全管理、水泥制造安全管理等内容。本书对水泥行业安全、管理、技术以及危险有害因素等进行全面阐述,从理论到实践进行深入浅出的归纳和提炼,具有很强的指导性、可操作性和可读性,既可供水泥企业管理人员在安全生产实践中学习参考,也可作为基层员工的教学参考书。

希望各级教育培训单位和广大教育培训工作者、企业同仁多提意见和建议，以便今后修订和不断完善本教材，使安全教育培训工作既符合现实需要，又适应发展潮流，为促进水泥企业安全生产形势的稳定好转作出贡献，为满足广大员工对美好生活的向往打下坚实的基础。

编委会

2019 年 11 月

目　　录

第一章　安全生产管理基本理论

安全生产管理,是全面落实科学发展观的具体体现,是保持社会和谐稳定的重要环节,是维护人民群众根本利益的重要举措,是 2020 年全面实现小康社会的必经之路,是生产经营单位做好安全生产工作的基础。安全生产管理除了具有一般管理的规律和特点,还具有其特殊范畴和方法。本章主要介绍安全生产管理有关概念、原理与原则及我国安全生产管理概述。

第一节　安全生产管理有关概念

一、安全生产

所谓安全生产,是指在社会生产活动中,通过人、机、物料、环境的和谐运作,使生产过程中潜在的各种事故风险和伤害因素始终处于有效控制状态,切实保护劳动者的生命安全和身体健康。

二、安全生产管理

安全生产管理是指针对人们在生产过程中的安全问题,运用有效的资源,发挥人们的智慧,通过人们的努力,进行有关决策、计划、组织和控制等活动,实现生产过程中人与机器设备、物料、环境的和谐,达到安全生产的目标。

安全生产管理的目标是,减少和控制危害与事故,尽量避免生产过程中由于事故所造成的人身伤害、财产损失、环境污染以及其他损失。安全生产管理的基本对象是企业的员工,涉及企业中的人员、设备设施、物料、环境、财务、信息等各个方面。

三、危险

危险是指材料、物品、系统、工艺过程、设施或场所对人产生的不期望的后果超过了人们的心理承受能力。危险的特征在于其危险可能性的大小与安全条件和概率有关。危险概率则是指危险发生(转变)事故的可能性即频度或单位时间危险发生的次数。危险的严重度或伤害、损失或危害的程度则是指每次危险发生导致的伤害程度或损失大小。

四、危险源

危险源是指一个系统中具有潜在能量和物质释放危险的、可能造成人员伤害和疾病、财产损失、作业环境破坏或其他损失的根源或状态。危险源按照在事故发生、发展过程中所起的作用不同分为第一类危险源和第二类危险源。第一类危险源是指生产过程中存在的,可能发生意外释放的能量,包括生产过程中各种能量源、能量载体或危险物质。往往第一类危险源决定了事故后果的严重程度。即:具有的能量越多,发生事故后果越严重。第二类危险源是指导致能量或危险物质约束或限制措施破坏或失效的各种因素。包括物的故障、人的失误、环境不良以及管理缺陷等因素。第二类危险源决定了事故发生的可能性,它出现越频繁,发生事故的可能性越大。

五、重大危险源

重大危险源是指长期地或临时地生产、搬运、使用或储存危险物品,且危险物品的数量等于或超过临界量的单元。单元是指一个(套)生产装置、设施或场所,或同属一个生产经营单位且边缘距离小于 500 m 的几个(套)生产装置、设施或场所。当单元中有多种物质时,如果各类物质的量满足下式,就是重大危险源:

$$\sum_{i=1}^{N} \frac{q_i}{Q_i} \geqslant 1$$

式中,q_i 为单元中物质 i 的实际存在量;Q_i 为物质 i 的临界量;N 为单元中物质的种类数。

在《危险化学品重大危险源辨识》(GB 18218—2018)标准中将容易引发事故的 85 种化学品按照《危险货物分类和品名编号》归类,给出了 85 种典型危险化学品属于重大危险源的临界量。虽然不同国家对重大危险源的定义、规定的临界量是不同的,但目的都是为了防止重大事故发生。我国的重大危险源的临界量是在综合考虑了国家的经济实力、人们对安全与健康的承受水平和安全监督管理的需要给出的。

六、安全、本质安全与安全许可

(一)安全

安全是指不受威胁,没有危险、危害、损失。人类的整体与生存环境资源和谐相处,互相不伤害,不存在危险、危害的隐患,是免除了不可接受的损害风险的状态。安全是在人类生产过程中,将系统的运行状态对人类的生命、财产、环境可能产生的损害控制在人类能接受水平以下的状态。

(二)本质安全

本质安全是指通过设计等手段使生产设备或生产系统本身具有安全性,即使在误操作或发生故障的情况下也不会造成事故。上述两种安全功能应该是设备、设施和技术工艺本身固有的,即在规划设计阶段就被纳入其中,而不是事后补偿的。

(三)安全许可

安全许可是指国家对矿山企业、建筑施工企业和危险化学品、民用爆破器材生产企业实行安全许可制度。企业未取得安全生产许可证的,不得从事生产活动。

第二节　安全生产管理原理与原则

安全生产管理原理是通过科学分析、综合、抽象与概括等手段对生产管理中安全工作的实质内容进行研究得出安全生产管理规律。

安全生产原则是指在生产管理原理的基础上,指导安全生产活动的通用规则。

一、系统原理

(一)系统原理的含义

系统原理是指人类在从事管理过程中,运用系统理论、观点和方法,对管理活动进行系统分析,以达到优化管理的目标,即运用系统论的观点、理论和方法分析、处理管理中出现的问题。

系统是由相互作用和相互依赖的若干部分组成的有机整体。任何管理对象都可以作为一个系统。系统由若干个子系统组成,子系统又由若干个要素组成。参照系统的观点,管理系统具有集合性、相关性、目的性、整体性、层次性和适应性六个特征。

安全生产管理系统是生产管理的一个子系统,安全贯穿于生产活动的各个方面,包括人员、设备与设施、规章制度、作业规范和规程以及管理信息等,是全方位、全天候、全员的管理系统。

(二)运用系统原理的原则

1. 动态相关性原则。动态相关性原则是指构成管理系统的各要素是运动和发展的,它们相互联系、相互制约。假如各要素都处于静止状态，就不会发生事故。

2.整分合原则。整分合原则是指管理必须在整体规划下明确分工，在分工基础上有效综合。要求管理者在制定整体目标和进行宏观决策时，将安全生产纳入其中，在考虑资金、人员和体系时，将安全生产作为一项重要内容考虑。

3.反馈原则。反馈是控制过程中对控制机构的反作用，对控制过程的一个闭环管理。成功、高效的管理，离不开灵活、准确、快速的反馈。企业所处在的内部环境和外部环境都在不停变化，必须迅速掌握各种安全生产信息来应对突发事件。

4.封闭原则。管理系统内部，无论是管理手段还是管理过程都必须形成闭环管理体系，才能有效地进行管理活动，这就是封闭原则。在企业安全生产活动中，各管理机构、各种管理制度、各种管理方法之间都应该紧密联系、相互交织形成相互制约的回路。

二、人本原理

(一)人本原理的含义

所谓人本原理就是在管理过程中必须把人的因素放在首要位置，体现以人为本的原则。以人为本是指管理活动都是围绕"人"来展开的，人既是主体，又是客体，每个管理层面上都必须有人进行活动，离开了人就不存在管理；在管理活动中，人在掌管、运作、推动和实施管理对象和管理系统各环节中起到极其关键性的作用。

(二)运用人本原理的原则

1.动力原则。人是推动管理活动最基本的单元，所以必须提供一种能够激发人的工作能力的动力，这就是动力原则。一般来说对于管理系统有物质动力、精神动力和信息动力这三种动力。

2.能级原则。由于单位和个人都具有一定的能量，这些能量通常是按照从大到小的顺序排列，从而形成管理的能级，他们的排列组合就像原子中电子的能级一样。往往在管理系统中，人们都会建立一套合理能级管理体系，管理者会根据体系中每个单位和个人能量的大小安排对应的工作，发挥不同能级的能量，保证结构的稳定性和管理的有效性，这就是能级原则。

3.激励原则。所谓管理中的激励就是运用科学的手段以及外部诱因的刺激来激发人的潜在动力，调动其积极性、主动性和创造性，这就是激励原则。人的内在动力往往来自内在压力、外部压力和工作吸引力。

4.行为原则。需求与动机是人的行为的根源，人类的行动力往往是动机所决定的，行动产生于动机，行为又指向目标，目标完成后需求得以满足，于是又产生新的需求、动机、行为，以实现新的目标，以此不停循环。所以安全管理工作的重点工作是防范人的不安全行为。

三、预防原理

(一)预防原理的含义

预防原理就是通过有效的管理手段、技术手段来减少和防止人的不安全行为和物的不安全状态，将事故发生的概率降到最低。在可能造成人身伤害、设备或设施损坏以及环境破坏的场所，事先采取有效措施，防止各类生产安全事故发生。

(二)运用预防原理的原则

1.偶然损失原则。由于事故的后果以及后果所带来的严重程度，都是随机的，后果往往无法提前预测。造成同类事故反复发生，反复发生的同类事故又不一定产生完全相同的后果，这就是事故损失的偶然性。所以事故无论损失多少，预防工作都必须做好。

2. 因果关系原则。事故的发生是许多因素相互交织、相互作用的结果,当诱发事故的因素存在时发生事故往往是必然的,只是时间迟早问题。

3. 3E 原则。技术原因、教育原因、身体和态度原因以及管理原因是造成人的不安全行为和物的不安全状态的原因,人类针对这四方面通常采取三种对策,即工程技术(Engineering)对策、教育(Education)对策和法制(Enforcement)对策,这就是 3E 原则。

4. 本质安全化原则。本质安全化原则是指从设计上消除事故发生的可能性,实现本质安全,目的是从根本上预防事故的发生。目前,本质安全化不仅应用于设备、设施上,还应用于建设项目。

四、强制原理

(一)强制原理的含义

强制原理是指采取强制管理的手段来控制人的意愿和行为,使个人的活动、行为等受到安全管理的约束,从而实现安全管理的有效性。所谓强制就是绝对服从,不需要经过管理者同意就必须采取控制的行动。

(二)运用强制原理的原则

1. 安全第一原则。在进行生产活动时把安全工作放在一切工作的首要位置。当生产等其他事情与安全发生矛盾时,要以安全为主,生产等其他事情绝对服从安全。

2. 监督原则。在日常的安全工作中,为了落实安全生产法律法规,必须明确安全生产监督管理职责,对企业生产中的守法、守规和执法行为进行监督管理。

第三节　我国安全生产管理概述

一、国内安全管理发展历程

我国的安全管理相比美国等西方发达国家来说起步比较晚,但发展迅速。根据不同的历史时间,可以将我国的安全管理及模式划分为四个阶段。

第一个阶段是 20 世纪 50—70 年代。1956 年 5 月国务院颁布实施了三大规程:《工厂安全卫生规程》《建筑安装工程安全技术规程》《工厂职工伤亡事故报告规程》,建立了劳动保护管理体系。在劳动保护管理体系下,更多地强调对事故的管理,并搭建了事故管理体系。1963 年我国颁布了五项规定,包括"安全生产责任制、安全技术措施计划、安全教育、安全检查、伤亡事故的调查和处理"。规定明确指出"管生产必须管安全"的原则以及做到"五同时",即在计划、布置、检查、总结、评比生产的同时要计划、布置、检查、总结、评比安全工作。强调了伤亡事故和职业病处理必须坚持"三不放过"原则,即"事故原因没有查清不放过、事故责任者和群众没有受到教育不放过、防范措施没有落实不放过"。后来又增加了"事故责任者没有受到处理不放过",成为"四不放过"。

第二个阶段是 20 世纪 80 年代。我国出现了职业安全卫生管理和安全生产管理模式,引进了先进的安全管理办法,其中最主要的是系统安全工程的引进,开创了安全工作新局面。自此正式确定了"安全第一、预防为主"作为我国安全生产工作的指导方针。开始实行"国家监察、行政管理、群众监督"这一新的安全管理体制,标志着我国安全管理工作由行政管理转入了法治管理的轨道。

第三个阶段是 20 世纪 90 年代。现代安全科学管理的理论和方法体系得到了不断的发展和完善,系统安全工程、安全人机工程、安全行为科学、安全法学、安全经济学、风险分析与安全评价等系统工程的不断涌现,系统安全管理的理论和方法逐渐被社会所认知,自此大量学者、专家开始了安全在科学管理理论的探索及实践的研究。

第四个阶段是 21 世纪初至今。随着安全科学管理不断深化,HSE 管理模式、ISO9000 管理体系、综合安全管理模式和机制在安全管理中的作用和效果不断加强。变传统的纵向单因素安全管理为现代的横向综合多要素安全管理,变事故管理为事件分析与隐患管理,变被动的安全管理对象为现代的安全管理动力,变静态安全管理为动态安全管理,变生产效益优先的安全辅助管理为现代的效益、环境、安全与健康齐头并进的综合管理,变被动、辅助、滞后的安全管理模式为现代的主动、本质、超前的安全管理模式,变外迫型安全指标管理为内激型安全目标管理。

二、安全管理模式发展带来的变化

我国企业安全管理及其模式伴随着安全管理理论的发展而变化。我国的安全管理水平已经有了很大的发展,但相对而言,仍然停留在相对严格的监督的基础上。通过事故后的严肃责任追究来强化安全生产责任制的现象还很突出。偏重于技术控制隐患,忽视建立科学的安全管理模式。随着对外开放力度的加大,不断引进西方发达国家的现代安全管理理论、先进的安全管理技术与经验;同时,西方安全价值观的不断渗透,使中国传统安全文化价值观也受到冲击。在新旧安全价值观和伦理观的摩擦、矛盾与冲突中,安全管理模式得到了发展,带来了新的变化。

(一)管理手段的变化

企业由政府机构的附属转变为独立的经济实体,自主经营、自负盈亏、自行决策。国家由主要通过行政手段、指令性计划直接管理企业转为主要通过经济、法律的手段对企业实行间接管理,通过政策信息等诱导企业行为符合国家宏观经济发展目标。在安全生产中,企业一改过去事后处理为事前预防,在认真吸取已发生事故教训的同时,主要考虑从根本上消灭事故隐患。

(二)安全管理目标的变化

过去的企业作为主管部门的下级,追求的是完成上级下达的计划指标,这是考核企业领导者政绩,决定其能否升迁的重要因素,至于生产出来的产品是否适应市场需要则无人过问,因为计划经济体制下国家对企业产品实行"统购经销"。现在由于企业与政府机构脱钩而成为独立的经济实体,自主经营、自负盈亏、独立核算,经营好坏直接关系到企业的生存和发展,关系到职工的切身利益。于是,企业的安全管理目标也发生了变化,不仅是控制工伤事故的发生,而且和企业整个生产经营目标融为一体,在控制工伤事故的基础上,努力控制设备事故、操作事故、火灾爆炸事故、环境污染事故、产品质量事故和职业病等,因为这些事故的发生直接影响着企业的经济效益,直接影响着职工的收入,基于这样的认识,企业的安全管理目标变得更为切合实际,目标值更能为广大职工所接受,因而也为广大职工实现安全生产明确了方向,提供了舞台。

(三)安全管理激励机制的变化

市场经济条件下,一些企业由过去的忽视物质利益变为非常重视物质利益,走到"唯物利益至上"的极端,一些企业领导者错误地认为,只要多发工资、奖金,就能激发员工的安全工作积极性,一时间不考虑经济效益,不严格考核安全生产业绩,乱发工资奖金的现象泛滥,这是一种不正常的现象。现代企业安全管理中,从美国心理学家马斯洛需要层次理论出发,将五种层次概括为两大类:一类是低级的生理需要,另一类是高级的社会性需要,其中自我实现是最高层次的需求。各种需要之间的关系是相互依赖、彼此交叉和部分重叠的,第一级的需要得到满足后,高一级的需要就变为行为驱力,但此时,层次较低的需要并未消失,只是对活动和行为的影响作用降低了。这就完全可以说明,在现代企业安全管理中,仅靠物质激励是永远不够的,因为当职工的物质需求得到满足后,他还有更高层次的需要,在安全生产中,尊重职工、实现职工的自我价值、发挥职工的安全工作潜能、最大限度地调动职工的安全生产积极性是激励机制转变的根本所在。于是,企业安全文化应运而生,它是保护人的生命、尊重人的健康、实现人的价值的文化。可以说,企业安全文化的产生、发展、运用是企业安全管理的一次深刻的变革。

(四)社会关系的变化

随着市场经济意识的增强和商业关系的大规模渗透,过去的重关系、轻是非的观念有所淡化,在"情、理、法"之间,有一种越来越向后者倾斜的趋势。企业的安全生产工作说到底是人的工作,也就是企业全体员工的工作,在企业安全生产实践中,带着热情抓安全,和职工群众交朋友,同广大职工讲清安全生产的道理,阐明安全生产的法律规定和要求,是现代企业安全管理的关键,它的核心在于情、理、法的相互作用,互为补充。情是人与人之间关系的基础,理是人与人之间交流的纽带,法是人与人之间相处的基准,离开了"情、理、法",企业安全生产管理就成了无源之水、无本之木。

(五)安全文化的变化

自从 1988 年国际原子能机构对苏联切尔诺贝利核电站泄漏事故后的评审报告中提出"安全文化"的概念以来,各国在安全文化的倡导、弘扬、发展与建设中都做了大量的工作。我国"安全文化"的系统性研究和传播是 1993 年 10 月在成都召开亚太地区职业安全卫生研讨会暨全国安全科学技术学术交流会期间,《中国安全科学学报》编辑部和《警钟长鸣报》提出合作实施计划,决定自 1994 年 1 月起在《警钟长鸣报》上由《中国安全科学学报》协办,辟出"安全文化"月末报,向公众、社会宣传"安全文化",时至今日,已涌现出一大批安全文化研究者以及发表了大量的研究论文,并出版了安全文化系列丛书,召开了诸多的"安全文化"研讨会,并取得了卓有成效的进展。从 1993 年 10 月到现在,安全文化建设已初具规模,安全文化发展规划纲要已确立,在企业安全生产领域内,"安全文化"已发挥出巨大的推动力。

第二章 事故基本知识

第一节 事故的基本概念

一、事故定义

事故是指在生产、工作过程中发生的人员死亡、伤害、职业病、财产损失或其他损失的意外事件。

二、事故特点

1. 事故是一种发生在人类生产、生活活动中的特殊事件,人类的任何生产、生活活动中都可能发生事故。因此人们若想把活动按自己的意图进行下去,就必须努力采取措施来防止事故。

2. 事故是一种突发的、出乎人们意料的事件。

3. 事故是一种迫使进行着的生产、生活活动暂时或永久停止的事件。

4. 事故除了影响人们的生产、生活活动顺利进行之外,往往还可能造成人员伤亡、财产损失或环境破坏。

三、事故分类

1. 按事故类别分类,《企业职工伤亡事故分类》(GB 6441—1986)按致害原因将事故类别分为以下 20 类(注:标注 * 为水泥企业不涉及类别)。

1	物体打击	2	车辆伤害	3	机械伤害
4	起重伤害	5	触电	6	淹溺
7	灼烫	8	火灾	9	高处坠落
10	坍塌	11	冒顶片帮 *	12	透水 *
13	放炮	14	火药爆炸	15	瓦斯爆炸 *
16	锅炉爆炸	17	压力容器爆炸	18	其他爆炸
19	中毒和窒息	20	其他伤害		

2. 按伤害程度分为以下 3 类。

伤害程度	损失工作日	备注
轻伤	失能伤害<105 d	/
重伤	失能伤害≥105 d	/
死亡	6000 d	发生事故后当即死亡,包括急性中毒死亡,或受伤后在 30 d 内死亡的事故

第二节 事故产生的原因

事故原因和结果存在一定规律,因此研究事故最重要的是找出事故发生原因。

事故原因分为直接原因、间接原因和根本原因。

一、事故直接原因

直接原因即直接导致事故发生的原因,又称一次原因。

大多数学者认为,事故直接原因只有两个,即人的不安全行为和物的不安全状态。少数学者认为,事故的直接原因为管理失误和物的不安全状态。

为统计方便,国家标准《企业职工伤亡事故分类》(GB 6441—1986)对人的不安全行为和物的不安全状态作了详细分类。

1. 物的不安全状态方面:①防护、保险、信号等装置缺乏或有缺陷;②设备、设施、工具附件有缺陷;③个人防护用品、用具缺少或有缺陷;④生产(施工)场地环境不良。

2. 人的不安全行为方面:①操作错误、忽视安全、忽视警告;②造成安全装置失效;③使用不安全设备;④手代替工具操作;⑤物体(指成品、半成品、材料、工具、切屑和生产用品等)存放不当;⑥冒险进入危险场所;⑦攀、坐不安全位置,如平台护栏、汽车挡板、吊车吊钩等;⑧在起吊物下作业、停留;⑨机器运转时加油、修理、检查、调整、焊接、清扫等;⑩有分散注意力的行为;⑪在必须使用个人防护用品用具的作业或场合中,忽视其使用;⑫不安全装束;⑬对易燃易爆危险品处置错误。

二、事故间接原因

间接原因则是指使事故的直接原因得以产生和存在的原因。

间接原因有七种:技术和设计原因、教育原因、身体原因、精神原因、管理原因、学校原因、社会历史原因。其中前五种又称二次原因,后两种又称基础原因。

1. 技术和设计上有缺陷

包括工业构件、建筑物、机械设备、仪器仪表、工艺过程、控制方法、维修检查等在设计、施工和材料使用中存在的缺陷。这类缺陷主要表现在:在设计上因设计错误或考虑不周造成的失误;在技术上因安装、施工、制造、使用、维修、检查等达不到要求,留下事故隐患。

2. 教育原因

指形式上对员工进行了安全生产知识教育和培训,但是在组织管理、方法、时间、效果、广度、深度等方面还存在差距,员工对党和国家安全生产方针、政策、法规和制度不够了解,对安全生产技术知识和劳动纪律没有掌握,对各种设备设施的工作原理和安全防范措施等没有学懂弄通,对本岗位的安全操作方法、安全防护方法、安全生产特点等一知半解,不能真正按规章制度操作,以致不能防止事故的发生。此外,即使进行了全面深入的培训,经过一段时间以后,员工所具备的安全知识和技能可能会随时间而落后,会低于从事本职工作的最低要求。因此,必须对员工进行再培训并达到相应的水平。否则,仍有可能因此而引发事故。

3. 身体原因

包括身体有缺陷,如眩晕、头痛、癫痫、高血压等疾病,近视、耳聋、色盲等缺陷,身体过度疲劳、酒醉、药物的副作用等。

4. 精神原因

包括急慢、反抗、不满等不良态度,烦躁、紧张、恐怖、心不在焉等精神状态,偏狭、固执等性格缺陷等。此外,兴奋、过度积极等精神状态也有可能产生不安全行为。

5. 管理原因

包括企业劳动组织不合理,企业主要领导人对安全生产的责任心不强,作业标准不明确,缺乏检查保养制度,人事配备不完善,对现场工作缺乏检查或指导错误,没有健全的操作规程,没有或不认真实施事故防范措施等。

6. 学校原因

指各级教育组织中的安全教育不完全、不彻底等。无论是小学、初中、高中还是大学，在开展文化教育的同时，也担负着提高学生全面素质、培养符合社会需要人才的重任。素质中包括安全素质，而且学校老师的思想、观点对学生的影响甚至终生都难以消除。许多事件表明，正是由于学校安全教育方面的不完全、不彻底，大多数还停留在常识性的初级阶段，使得学生面对形形色色的突发事件，不知所措或错误应对，遭受不必要的伤害和损失。

7. 社会历史原因

包括有关安全法规或行政管理机构不完善，人们的安全意识不够等。人们在社会的长期发展中会形成各种传统的观念或模式，人民生活水平的高低所反映出来的安全意识只是其中的一个组成部分。法律意识、受教育水平、民族传统、风俗习惯等都无所不在地对人们造成影响，有积极的也有消极的，有正面的也有负面的。近年来我国人民法律意识的不断提高，事故受损后索赔案例的迅速增加，以及索赔金额的攀升，都是社会对人们的影响所致。

三、事故根本原因

间接原因滋长了低标准行为和条件，然而这些不是"原因—结果"这一关联的开端。因果链表明支配事故/事件的根源是缺乏控制，这是根本原因。因此，必须针对根本原因建立一套标准，并按照此标准进行系统的检查。

管理人员要对安全标准和管理失控程序进行专业管理，知道标准、计划及如何组织工作以满足标准，直接给人们提供要达到的标准，监测自己和他人的行为表现，如果没有这些管理行为，根本原因就会发展，就会引发间接和直接因素，最终导致事故发生。

第三节　事故致因理论

事故发生有其自身的发展规律和特点，只有掌握了事故发生的规律，才能保证安全生产系统处于有效状态。前人站在不同的角度，对事故进行研究，给出了很多事故致因理论。

一、事故因果连锁理论

海因里希首先提出事故因果连锁论，用以阐述导致伤亡事故的各种原因。博德在海因里希事故因果连锁的基础上，提出了反映现代安全观点的事故因果连锁。后来亚当斯提出与博德连锁理论类似的因果连锁型理论。日本的北川彻三也提出了事故因果连锁模型组成：损失、事故或事件的影响、直接原因、间接原因。

1931 年，美国海因里希提出发生事故不是一个孤立事件，而是一系列互为因果的原因事件相继发生的结果。他把工业伤害事故的发生、发展过程描述为具有一定因果关系的事件的连锁，即发生人员伤亡是事故的结果；发生事故是由于人的不安全行为、物的不安全状态；人的不安全行为或物的不安全状态是由于人的缺点造成；人的缺点是由于不良环境诱发的，或者是由先天的遗传因素造成的。海因里希最初提出的事故因果连锁过程包括如下五个因素。

1. 遗传及社会环境。遗传因素及社会环境是造成人的性格上缺点的原因。遗传因素可能造成鲁莽、固执等不良性格；社会环境可能妨碍教育、助长性格上的缺点发展。

2. 人的缺点。人的缺点是使人产生不安全行为或造成机械、物质不安全状态的原因，它包括鲁莽、固执、过激、神经质、轻率等性格，以及先天的缺点和缺乏安全生产知识和技能等后天的缺点。

3．人的不安全行为或物的不安全状态。

4．事故。

5．伤害。

直接原因产生的人身伤害事故，可以用多米诺骨牌来形象地描述这种事故因果连锁关系。当一颗骨牌被碰倒，则将发生连锁反应，其余几颗骨牌相继被碰倒。如果移去连锁中的一颗骨牌，则连锁被破坏，事故发生过程被终止，如图 2-1 所示。海因里希认为，安全工作中心就是防止人的不安全行为，消除物的不安全状态，中断事故连锁的进程而避免事故的发生。

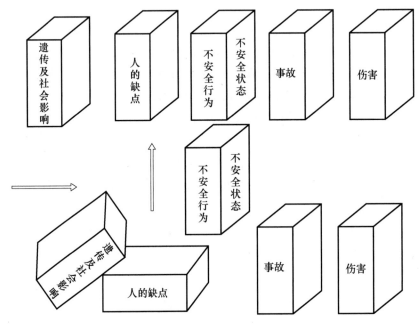

图 2-1　海因里希因果连锁图

二、金字塔理论

海因里希调查了 5000 多件伤害事故发现，同一人发生的 330 起同种事故中，300 起事故没有造成伤害，29 起引起轻微伤害，1 起造成严重伤害。即严重伤害、轻微伤害和没有伤害的事故件数之比为 1∶29∶300（图 2-2）。比例阐明了事故发生频率与伤害严重度之间的普遍规律，即严重伤害很少，而轻微伤害及无伤害是大量的。该比例说明，事故发生后果的严重程度具有随机性。伤害的发生是人体与能量接触的结果。作用于人体的能量大小、时间、频率、集中程度及身

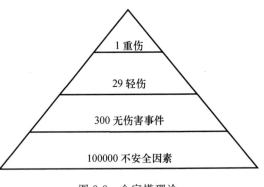

图 2-2　金字塔理论

体接触能量的部位等许多因素，都会影响伤害情况。因此，一旦发生事故，控制事故后果的严重程度是非常困难的。为了防止严重伤害，必须努力防止事故。

事故结果为轻微伤害及无伤害的情况是大量的，在这些轻微伤害及无伤害事故背后，隐藏着与造成严重伤害的事故相同的原因因素。因此，避免伤亡事故应该尽早采取措施，在发生了轻微伤害，甚至无伤害事故时，就应该分析其原因，采取恰当的对策，而不是在发生了严重伤害之后才追究其原因。进一步而言，应该在事故发生之前，在出现了不安全行为或不安全状态的时候，就

采取改进措施。

三、现代事故因果连锁论

现代安全观念认为,发生在生产现场的人的不安全行为或物的不安全状态作为事故的直接原因必须重视。但这只是一种表面现象,是其背后间接原因的征兆,是根本原因即管理失误的反映。

在事故因果连锁中,由于人的不安全行为或物的不安全状态,可能导致人、物隐患叠加,导致事故发生,管理失误是最重要的原因因素。安全管理是企业管理的一部分。在计划、组织、指导、协调和控制等管理机能中,控制是安全管理的核心,通过对人的不安全行为和物的不安全状态的控制,达到防止伤亡事故发生。

所谓管理失误,主要是指在控制机能方面的欠缺,使得最终能够导致事故的个人原因及工作条件方面原因得以存在。因此,加强企业安全管理是预防事故的重要途径。人们对管理失误的原因进行深入研究,认为管理失误反映企业管理体系方面的问题。涉及如何有组织地进行管理工作,确定怎样的管理目标,以及如何计划、实现确定目标等方面的问题。企业应该建立并不断完善反映现代安全观念的管理体系。

现代事故因果连锁模型(图 2-3)中把物的因素进一步划分为起因物和加害物。前者是引起事故发生的物体;后者是作用于人体导致人员伤害的物体。模型明确人的不安全行为是指行为人(事故肇事者)的不安全行为。

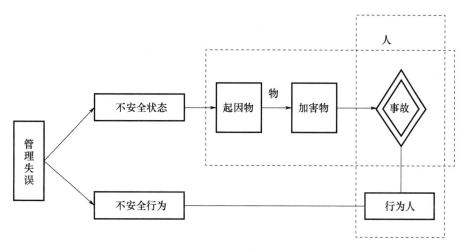

图 2-3 现代事故因果连锁图

四、事故频发倾向理论

1919 年,英国格林伍德提出个别人容易发生事故的、稳定的、个人的内在倾向。认为事故频发倾向者的存在是工业事故发生的主要原因。同年,格林伍德和伍兹对许多工厂里伤害事故发生次数资料,按如下三种分布进行统计检验:泊松分布、偏奇分布、非均等分布。为了检验事故频发倾向的稳定性,他们还计算了被调查工厂中同一个人在前三个月里和后三个月里发生事故次数的相关系数。结果发现,工厂中存在着事故频发倾向者,并且前、后三个月事故次数的相关系数变化在 0.37 ± 0.12 至 0.75 ± 0.07 区间,皆为正相关。

1. 事故频发倾向者往往有如下性格特征:①感情冲动,容易兴奋;②脾气暴躁、缺乏自制力;③厌倦工作、没有耐心;④慌慌张张、不冷静;⑤动作生硬,并且工作效率低;⑥喜怒无常,感情多变,极度喜悦和悲伤;⑦理解能力低,判断和思考能力差;⑧处理问题轻率、冒失;⑨运动神经迟钝,动作不灵活。

2. 预防事故措施:①人员选择,即通过严格的生理、心理检验,从众多的求职人员中选择身体、智力、性格特征及动作特征等方面优秀的人员就业。②人事调整,把企业中的事故频发倾向者调整岗位或解雇。

五、能量意外释放理论

1961 年,美国的吉布森和哈登提出事故是一种不正常的或不希望的能量释放。调查伤亡事故原因发现,大多数伤亡事故都是因为过量的能量或危险物质的意外释放引起的,即人的不安全行为或物的不安全状态使得能量或危险物质失去了控制,是能量或危险物质释放的导火线。

美国矿山局的扎别塔基斯依据能量意外释放理论,建立了新的事故因果连锁模型(图2-4)。能量或危险物质的意外释放是伤害的直接原因。为防止事故发生,可以通过技术改进防止能量意外释放,通过教育训练提高员工识别危险的能力、佩戴个体防护用品来避免伤害。

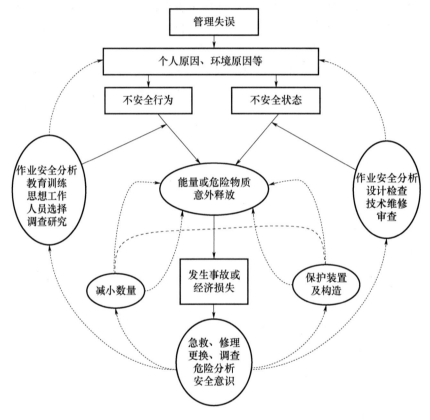

图 2-4　能量观点的事故因果连锁模型

人的不安全行为和物的不安全状态是导致能量意外释放的直接原因,是管理欠缺、控制不力、知识不足、对存在的危险估计错误或其他个人因素等基本原因的征兆。

六、轨迹交叉理论

伤害事故是许多相互关联的事件顺序发展的结果,这些事件可分为人和物(包括环境)两个发展系列。当人的不安全行为和物的不安全状态在各自发展过程中,在一定人的运动轨迹与物的运动轨迹发生意外交叉。即人的不安全行为和物的不安全状态发生在同一时间、同一空间,或者说相遇时,则将在此时间和空间发生事故。如图 2-5 所示。

预防事故措施:在设计生产工艺时尽量减少或避免人与物的接触。

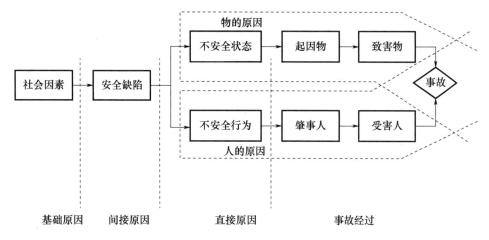

图 2-5　轨迹交叉论事故模型

七、系统安全理论

系统安全理论(图 2-6)是 20 世纪 50 到 60 年代,在美国研制洲际导弹的过程中产生的。系统安全指在系统寿命周期内应用系统安全管理及系统安全工程原理,识别危险源,并使其危险性减至最小,从而使系统在规定的性能、时间和成本范围内达到最佳的安全程度。系统安全理论的研究对象:系统安全理论把人、机械、环境作为一个系统(整体),研究系统相互作用、反馈和调整,从中发现事故的致因,揭示出预防事故的途径。事故是由系统内部若干相互影响的因素引起的。

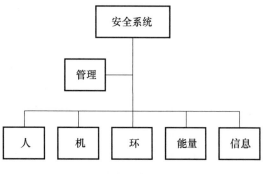

图 2-6　系统安全理论结构图

系统安全理论是接受控制论中的负反馈的概念发展起来的。机械和环境的信息不断地通过人的感官反馈到人的大脑,人若能正确地认识、理解危险,做出判断和采取行动,就能化险为夷,避免事故和伤亡;反之,如果人们对所面临的危险未能察觉、认识,未能及时地做出正确响应,就会发生事故和伤亡。

第四节　事故预防与控制

当人们认识到绝大多数事故是可以预防的,因此如果能够预知导致一个特定的事件或结果,也就能够应用管理技能来避免其发生或者设法保护人和财产免受严重影响。

事故预防是指通过采用技术和管理手段,做到尽可能不发生事故。事故控制是通过采用技术和管理手段,使事故发生后不造成严重后果或使损失尽可能地减小。例如:火灾的预防和控制,通过规章制度和采用不可燃或不易燃材料可以避免发生火灾,而火灾报警、喷淋装置,应急疏散措施等,则是在火灾发生后控制火灾、减少损失的手段。

一、事故控制基本原则

(一)人的不安全行为和物的不安全状态发生的主要原因

海因里希把人的不安全行为和物的不安全状态发生的主要原因,归结为如下四个方面。

1. 态度不正确。个别员工忽视安全,甚至故意采取不安全的行为。

2. 技术知识不足。缺乏安全生产知识、缺乏经验或技术不成熟。

3. 身体不适。生理状态或健康状况不佳,如听力、视力不良,反应迟钝、疾病、醉酒或其他生理机能障碍。

4. 工作环境差。照明、温度、湿度不适宜,通风不良,强烈的噪声、振动,物料堆放杂乱,作业空间狭小,设备、工具缺陷等不良的物理环境。

(二)事故控制 3E 原则

针对以上四个方面问题,海因里希提出事故控制的 3E 原则,即工程技术(Engineering)、教育(Education)、法制(Enforcement)三个方面的措施。

1. Engineering——工程技术:运用工程技术手段消除不安全因素,实现生产工艺、机械设备等生产条件的安全。

2. Education——教育:利用各种形式的教育培训,使员工树立"安全第一"的思想,掌握安全生产所必须知识和技术。

3. Enforcement——法制:借助于规章制度、法规等必要的行政乃至法律手段约束员工行为。

为了防止事故发生,必须在上述三个方面实施事故预防与控制的对策,而且还应始终保持三者间的均衡,合理地采取相应措施,才有可能开展好事故预防和控制工作。安全技术对策着重解决物的不安全状态问题;安全教育对策和法制对策则主要着眼于人的不安全行为问题,安全教育对策主要使人知道应该怎样做,而安全法制对策则是要求人必须怎样做。

从现代安全管理的观点出发,安全管理不仅要预防和控制事故,而且要给员工提供一个安全舒适的工作环境,所以安全技术对策应是安全管理工作的首选。

二、安全技术对策

以工程技术手段解决安全问题,预防事故的发生及减少事故造成的伤害和损失,是预防和控制事故的最佳安全措施。

(一)基本原则

安全技术分为预防事故发生和减轻事故损失两类,这是事故预防和应急措施在技术上的保证。评价一个设计、设备、工艺过程是否安全,可从以下几个方面考量。

1. 防止人失误的能力

必须能够防止在装配、安装、检修或操作过程中,可能发生导致严重后果的人的失误。如家用电源插头,规定火线、零线、地线的分布呈等腰三角形而非正三角形,还规定了三线各自的位置,就可以避免因插错位置而造成事故。

2. 对人失误后果的控制能力

人的失误是不可能完全避免的,因此一旦人发生可能导致事故的失误时,应能控制或限制有关部件或元件的运行,保证安全。如漏电保护器就是在人失误触电后,防止对人造成伤害的一种技术措施。

3. 防止故障传递的能力

应能防止一个部件或元件的故障引起其他部件或元件的故障,以避免事故的发生。如电气线路中的保险丝,是以熔断的方式防止过电流对其他设备的损害;压力锅上的易熔塞,是在限压阀发生故障或堵塞时,自动熔开以释放压力,避免因压力超高引发锅体爆炸。

4. 失误或故障导致事故的能力

应能保证有两个或两个以上相互独立的人失误或故障,或一个失误与一个故障同时发生才能导致事故发生。对安全水平要求较高的系统,则应通过技术手段保证至少 3 个或更多的失误或故障同时发生才会导致事故的发生。常用的并联冗余系统可以达到这个目的。

5. 承受能量释放的能力

运行过程中偶然可能会产生高于正常水平的能量释放,应采取措施使系统能够承受这种释放,如加大系统的安全系数就是其中的一种方法。

6. 防止能量聚集的能力

能量聚集的结果将导致意外过量的能量释放。因而应采取防止能量聚集的措施,使能量不能积聚到发生事故的水平。如矿井通风就可以防止瓦斯积聚到爆炸的水平,避免事故发生。

(二)安全技术对策的基本手段

为使系统符合上述基本原则,有许多种实施安全技术对策的基本手段,包括以下三个方面。

1. 生产设备的事故防止对策

这是由日本学者北川彻三提出的,包括:①围板、栅栏、护罩;②隔离;③遥控;④自动化;⑤安全装置;⑥紧急停止;⑦夹具;⑧非手动装置;⑨双手操作;⑩断路;⑪绝缘;⑫接地;⑬增加强度;⑭遮光;⑮改造;⑯加固;⑰变更;⑱劳保用品;⑲标志;⑳换气;㉑照明。

2. 防止能量意外释放的措施

美国人哈登根据能量转移论的观点,认为防止事故应着眼于防止能量的不正常转移,并以此提出防止能量逆流于人体的措施。

(1)限制能量。如限制能量转移速度和大小、使用低压测量仪表等。

(2)用较安全的能源代替危险性大的能源。如用水力采煤代替爆破、用煤油代替汽油作溶剂等。

(3)防止能量积聚。如控制易燃易爆气体的浓度、电器安装保险丝等。

(4)控制能量释放。如电器安装绝缘装置、在储存能源时采用保护性容器(如盛装放射性物质的专用容器)、生活区远离污染源等。

(5)延缓能量释放。如容器设置安全阀、座椅设置安全带、采用吸震器件减轻振动等。

(6)开辟能量释放渠道。如电器安装接地电线、水电站设置泄洪闸等。

(7)在能源上设置屏障。如安装消声器、自动喷水灭火装置、设置防射线辐射的防护层等。

(8)在人、物与能源之间设置屏障。如安设防火门、防护罩、防爆墙等。

(9)在人与物之间设置屏障。如佩戴安全帽、手套,穿着防护服、安全鞋等。

(10)提高防护标准。如采用抗损材料、双重绝缘措施、实施远距离遥控等。

(11)改善工作条件和环境,防止损失扩大。如改变工艺流程、增设安全装置、建立紧急救护中心等。

(12)修复和恢复。治疗、矫正以减轻伤害程度或恢复原有功能。

上述第1~10类即"屏障"。哈登指出:中断能量非正常流动的屏障,在能量转移过程中建立的越早越好。潜在的事故损失越大,屏障就越应在早期建立。而且应当建立多种不同类型的屏障。

3. 消除、预防设备、环境危险和有害因素的基本原则

针对设备、环境中的各种危险和有害因素的特点,综合归纳各种消除、预防对策措施,就可得出消除、预防设备、环境危险和有害因素的基本原则。

(1)消除:从根本上消除危险和有害因素。其手段就是实现本质安全,是预防事故的最优选择。

(2)减弱:当危险和有害因素无法根除时,采取措施使之降低到人们可接受水平。如依靠个体防护降低吸入尘毒的数量、以低毒物质代替高毒物质等。

(3)屏蔽和隔离:当根除和减弱均无法做到时,则对危险和有害因素加以屏蔽和隔离,使之无法对人造成伤害或危害。如安全罩、防护屏等。

(4)设置薄弱环节:利用薄弱元件,使危险因素未达到危险值之前就预先破坏,以防止重大破坏性事故。如保险丝、安全阀、爆破片等。

(5)连锁:用某种方法使一些元件相互制约,保证机器在违章操作时不能启动,或处在危险状态时自动停止。如起重机械的超载限制器和行程开关。

(6)防止接近:使人不能到达危险和有害因素作用的地带,或防止危险和有害因素进入人的操作地带。例如安全栅栏、冲压设备的双手按钮。

(7)加强:提高结构强度,以防止由于结构破坏而导致发生事故。

(8)时间防护:使人处在危险和有害因素作用的环境中的时间缩短到安全限度之内。如对重体力劳动和严重有毒有害作业,实行缩短工时制度。

(9)距离防护:增加危险和有害因素与人之间的距离,以减轻、消除对人体的作用。如对放射性、辐射、噪声的距离防护。

(10)取代操作人员:对于存在严重危险和有害因素的场所,用机器人或运用自动控制技术,取代操作人员进行操作。

(11)传递警告和禁止信息:运用组织手段或技术信息告诫人避开危险或危害,或禁止人进入危险有害区域。如向操作人员发布安全指令,设置声、光安全标志、信号。

这些原则可以单独采用,也可综合应用。如在增加结构强度的同时,设置薄弱环节;在减弱有害因素的同时,增加人与设备之间的距离等。

(三)预防事故的安全技术

通过设计来消除和控制各种危险,防止所设计的系统在研制、生产、使用和保障过程中发生导致人员伤亡和设备损坏的各种意外事故,是事故预防的最佳手段。为了全面提高现代复杂系统的安全性能,在系统安全分析的基础上,即在运用各种危险分析技术来识别和分析各种危险,确定各种潜在危险对系统的影响的同时,系统设计人员必须在设计中采取各种有效措施来保证所设计的系统具有满足要求的安全性能。因此,为满足规定的安全要求,可以采用不同的安全设计方法。

1. 控制能量

对于任何事故,其后果的严重程度与事故中所涉及的能量大小紧密相关,因为事故中涉及的能量绝大多数情况下就是系统所具有的能量,因而用控制能量的方法,可以从根本上保证系统的安全性。如系统的电源部分,可以用 36 V 安全电压或电池的,尽量不用 220 V 交流电;可以用 220 V 交流电的,不用高压电,即可大大减少电气事故发生的可能性。

另一方面,事故造成人员伤亡和设备损坏的严重程度,随失控能量的大小而变化。例如,两辆汽车相撞损坏的严重程度与汽车动能成正比,降低汽车速度就可以减小事故损失程度。

当然,能量的类型也是很重要的一个因素。例如,假设某种性能稳定的炸药爆炸时所释放的能量与汽油燃烧时释放的能量相同,但所产生的危险却会各不相同。汽油易燃,炸药则一般需要雷管或其他类型的炸药引爆。因此,汽油比炸药更危险。然而,炸药爆炸时能量的释放速度远比汽油高得多,爆炸的冲击波和热量都是毁灭性的,因此从这一点上,炸药的爆炸产生的危害比汽油燃烧的危害更大。

2. 危险最小化设计

通过设计消除危险或使危险最小化,是避免事故发生、确保系统安全的最有效的方法。而本质安全技术则是其中最理想的方法,就是指不从外部采取附加的安全装置和设备,而是依靠自身的安全设计,进行本质方面的改善,即使发生故障或误操作,设备和系统仍能保证安全。

本质安全一词来源于电气设备的防爆构造设计,即不附加任何安全装置,只利用本身构造的设计,限制电路自身的电压和电流来防止电弧或火花引起火灾或引燃爆炸性气体。该电气设备在正常工作时,即使发生短路、断线等异常情况,仍能保持其防爆性能。

这类研究已扩展到所有机械装置和其他相关领域,尤其是人的能力难以适应和控制的设备和装置。在本质安全系统中,人发生失误也不会导致事故,因为发生事故的条件不存在。故障-安全装置和隔离等方法不能保证本质安全,因为发生事故的条件并未消除,只是采取了一定的控制措施。

当然,在设计中,使系统达到本质安全是很难的,但可以通过设计使系统发生事故的风险尽可能减小,或降低到可接受的水平。为达到这一目标,设计系统时应从以下两方面采取措施。

(1)通过设计消除危险。通过选择恰当的设计方案、工艺过程和合适的原材料来消除危险因素。如消除粗糙的棱边、锐角、尖端和出现缺口、破裂表面的可能性,可防止皮肤割破、擦伤和刺伤类事故;在填料、液压油、溶剂和电绝缘等类产品中使用不易燃材料,可防止发生火灾;用气压或液压系统代替电气系统,就可以防止电气事故;用液压系统代替气压系统,可避免压力容器或管路破裂而产生冲击波;用整体管路取代有多个接头的管路,以消除因接头处泄漏造成的事故;消除运输工具中的突出部位,如车辆上的装饰品,就可防止突然刹车时对车内人员造成伤害;选择应用可燃材料或物体时,应选择燃烧时不产生有毒气体的材料等。

(2)降低危险严重性。在不可能完全消除危险的情况下,可以通过设计降低危险的严重性,使危险不至于对人员/设备造成严重的伤害/损坏。如限制易燃气体浓度,使其达不到爆炸极限;在非金属材料上采用金属镀层或喷涂其他导电物质,以限制电荷的积累,防止静电引起火灾、爆炸、设备损坏等事故;在电容器或容性电路中采用旁路电阻,以保证电源切断后,将电荷减少到可接受水平;利用液面控制装置,防止液位过高或溢出等。

3. 隔离

采用物理分离、护板和栅栏等将已识别的危险同人员和设备隔开,以防止危险或将危险降到最低水平,并控制危险的影响。隔离是最常用的一种安全技术措施。

预防事故发生的隔离措施包括分离和屏蔽两种。前者指空间上分离,后者指应用物理屏蔽措施进行隔离,它比空间上的分离更加可靠,因而更常见。利用隔离措施,也可以将不相容的物质分开,以防止事故。如氧化物和还原物分开放置就可避免氧化还原反应的发生及引发事故。

隔离可用于控制能量释放所造成的影响,如在坚固容器中进行爆炸试验,防止对人或其他物体的影响;隔离也可用于防止放射源等有害物质等对人体的危害。如含铅防护服装可防止 X 射线对医生的伤害;护板和外壳也常用于隔离危险的工业设备,如各种旋转部件、热表面和电气设备等。

此外,时间隔离也是一种隔离手段。如限定有害工种的工作时间就可防止受到超量的危害,保障人的安全。

常见的隔离示例还有:将高电压部件或电路安置在保护罩、屏蔽间或栅栏中;在热源和可能因热产生有害影响的材料或部件之间设置隔热层;将电器接插头予以封装以避免潮湿和其他有害物质的影响;利用防护罩、防护网等防止外来物卡住关键的控制装置,堵塞孔口或阀门;在微波、X 射线或核装置上安装防护屏抑制辐射;采用带锁的门、盖板以限制接近运动机械或高压配电设备;把带油的擦布装进金属容器中,防止接触空气发生自燃等。

4. 闭锁、锁定和连锁

闭锁、锁定和连锁是另一类常用的安全技术措施。它们的安全功能是防止不相容事件发生,或事件在错误的时间发生,或以错误的次序发生。

闭锁是指防止某事件发生或防止人、物等进入危险区域。如油罐车上的闭锁装置,可防止在车体未接地的情况下向车内加注易燃液体;将开关锁在开路位置,防止电路接通等都是闭锁的手段。

锁定是指保持某事件或状态,或避免人、物脱离安全区域。例如在螺栓上的保险销就可防止因振动造成的螺母松动,飞机弹射座椅上的保险销可避免地面人员误启动引发弹射座椅上的雷管和火箭;停车后在车轮前后放置石块等物体,可防止车辆意外移动而引发事故等。

连锁装置主要应用于电气系统中,确保在特定情况下危险事件不发生。

5. 故障-安全设计

在系统、设备的一部分发生故障或失效的情况下,在一定时间内也能保证安全的安全技术措施称为故障-安全设计。以确保故障不会影响系统的安全,使系统、设备处于低能量状态,防止能量意外释放。

按系统、设备在其中一部分发生故障后所处的状态,故障-安全设计分为以下三种类型。

(1)故障-安全消极设计。发生故障时,使系统停止工作,并将能量降到最低值,直至采取矫正措施。如熔断器在电路过负荷时熔断,把电路断开以保证安全。

(2)故障-安全积极设计。故障发生后,系统以一种安全的形式带有正常能量,直至采取矫正措施。如交通信号指示系统一旦故障,信号将转为红灯,以避免事故发生。

(3)故障-安全工作设计。在采取矫正措施前,设备、系统正常地发挥其功能。这是理想的工作方式。如进水阀,即使阀瓣从阀杆上脱落,也能保证锅炉正常上水。

6. 故障最小化

故障-安全设计在有些情况下并非总是最佳选择,如它可能会过于频繁地中断系统运行,这对需要连续运行的系统是不利的。如化工厂中的化学反应过程、高炉冶炼过程、水泥厂窑磨等大型装备生产过程,如果中断系统运行,后果相当严重。因此,在故障-安全设计不可行的情况下,可采用故障最小化方法。故障最小化方法主要有降低故障率和实施安全监控两种形式。

降低故障率是可靠性工程中用于延长元件或整个系统的期望寿命或故障间隔时间的一种技术。降低可能导致事故的故障发生率,就会减少事故发生的可能性,起到预防和控制事故的作用,通过加强可靠性的方法,提高系统的安全性。降低故障率通常有6种方案:安全系数、概率设计、降额、冗余、筛选、定期更换。

监控是利用监控系统对某些参数进行检测,保证这些选取的参数达不到导致意外事件危险水平。监控法可以指出系统是否正常运行,是否生产不希望的输出,或某参数是否已超过特定阈值等。通常情况下,监控系统也可与警告、连锁或其他安全技术措施相结合,使操作者能够及时、正确地采取适当措施。

典型的监控系统通常包括四个功能,即检测、量度、判断和响应。而检测和量度功能由检知部分来实现,故而典型的监控系统由检知、判断和响应三大部分组成。

检知部分主要由传感元件构成,用以感知特定物理量的变化。通常检知部分灵敏度比人的感官灵敏度高得多,所以能够发现人们难以直接察觉的潜在变化。检知部分传感元件应安放在能感受到被测物理量参数变化之处,有时安装位置不当会使监控系统起不到应有的作用。

判断部分把检知部分感知的参数值与预先规定的参数值相比较,判断被监测对象状态是否正常。当响应部分的功能是由人来完成时,往往把预定的参数值定得低些,以保证人有充足的时间做出恰当的决策和行动。

响应部分的功能是判断存在异常、有可能出现危险时,实施适当的措施。如停止设备运行、停止装置运转、启动安全装置或向有关人员发出警告等。在不立即采取措施就可能发生严重事故的场合,则应采用自动装置以迅速消除或控制危险。

7. 警告

警告通常用于向有关人员通告危险、设备问题和其他值得注意的状态,以便使有关人员采取纠正措施,避免事故发生。警告可按人的感觉方式分为视觉警告、听觉警告、嗅觉警告、触觉警告和味觉警告等。

(1)视觉警告。眼睛是人们感知外界的主要器官,视觉警告是最广泛应用的警告方式。视觉警告主要有亮度、颜色、信号灯、小旗和飘带、标志、书面告警等警告方法。

① 亮度。把存在危险的地方亮过没有危险的地方,让人能集中注意力在危险区域。如对有障碍物处的照明可以减少人或车辆误入此区域,自行车尾灯通过反射灯光告知其存在及位置等。

② 颜色。通过明亮、鲜明的颜色,或明暗交替的颜色,引起人们注意,发出告警信息。如环卫工人身穿橘红色背心,使机动车辆易于发现与识别;有毒、有害、可燃、腐蚀性的气体、液体管路涂上特殊的颜色等。《安全色》及《安全色使用导则》规定了安全色、对比色的意义及其使用方法。安全色分为黄、红、蓝、绿四种颜色。

红色表示禁止、停止、消防和危险。禁止、停止、消防和有危险的器件、设备环境均应涂以红色的标记。如禁止标志,交通禁令标志,消防设备,停止按钮,停车、刹车装置的操纵手柄,仪表刻度盘上的极限位置刻度,机器转动部件的裸露部分,液化石油气槽车的条带及文字,危险信号旗等。

黄色表示注意。须警告人们注意的器件、设备及环境,均应涂以黄色标记。如各种警告标志;道路交通标志和标线;警戒标记,如危险机器和坑池周围的警戒线等;各种飞轮、皮带轮及其防护罩的内壁;楼梯第一级和最后一级踏步前沿;防护栏杆及警告信号旗等。

蓝色表示指令。要求人们必须遵守规定。如指令标志、交通指示标志等。

绿色表示允许、安全。可以通行或安全涂以绿色标记,如表示通行、机器启动按钮、安全信号旗等。

对比色则是使安全色更加醒目的反衬色。有黑、白两种颜色。黑色为黄色安全色的对比色,白色则为红、绿、蓝安全色的对比色。黑、白两色也可互为对比色。

黑色用于安全标志的文字、图形符号、警告标志的几何图形和公共信息标志。白色则作为安全标志中红、绿、蓝三色的背景色,也可用于安全标志的文字和图形符号及安全通道、交通上的标线及铁路站台上的安全线等。

红色与白色相间隔的条纹,比单独使用红色更加醒目,表示禁止通行、禁止跨越的意思,用于公路交通等方面所用的防护栏杆及隔离墩。

黄色与黑色相间隔的条纹,比单独使用黄色更为醒目,表示特别注意的意思,用于各种机械在工作或移动时容易碰撞的部位,如移动式起重机的外伸腿、起重机的吊钩滑轮侧板、起重臂的顶端、四轮配重、平板拖车排障器及侧面栏杆、剪板机压紧装置、冲床的滑块、压铸机动型板及圆盘送料机的圆盘等有暂时或永久性危险的地方或装置。

蓝色与白色相间隔的条纹,比单独使用蓝色更为醒目,表示指示方向。用于交通上的指导性导向标志等。

③ 信号灯。着色的信号灯是一种指示危险存在的常用方法。一般情况下,信号灯所用的颜色及所指的意义是:红色表示存在危险、紧急情况、故障、错误和中断等;黄色表示接近危险、临界状态、注意和缓行等;绿色表示良好状态、继续进行、准备好的状态、功能正常和在规定的参数限度内;白色表示系统可用或系统在运行中。闪动的灯光可用于引起人们的注意或指示紧急事件,

效果比固定灯光更好。

④ 飘带和小旗。飘带用于提醒、注意,如汽车超宽时在两边均系有飘带,提醒对面或后面司机注意;小旗则用于表示危险状态,如在爆破作业时挂上红旗,以防止人员进入等。

⑤ 标记。在设备上或有危险的地方可以贴上标记以示警告。如指出高压危险,功率限制,负荷、速度或温度限制等,提醒人们危险因素的存在或需要穿戴防护用品等。

⑥ 标志。利用事先规定了含义的符号表示警告危险因素的存在或应采取的措施。如指出具有放射性危险的设备及处理方法,电子设备的高压电源,道路急转弯处的标志等。

禁止标志,是禁止人们不安全行为的一种图形标志。其基本型式为带斜杠的圆边框,图形背景为白色,圆环和斜杠为红色,图形符号为黑色。如"禁止吸烟"等。

警告标志,是提醒人们对周围环境引起注意,以避免可能发生危险的一种图形标志。其基本型式为正三角形边框,图形背景为黄色,三角形的边框及图形符号均为黑色。如"当心爆炸"等。

指令标志,是强制人们必须做出某种动作或采用防范措施的一种图形标志。其基本型式是圆形边框,图形背景为蓝色,图形符号为白色。如"必须戴安全帽"等。

提示标志,是向人们提供某种信息的一种图形标志。其基本型式是正方形边框,图形背景为绿色,图形符号及文字为白色。如太平门、安全通道为一般提示标志,地下消火栓等为消防设备提示标志。

⑦ 书面警告。在操作规程、维修规程、指令、手册、说明书及检查表中写进警告及注意事项,以及必须使用的防护设备、服装或工具等;而且任何需要引起操作者、使用者关注的危险都必须提出。

(2)听觉警告。在某些情况下,仅依靠视觉告警不足以引起人们的注意,如操作过于繁忙、不断走动的工作等。而且尽管视觉信号能在很远看到,但部分情况下,听觉信号效果会更好。听觉信号还可以用来提醒人们注意视觉信号,并通过视觉信号掌握更详尽信息。此外,还可以通过编码方式表示事先规定的不同警告内容。

一般在下列情况下,应用听觉信号较为合适:①所传递的信息简短、简单、需要及时做出反应时;②视觉警告方式受到限制时,如光线变化,操作者目视范围受限或对操作人员还有其他目视要求等;③信号十分重要,需要多种警告信号相结合时,如消防报警装置;④需要提醒有关人员注意进一步信息时;⑤习惯于采用听觉信号的场合;⑥进行必要的声音通信时。

常见的听觉警告装置有喇叭、电铃、蜂鸣器或闹钟等。

(3)嗅觉警告。通常只有当气体分子影响到鼻腔中约为 645 mm² 的微小敏感区域时,人就能闻到气味。由于有些气体是无味的,有些气体又气味过强,且不同的人对气体的敏感能力有较大差别,如一般吸烟者均比不吸烟者的敏感能力差,因而嗅觉告警装置的应用受到很大限制。但嗅觉警告仍有一定应用价值,如在易燃易爆且无色无味的气体中加入某些气味剂,如在天然气中加入少量气味很强的硫醇,就可以使人迅速感觉到天然气泄漏并及时采取措施,避免火灾爆炸事故发生。设备过热通常也会产生特定的气味。如轴承过热,则汽化温度较低的润滑剂挥发就可使操作人员闻到气味;对燃烧后所产生气体的气味探测,可发现火灾部位等。

(4)触觉警告。振动是触觉告警的主要方式。设备过度振动表明设备运行不正常。如转轴、轴承等磨损较为严重时,都会产生剧烈振动;国外高速公路路面上凸起的分道线会通过震动的方式提醒驾驶者注意道路、方向等方面的变化。

温度是触觉警告的另一种方式。维修人员通过触摸可确定设备是否工作正常,温度升高意味着故障或过负荷等情况。

（四）避免和减少事故损失的安全技术

由于导致事故的可能性一直存在，也没有任何办法确定事故发生的时间。并且事故发生后如果没有相应措施迅速控制局面，则事故规模和损失可能会进一步扩大，甚至引起二次事故，造成更大、更严重后果。因此，必须采取应急措施，避免或减少事故损失，至少能保证或拯救人的生命。这类措施在技术上包括隔离、个体防护、撤离、救生和营救措施等。

1. 隔离

隔离作为一种广泛应用的事故预防方法之外，还经常用于减少因事故中能量剧烈释放而造成的损失。隔离技术在避免或减少事故损失方面的应用有距离隔离、偏向装置、封闭等。

（1）距离隔离。这是一种常用的对爆炸性物质的物理隔离方法。即把可能发生事故、释放出大量能量或危险物质的工艺、设备或设施布置在远离人群或被保护物的地方。例如，把爆破材料的加工制造和储存等安排在远离居民区和建筑物的地方；爆破材料之间保持一定距离等。

（2）偏向装置。隔离也可以通过偏向装置来实现。其主要目的是把大部分剧烈释放的能量导引到损失最小的方向。如在爆炸物质与人和关键设备之间设置坚实的屏障并用轻质材料构筑厂房顶部。当爆炸发生时，防护墙承受一部分能量，而其余能量则偏转向上，使损失减小。

（3）封闭。利用封闭措施可以控制事故造成的危险局面，限制事故的影响。

① 控制事故蔓延。如利用防火带可以限制森林火灾的蔓延，在储藏有毒或易燃易爆液体的容器周围设置排泄设施可防止溢出物的扩散。

② 限制事故影响。如防火卷帘把火灾限制在某一区域之内，盘山路转弯处的栏杆可以减少车辆失控时跌入山谷的可能性。

③ 为人员提供保护。如在一些系统中设置"安全区"，并保证人员在该区域安全，矿井里的避难硐室就是一个例子。

④ 对材料、物资和设备予以保护。如金属容器都可以减小环境对容器内物质的损害，飞行数据记录仪（俗称黑匣子），其外壳既耐冲击（1000 个重力加速度），又耐高温（1100 ℃的高温火焰燃烧 30 min）、耐潮湿（在海水中长期浸泡）、耐腐蚀，使得飞机失事后为事故调查保存足够的资料。

2. 个体防护

在对所发生的事故没有较好的技术控制措施或采用措施仍不能完全保证人的生命安全的情况下，个体防护不失为一种好的解决方案。它向使用者提供了一个有限的可控环境，将人与危险分隔开。个体防护装备范围很广，包括从简单的防噪声耳塞到带有生命保障设备的宇航服，但其应用主要有以下三种情况。

（1）必须进行的危险性作业。由于危险因素不能根除，又必须进行相关作业，采用个体防护的方法可以防止特定的危险对人员造成伤害。这时个体防护装备的针对性非常强，如焊接作业的护目墨镜，在存在有毒有害气体的环境中工作时戴的防毒面具等。在条件可行的情况下，不应以个体防护代替根除或控制危险因素的设计或安全规程。如在采取了通风措施，排除了有毒、有害气体或降低其浓度于危险水平以下的条件，操作人员就没有使用防毒面具的必要。

（2）进入危险区域。进入极有可能存在危险的区域或环境时，也应佩戴相应的个体防护装备。如在火灾后进入现场调查或搜寻，应佩戴防毒装置等，但有时该区域的危险不十分明确，因此为达到防护的目的，此类个体防护设备需要考虑对多种潜在危险的防护问题。

（3）紧急状态下。对紧急状态使用的个体防护器具，因为事故或事件发生非常突然，因而开始的几分钟就成了是控制危险还是造成灾难、是保证安全还是受到伤害的关键。这时个体防护装备也起着至关重要的作用。一般来说，对紧急状态下使用的个体防护装备，在设计、使用功能等方面都有严格的要求。主要有如下四点：①使用简便，穿戴容易，能够迅速为人所用；②可靠性高且适用范围广，可有效地应对多种危险；③不降低使用者的灵活性和可视性；④装备本身对人无伤害。

此外，防护装备，特别是紧急状态下的防护设备，其设计和试验都应确保最大限度地满足下列要求：①在储存中或在所防护的环境中不会迅速退化；②不会因正常的弯曲、阳光照射、极限温度等环境影响而损坏；③易于清洗和净化；④储存应急防护装备的设施应尽可能靠近所用装备的区域；⑤为防毒或防腐蚀而设计的服装应是密封的；⑥用于防火的服装应是不可燃或可自动灭火的；⑦应有简单、清晰的说明书介绍防护装备的装配、测试和维修的正确方法。

3. 撤离、避难与营救

当事故发生到不可控制的程度时，则应采取措施逃离事故影响区域，采取避难等自我保护措施和为救援创造条件。这时人们往往要依赖于撤离、避难或营救措施以获得继续生存的条件。

撤离和避难是指人们使用本身携带的资源自身救护所做的努力；营救是指其他人员在紧急情况下，为有危险的人员所做救护的努力。

撤离设备用于使有关人员逃离危险区，如大型公共设施中的各类安全疏散设施，飞机驾驶员的弹射座椅等；避难设施则是通过隔离等手段保证有关人员在危险区域的安全，如矿井中的避难硐室等；消防云梯车既是一种控制火灾事故的设备，也是一种典型的营救设备。

三、安全教育对策

(一)安全教育的意义

安全教育是事故预防与控制的重要手段之一。从事故致因理论可以看出，要想控制事故，首先是通过技术手段，如报警装置等，通过某种信息交流方式告知人们危险的存在或发生；其次则是要求人在感知到有关信息后，正确理解信息的意义，即何种危险发生或存在，该危险对人会有何种伤害，以及有无必要采取措施和应采取何种应对措施等。而上述过程中有关人对信息的理解、认识和反应，均是通过安全教育实现的。

在科学技术较为发达的今天，即使人们已经采取较好的技术措施对事故进行预防和控制，但是人的行为仍要受到某种程度的制约。相对于用制度和法规对人的制约，安全教育是采用一种和缓的说服、诱导的方式，授人以改造、改善和控制危险，因而更容易为大多数人所接受，更能从根本上起到消除和控制事故的作用；而且通过接受安全教育，人们会逐渐提高其安全素质，使得其在面对新环境、新条件时，仍有一定的保证安全的能力和手段。

广义的安全教育包括安全教育和安全培训两大部分。安全教育是通过各种形式，包括学校的教育、媒体宣传、政策导向等，努力提高人的安全意识和素质，学会从安全的角度观察和理解所要从事的活动和面临的形势，并用安全的观点解释和处理自己遇到的新问题。安全教育主要是一种意识培养，是长时期的甚至贯穿于人的一生，并在人的所有行为中体现，与其所从事职业无直接关系。而安全培训虽然也包含有关教育的内容，但相对而言内容具体、范围小，主要是一种技能的培训，目的是使人掌握在某种特定的作业或环境下，正确并安全地完成其应工作任务。因此，有人称在生产领域的安全培训为安全生产教育。

(二)安全教育内容

安全教育途径非常广泛，最主要是学校教育。无论是在小学、中学、大学，学校都通过各种形式对学生进行安全意识的培养。其中包括组织活动，开设有关课程等。

安全教育根据内容分为安全态度教育、安全知识教育和安全技能教育。

1. 安全态度教育

要想增强人的安全意识，首先受众要对安全有正确思想态度，要开展安全意识教育、安全生产方针政策教育和法纪教育。

安全意识是人们在长期生产、生活等各项活动中逐渐形成的。由于人们实践活动经验的不同和自身素质的差异,对安全的认识程度不同,安全意识就会出现差别。安全意识的高低将直接影响着安全效果。因此,在生产和社会活动中,要通过实践活动加强对安全问题的认识并使其逐步深化,形成科学的安全观。这就是安全意识教育的主要目的。

安全生产方针政策教育是指对企业的各级领导和广大员工进行党和政府有关安全生产的方针、政策的宣传教育。党和政府有关安全生产的方针、政策是适应生产发展的需要,结合我国具体情况而制定的,是安全生产先进经验的总结。不论是实施安全生产的技术措施,还是组织措施,都是在贯彻安全生产方针、政策。要特别认真开展"安全第一、预防为主、综合治理"这一安全生产方针的教育。只有充分认识、深刻理解其含义,才能在实践中处理好安全与生产的关系。特别是安全与生产发生矛盾时,要首先解决好安全问题,切实把安全工作提高到关系全局及稳定的高度来认识,把安全视作企业头等大事,从而提高安全生产的责任感与自觉性。

法纪教育的内容包括安全法规、安全规章制度、劳动纪律等。安全生产法律、法规是方针、政策的具体化和法律化。法纪教育使人们懂得安全法规和安全规章制度是实践经验的总结,它们反映安全生产的客观规律;自觉地遵章守法,安全生产就有了基本保证。同时,法纪教育还要使人们懂得,法律带有强制的性质,如果违章违法,造成严重事故后果,就要受到法律制裁。企业的安全规章制度和劳动纪律是劳动者进行共同劳动时必须遵守的规则和程序,遵守劳动纪律是劳动者义务,也是国家法律对劳动者的基本要求。加强劳动纪律教育,不仅是提高企业管理水平,合理组织劳动,提高劳动生产率的主要保证,也是减少或避免伤亡事故和职业危害,保证安全生产的必要前提。据统计,我国因员工违反操作规程,不遵守劳动纪律而造成的工伤事故占事故总数的 $60\% \sim 70\%$。为此,全国总工会提出要贯彻"一遵二反三落实",即教育员工遵守劳动纪律;反对违章指挥、违章作业;监督与协助企业行政部门落实各级安全生产责任制,落实预防伤亡事故的各种措施,组织落实人人为安全生产和劳动保护做一件好事活动。这些,对于加强劳动纪律教育,认真执行安全生产规章制度,确保安全生产具有重大意义。

2. 安全知识教育

安全知识教育包括安全管理知识教育和安全技术知识教育。对于只凭人的感觉不能直接感知其危险性的危险因素操作,安全知识教育尤其重要。

(1)安全管理知识教育。包括对安全管理组织结构、管理体制、基本安全管理方法及安全心理学、安全人机工程学、系统安全工程等方面的知识。通过对这些知识的学习,各级领导和员工真正从理论到实践上认清事故是可以预防的;避免事故发生的管理措施和技术措施要符合人的生理和心理特点;安全管理是科学的管理,是科学性与艺术性的高度结合。

(2)安全技术知识教育。包括一般生产技术知识、一般安全技术知识和专业安全技术知识教育。

一般生产技术知识主要包括企业基本生产概况、生产技术过程、作业方式或工艺流程、与生产过程和作业方法相适应的各种机器设备性能和有关知识,员工在生产中积累的生产操作技能和经验,以及产品构造、性能、质量和规格等。

一般安全技术知识是企业所有员工都必须具备的安全技术知识。主要包括企业内危险设备所在的区域及其安全防护的基本知识和注意事项,有关电气设备(动力及照明)的基本安全知识,起重机械和厂内运输的有关安全知识,生产中使用的有毒有害原材料或可能散发的有毒有害物质的安全防护基本知识,企业中一般消防制度和规划,个人防护用品的正确使用以及伤亡事故报告方法等。

专业安全技术知识是指从事某一作业的员工必须具备的安全技术知识。专业安全技术知识比较专门和深入,其中包括安全技术知识、工业卫生技术知识以及根据这些技术知识和经验制定的各种安全技术操作规程等。其内容涉及锅炉、受压容器、起重机械、电气、焊接、防爆、防尘、防毒和噪声控制等。

3. 安全技能教育

(1)安全技能。仅有安全技术知识,并不等于能够安全地从事操作,还必须把安全技术知识变成进行安全操作的本领,才能取得预期的安全效果。要实现从"知道"到"会做"的过程,就要借助于安全技能培训。

技能是人为了完成具有一定意义的任务,经过训练而获得的完善化、自动化的行为方式。技能达到一定熟练程度,具有了高度自动化和精密准确性,便称为技巧。技能是个人全部行为的组成部分,是行为自动化的一部分,是经过练习逐渐形成的。

安全技能培训包括正常作业的安全技能培训,异常情况的处理技能培训。安全技能培训应按照标准化作业要求来进行,并应预先制定作业标准或异常情况时的处理标准,有计划有步骤地进行培训。

安全技能形成是有阶段性的,不同阶段显示出不同的特征。一般来说,安全技能形成分为三个阶段,即掌握局部动作的阶段、初步掌握完整动作阶段、动作协调和完善阶段。在技能形成过程中,各个阶段的变化主要表现在行为结构的改变、行为速度和品质的提高以及行为的调节能力的增强三个方面。

行为结构的改变主要体现在动作技能的形成,表现为许多局部动作联系为完整的动作系统,动作之间的互相干扰以及多余动作的逐渐减少;智力技能的形成表现为智力活动的多个环节逐渐联系成一个整体,概念之间的混淆现象逐渐减少以至消失,内部趋于概括化和简单化,在解决问题时由开展性的推理转化为"简缩推理"。

行为速度和品质的提高主要体现在动作技能的形成,表现为动作速度的加快和动作的准确性、协调性、稳定性、灵活性的提高;智力技能的形成则表现为思维的敏捷性与灵活性、思维的广度与深度、思维的独立性等品质的提高。

(2)安全技能培训计划。一般要考虑以下几方面的问题。

① 要循序渐进。对于一些较困难、较复杂的技能,可以划分成若干简单的、局部的成分,有步骤地进行练习。在掌握了这些局部成分以后,再过渡到比较复杂、完整的操作。

② 正确掌握对练习的速度和质量的要求。在开始练习的阶段可以要求慢一些,而对操作的准确性则要严格要求,使之打下一个良好的基础。随着练习的进展,要适当地增加速度,逐步提高效率。

③ 正确安排练习时间。在开始阶段,每次练习时间不宜过长,各次练习之间的间隔可以短一些。随着技能的掌握,可以适当地延长各次练习之间的间隔。

④ 练习方式要多样化。多样化的练习可以提高兴趣,促进练习的积极性,保持高度的注意力,还可以培养人们灵活运用知识的技能。当然,方式过多、变化过于频繁也会导致相反的结果,即影响技能的形成。

在安全教育中,第一阶段应该进行安全知识教育,使操作者了解生产操作过程中潜在的危险因素及防范措施等,即解决"知"的问题;第二阶段为安全技能训练,掌握和提高熟练程度,即解决"会"的问题;第三阶段为安全态度教育,使操作者尽可能地实行安全技能,即解决"能"的问题。三个阶段相辅相成,缺一不可。有机地结合在一起,才能取得较好的安全教育效果。在思想上有了强烈的安全要求,又具备了必要的安全技术知识,掌握了熟练的安全操作技能,才能取得安全的结果,避免事故和伤害的发生。

(三)安全教育的形式

应利用各种教育形式和教育手段,以生动活泼的方式,来实现安全生产这一严肃的课题,可分为以下七种。

1. 广告式,包括安全广告、标语、宣传画、标志、展览、黑板报等形式,它以精炼的语言、醒目的方式,在醒目的地方展示,提醒人们注意安全和怎样才能安全。

2. 演讲式,包括教学、讲座、讲演、经验介绍、现身说法、演讲比赛等。这种教育形式可以是系统教学,也可以专题论证、讨论,用以丰富人们的安全知识,提高对安全生产的重视程度。

3. 会议讨论式,包括事故现场分析会、班前班后会、专题研讨会等,以集体讨论的形式,使与会者在参与过程中进行自我教育。

4. 竞赛式,包括知识竞赛、安全消防技能竞赛以及其他各种安全教育活动评比等。激发人们学安全、懂安全、会安全的积极性。促进员工在竞赛活动中树立"安全第一"的思想,丰富安全知识,掌握安全技能。

5. 声像式,利用声像等现代艺术手段,将安全教育寓教于乐。主要有安全宣传广播、电影、电视、录像等。

6. 文艺演出式,以安全为题材编写和演出的相声、小品、话剧等文艺演出的教育形式。

7. 学校正规教学,利用国家或企业办的大学、中专、技校,开办安全工程专业,或穿插渗透于其他专业的安全课程。

(四)提高安全教育效率

在进行安全教育过程中,为提高安全教育效果,应注意以下五个方面。

1. 领导者重视安全教育。企业建立安全教育制度,制定安全教育计划,保证所需资金,安全教育的责任者应由企业"一把手"担任。因此,企业领导者对安全教育的重视程度决定了安全教育开展的广泛与深入程度,决定了安全教育的效果。

2. 注重安全教育效果。安全教育想取得良好效果,应注意以下四点。

(1)形式多样化。安全教育形式要因地制宜、因人而异、灵活多样,采取符合人们的认识特点的、感兴趣的、易于接受的方法。

(2)内容规范化。安全教育的教学大纲、教学计划、教学内容及教材要规范化,使受教育者受到系统、全面的安全教育,避免由于任务紧张等原因,在安全教育实施过程中走过场。

(3)针对性强。要针对不同年龄、工种、作业时间、工作环境、季节、气候等进行预防性教育,及时掌握现场环境和设备状态及员工思想动态,分析事故苗头,及时有效地处理,避免问题积累扩大。

(4)调动积极性。应了解员工所需、所想,并启发他们提出合理化建议,使之感到自己不仅仅是受教育者,同时也在为安全教育实施和完善做贡献,从而充分调动积极性。

3. 重视初始印象对学习者的重要性。对学习者来说,初始获得的印象非常重要。如果最初留下印象是正确的、深刻的,他将会牢牢记住,时刻注意;如果最初印象是错误的、不重要的,他也将会错下去,并对自己的错误行为不以为意。例如,在对刚入厂的新工人进行安全教育时,如果使他认为不仅技术操作规程重要,所有的安全技术措施、安全操作规程也同样重要,他对安全会非常重视;反之,如果教新员工学习操作技术,第一次教授的操作方法不正确,再让他改正就很困难。因此,必须严密组织安全技能培训和安全知识教育工作,提高操作者安全素质。

4. 注意巩固学习成果。安全教育不仅应注重学习效果,更应注重巩固学习所获得的成果,使学习内容更好地为学习者所掌握。因而,在安全教育工作中,应注意以下三个问题。

（1）要让学习者了解自己的学习成果。每一个人都愿意知道其所从事的工作收效如何,学习也是如此。因此,将学习者的进展、成果、成绩与不足告知他们,就会增强其信心,明确方向,有的放矢地、稳步地使自己各方面都得到改善。此外,人在学习过程中有时会出现停滞时期,有些人往往在这时丧失勇气,使学习受到影响。如使其了解学习成果和进步,并说明出现这种情况在学习过程中是正常情况,也会起到鼓励人们树立信心、坚持学习的作用。

（2）实践是巩固学习成果的重要手段。当通过反复实践形成了使用安全操作方法的习惯之后,工作起来就会得心应手,安全意识也会逐步增强。

（3）以奖励促进巩固学习成果。心理学家通过实验发现,对于学习效果的巩固,给予奖励比不用奖励效果好得多。对某个员工通过学习取得进步的奖励和表扬,不仅能够巩固其本人的学习效果,对其他人也会产生很大影响。

5. 应与企业安全文化建设相结合。安全文化是企业文化的重要组成部分,包含人的安全价值观和安全行为准则两方面内容。前者主要是安全意识、安全知识和安全道德,以及企业的向心力和凝聚力,是安全文化的内层,是最重要、最基本的方面;后者则属于物质范畴,主要包括可见的规章制度以及物质设施。

企业安全文化主要体现在以下13个方面:①高层次管理人员始终贯彻执行"安全第一、预防为主、综合治理"的指导方针;②指导和实施有效的政策和规章,确保实践活动的正确性;③良好的行为规范、行为监督和信息反馈;④畅通的上下级关系与高尚和谐的人际关系;⑤工作人员普遍重视安全;⑥具有良好的纪律和有效的奖惩制度;⑦具有明确的授权界限、清晰的接口关系;⑧严格的自检、自查制度;⑨牢固的科学技术基础;⑩严密的安全生产责任制度;⑪强有力的资金保证制度;⑫良好的生存和工作环境;⑬科学的资料管理系统。

企业安全文化教育是通过强化员工安全意识和提高安全素质,实现良好的安全管控绩效。同时,企业安全文化氛围的建立,也是搞好安全教育、保证安全教育取得良好效果的前提。

第三章 职业健康基本知识

第一节 职业健康概念及常用术语

从业人员职业活动过程中一般都存在健康和安全的问题,因此通常把职业健康和职业安全相联系,二者的目的都是防止从业人员在工作中受到伤害,一方面是保护人体健康,另一方面是保护人身安全。

一、职业卫生概念

《职业安全卫生术语》(GB/T 15236—2008)中对"职业卫生"的定义为:以职工的健康在职业活动过程中免受有害因素侵害为目的的工作领域及在法律、技术、设备、组织制度和教育等方面所采取的相应措施。

这里介绍的职业健康常用术语是指水泥企业在职业健康管理活动中经常运用的名词及解释。

二、一般术语

1. **工作场所**:劳动者进行职业活动、并由用人单位直接或间接控制的所有工作地点。

2. **工作地点**:劳动者从事职业活动或进行生产管理而经常或定时停留的岗位和作业地点。

三、职业医学与职业病

1. **职业病**:是指企业、事业单位和个体经济组织等用人单位的劳动者在职业活动中,因接触粉尘、放射性物质和其他有毒、有害因素而引起的疾病。

2. **法定职业病**:国家根据社会制度、经济条件和诊断技术水平,以法规形式规定的职业病。

3. **毒性**:化学物质能够造成机体损害的能力。

4. **职业性中毒**:劳动者在职业活动中组织器官受到工作场所毒物的毒作用而引起的功能性和器质性疾病。

5. **职业性急性中毒**:短时间内吸收大剂量毒物所引起的职业性中毒。

6. **职业性慢性中毒**:长期吸收较小剂量毒物所引起的职业性中毒。

7. **窒息**:机体由于急性缺氧发生晕倒甚至死亡的事故。窒息分为内窒息和外窒息,生产环境中的严重缺氧可导致外窒息,吸入窒息性气体可致内窒息。

8. **职业健康监护**:以预防为目的,根据劳动者的职业接触史,通过定期或不定期的医学健康检查和健康相关资料的收集,连续性地监测劳动者的健康状况,分析劳动者健康变化与所接触的职业病危害因素的关系,并及时地将健康检查和资料分析结果报告给用人单位和劳动者本人,以使及时采取干预措施,保护劳动者健康。职业健康监护主要包括职业健康检查和职业健康监护档案管理等内容。

9. **职业健康检查**:一次性地应用医学方法对个体进行的健康检查,检查的主要目的是发现有无职业有害因素引起的健康损害或职业禁忌症。我国健康监护技术规范规定职业健康检查包括上岗前、在岗期间、离岗时和离岗后医学随访以及应急健康检查。

10. **职业禁忌证**：指劳动者从事特定职业或者接触特定职业病危害因素时，比一般职业人群更易于遭受职业病危害和罹患职业病或者可能导致原有自身疾病病情加重，或者在作业过程中诱发可能导致对他人生命健康构成危险的疾病的个人特殊生理或者病理状态。

11. **潜伏期**：指从开始接触职业性有害因素（致病因子）致出现相应疾病的最早临床表现之间间隔的时间。

12. **高危人群**：在职业活动中易遭受工作有关疾病、职业病和伤害的人群和（或）接触高浓度（高强度）职业性有害因素的职业人群。

四、测试与评估

1. **职业接触限值**：职业性危害因素的接触限制量值。指劳动者在职业活动过程中长期反复接触，对绝大多数接触者的健康不引起有害作用的容许接触水平。其中，化学有害因素的职业接触限值包括时间加权平均容许浓度、最高容许浓度和短时间接触容许浓度三类。物理有害因素的职业接触限值包括时间加权平均容许浓度和最高容许浓度。

2. **时间加权平均容许浓度（PC-TWA）**：以时间为权数规定的 8 h 工作日的平均容许接触浓度，亦可是 40 h 工作周的平均容许接触浓度。

3. **最高容许浓度（MAC）**：指工作地点、在一个工作日内、任何时间均不应超过的有毒化学物质的浓度。

4. **短时间接触容许浓度（PC-STEL）**：在遵守 PC-TWA 前提下容许短时间（15 min）接触的浓度。

5. **漂移限值**：又称超限倍数。对未制定 PC-STEL 的化学有害因素，在符合 8 h 时间加权平均容许浓度的情况下，任何一次短时间（15 min）接触的浓度均不应超过的 PC-TWA 的倍数值。

6. **接触水平**：指职业活动中劳动者接触某种或多种职业性有害因素的浓度（强度）和接触时间。

7. **气溶胶**：以液体或固体为分散相，分散在气体介质中的溶胶物质，如粉尘、雾或烟。

8. **空气监测**：在一段时间内，通过定期（有计划）检测工作场所空气中有害物质的浓度，以评价工作场所的职业卫生状况和劳动者接触有害物质的程度及可能的健康影响。

9. **空气检测**：工作场所中有害物质的采集和测定。

10. **呼吸带**：距离人的鼻孔 30 cm 所包含的空气带。

11. **总粉尘**：可进入整个呼吸道（鼻、咽和喉、胸腔支气管、细支气管和肺泡）的粉尘，简称"总尘"。技术上系用总粉尘采样器按标准方法在呼吸带测得的所有粉尘。

12. **呼吸性粉尘**：按呼吸性粉尘标准测定方法所采集的可进入肺泡的粉尘粒子，其空气动力学直径均在 7.07 μm 以下，而且空气动力学直径 5 μm 粉尘粒子的采样效率为 50%，简称"呼尘"。

13. **采样点**：指根据监测需要和工作场所状况，选定具有代表性的、用于空气样品采集的工作地点。

14. **个体采样**：指将空气收集器佩戴在采样对象的前胸上部，其进气口尽量接近呼吸带所进行的采样。

15. **定点采样**：指将空气收集器放置在选定的采样点、劳动者的呼吸带进行采样。

16. **空气动力学直径**：某颗粒物（任何形状和密度）与相对密度为 1 的球体在静止或层流空气中若沉降速率相等，则球体的直径视作该颗粒物的空气动力学直径。

17. **噪声作业**：存在有损听力、有害健康或有其他危害的声音，且 8 h/d 或 40 h/w 噪声暴露等效声级 ≥80 dB(A) 的作业。

18. **听阈**：正常人耳刚能引起音响感觉的声音强度。

19. **等效连续 A 声级(等效声级)**：又称等效连续 A 计权声压级,指在规定的时间内,某一连续稳态噪声的 A 计权声压,具有与时变的噪声相同的均方 A 计权声压,则这一连续稳态声的声级就是此时变噪声的等效声级,单位用 dB(A)表示。

20. **8 h 等效声级**：又称按额定 8 h 工作日规格化的等效连续 A 计权声压级,指将一天实际工作时间内接触的噪声强度等效为工作 8 h 的等效声级。

21. **40 h 等效声级**：又称按额定每周工作 40 h 规格化的等效连续 A 计权声压级,指非每周 5 d 工作制的特殊工作场所接触的噪声声级等效为每周工作 40 h 的等效声级。

五、防护措施

1. **职业病防护设施**：是指消除或者降低工作场所的职业病危害因素的浓度或者强度,预防和减少职业病危害因素对劳动者健康的损害或者影响,保护劳动者健康的设备、设施、装置、构(建)筑物等的总称。

2. **自然通风**：依靠室外风力造成的风压和室内外空气温度差所造成的热压使空气流动的通风方式。

3. **机械通风**：依靠风机造成的压力使空气流动的通风方式。

4. **局部通风**：为改善室内局部空间的空气环境,向该空间送入或从该空间排出空气的通风方式。

5. **卫生防护距离**：从产生职业性有害因素的单元(生产区、车间或工段)的边界至居住区边界的最小距离。即在正常生产条件下,无组织排放的有害气体(大气污染物)自生产单元边界到居住区的范围内,能够满足国家居住区容许浓度限值相关标准规定的所需的最小距离。

6. **隔离**：通过封闭、切断等措施,完全阻止有害物质和能源(水、电、气)进入工作场所。

7. **个人防护用品**：为使职工在职业活动过程中免遭或减轻事故和职业危害因素的伤害而提供的个人穿戴用品。

8. **防护服**：防御物理、化学和生物等外界因素伤害人体的工作服。

9. **眼面部防护用品**：防御非电离辐射、化学物质等职业性有害因素伤害眼面部的个人职业病防护用品。

10. **呼吸防护用品**：防御缺氧空气和尘毒等有害物质吸入呼吸道的防护用品。

第二节　职业病危害及个体防护

水泥企业工作场所中的粉尘、噪声、高温以及有毒有害物质等职业病危害因素,对从业人员健康危害日益显现。因此,对水泥企业工作场所中的职业病危害因素进行识别、监测并加以控制,以消除或减少对人体造成的危害,是有效预防各类职业病的首要措施。

职业病危害因素又称职业性有害因素或职业危害因素,是指在生产过程中、劳动过程中、作业环境中存在的各种有害的化学、物理、生物因素以及作业过程中产生的其他危害劳动者健康、能导致职业病的有害因素。

本节主要对水泥企业工作场所中的粉尘、噪声、高温、振动、电磁辐射以及强酸、强碱等化学和物理有害因素的基本知识和控制措施进行介绍。

一、粉尘

粉尘是能够较长时间悬浮于空气中的固体微粒。在生产活动中,与生产过程有关而形成的粉尘叫作生产性粉尘。水泥企业的粉尘产生于原料、半成品和成品的破碎、运输、粉磨、包装等工作场所(地点),主要包括石灰石粉尘、水泥粉尘、矽尘、煤尘、电焊烟尘等,是污染作业环境、损害人体健康的主要职业病危害因素,可诱发以尘肺病为主的多种职业病,尤其是游离二氧化硅含量超过 10% 的粉尘,能引起严重的职业病——矽肺。

生产性粉尘的种类繁多,一般根据生产性粉尘的性质可分以无机性粉尘、有机性粉尘和混合性粉尘三类。水泥粉尘、石灰石粉尘属于人工无机粉尘,在水泥企业工作场所,最常见的是混合性粉尘,尤其是原料储存和配料环节。

另外,还可以根据粉尘的分散度、粒径大小以及进入人体呼吸系统的差异等情况分为总粉尘与呼吸性粉尘,其意义主要体现在工作场所生产性粉尘的采样监测与接触限值制定上。

(一)粉尘的理化性质

生产性粉尘的理化性质与工作场所对粉尘的控制有密切关系。粉尘的理化性质比较复杂,下面仅从水泥企业生产性粉尘的治理角度,介绍一下粉尘的化学成分、分散度、荷电性和爆炸性等理化性质。

1. 化学成分。粉尘的化学成分决定了对人体的危害性质和严重程度。粉尘的化学成分可对人体导致组织纤维化、中毒、致敏和致癌等作用,粉尘浓度越高,接触时间越长,对人体的危害越严重。含有二氧化硅的粉尘,可引起矽肺,并且二氧化硅含量越高,病变进程越快,危害性越大,如游离二氧化硅含量在 70% 以上的粉尘短期暴露后即可致病。

2. 分散度。也称作粉尘的粒径分布,是用来表示粉尘粒子大小组成的百分构成,一般是以各粒径区间的粉尘数量或质量所占的百分比表示。粉尘粒子的大小一般以微米(μm)表示。粉尘中小的颗粒越多,分散度就越高,在空气中悬浮的时间就越长,故被人体吸入的可能性越大。工作场所中直径小于 5μm 的粉尘可到达人体呼吸器官的深部,对机体的危害性较大。

3. 荷电性。悬浮在空气中 90%~95% 的粉尘粒子带正电或负电。带电粉尘在空气中的沉降速度较慢,极易被人体呼吸道阻留,有研究表明,在其他条件相同时,带电粉尘在肺内阻留量达 70%~74%,而不带电粉尘只有 10%~16%。另外,在水泥工作场所中应用的电除尘器,就是利用粉尘的荷电性质对粉尘进行捕集的。

4. 爆炸性。某些高分散度的有机粉尘在空气中达到一定的爆炸极限时,遇到足够能量的点火源,就会引起爆炸。例如,水泥企业煤粉制备系统产生的煤粉尘,爆炸极限仅为 30~40 g/m³。

(二)粉尘对健康的影响

水泥、型材生产过程中基本不产生毒性粉尘,因此,粉尘对人体健康的影响主要表为长期吸入后导致的慢性呼吸系统损害。

1. 粉尘在呼吸道的沉积和排出。粉尘可随呼吸进入呼吸道,但并不全部进入肺泡,可以沉积在从鼻腔到肺泡的呼吸道内各个部位。影响粉尘在呼吸道不同部位沉积的主要因素是尘粒的大小、形状、密度以及空气的流向、流速等,不同粒径的粉尘在呼吸道不同部位沉积的比例也不同。尘粒在呼吸系统的沉积可分为三个区域:上呼吸道区(鼻、口、咽和喉部)、气管、支气管区和肺泡区(无纤毛的细支气管及肺泡)。

一般认为空气动力学直径在 10 μm 以上的尘粒大部分沉积在鼻咽部,10 μm 以下的尘粒可进入呼吸道的深部。而在肺泡内沉积的粉尘大部分是 5μm 以下的尘粒,特别是 2 μm 以下的尘粒。进入肺泡内粉尘空气动力学直径的上限是 10 μm,这部分进入到肺泡内的尘粒具有重要的生物学作用,因为只有进入肺泡内的粉尘才有可能引起尘肺病。图 3-1 表示不同粒径的粉尘在呼吸道沉积的部位。

人体肺脏有排出尘粒的自净能力,吸入后沉着在有纤毛气管内的粉尘,经过纤毛的运动并且借助于呼吸道黏膜所分泌的鼻涕或痰液,将尘粒排出体外,这种方式称为气管排出;进入到肺泡内的微细尘粒则排出较慢,主要是由肺泡中的巨噬细胞,将粉尘吞噬、然后运至细支气管的末端,经呼吸道随痰排出体外,这种方式称为肺清除(图3-2)。经过这两种方式,可以清除进入人体内97%～99%的尘粒,只有1%～3%的尘粒沉积在体内,对人体造成危害。

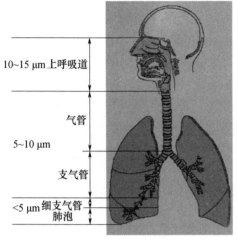
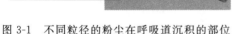
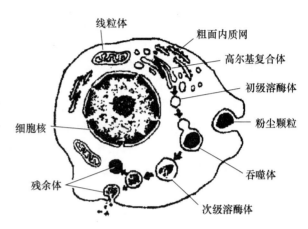

图 3-1　不同粒径的粉尘在呼吸道沉积的部位　　图 3-2　吞噬细胞吞噬粉尘颗粒示意图

2. 粉尘对呼吸系统的影响。粉尘进入人体后会引起呼吸系统疾病,除了长期慢性接触导致尘肺病以外,还会诱发人体上呼吸道疾患,并可能引起人体肺功能的改变。

(三)尘肺病

尘肺病是由于在职业活动中长期吸入生产性粉尘而引起的以肺组织弥漫性纤维化(疤痕)为主的全身性疾病。尘肺病是职业病中发病率最高、危害最严重的一类疾病。据统计,尘肺病约占我国职业病总人数的70%。尘肺的发生和发展与从事接触粉尘作业的工龄、粉尘的类型、浓度、分散度、防护措施以及个体差异等有关。尘肺病一般在接触粉尘作业5～10年才发病,也有的个例潜伏期可长达15～20年。

1. 尘肺的分类

2015年,原国家卫生计生委等4部委联合下发国卫疾控发〔2015〕92号文件,公布了最新修订的2015年版《职业病危害因素分类目录》。职业病危害因素从2012年版的133种,增加到现在的454种,并列出了矽尘肺、煤工尘肺、石墨尘肺、碳黑尘肺、石棉肺、滑石尘肺、水泥尘肺、云母尘肺、陶工尘肺、铝尘肺、电焊工尘肺、铸工尘肺12种职业性尘肺病,以及根据《尘肺疾病诊断标准》和《尘肺病理诊断标准》可以诊断的其他尘肺。

另外,由于粉尘的性质、成分不同,对肺脏造成的损害、引起纤维化程度也有所不同。我国根据多年临床观察、X线胸片检查、病理解剖和试验资料,从病因上将尘肺分为矽肺、硅酸盐肺、炭尘肺、金属尘肺和混合性尘肺五类。

水泥企业生产性粉尘存在于破碎、运输、粉磨、包装和装卸等各个生产环节,种类比较复杂,对人体造成的危害也不尽相同。例如,水泥原料的配料环节,各企业视配比情况而添加不同的原料,主要包括石灰石、黏土、铁粉、砂岩、粉煤灰等;其中,砂岩中的游离二氧化硅含量超过10%,而由石灰石、黏土以及其他硅质、铁质校正原料组成的粉尘属于《职业病危害因素分类目录》里的其他粉尘,因此,水泥企业原料储存、配料岗位从业人员长期接触原料粉尘引起的尘肺,大多以矽肺和混合性尘肺为主。水泥粉磨、包装和装卸工作场所以水泥粉尘为主,作业人员长期接触成品水泥粉尘引起的尘肺，多数以水泥尘肺为主。成品水泥的包装和装卸岗位水泥粉尘浓度超标现象比较普遍，是各企业粉尘控制的重点和难点，插袋工和装卸工也是水泥尘肺的高发群体。

2. 水泥尘肺

水泥尘肺是长期吸入高浓度水泥粉尘而引起肺部弥漫性纤维化的一种疾病，属于硅酸盐尘肺。水泥原料含游离二氧化硅一般超过5%，生产水泥的熟料所含总硅量为20%～24%，大部分为硅酸盐，其含游离二氧化硅一般在1%～9%，水泥成品含游离二氧化硅为2%左右。水泥尘肺的发病与接触时间、粉尘浓度和分散度以及个体差异有关，在国内的尘肺病报告患病率是1.4%～1.8%，一般发病工龄在20年以上，也有少数人在10～20年发病，平均工龄是13年。

(1)临床表现。水泥尘肺病人的临床表现以呼吸系统症状为主，包括咳嗽、咳痰、胸痛、呼吸困难。

① 呼吸困难。是最常见和最早发生的症状，和病情的严重程度密切相关。早期仅出现轻微气短，爬坡、上楼时加重，随着肺组织纤维化程度的加重、有效呼吸面积的减少及通气/血流比例的失调，呼吸困难逐渐加剧。肺结核、感染及自发性气胸等并发症的发生则明显加重呼吸困难的程度和发展速度，并累及心脏，发生肺源性心脏病，最终心肺功能失代偿而导致心功能衰竭和呼吸功能衰竭，这是尘肺病人死亡的主要原因。

② 咳嗽。咳嗽是最常见的主诉，主要和并发症有关。早期咳嗽多不明显，多为间断性干咳，但随着病程的进展，病人多合并慢性支气管炎，晚期病人常易合并肺部感染，均使咳嗽明显加重。

③ 咳痰。咳痰是常见的症状，主要是由于呼吸系统对粉尘的清除导致分泌物增加所致。在没有呼吸系统感染的情况下，一般痰量不多，多为黏液痰。

④ 胸痛。几乎每个病人或轻或重均有胸痛，主要原因可能是胸膜纤维化及胸膜增厚的牵扯作用。胸痛的部位不一且常有变化，多为局限性；疼痛性质多不严重，一般主诉为隐痛，亦有描述为胀痛、针刺样痛等。

(2)X射线辅助检查表现。双肺野由粗细、长短和形态不一的致密交叉而形成的不规则小阴影"s"为主，在不规则形小阴影之中也可见密度较淡、形态不整、轮廓不清的圆形小阴影(图3-3)。病变早期分布在中下肺区。随着尘肺病变的进展，小阴影数量逐渐增多、增大，可出现t和q的小阴影。病变可发展到上肺区，少数病例在两肺上区可出现典型的大阴影：圆形或长条形，与肋骨走向相垂直的"八"字形，周边有气肿带。

3. 尘肺病人的治疗

目前尚无特效治疗药物。近年来使用的如克矽平、磷酸羟基哌喹等药物治疗(抗纤维化治疗)，在临床上可以在一定程度上减轻症状、延缓病情进展，但长期效果有待观察。及时调离粉尘作业岗位，脱离粉尘工作环境，以减轻症状、延缓病情进展、延长病人寿命、提高病人生活质量。并根据患者病情，积极预防和治疗肺结核、肺内感染等并发症。

大容量全肺灌洗术是目前治疗尘肺病的一种探索性技术，可以直接清除长期滞留于尘肺患者的细支气管和肺泡腔内的粉尘与已吞噬粉尘，并能分泌多种成纤维细胞生长因子的巨噬细胞，以减轻和延缓肺纤维化的进展，使肺小气道通畅，改善呼吸功能(图3-4，医务人员在为尘肺患者实施全肺灌洗术治疗)。其具有单次灌洗量大(灌洗量可达10000 ml)、灌洗效率高等优势。但由于全肺灌洗术操作条件严格，技术要求高，故该方法目前只有少数职业病医院开展。对于出现并发巨大肺大泡、重度肺气肿、肺心病、活动性肺结核，近期内伴有咯血、气胸病史者；或患有心血管疾病、血液病或伴有肝、肾、脑等器质性疾病者；或气管与主支气管畸形，妨碍双腔支气管插管正确就位者，均属于操作禁忌人群。

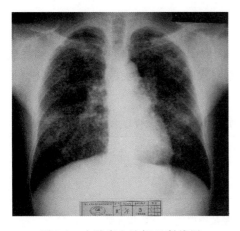
图 3-3　尘肺病人肺部 X 射线图

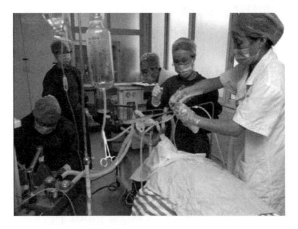
图 3-4　全肺灌洗手术

(四)粉尘的个体防护

对于水泥企业工作场所(地点)中粉尘、烟、雾的个体防护主要是通过防尘口罩(面罩、面具)来实现。防尘口罩又称自吸过滤式防颗粒物呼吸器,是通过人体自身呼吸来使用的呼吸防护用品,用于预防和减少粉尘等颗粒物经呼吸道进入人体而导致的职业病,如尘肺病和中毒等。防尘口罩不仅要起到防御作用,还要适应人体的生理卫生要求和作业条件、劳动强度等方面的要求。

1. 防尘口罩种类

防尘口罩主要包括随弃式防尘口罩、可更换式半面罩和防尘全面罩。由于防尘全面罩在水泥企业的应用并不普遍,因此不做重点介绍。

(1)随弃式防尘口罩。也叫作"一次性防尘口罩"(图 3-5),适合短时间在粉尘污染环境下使用,使用群体主要是参观、检查、学习等临时进入工作场所的人员。

(2)可更换式半面罩(图 3-6)。是目前水泥企业作业人员最常用的一种防尘口罩。一般采用无味、无过敏、无刺激的高效过滤材料,可以有效地隔滤和吸附极细微的粉尘;并且带呼气阀设计,以减少热量积聚;这种防尘口罩与人体脸部的密闭性也相对较好。

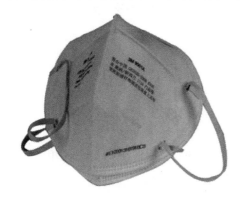
图 3-5　一次性防尘口罩

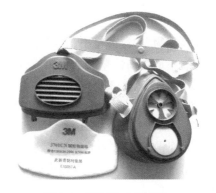
图 3-6　可更换式半面罩

2. 防尘口罩的选用

不同的防尘口罩使用的过滤材料不同,目前使用的防尘口罩大多采用内外两层无纺布,中间一层过滤布(以聚丙烯等物质为原料的熔喷纤维)构造而成,因为熔喷纤维具有本身带静电的特点,可以吸附体积极小的粉尘微粒。防尘口罩过滤效果一方面和颗粒物粒径有关,另一方面还受颗粒物是否含油的影响;防尘口罩通常要按照过滤效率分级和是否适合过滤油性颗粒物分类。

(1)过滤效率分级

国家标准《呼吸防护用品 自吸过滤式防颗粒物呼吸器》(GB 2626—2006)、美国 NIOSH 呼吸防护用品标准认证标准 42CFR-84 和欧洲标准 EN 149:2001 中对颗粒物防护口罩的防护级别和分类都是用最难过滤的空气动力学直径为 0.3 μm 左右大小的颗粒物进行测试的(分别见表 3-1、表 3-2、表 3-3)。

表 3-1 GB 2626—2006 标准的防颗粒物口罩的分类和分级

滤料分类	过滤效率 90%	过滤效率 95%	过滤效率 99.97%
KN 类	KN90	KN95	KN100
KP 类	KP90	KP95	KP100

表 3-2 美国标准 NIOSH 42CFR-84 对防颗粒物口罩的分类和分级

滤料分类	过滤效率 95%	过滤效率 99%	过滤效率 99.97%
N 类	N95	N99	N100
R 类	R95	R99	R100
P 类	P95	P99	P100

表 3-3 欧洲标准 EN 149:2001 对防颗粒物口罩的分级含义和标识方法

滤料分级	FFP1*	FFP2*	FFP3*
过滤效率	80%	94%	99%

* 说明:同时适合防非油性和油性的颗粒物。

过滤效率在 80%~90% 范围可用于一般性粉尘、烟、雾的防护;范围在 94%~95% 用于各种烟的防护,包括高毒物质的粉尘(如石棉尘等);范围在 99%~99.97% 的可防护各类颗粒物,对含有剧毒物质的颗粒物防护,应考虑首选这一过滤效率级别。

KN:适合防非油性颗粒物。非油性颗粒物如各类粉尘、烟、酸雾、喷漆雾和微生物等。目前,国内绝大多数水泥企业使用的就是这个级别的防尘口罩。

KP:适合防非油性和油性颗粒物。典型的油性颗粒物如油烟、油雾、沥青烟、柴油机尾气中含有的颗粒物和焦炉烟等。

"非油性颗粒物"的过滤材料虽比较常见,主要用于对不含油的石灰石粉尘、矽尘、电焊烟尘等粉尘的过滤,不适合油性颗粒物。而适合油性颗粒物的过滤材料也可用于非油性颗粒物。

N:适合防非油性颗粒物。

R:适合防非油性和油性颗粒物;当用于油性颗粒物时,限制使用时间 8 小时。

P:适合防非油性和油性颗粒物;当用于油性颗粒物时,由制造商规定限制使用时间。例如,3M 公司对产品的规定是:"如果滤棉用于油性颗粒物的防护,使用时限为累积使用时间达到 40 小时,或从开始使用达到 30 天,以其中提早到达者为准。"

(2)选用注意事项

① 阻尘效率要高。阻尘效率的高低是对 5 μm 以下的呼吸性粉尘的阻尘效率为标准,小于 5 μm 的呼吸性粉尘在穿过口罩滤料的过程中,可以被静电吸引而吸附在滤料上,从而真正起到阻尘作用。目前,不少作业人员还在使用的纱布口罩、布口罩,其阻尘原理是机械式过滤,也就是当粉尘冲撞到纱布时,经过一层层的阻隔,将一些大颗粒粉尘阻隔在纱布中,小于 5 μm 的粉尘,会从纱布的网眼中穿过,进入人体。因此,纱布口罩、布口罩不能替代防尘口罩使用。

② 口罩与脸部的密合程度要好。当口罩与脸部密合不严时,空气中的粉尘就会从口罩四周

的缝隙处进入呼吸道。所以,应选用适合自己脸形的防尘口罩并正确佩戴,如果不具备此条件,就要靠头带和鼻夹施加一定压力使口罩与脸紧密地贴合。在进入工作场所之前应对防尘口罩的密合性进行检查。

③ 口罩的更换。随弃式防尘口罩的使用寿命通常为一个工作班(如 8 小时),当脏污、破损时应立即更换,不需要维护。可更换式半面罩在使用过程中如感到呼吸阻力上升,感觉明显憋气时就必须对过滤元件进行更换。不主张对过滤材料进行清洗后重复使用,因为过滤材料在清洗的过程中会受到损坏,使阻尘效率下降。在缺少专用设备对清洗后口罩的防护性能重新检测的情况下,使用者水洗口罩会面临不可控的风险,这在国内外都是禁止的。

另外,防尘口罩还要具备佩戴舒适、呼吸阻力小、重量轻、佩戴卫生、保养方便等特点。

二、物理性有害因素

水泥企业工作场所(地点)存在的物理性有害因素主要是各类设备产生的噪声、高温、振动、紫外线和电离辐射。

(一)噪声

从职业健康角度来讲,噪声是指一切有损听力、有害健康的声音。在生产过程中,由于机器转动、气体排放、工件撞击与摩擦所产生的噪声,统称为生产性噪声或工业噪声。

1. 噪声分类

(1)按照噪声的特性、种类及来源分为如下三类。

① 空气动力噪声:由于气体压力变化引起气体扰动,气体与其他物体相互作用所致。如生产现场的各种风机、空气压缩机等产生的噪声。

② 机械性噪声:机械撞击、摩擦或质量不平衡旋转等机械力作用下引起固体部件振动所产生的噪声。如生产现场的球磨机、破碎机等发出的噪声。

③ 电磁性噪声:由于磁场脉冲、磁致伸缩引起电气部件振动所致。如生产现场的大型电动机、变压器等产生的噪声。

(2)按照时间特性,噪声分为如下三类。

① 稳态噪声:在观察时间内,采用声级计"慢挡"动态特性测量时,声级波动<3 dB(A)的噪声。

② 非稳态噪声:在观察时间内,采用声级计"慢挡"动态特性测量时,声级波动≥3 dB(A)的噪声。

③ 脉冲噪声:噪声突然爆发又很快消失,持续时间≤0.5 s,间隔时间>1 s,声压有效值变化≥40 dB(A)的噪声。

2. 噪声测量

对工作场所(地点)中的噪声进行测量,是为了对噪声实施有效控制。固定工作岗位的噪声测量选用声级计,流动工作岗位的噪声测量优先选用个体噪声剂量计,或对不同的工作地点使用声级计分别测量,并计算等效声级。

工作场所声场分布均匀[测量范围内 A 声级差别<3 dB(A)],选择 3 个测点,取平均值。工作场所声场分布不均匀时,应将其划分若干声级区,同一声级区内声级差<3 dB(A)。每个区域内,选择 2 个测点,取平均值。如果从业人员的工作是流动的,在流动范围内,对工作地点分别进行测量,计算等效声级。

3. 噪声接触限值

在实际生产过程中完全消除噪声是不可能的,为了给生产企业噪声治理提供充分的依据,将噪声强度限制在一定范围之内,国家通过职业卫生标准对噪声接触限值进行了要求。按照接触时间减半噪声接触限值增加 3dB(A)的原则,工作场所噪声等效声级接触限值见表3-4。

每周工作 5 d,每天工作 8 h,稳态噪声限值为 85 dB(A);非稳态噪声等效声级的限值为 85 dB(A);每周工作不是 5 d,需计算 40 h 等效声级,限值为 85 dB(A),工作场所噪声职业接触限值见表 3-5。

表 3-4 工作场所噪声等效声级接触限值

日接触时间(h)	接触限值[dB(A)]
8	85
4	88
2	91
1	94
0.5	97

表 3-5 工作场所噪声职业接触限值

接触时间	接触限值[dB(A)]	备注
5 d/w,=8 h/d	85	非稳态噪声计算 8 h 等效声级
5 d/w,≠8 h/d	85	计算 8 h 等效声级
≠5 d/w	85	计算 40 h 等效声级

存在脉冲噪声的工作场所,噪声声压级峰值和脉冲次数不应超过表 3-6 的规定。

表 3-6 存在脉冲噪声的工作场所噪声声压级峰值

工作日接触脉冲次数 n(次)	声压级峰值[dB(A)]
$n \leqslant 100$	140
$100 < n \leqslant 1000$	130
$1000 < n \leqslant 10000$	120

4. 噪声的危害

噪声对人体的危害主要取决于噪声的频率、强度和暴露时间等因素,根据作用系统的不同,可分为听觉系统损害和非听觉系统损害。

(1)听觉系统损害

① 暂时性听阈位移。接触噪声后引起听阈变化,脱离噪声环境一段时间可以恢复到原来水平。根据变化程度不同可分为听觉适应和听觉疲劳。听觉适应是指在强噪声环境中短时间引起的耳鸣和听力下降,听阈升高 10 dB(A),脱离噪声数分钟听力即恢复;听觉疲劳是指在噪声环境中停留时间较长,听阈升高 15~30 dB(A),听力需几小时甚至几天才能恢复。

② 永久性听阈位移。是指接触噪声后不能恢复到正常水平的听阈升高。根据损伤程度,可分为听力损伤、噪声性耳聋和爆震性耳聋。

a. 听力损伤。听力曲线在 3000~6000 Hz 出现"V"形下陷,此时患者主观无耳聋感觉,交谈和社交活动能够正常进行。

b. 噪声性耳聋。又称职业性噪声聋,是噪声对人体听觉器官长期慢性影响的结果,为听觉系统的慢性退行性病变。临床表现为长期接触强噪声,听力明显下降,离开噪声环境短时间内听力不能恢复,造成永久性听阈位移。职业性噪声聋是水泥企业常见的职业病。《职业性噪声聋的诊断》(GBZ 49—2014)将职业性噪声聋分为三度:听力下降 26~40 dB(A)为轻度噪声聋、41~55 dB(A)为中度噪声聋、≥56 dB(A)为重度噪声聋。

c. 爆震性耳聋。是指暴露于瞬间发生的短暂而强烈的冲击波或强脉冲噪声所造成的中耳、内耳或中耳及内耳混合性急性损伤所导致的听力损失或丧失,同时可引起鼓膜破裂出血,听小骨骨折、脱位和鼓室出血,甚至可以导致人耳完全失去听力。《职业性爆震聋的诊断》(GBZ/T 238—2011)将爆震性耳聋分为轻度、中度、重度、极重度和全聋五级。

（2）非听觉系统损害

噪声不仅损害人的听觉系统，而且对神经系统、心血管系统、内分泌系统、消化系统以及视力、智力都有不同程度的影响。

5. 个体防护

听力防护用品是指通过一定的造型，使之能封闭外耳道，达到衰减声波强度和能量的目的，预防噪声对人体引起不良影响的防护用品。

（1）听力防护用品分类。根据结构形式的不同，大致可分为耳塞和耳罩两大类。

① 耳塞是指可塞入外耳道或置于外耳道入口处的听力保护用品，能较好地封闭外耳道，衰减噪声强度，适用于 115 dB(A) 以下的噪声环境。耳塞按其对噪声的衰减性能、材质和结构形式等方面来区分，种类多种多样，目前，水泥企业为员工配备的主要是成型耳塞和圆柱形泡沫塑料耳塞。

a. 成型耳塞。一般由耳塞帽、耳塞体和耳塞柄三部分组成，耳塞帽可做成蘑菇状、圆锥状及伞状（图 3-7）等，耳塞帽由较柔软的塑料、橡胶或橡塑材料制作成多层翼片，以增加弹性和空气阻力，提高隔声效果。

b. 圆柱形泡沫塑料耳塞（图 3-8）。此类在使用时需将其挤压缩小后，塞入耳道内，即会自行回弹而膨大，并根据耳道形状填充，封闭噪声传入通道，不仅密封性能良好，同时还能缓冲对耳道四周皮肤的压力。该耳塞对噪声的衰减高于一般成型耳塞，适合大多数作业人员佩戴。

图 3-7　伞状耳塞　　　　　　　　图 3-8　圆柱形泡沫塑料耳塞

② 耳罩是用拱形连接件连在一起的将整个耳外廓罩住，使噪声衰减的装置。耳罩对噪声的衰减量可达 10～40 dB(A)，适用于噪声较高的作业环境。一般为了加强耳罩与佩戴者皮肤接触部位的密封性，在壳体的周边包覆着装有泡沫塑料的密封垫。主要有独立使用的耳罩（图 3-9）和配合头盔使用的耳罩（图 3-10）。虽然耳罩降噪效果好，但由于成本高、维护保养复杂等原因，在水泥行业的应用还不是太普遍。

图 3-9　独立使用的耳罩　　　　　　图 3-10　配合头盔使用的耳罩

(2)选用注意事项:①佩戴耳塞前,应保持手部清洁,以防造成外耳道感染。②佩戴时先将耳廓向上提拉,使外耳道呈平直状态,然后手持耳塞柄将耳塞轻轻推入外耳道内部。③如果感觉隔声效果不好,可将耳塞缓慢转动,调试到最佳效果。④由于耳塞在外耳道中形成密闭状态,因此在取出耳塞时,切勿快速拔出,避免造成鼓膜损伤。⑤使用耳罩前应先检查外壳有无裂纹、破损等情况,尽量使耳罩软垫圈与皮肤结合部位紧密。

(二)高温

高温来自太阳辐射和工作场所中某些设备。高温作业是指在生产劳动过程中,工作地点平均 WBGT 指数≥25 ℃的作业。WBGT 指湿球黑球温度,是综合评价人体接触作业环境热负荷的一个基本参量,单位为摄氏度(℃)。

水泥企业的高温作业属于高温强热辐射作业,气温高、热辐射强度大,相对湿度低,形成干热环境。人体在此环境中会大量出汗,如果通风不良,就可能出现散热障碍,对健康造成伤害。

1. 对人体健康的影响

高温作业可使人体出现一系列的生理功能改变,如果超过机体所能耐受的限度,就会产生不良影响。

(1)人体热平衡的影响。在高温热辐射环境中,人体的产热和受热量持续大于散热量,就容易导致机体热平衡失调、水盐代谢紊乱,而引起职业性中暑,中暑分为三种。

① 先兆中暑。是指在高温作业场所劳动一定时间后,出现头昏、头痛、口渴、多汗、全身疲乏、心悸、注意力不集中、动作不协调等症状,体温正常或略有升高。

② 轻症中暑。除先兆中暑的症状加重外,出现面色潮红、大量出汗、脉搏快速等表现,体温升高至 38.5 ℃以上。

③ 重症中暑。出现昏迷、痉挛、皮肤干燥无汗,体温升高至 40 ℃以上。重症中暑可分为热射病、热痉挛和热衰竭三型,也可出现混合型。

热射病亦称中暑性高热,其特点是在高温环境中突然发病,体温高达 40 ℃以上,疾病早期大量出汗,继之"无汗",可伴有皮肤干热及不同程度的意识障碍等。

热痉挛主要表现为明显的肌痉挛,伴有收缩痛。好发于活动较多的四肢肌肉及腹肌等,尤以腓肠肌为著。常呈对称性,时而发作,时而缓解。患者意识清,体温一般正常。

热衰竭起病迅速,主要临床表现为头昏、头痛、多汗、口渴、恶心、呕吐,继而皮肤湿冷、血压下降、心律失常、轻度脱水,体温稍高或正常。

(2)水盐代谢影响。高温作业会导致人体大量水盐丧失,引起机体水盐代谢紊乱和渗透压失调。正常人夏季每天出汗量约为 1 L,而在高温环境中作业,出汗量大大增加,每天可达 3~8 L。当水分丧失达到人体体重的 5%~8%时,如果未能及时补充,就会出现无力、口渴、尿少、体温升高等水盐失衡的症状。

(3)消化系统影响。主要表现在人体消化液分泌减少,胃液酸度降低,使胃肠道消化机能减退,导致食欲减退、消化不良以及其他胃肠疾病。

(4)循环系统影响。主要表现在人体血管扩张,末梢循环血量增加,可引起心跳过速、血压升高。

(5)神经系统影响。主要表现在人体大脑皮层兴奋性增加,导致肌肉的工作能力、动作的准确性和协调性及反应速度均可降低。

2. 高温测量

使用 WBGT 指数测定仪,对 WBGT 指数测量范围为 21~49 ℃的工作场所,直接测量。工作场所无生产性热源,选择 3 个测点,取平均值;存在生产性热源的工作场所,选择 3~5 个测点,取平均值。工作场所被隔离为不同热环境或通风环境,每个区域内设置 2 个测点,取平均值。

3. 高温接触限值

高温作业场所,对作业人员的危害主要取决于劳动强度和接触时间率。接触时间率是劳动者在一个工作日内实际接触高温作业的累计时间与 8 h 的比率。接触时间率 100%,体力劳动强度为Ⅳ级,WBGT 指数限值为 25 ℃;劳动强度分级每下降一级,WBGT 指数限值增加 1~2 ℃;接触时间率每减少 25%,WBGT 指数限值增加 1~2 ℃。工作场所不同体力劳动强度 WBGT 指数限值(℃)见表 3-7。

表 3-7　工作场所不同体力劳动强度 WBGT 指数限值

接触时间率	体力劳动强度			
	Ⅰ	Ⅱ	Ⅲ	Ⅳ
100%	30	28	26	25
75%	31	29	28	26
50%	32	30	29	28
25%	33	32	31	30

备注:Ⅰ(轻劳动):坐姿:手工作业或腿的轻度活动(正常情况下,如打字等);立姿:操作仪器,控制,查看设备,上臂用力为主的装配工作。Ⅱ(中等劳动):手和臂持续动作(如锯木头等);臂和腿的工作(如建筑设备等非运输操作等);臂和躯干的工作(如锻造、风动工具操作、粉刷、间断搬运中等重物、除草、锄田、摘水果和蔬菜等)。Ⅲ(重劳动):臂和躯干负荷工作(如搬重物、铲、锤锻等)。Ⅳ(极重劳动):大强度的搬运,快到极限节律的极强活动。

为便于企业对高温作业的工作地点进行管理,合理安排作业时间,提高工作效率,不同工作地点温度、不同劳动强度条件下高温作业允许持续接触热时间数值(min)见表 3-8。

表 3-8　不同温度和不同劳动强度下高温作业允许持续接触热时间

工作地点温度(℃)	轻劳动	中等劳动	重劳动
30~32	80	70	60
32~34	70	60	50
34~36	60	50	40
36~38	50	40	30
38~40	40	30	20
40~44	30	20	15
>44	20	10	10

备注:轻劳动为Ⅰ级,中等劳动为Ⅱ级,重劳动为Ⅲ级和Ⅳ级。

4. 个体防护

高温个体防护用品主要包括头部防护类、躯体防护类、手部防护类和足部防护类。

(1)头部防护类。主要是高温防护头盔(图 3-11),由头罩、面罩和披肩组成。水泥单位高温环境中使用的防辐射热和高温物料的头盔,一般选用喷涂铝金属的织品或阻燃的帆布制作,面部用镀铝金属膜的有机玻璃做成观察窗。

(2)躯体防护类。主要包括白帆布防热服、石棉防热服和铝膜布防热服。

图 3-11　高温防护头盔

① 白帆布防热服。用天然植物纤维织成的棉帆布、麻帆布制作,具有隔热、易弹落、耐磨、扯断强度大和透气性好等特点,用于工作场所中一般性热辐射的防护。

② 铝膜布防热服(图 3-12)。在阻燃纯棉织物上,采用抗氧化铝箔黏结复合法、表面喷涂铝粉法或薄膜真空镀铝的铝膜复合法等技术增加织物表面反射辐射热的能力。这种防热服对热反射效率高、内有隔热里衬、耐老化,目前是水泥企业使用最为普遍的高温防护服,尤其是在预热器清堵作业时,防止高温物料烫伤。

图 3-12　铝膜布防热服

(3)手部防护类。是由内包阻燃布的特制铝箔布(图3-13)、石棉布(图 3-14)、阻燃帆布、耐火隔热毡等材料制成。如果温度在 100 ℃ 以下,皮手套和棉手套都可以反复使用;如果温度在 200℃左右,使用耐热材料制成的手套会安全很多。水泥企业的化验室高温炉等工作场所(地点)普遍使用耐热材料制成的高温防护手套。

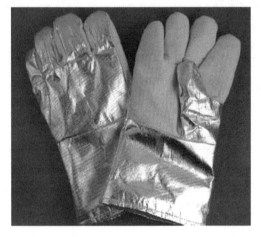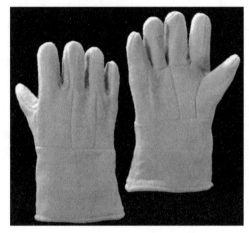

图 3-13　特制铝箔布手套　　　　　图 3-14　石棉布手套

(4)足部防护类。主要包括耐热防护鞋、高温防护鞋和焊接防护鞋。在水泥单位使用比较普遍的是高温防护鞋,高温防护鞋在鞋内底与外底之间装有隔热中底,以保护高温作业人员足部在遇到热辐射、飞溅的熔融金属火花或在高温物体表面(不超过 300 ℃)上短时间作业时免受烫伤、灼伤。焊接防护鞋要求要具备耐高温、绝缘及防砸功能,主要为从事电气焊的作业人员配备,防止焊接过程中的火焰、熔渣对足部造成灼烫。

高温防护用品要根据说明书中的要求,定期检查、维护,及时进行清洗,每次使用前应对关键部件进行检查,确保其完好、有效。

(三)振动

振动产生的主要原因是旋转或往复运动部件相互的碰撞。生产过程中的生产设备、工具产生的振动称为生产性振动。振动和噪声有着十分密切的联系,当振动频率在 20 Hz～2 kHz 的声频范围内时,振动源也就是噪声源。

1. 振动分类

振动的分类主要是以振动作用于人体部位来划分,可分为局部振动和全身振动。

(1)局部振动。也称手传振动,是指在生产过程中使用手持振动工具或接触受振工件时,直接作用或传递到人的手臂的机械振动或冲击。使用风镐可产生剧烈手臂振动。

（2）全身振动。是指人体足部或臀部接触并通过下肢或躯干传导到全身的振动。

2. 振动的危害

（1）局部振动。可引起以手部末梢循环障碍为主的病变，亦可累及肢体神经和运动功能。发病部位多在上肢，典型表现为发作性手指发白，即手臂振动病。早期手臂振动病，手指远端发白（图3-15）。国家已将手臂振动病列为法定职业病。另外，还可以导致手部握力下降、肌纤维颤动、肌肉萎缩和疼痛等。

（2）全身振动。首先引起足部疲劳、腿部肌肉肿胀等症状，后期可能出现皮肤感觉功能降低，尤其是振动感觉最早出现迟钝，及头晕、头疼、恶心、血压升高、心律不齐等自主神经功能紊乱及内分泌功能失调等症状。

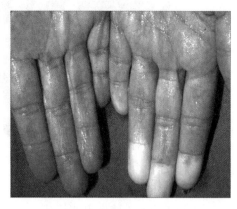

图 3-15　早期手臂振动病症状

3. 振动卫生限值

工作场所（地点）全身振动强度的卫生限值见表3-9。

表 3-9　不同工作日接触时间全身振动强度的卫生限值

工作日接触时间 t(h)	卫生限值（m/s^2）
$4 < t \leqslant 8$	0.62
$2.5 < t \leqslant 4$	1.10
$1.0 < t \leqslant 2.5$	1.40
$0.5 < t \leqslant 1.0$	2.40
$t \leqslant 0.5$	3.60

工作场所（地点）手传振动职业接触限值见表3-10。

表 3-10　手传振动职业接触限值

接触时间	等能量频率计权振动加速度限值（m/s^2）
4 h	5
8 h	3.5

4. 个体防护

振动的个体防护用品包括防振手套和防振鞋。由于作业人员在检维修活动中会使用大量产生局部振动的操作工具，因此，主要对预防手臂振动的防振手套进行介绍。

防振手套是对振动具有衰减功能的防护手套，用于防止局部受振，减弱振动向手臂的传递，适用于使用风镐、冲击钻、打磨机等产生局部振动工具的作业人员。防振手套（图3-16、图3-17）的基本构造是在手掌、手指部位添加一定厚度的泡沫塑料、乳胶以及空气夹层等来有效吸收振动。值得注意的一点，手套衬垫越厚，减振效果越好，但是对工具的操作性有一定影响。因此，在选择防振手套时，要在减振效果和操作性之间适当折中。

选用防振手套要尺寸适当，太紧、太松都影响减振效果，且不利于操作工具；作业前对手套进行检查，出现破损、磨蚀的情况，应立即更换。

图 3-16　皮质防振手套

图 3-17　皮棉防振手套

(四)紫外线

紫外线是电磁波谱中波长从 10 nm 到 400 nm 辐射的总称。生产活动中温度达到1200 ℃时,即可在光谱中检出紫外线。随着温度升高,紫外线的波长变短,强度增大。从事电焊、气焊作业时,人体眼部很容易受到弧光中紫外线的伤害。

1. 紫外线的危害

(1)对皮肤的损害。紫外线对皮肤损害主要是引起红疹、红斑和水疱,严重的可有表皮坏死和脱皮。红斑在停止照射数小时或数天后可以消退,长时间紫外线照射可引起弥漫性红斑,并伴有烧灼感,可形成小水泡。国家已将电气焊、气割作业产生紫外线而引起的电光性皮炎列入法定职业病。

(2)对眼睛的损害。紫外线对眼睛的损害主要表现最初为异物感,继之眼部剧痛,怕光、流泪、结膜充血、睫状肌抽搐等症状。其中波长 22～33 nm 的紫外线最容易被人的角膜和结膜上皮吸收,导致急性角膜炎、结膜炎,称为电光性眼炎。国家已将电光性眼炎列入法定职业病。

2. 紫外线接触限值

工作场所紫外线辐射职业接触限值如表 3-11 所示。

表 3-11　工作场所紫外线辐射职业接触限值

紫外光谱分类	8 h 职业接触限值	
	辐照度(μW/cm^2)	照射量(mJ/cm^2)
中波紫外线(280 nm≤λ<315 nm)	0.26	3.7
短波紫外线(100 nm≤λ<280 nm)	0.13	1.8
电焊弧光	0.24	3.5

3. 个体防护

焊接眼面护具是预防紫外线伤害的眼面部防护装备,主要通过滤光片来实现防护目的,滤光片外加透明保护性镜片,起到防护冲击的作用。焊接眼面护具(图 3-18、3-19、3-20)还必须具有耐高低温、耐潮湿、阻燃等功能,且具有一定强度。

(五)电离辐射

凡是作用于物质能使其发生电离现象的各种辐射称为电离辐射,其波长较短,能量水平高。包括高速带电粒子有 α 粒子、β 粒子、质子,不带电粒子有中子以及 X 射线、γ 射线。

水泥企业可以产生电离辐射的设备主要有核子秤、可控中子活化在线物料分析仪(图 3-21)和 X 线荧光分析仪。

图 3-18 自动变光焊接面罩　　　图 3-19 单片焊接眼罩　　　图 3-20 手持式焊接面罩

电离辐射具有一定的能量和穿透力,人体受到过量照射可以导致放射性皮肤病、放射性白内障、放射性肿瘤等各种疾病的发生。另外,电离辐射还能引起生殖细胞的基因突变和染色体畸变,导致新生一代先天畸形和各种遗传性疾病发生率增高。

对于不同人群,规定了不同水平的最大容许剂量和限制剂量当量。最大容许剂量是指在一般条件下,规定时间内机体所能接受的最大剂量当量,为内外照射的剂量总和,可为较长期的累积剂量,也可为一次照射剂量。电离辐射最大容许剂量和限制剂量当量见表 3-12。

图 3-21 可控中子活化在线
物料分析仪

表 3-12 电离辐射最大容许剂量和限制剂量当量

受照射部位		职业放射性工作人员年最大容许剂量当量(Sv)	放射性工作场所相邻及附近地区工作人员和居民的年限制剂量当量(Sv)
器官分类	名称		
第一类	全身、性腺、红骨髓	0.55	0.05
第二类	皮肤、骨、甲状腺	0.30	0.03
第三类	手、前臂、足、踝	0.75	0.075
第四类	其他器官	0.01	0.0015

由于电离辐射对人体组织可以造成伤害,除在作业场所设计、辐射源屏蔽环节减少辐射以外,电离辐射工作场所的作业人员还应配备个体防护装备,以提供全身防护(图 3-22),包括防护服以及配套的防护手套、防护靴、护目镜等。

三、化学性有害物质

水泥企业的工作场所中,通常会产生、储存或使用一定数量的化学品,这些物质以气态、固态或者气溶胶的形式存在,通过皮肤、吸入等方式接触后,可以引起人体暂时或者永久性病理改变,这些化学物质称为化学性有害物质(或生产性毒物),主要有一氧化碳、二氧化硫、氮氧化物及酸碱类化学品。

(一)一氧化碳(CO)

俗称"煤气",为无色、无臭、无刺激性的气体,可导致一氧化碳中毒。密度 1.250 g/L,和空气密度(标准状况下 1.293 g/L)相差很小,这也是容易发生急

图 3-22 全身
防护装备

性中毒的原因之一。微溶于水,易溶于氨水,不易为活性炭吸附。

1. 职业接触部位

一氧化碳多存在于水泥企业的煤粉制备系统的煤磨、煤粉仓、收尘器及回转窑等部位,主要是由于煤的氧化和不完全燃烧产生。急性一氧化碳中毒事故的发生和进入煤粉制备系统、回转窑等设备内部作业有着密不可分的联系,并且容易因为风险辨识不清、组织施救不力等原因,导致群死群伤的重大事故。

2. 中毒原理

一氧化碳经呼吸道进入后迅速吸收,80%～90%与血红蛋白(Hb)发生紧密可逆性结合,形成碳氧血红蛋白(HbCO),使血红蛋白失去携氧能力,导致组织缺氧,导致低氧血症,引起缺氧与窒息。

3. 职业接触限值

时间加权平均容许浓度(PC-TWA):非高原,20 mg/m³。

短时间接触容许浓度(PC-STEL):非高原,30 mg/m³。

最高容许浓度(MAC):海拔 2000～3000 m,20 mg/m³;海拔大于 3000 m,15 mg/m³。

4. 中毒剂量及症状

人体中枢神经系统对缺氧最为敏感,因此容易较早受到损害。工作场所中接触一氧化碳不同的浓度,给人体造成的表现也不一样,一氧化碳不同接触浓度和症状见表 3-13。

表 3-13　一氧化碳不同接触浓度和症状

接触浓度(ppm)	表现症状
50	健康成年人可以承受 8 小时
200	健康成年人 2～3 小时后,轻微头痛、乏力
400	健康成年人 1～2 小时内前额痛,3 小时后威胁生命
800	健康成年人 45 分钟内眼花、恶心、痉挛,2 小时内失去知觉,2～3 小时内死亡
1600	健康成年人 20 分钟内头痛、眼花、恶心,1 小时内死亡
3200	健康成年人 5～10 分钟内头痛、眼花、恶心,25～30 分钟内死亡
6400	健康成年人 1～2 分钟内头痛、眼花、恶心,10～15 分钟死亡
12800	健康成年人 1～3 分钟内死亡

(二)二氧化硫(SO_2)

常温下为无色、有刺激性气味的有毒气体,过量吸入可导致二氧化硫中毒。

1. 职业接触部位

煤含有硫化合物,燃烧时会生成二氧化硫。因此,二氧化硫是在回转窑熟料煅烧的过程中,由于煤在窑内燃烧时产生的,存在于窑头和窑尾。

2. 职业接触限值

时间加权平均容许浓度(PC-TWA):5 mg/m³。

短时间接触容许浓度(PC-STEL):10 mg/m³。

3. 中毒剂量

二氧化硫浓度在 1～3 ppm 时人开始感到刺激;在 400～500 ppm 时人会出现溃疡和肺水肿直至窒息死亡。二氧化硫与空气中的烟尘有协同作用,当空气中二氧化硫浓度为 0.21 ppm,烟尘浓度大于 0.3 mg/L,可使呼吸道疾病发病率增高,慢性呼吸道疾病患者病情迅速恶化。

4. 中毒症状

二氧化硫经呼吸道进入人体后,易被湿润的黏膜表面吸收生成亚硫酸、硫酸。对眼及呼吸道黏膜产生强烈的刺激作用。轻度中毒时,发生流泪,畏光,咳嗽,咽、喉灼痛等;严重中毒可在数小时内发生肺水肿;极高浓度吸入可引起反射性声门痉挛而致窒息。也可通过皮肤或眼部接触造成局部炎症或化学性灼伤。

(三)氮氧化物(NO_x)

氮氧化物(NO_x)是氮和氧化合物的总称。作业环境中接触的是几种氮氧化物气体的混合物,常称为硝烟(气),其中主要为一氧化氮(NO)和二氧化氮(NO_2)。因此,氮氧化物一般就指这二者的总称。

1. 职业接触部位

主要产生于进行熟料煅烧的回转窑,具体位置在窑头煤粉燃烧器、回转窑和窑尾预热器、分解炉、煤粉燃烧器等部位。

2. 职业接触限值

时间加权平均容许浓度(PC-TWA):一氧化氮 15 mg/m³;二氧化氮 5 mg/m³。

短时间接触容许浓度(PC-STEL):二氧化氮 10 mg/m³。

3. 中毒原理

氮氧化物的毒性作用主要来源于一氧化氮和二氧化氮。当一氧化氮大量存在时可引起高铁血红蛋白症及中枢神经系统损害。二氧化氮生物活性大,毒性约为一氧化氮的 4~5 倍,主要损害肺部终末细支气管和肺泡上皮,急性中毒主要引起肺水肿。一氧化氮和二氧化氮同时存在毒性增强。

4. 中毒症状

吸入氮氧化物气体主要造成呼吸系统急性损害。中毒初期仅有轻微的眼部灼痛和咳嗽、咳痰等上呼吸道症状,脱离中毒现场后,常因症状很快消失而不被注意。但经过 4~6 h 或更长的潜伏期后,可出现呼吸困难、咳嗽加剧并伴有大量白色或粉红色泡沫样痰等肺水肿症状,严重者可导致急性呼吸窘迫综合征(ARDS)。

(四)腐蚀性化学品

水泥企业的余热发电、化学水处理、化验室以及脱硝系统均储存和使用一定量的化学品。尤其是化验室从业人员对生产各种原材料、半成品和成品进行化验、分析,接触各种浓度化学品的机会更加频繁。在此主要介绍几种常见的腐蚀性化学品。

腐蚀性化学品在《危险化学品名录》分类中属第 8 类,人体在接触此类化学品时,会因其化学作用导致严重的组织损伤。腐蚀性化学品一般具有腐蚀性、毒害性、易燃性和强氧化性的特性。

1. 硫酸(H_2SO_4)

硫酸是一种强腐蚀性酸,一般为透明至微黄色,能与水以任意比例互溶,同时放出大量的热,可发生沸溅。能对人体组织造成严重腐蚀,在使用时应十分谨慎。

吸入硫酸蒸气后会对呼吸道产生刺激,重者发生呼吸困难和肺水肿,高浓度吸入引起喉痉挛或声门水肿而死亡。另外,硫酸对皮肤和黏膜等组织有强烈的刺激和腐蚀作用,皮肤接触会引起灼伤和局部剧痛,并形成颜色不同的厚痂。眼睛接触后可引起结膜炎、水肿、角膜混浊,甚至失明。硫酸可导致的职业病为化学性皮肤灼伤、化学性眼部灼伤、慢性支气管炎和牙酸蚀病等。

2. 盐酸(HCl)

是氯化氢(HCl)气体的水溶液,有刺激性气味,具有极强的挥发性,由于浓盐酸具有挥发性,挥发出的氯化氢气体与空气中的水蒸气作用形成盐酸小液滴,所以会看到酸雾。盐酸是一种很稳定的化合物,但在高温下可以分解为氢气和氯气。

经呼吸道吸入后可引起喉炎、喉头水肿、支气管炎、肺水肿甚至死亡。对皮肤及黏膜具有腐蚀作用,接触盐酸蒸气或烟雾,可引起眼结膜炎和皮肤灼伤。还会导致牙齿酸蚀症,使牙齿失去原有光泽,变黄、变软,直至脱落。盐酸可导致的职业病为化学性皮肤和呼吸道灼伤、慢性鼻炎、慢性支气管炎和牙酸蚀病等。

3. 硝酸(HNO_3)

硝酸是一种强氧化性、腐蚀性酸。易溶于水,常温下其溶液无色透明。有窒息性刺激气味。易挥发,在空气中产生白雾,是硝酸蒸气与水蒸气结合而形成的硝酸小液滴。低浓度的硝酸也是一种强氧化剂,浓度高于 45% 的硝酸可以引起木材、稻草等有机物自燃。

硝酸液及含有硝酸的气溶胶对皮肤和黏膜有强刺激和腐蚀作用。吸入后短时间内可以无任何症状,但在数小时后可以引起急性肺水肿,出现进行性呼吸困难,并导致死亡。眼和皮肤的接触还会引起化学性灼伤。硝酸可导致的职业病为化学性皮肤灼伤、眼部灼伤和牙酸蚀病等。

4. 氢氟酸(HF)

氢氟酸是氟化氢气体(HF)的水溶液,为无色透明有刺激性气味的发烟液体。有腐蚀性,能强烈地腐蚀金属、玻璃和含硅的物体。

氢氟酸可经皮肤吸收,酸雾可经呼吸道吸入。氟化氢对皮肤、眼睛、呼吸道黏膜均有刺激、腐蚀作用,可致使接触部位明显灼伤,使组织蛋白脱水和溶解,迅速穿透角质层,渗入深部组织,溶解细胞膜,引起组织液化,重者可深达骨膜和骨质,使骨骼成为氟化钙,形成愈合缓慢的溃疡。吸入高浓度的氢氟酸酸雾,可引起支气管炎和急性肺水肿。氢氟酸也可经皮肤吸收而引起严重中毒。氢氟酸可导致的职业病为角膜穿孔、眼和上呼吸道损伤和牙酸蚀病等。

5. 氨水($NH_3 \cdot H_2O$)

氨水,无色透明且具有刺激性气味。熔点为 $-77\ ℃$,沸点为 $36\ ℃$,密度为 $0.91\ g/cm^3$。易溶于水、乙醇。易挥发,具有部分碱的通性,由氨气通入水中制得。有毒,对眼、鼻、皮肤有刺激性和腐蚀性,能使人窒息,空气中最高容许浓度为 $30\ mg/m^3$。

(1)接触部位:氨水主要存在于水泥企业的脱硝系统。

(2)物化性质

① 挥发性:氨水易挥发出氨气,随温度升高和放置时间延长挥发率增加,且随浓度的增大挥发量增加。

② 腐蚀性:氨水有一定的腐蚀作用,碳化氨水的腐蚀性更加严重。对铜的腐蚀比较强,对钢铁腐蚀性比较差,对水泥腐蚀不大,对木材也有一定腐蚀作用。属于危险化学品,危规编号 82503。

③ 弱碱性。

(3)侵入途径:吸入、食入。

健康危害:吸入后对鼻、喉和肺有刺激性,引起咳嗽、气短和哮喘等;可因喉头水肿而窒息死亡;可发生肺水肿,引起死亡。氨水溅入眼内,可造成严重损害,甚至导致失明,皮肤接触可致灼伤。慢性影响:反复低浓度接触,可引起支气管炎。皮肤反复接触,可致皮炎,表现为皮肤干燥、痒、发红。如果身体皮肤有伤口一定要避免接触伤口以防感染。

(4)急救措施

① 皮肤接触:立即用水冲洗至少 15 分钟。若有灼伤,就医治疗。对少量皮肤接触,避免将物质播撒面积扩大。注意患者保暖并且保持安静。

② 眼睛接触:立即提起眼睑,用流动清水或生理盐水冲洗至少 15 分钟。或用 3% 硼酸溶液冲洗,立即就医。

③ 吸入:迅速脱离现场至空气新鲜处。保持呼吸道通畅。呼吸困难时给输氧。呼吸停止

时,立即进行人工呼吸。就医。如果患者食入或吸入该物质不要用口对口进行人工呼吸,可用单向阀小型呼吸器或其他适当的医疗呼吸器。脱去并隔离被污染的衣服和鞋。

④ 食入:误服者立即漱口,口服稀释的醋或柠檬汁,就医。吸入、食入或皮肤接触该物质可引起迟发反应。确保救护人员了解该物质相关的个体防护知识,注意自身防护。

(5)消防措施

① 危险特性:易分解放出氨气,温度越高,分解速度越快,可形成爆炸性气氛。若遇高热,容器内压增大,有开裂和爆炸的危险。与强氧化剂和酸剧烈反应。与卤素、氧化汞、氧化银接触会形成对震动敏感的化合物。接触下列物质能引发燃烧和爆炸:三甲胺、氨基化合物、1-氯-2,4-二硝基苯、邻氯硝基苯、铂、二氟化三氧、二氧二氟化铯、卤代硼、汞、碘、溴、次氯酸盐、氯漂、有机酸酐、异氰酸酯、乙酸乙烯酯、烯基氧化物、环氧氯丙烷、醛类。腐蚀某些涂料、塑料和橡胶。腐蚀铜、铝、铁、锡、锌及其合金。

② 灭火方法:雾状水、二氧化碳、沙土。

(6)泄漏应急处理

应急处理:疏散泄漏污染区人员至安全区,禁止无关人员进入污染区,建议应急处理人员戴自给式呼吸器,穿化学防护服。不要直接接触泄漏物,在确保安全情况下堵漏。用大量水冲洗,经稀释的洗水放入废水系统。也可以用沙土、蛭石或其他惰性材料吸收,然后以少量加入大量水中,调节至中性,再放入废水系统。如大量泄漏,利用围堤收容,然后收集、转移、回收或无害处理后废弃。

(7)储运注意事项

储存于阴凉、干燥、通风处。远离火种、热源。防止阳光直晒。保持容器密封。应与酸类、金属粉末等分开存放。露天储罐夏季要有降温措施。分装和搬运作业要注意个人防护。搬运时要轻装轻卸,防止包装及容器损毁。

(8)防护措施

① 工程控制:严加密封,提供充分的局部排风和全面排风。

② 呼吸系统防护:可能接触其蒸气时,佩戴防毒面具。紧急事态抢救或逃生时,佩戴自给式呼吸器。

③ 眼睛防护:必要时,戴化学安全眼镜。

④ 身体防护:穿工作服。

⑤ 手防护:戴防化学手套。

⑥ 其他:工作现场禁止吸烟、进食和饮水,工作毕,沐浴更衣。

6. 氢氧化钠(NaOH)

俗称烧碱、火碱、苛性钠,是一种具有高腐蚀性的强碱,为白色半透明、结晶状固体。易溶于水并形成碱性溶液,溶解时放出大量的热。另有潮解性,易吸取空气中的水蒸气,放置在空气中,最后会完全溶解成溶液。

氢氧化钠有强烈刺激和腐蚀性。粉尘或烟雾会刺激眼和呼吸道,腐蚀鼻中隔,皮肤和眼与氢氧化钠直接接触会引起灼伤,误服可造成消化道灼伤,黏膜糜烂、出血和休克。氢氧化钠可导致的职业病为接触性皮炎、化学性皮肤灼伤。

(五)化学有害物质的个体防护

化学性有害物质(生产性毒物)对作业人员造成的危害,主要是通过呼吸道吸入和皮肤接触两种途径。因此,化学性有害物质的个体防护包括吸入性毒物和腐蚀性化学品的防护。

1. 吸入性毒物的防护

对于煤粉制备、熟料煅烧产生的一氧化碳、二氧化硫以及脱硝系统氨水挥发产生的氨气等有毒有害气体的个体防护,以及出现职业病危害事故后的救援和自救,主要是使用呼吸防护用品。

(1)分类

预防吸入性危害的呼吸防护用品分为过滤式和隔绝式。

① 过滤式呼吸防护用品。常用的是自吸过滤式防毒面具,这种防毒面具是利用面罩与人面部形成密合,使人的鼻子、嘴巴与周围有毒有害环境隔离,依靠佩戴者呼吸克服部件阻力,通过过滤件(滤毒罐)中吸附剂的吸附、吸收和过滤作用将外界有毒、有害气体或蒸气、颗粒物进行净化,以提供人员呼吸用洁净空气。一般由面罩、过滤件和导气管组成。

自吸过滤式防毒面具按结构不同,分为导管式和直接式。导管式(图3-23)防护时间较长,一般供专业人员使用。直接式(图3-24)的特点是体积小、重量轻、便于携带、使用简便,是目前水泥企业使用最为普遍的一种防毒面具。

图 3-23　导管式自吸过滤防毒面具　　图 3-24　直接式自吸过滤防毒面具

佩戴时首先选择大小合适的面具,将中、上头带调整到适当位置,并松开下头带,用两手分别抓住面罩两侧,屏住呼吸,闭上双眼,将面罩下巴部位罩住下巴,双手同时向后上方用力撑开头带,由下而上戴上面罩,并拉紧头带,使面罩与脸部严密贴合,然后深呼一口气,睁开眼睛。

检查面罩佩戴气密性的方法是:用双手掌心堵住呼吸阀体进出气口,然后猛吸一口气,使面罩紧贴面部、无漏气即可,否则应查找原因,调整佩戴位置直至气密。另外,佩戴时应注意不要让头带和头发压在面罩密合框内,也不能让面罩的头带爪弯向面罩内。另外,使用者在佩戴面具之前应当将自己的胡须剃刮干净。

防毒过滤件的使用寿命受化学物质种类及浓度、使用频率
检查或更换。

② 隔绝式呼吸防护用品。包括长管呼吸器、氧气呼吸器和自给开路式压缩空气呼吸器。水泥企业比较常用的是自给开路式压缩空气呼吸器(图3-25),这种呼吸器是一种使佩戴者呼吸器官与外界有毒有害环境完全隔绝,具有自带压缩空气源,呼出的气体直接排入外部呼吸器。主要用于在浓烟、毒气、缺氧等环境中安全有效地进行抢险、救护工作。

图 3-25　自给开路式压缩空气呼吸器

使用前检查气瓶的压力表指针应在绿色区域之内,呼吸器各部件完好,按要求佩戴好呼吸器,面具完全贴合在面部,调整好头带。将需供阀从腰部固定器中取出塞入面具上的机构内,听到"咔嗒"声表示需供阀连接面具到位。然后快速深呼去启动打开呼吸阀,反复呼吸12次检查

空气流量,快速转动红色圆钮,打开时会感觉到空气气流有所增加。以上检查完全正常后,即可使用。

注意事项:在使用期间应注意观察压力表,气瓶压力低于 55 ± 5 Pa 时,报警笛开始鸣叫,人员应立即撤离危险区域;切勿使头发卡在面罩和脸部之间,以免影响密封性;使用中发现面罩与呼吸保护装置的性能有问题,应立即撤离危险区域。

(2)使用和维护

① 任何种类呼吸防护用品的功能都是有限的,使用者应了解呼吸防护用品的局限性。

② 使用前必须仔细阅读产品说明书,并严格按要求操作。

③ 使用前必须检查防护用品的完整、有效性,是否有破损现象,对于密合型面罩,在使用前必须对气密性进行确定。

④ 在使用中如感觉到异味或刺激恶心等不适症状,应立即离开有害环境,对呼吸防护用品进行检查,确定无故障后方可继续使用。

⑤ 使用过的过滤元件必须及时更换。

⑥ 清洗各部件时,严防碰撞,以免造成密封不良。

⑦ 呼吸器及部件应避免日光直射,防止部件老化。

2. 腐蚀性化学品的防护

腐蚀性化学品的个体防护用品主要有防酸碱服、耐酸碱手套和耐酸碱鞋。适用于化验室、化学水处理等接触强酸强碱的作业人员。

(1)防酸碱服(图 3-26),又叫防酸碱工作服,是在有危险性化学物品或腐蚀性物品的现场作业时,为保护自身免遭化学危险品或腐蚀性物质的侵害而穿着的防护服。防酸碱服主体胶布采用经阻燃增黏处理的锦丝绸布,双面涂覆阻燃防化面胶制成。

图 3-26　防酸碱服

使用注意事项:①使用前必须认真检查服装有无破损,如有破损,严禁使用。②使用防酸碱服时,必须注意头罩与面具的面罩紧密配合,颈扣带、胸部的扣带必须扣紧,以保证颈部、胸部气密。腰带必须收紧,以减少运动时的“风箱效应”。③每次使用后,根据脏污情况用肥皂水或 $0.5\%\sim1\%$ 的碳酸钠水溶液洗涤,然后用清水冲洗,放在阴凉通风处,晾干后包装。④折叠防酸碱服时,将头罩开口向上铺于地面。折回头罩、颈扣带及两袖,再将服装纵折,左右重合,两靴尖朝外一侧,将手套放在中部,靴底相对卷成一卷,横向放入防化服包装袋内。⑤防酸碱服在保存期间严禁受热及阳光照射,不许接触活性化学物质及各种油类。

(2)耐酸碱手套(图 3-27),具有耐酸碱腐蚀、防酸碱渗透、耐老化性能。

使用注意事项:定期更换防护手套,不得超过使用期。使用前必须认真检查有无破损,如有破损,严禁使用。不得将一副手套在不同作业环境中使用,可能会大大降低手套的使用寿命。穿戴手套时注意采取正确方法,防止损坏。

(3)耐酸碱鞋(图 3-28),可以防止酸、碱溶液直接侵袭足部,避免腐蚀、灼烫足部。

使用注意事项:①定期更换防护鞋,不得超过使用期限。②使用前必须认真检查有无破损,如有破损,严禁使用。③穿着过程中避免接触高温和锐器,以免损伤鞋面和鞋底引起渗漏。④使用后及时洗涤晾干,避免阳光直射。

图 3-27 耐酸碱手套

图 3-28 耐酸碱鞋

第三节 水泥企业相关职业健康知识

一、职业病危害警示标识和告知卡管理

工作场所(地点)是员工接触职业病危害最直接、最频繁的地点。水泥企业的工作场所(地点)中存在粉尘、噪声、高温、电离辐射以及有毒有害物质等职业病危害。应当按照《工作场所职业病危害警示标识》(GBZ 158—2003)的要求,根据工作场所产生职业病危害在醒目位置通过采用图形标识(禁止、警告、指令和提示)、警示线(红、黄、绿)和警示语句对员工进行说明,帮助员工快速识别工作场所存在的职业病危害,避免无意识、无保护的情况下进入危险场所。目前来看,在工作场所设置职业病危害警示标识是投入资金较少、效果显著的职业病危害预防措施之一。

水泥企业煤粉制备系统产生的一氧化碳,根据《高毒物品目录》(卫法监发〔2003〕142 号)的规定,属于高毒物品。上述各工作场所应当按照《高毒物品作业岗位职业病危害告知规范》(GBZ/T 203—2007)的规定,在醒目位置设置高毒物品告知卡(图 3-29),告知卡应当载明高毒物品的名称、理化特性、健康危害、防护措施及应急处理等告知内容与警示标识。

工作场所中存在大量产生粉尘、噪声和高温等职业病危害的设备,除了在工作场所设备警示标识和中文警示说明以外,还必须在这些设备醒目位置设置警示标识和中文警示说明。警示说明中应载明设备性能、可能产生的职业病危害、安全操作和维修注意事项、职业病防护以及应急救援措施等内容。

二、职业病防护设施和个人职业病防护用品管理

职业病危害防护设施是以预防、消除或者降低工作场所的粉尘、噪声、高温等职业病危害对员工健康的损害或影响,以达到保护员工健康目的的设施或装置。

个人职业病防护用品,指员工职业活动过程中为防御粉尘、噪声、高温等职业病危害的伤害而穿戴、配备、使用的各种物品。

(一)职业病防护设施

所属企业应根据生产工艺特点、生产条件和工作场所存在的职业病危害的种类、性质选择相应的职业病防护设施。例如,根据工艺流程在工作场所各产尘点设置收尘器,降低或消除粉尘的浓度,减少对员工的健康危害;在石灰石破碎机等高噪声作业岗位,在操作室加装隔声、吸声材料,降低噪声对员工影响;在化验室化学分析室安装通风橱,防止员工吸入有毒有害气体等。

水泥企业应建立职业病防护设施台账,台账包括设备名称、型号、生产厂家名称、主要技术参数、安装部位、安装日期、使用目的、防护效果评价、使用和维修记录、使用人、保管责任人等内容。台账应有人负责保管,定期更新。

有毒物品		注意防护	保障健康
一氧化碳（非高原） Carbon monoxide (not in high altitude area)	健康危害		理化特性
	可经呼吸道进入人体。主要损害神经系统。表现为剧烈头痛、头晕、心悸、恶心、呕吐、无力、脉快、烦躁、步态不稳、意识不清，重者昏迷、抽搐、大小便失禁、休克。可致迟发性脑病。		无色气体。微溶于水，溶于乙醇、苯。遇明火、高热能燃烧、爆炸。
 当心中毒	应急处理		
	抢救人员穿戴防护用具，加强通风。速将患者移至空气新鲜处；注意保暖、安静；及时给氧，必要时用合适的呼吸器进行人工呼吸；心脏骤停时，立即作心肺复苏术后送医院；立即与医疗急救单位联系抢救。		
	防护措施		
	工作场所空气中时间加权平均容许浓度（PC-TWA）不超过20 mg/m³，短时间接触容许浓度（PC-STEL）不超过30 mg/m³。IDLH浓度为1700 mg/m³，无警示性。密闭、局部排风、呼吸防护。禁止明火、火花、高热，使用防爆电器和照明设备。工作场所禁止饮食、吸烟。 		
急救电话：120	职业卫生咨询电话：0335-*********		

图 3-29　一氧化碳职业病危害告知卡

（二）个人职业病防护用品

水泥企业工作场所中存在粉尘、噪声、高温等职业病危害因素，在职业病防护设施因故障、设计缺陷等原因没有将职业病危害消除或降低的情况下，为减轻职业病危害因素对人体健康的影响，员工必须正确佩戴或使用个人职业病防护用品。个人职业病防护用品将人体与职业病危害进行隔离，是保护人体健康的最后一道防线。个人职业病防护用品包括防尘口罩、防毒面具、防护眼镜、防护耳罩（塞）、呼吸防护器和防辐射工作服等。

所属企业应参考《个体防护装备选用规范》（GB/T 11651—2008），结合工作场所的职业病危害因素的种类、对人体的影响途径以及现场生产条件、职业病危害因素的水平以及个人的生理和健康状况等特点，为员工配备适宜的个人职业病防护用品。水泥单位个人职业病防护用品的选用和配备见表 3-14。

表 3-14　水泥单位个人职业病防护用品的选用

序号	作业类别	水泥企业工作场所 （地点）举例	可以选用的防护用品	建议使用的 防护用品
1	手持振动机械作业	使用手持转动、气动工具	耳塞、耳罩、防振手套	防振鞋
2	人承受全身振动的作业	石灰石破碎机、磨机作业现场	防振鞋	
3	高温作业	回转窑、余热锅炉等区域巡检	安全帽，防强光、紫外线、红外线护目镜或面罩，隔热阻燃鞋，白帆布类隔热服，热防护服	镀反射膜类隔热服、其他零星防护用品

续表

序号	作业类别	水泥企业工作场所 (地点)举例	可以选用的防护用品	建议使用的 防护用品
4	粉尘场所作业	现场各生产区域	防尘口罩	防尘服
5	吸入性气相毒物作业	化验室化学分析操作	防毒面具、防化学品手套、 化学品防护服	劳动护肤剂
6	噪声作业	现场各生产区域	耳塞	耳罩
7	强光作业	电气焊操作	防强光、紫外线、红外线面罩 或护目镜,焊接面罩,焊接手套, 焊接防护鞋,焊接防护服	
8	射线作业	X线荧光分析仪操作	防放射性护目镜、防放射性 手套、防放射性服	
9	腐蚀性作业	化验室化学分析、水处理操作	工作帽、防腐蚀液护目镜、 耐酸碱手套、耐酸碱鞋、 防酸(碱)服	防化学品鞋(靴)

使用的个人职业病防护用品属于特种劳动防护用品,不得采购和使用无安全标志(图3-30)的个人职业病防护用品,购买的个人职业病防护用品在入库前必须经本单位安全管理部门验收,并应按照个人防护用品的使用要求,在使用前对其防护功能进行必要的检查,确保能达到防护要求。

水泥企业要督促并指导员工按照使用规则正确佩戴、使用和维护。不得发放钱物替代个人职业病防护用品。

建立个人职业病防护用品管理制度,对防护用品的入库验收、保管维护、发放、使用、更换、报废等明确提出要求。

指定专人对个人职业病防护用品进行经常性的维护、检修,定期检

图 3-30 LA标志

测其性能和效果,对达到报废标准的防护用品必须予以报废,保证职业病个人职业病防护用品能正常使用。不得发放已经失效的职业病防护用品。

在发放个人职业病防护用品时应做相应的记录,包括发放时间,工种,个人职业病防护用品名称、数量,领用人签字等内容。发放记录禁止代领代签。要结合本企业工种、作业岗位、职业病危害的分布和浓度制定个人职业病防护用品的更换周期,以保证员工身体健康。

必须为参观、学习、检查、指导工作等外来人员配备临时个人职业病防护用品,并由专人进行管理。

三、职业健康监护

职业健康监护是以预防为目的,根据员工的职业接触史,通过定期或不定期的医学健康检查和健康相关资料的收集,连续性地监测员工的健康状况,分析健康变化与所接触的职业病危害因素的关系,并及时地将健康检查和资料分析结果报告给企业和员工本人,以便及时采取干预措施,保护人体安全健康。

(一)职业健康检查

存在职业病危害的单位应当委托由省级以上人民政府卫生行政主管部门批准的医疗卫生机构承担对员工进行职业健康检查,检查费用由所属单位承担。职业健康检查是职业健康监护的

主要内容,包括上岗前、在岗期间、离岗职业健康检查。

1. 上岗前职业健康检查

上岗前职业健康检查是掌握新录用、变更工作岗位或工作内容的员工的健康状况、有无职业禁忌,并为其建立基础职业健康档案。检查项目根据员工拟从事的工种和工作岗位,结合该工种和岗位存在的职业危害因素及其对人体健康的影响进行确定。根据检查结果综合评价员工是否适合从事该工作,为工作安排提供依据。

不得安排未经上岗前职业健康检查的员工从事接触职业病危害的作业。通过上岗前职业健康检查发现有职业禁忌症的人员,不得安排其从事所禁忌的作业,如不得安排患有眩晕症的人从事高空作业、患有过敏性哮喘的人从事粉尘作业等。

2. 在岗期间的定期职业健康检查

对在岗并且接触职业病危害的员工定期进行职业健康检查,早期发现职业病患者、疑似职业病患者和职业禁忌症患者,并通过健康查体综合评价员工的健康变化是否与职业病危害有关,以验证工作场所职业病危害的控制是否达到预期效果,判断员工是否适合在该岗位继续从事工作。

在岗并且接触职业病危害的员工进行职业健康检查,应当按照《职业健康监护技术规范》(GBZ 188—2014)、《放射工作人员职业健康监护技术规范》(GBZ 235—2011)的规定和要求,确定检查项目和检查周期。需要复查的,应当根据复查要求增加相应的检查项目。接触职业病危害员工健康检查周期见表 3-15。

表 3-15 接触职业病危害人员健康检查周期

检查项目	职业病	检查周期
矽尘	矽肺	(1)接触二氧化硅粉尘浓度符合国家卫生标准,2 年 1 次;接触二氧化硅粉尘浓度超过国家卫生标准,1 年 1 次。 (2)X 射线胸片表现为 0+者医学观察时间每年 1 次,连续观察 5 年,若 5 年内不能确诊为矽肺患者,应按一般接触人群进行检查。 (3)矽肺患者每年检查 1 次
煤尘	煤工尘肺	(1)接触煤尘浓度符合国家卫生标准,3 年 1 次;接触煤尘浓度超过国家卫生标准,2 年 1 次。 (2)X 射线胸片表现为"0+"作业人员医学观察时间为每年 1 次,连续观察 5 年,若 5 年内不能确诊为煤工尘肺患者,应按一般接触人群进行检查。 (3)煤工尘肺患者每 1~2 年检查 1 次
其他粉尘(包括电焊粉尘、水泥粉尘等)	电焊工尘肺、水泥尘肺	(1)接触粉尘浓度符合国家卫生标准,每 4 年 1 次;接触粉尘浓度超过国家卫生标准,每 2~3 年 1 次。 (2)X 射线胸片表现为"0+"者的作业人员医学观察时间为每年 1 次,连续观察 5 年,若 5 年内不能确诊为尘肺患者,应按一般接触人群进行检查。 (3)尘肺患者每 1~2 年进行 1 次医学检查
噪声	职业性听力损伤	健康检查周期 1 年
振动	手臂振动病	健康检查周期 2 年
高温	中暑	健康检查周期 1 年,应在每年高温季节到来之前进行
电离辐射	职业性放射病	健康检查周期 1~2 年,不得超过 2 年

在委托医疗卫生机构对从事接触职业病危害的员工进行职业健康检查时,应当如实提供企业的基本情况、工作场所职业病危害种类及其接触人员名册、职业病危害因素定期检测、评价结果等材料。

根据在岗并且接触职业病危害的员工职业健康检查报告,对患有职业禁忌症的员工,应以适当方式及时告知其本人,并调离或者暂时脱离原工作岗位;发现员工出现与从事的职业活动相关的健康损害时,应当调离原工作岗位,并妥善进行医学观察、诊断、治疗和疗养等一系列安置措施;对需要复查的员工,按照职业健康检查机构要求的时间安排复查和医学观察;对疑似职业病病人,按照职业健康检查机构的建议安排其进行医学观察或者职业病诊断。

3. 离岗职业健康检查

应当安排离岗的员工在离岗前 30 日内进行职业健康检查,目的是了解员工在停止接触职业病危害后的健康状况。离岗前 90 日内的在岗期间的职业健康检查可以视为离岗时的职业健康检查。未进行离岗前职业健康检查的员工,不得解除或者终止与其订立的劳动合同。

(二)职业健康监护档案

职业健康监护档案是职业健康监护整个过程的客观记录资料,是评价个体和群体健康损害的依据。水泥单位必须按照国家职业卫生法律法规的要求,为员工建立职业健康监护档案,并保证档案的真实性、有效性和连续性。

应指定专人负责对职业健康监护档案进行保存,严格遵守根据有关保密原则,保护员工的隐私权,并对借阅作出规定,规定职业健康监护档案的借阅和复印权限,不允许未授权人员借阅,并做好借阅登记和复印记录。

职业健康监护档案应当包括下列内容:①姓名、性别、年龄、籍贯、婚姻、文化程度、嗜好等情况;②职业史、既往病史和职业病危害接触史;③相应工作场所职业病危害因素监测结果;④历次职业健康检查结果、应急职业健康检查结果及处理情况;⑤职业病诊疗资料;⑥需要存入职业健康监护档案的其他有关资料。

员工离岗时,有权索取本人职业健康监护档案复印件,企业应当如实、无偿提供,并在所提供的复印件上签章。

(三)其他职业健康监护要求

禁止使用未满 16 周岁的童工,并不得安排年满 16 周岁、未满 18 周岁的员工从事接触职业病危害的作业。

不得安排孕期女职工从事工作场所空气中氮氧化物、一氧化碳浓度超过国家卫生标准的作业;工作场所放射性物质超过《电离辐射防护与辐射源安全基本标准》(GB 18871)中规定剂量的作业;体力劳动强度分级标准中第Ⅲ、Ⅳ级体力劳动强度的作业;工作中需要频繁弯腰、攀高、下蹲的作业,如焊接作业等。

不得安排哺乳期女职工从事工作场所空气中氮氧化物、一氧化碳浓度超过国家卫生标准的作业;体力劳动强度分级标准中第Ⅲ、Ⅳ级体力劳动强度的作业。

要按照国家法律法规相关要求为从事接触职业病危害作业的员工发放防暑降温费等岗位津贴,保障员工健康权益。

四、职业病诊断与鉴定

职业病诊断是由依法取得职业病诊断资质的医疗卫生机构依据《职业病防治法》等法律法规关于职业病诊断的要求,对员工在职业活动中因接触各种物理性、化学性职业病危害因素而引起的疾病所进行的诊断活动。员工可以在单位所在地、本人户籍所在地或者经常居住地依法承担职业病诊断的医疗卫生机构进行职业病诊断。

职业病鉴定是指员工对职业病诊断有异议的,可以向作出职业病诊断的医疗卫生机构所在地地方人民政府卫生行政部门申请鉴定,即对已作出诊断结果的真伪进行鉴别审定。

(一)职业病报告

建立职业病报告制度,发现职业病病人或者疑似职业病病人时,应当及时向所在地卫生行政部门报告,不得虚报、漏报、拒报、迟报。确诊为职业病的,用人单位还应当向所在地劳动保障行政部门报告。

(二)职业病诊断和鉴定

如果员工在职业活动过程中感到不适,又排除其他疾病的,经员工申请,单位应安排其进行职业病诊断。员工对职业病诊断结果有异议的,可以向作出诊断的医疗卫生机构所在地地方人民政府卫生行政部门申请鉴定。

在职业病诊断、鉴定过程中,单位必须如实提供员工的职业健康资料和职业健康监护资料。职业健康资料包括工作场所职业病危害因素定期检测资料及职业健康防护设备及个人职业病防护用品配置情况。职业健康监护资料包括职业接触史、上岗前健康检查结果,以及在岗期间定期健康检查结果的资料。对于退休、离岗人员还需提供离岗后医学追踪观察资料。

对于职业健康检查机构、职业病诊断机构依据职业病诊断标准,认为需要作进一步的检查、医学观察或诊断性治疗以明确诊断的疑似职业病病人,应安排进一步的职业病诊断。

必须积极配合职业病诊断、鉴定机构进入工作现场,调查了解工作场所职业病危害因素情况。

为了保证受到职业病危害的员工享有充分的职业健康权利,职业病诊断、鉴定费用由单位承担。在疑似职业病病人诊断或者医学观察期间,不得解除或者终止与其订立的劳动合同。

(三)职业病人安置

被确诊患有职业病的员工,应根据职业病诊断医疗机构的意见,安排其医治或康复疗养,经医治或康复疗养后被确认为不宜继续从事原有害作业或工作的,应将其调离原工作岗位,另行安排。同时按照《工伤保险条例》的规定申报工伤,对留有残疾、影响劳动能力的员工,应进行劳动能力鉴定,并根据其鉴定结果安排适合其本人职业技能的工作。应建立职业病人管理的相关制度,专人负责妥善安置本单位职业病人的相关工作。

在发生分立、合并、解散、破产等情形时,应当对从事接触职业病危害的作业的员工进行职业健康检查,如发现疑似职业病人或确诊职业病人时,应按照国家有关规定妥善安置。

五、职业健康档案

职业健康档案是指在职业病危害因素控制和职业病预防工作中形成的,能够准确、完整反映单位职业健康管理活动全过程的文字、图纸、照片、报表、音像资料、电子文档等文件材料。是单位实施职业病防治工作、履行法律义务和责任的客观记录,同时为职业病诊断和鉴定、职业健康监管部门执法、职业健康技术服务等活动提供重要参考依据。

应当按照《职业健康档案管理规范》的要求,建立本企业的职业健康档案,内容主要包括:①建设项目职业健康"三同时"档案;②职业健康管理档案;③职业健康宣传培训档案;④职业病危害因素监测与检测评价档案;⑤用人单位职业健康监护管理档案;⑥劳动者个人职业健康监护档案;⑦法律、行政法规、规章要求的其他资料文件。

应当制定职业健康档案管理制度,指定专职人员负责档案管理,并应对职业健康档案的借阅作出具体规定。

第四章 安全生产管理实务

第一节 安全文化

一、安全文化建设意义

安全文化就是安全意识、安全目标、安全责任、安全素养、安全习惯、安全科技、安全设施、安全监管、安全宣传教育、安全理论知识、安全规章制度、安全管理体系等的总和。其核心是坚持以人为本,珍惜人的生命,保护人的健康,实现人的价值的文化,并在企业的安全管理中发挥着重要的导向、激励、凝聚和规范作用。

企业安全文化的重要意义就在于通过提高员工的安全文化素质来规范其安全行为。可以通过多种形式来完成安全文化建设内容,如宣传口号和标语,还可以是全家福照片,照片下附员工要自己安全的口号,以增加员工的责任心。要自己安全就是对家庭负责。

落实"以人为本"和"本质安全",推进安全文化建设,宣贯、学习、执行国家法律、法规及相关标准要求,引导企业员工参与,推动安全发展、健康发展、持续发展,增强企业安全文化水平。

企要开展安全文化建设,确立本企业的安全生产和职业病危害防治理念及行为准则,并教育、引导从业人员贯彻执行。

二、安全文化作用

1. **教育的作用**:通过有目的、有组织、有计划、系统地传授知识和技术规范的活动,引导企业员工树立牢固的安全生产意识,以发展和变化的态度来对待安全生产,营造深厚的安全生产氛围。

2. **规范的作用**:规范企业员工的安全生产行为,帮助员工克服不良习惯,强化相关法令、规章和规程的规范性和约束力。

3. **协调的作用**:以统一的安全文化准则和行为,来协调人与环境、人与设备、安全工作与其他工作的各种关系,处理各类矛盾,使安全管理系统的各个方面都能处于有序运行、协调发展的和谐状态。

4. **发展的作用**:文化是在发展过程中进行传递和积累的。不断地提炼和发展安全文化,有利于创造出新的安全文化成果,实现在发展变化中对安全工作的正确认识。

5. **效益的作用**:安全是一切工作的基础,不断提炼和发展安全文化,夯实安全基础,有利于提升企业安全管理的水平和层次,提升企业的盈利能力和核心竞争力。

三、安全文化建设

提高员工安全文化素质,增强执行安全规章制度的自觉性,安全文化建设最核心的起决定作用的是企业员工的安全思维方式,安全行为准则,要提升企业安全管理水平,就必须贯彻"以人为本"的安全思想。

安全是一种意识,人的安全意识淡薄是直接导致事故发生的重要因素,要通过多种形式的安全文化建设,不断提升企业员工自我保护的安全意识。

强化现场管理,推行标准化作业。加强对生产作业现场的安全管理与监督,结合一线安全工作特点,加强监督管理力度,落实风险分析和预控等现场安全措施,严格执行安全规章制度,防范人身伤害事故的发生。

推进安全生产责任制建设,应按照"谁主管,谁负责""管生产必须管安全"的原则,明确企业各级人员安全生产责任,认真履行安全生产职责。

四、安全愿景与理念

1. 安全愿景:平安企业,幸福家园。创建有企业特色的安全管理体系,营造平安企业,关注员工的安全与健康,使企业成为平安幸福的家园。

2. 安全理念:以人为本,安全健康发展,一切事故均是可以避免的。

五、安全生产十大禁令

1. 严禁未规范穿戴劳保用品进入生产、施工现场。
2. 严禁未风险评估和采取防范措施开展检修作业。
3. 严禁未办理危险作业分级审批,实施危险作业。
4. 严禁未进行停电和能量隔离开展接触设备作业。
5. 严禁酒后或服用麻醉成分药品驾驶车辆或工作。
6. 严禁未具有相应资格证书的人员从事特种作业。
7. 严禁未经安全教育或考核不合格人员上岗作业。
8. 严禁高空作业不系安全带和违规开展高空抛物。
9. 严禁设备安全防护设施未恢复,启动设备运行。
10. 严禁迟报、漏报、谎报、瞒报生产安全事故。

六、安全文化建设四个阶段

第一阶段:**自然本能阶段**。未将安全放在第一位,企业和员工对安全的意识仅仅是一种自然本能保护的反应,缺少企业安全管理的参与,安全管理只是停留在口头上,企业没有建立安全管理体系,企业员工安全文化素质较低,发生事故概率很高。

第二阶段:**严格监督阶段**。形成了"安全第一"的理念,企业建立了必要的安全管理体系和安全规章制度,层层签订安全生产责任,明确了各级管理层的安全生产职责,但企业员工安全意识不强,依然停留在"要我安全",需要进行严格监管与考核阶段。

第三阶段:**自主管理阶段**。企业建立健全了安全管理体系,全面制定了安全规章制度,层层签订安全生产责任,各级管理层的安全生产职责非常明确,企业员工具有较强的安全意识,能自主开展安全隐患排查治理,定期开展与接受安全教育培训,自觉遵守安全规章制度,按照标准化进行生产作业。企业员工自觉把安全放在第一位,转变为"我要安全"的自主管理阶段。

第四阶段:**团队管理阶段**。企业安全管理体系正常、规范运行,企业员工具有较高的安全文化素质,超强的安全意识和团队合作精神,自觉做到四不伤害——"不伤害自己,不伤害他人,不被他人伤害,保护他人不受伤害",企业员工自觉把团队安全放在第一位,转变为"要团队安全"的团队管理阶段。

第二节 安全管理的组织保障

一、组织机构和人员

《中华人民共和国安全生产法》等相关法律法规规定:

矿山、金属冶炼、建筑施工、道路运输单位和危险物品的生产、经营、储存单位,应当设置安全生产管理机构或者配备专职安全生产管理人员。其他生产经营单位,从业人员超过一百人的,应当设置安全生产管理机构或者配备专职安全生产管理人员;从业人员在一百人以下的,应当配备专职或者兼职的安全生产管理人员。

生产经营单位的主要负责人和安全生产管理人员必须具备与本单位所从事的生产经营活动相应的安全生产知识和管理能力。

危险物品的生产、经营、储存单位以及矿山、金属冶炼、建筑施工、道路运输单位的主要负责人和安全生产管理人员,应当由主管的负有安全生产监督管理职责的部门对其安全生产知识和管理能力考核合格。

危险物品的生产、储存单位以及矿山、金属冶炼单位应当有注册安全工程师从事安全生产管理工作。鼓励其他生产经营单位聘用注册安全工程师从事安全生产管理工作。注册安全工程师按专业分类管理。

安全管理机构是指企业内部设立的专门负责安全管理事务的独立机构;专职安全管理人员是指企业专门负责安全管理,不兼做其他工作的人员;兼职安全管理人员是指企业承担其他工作的同时,还负责安全管理的人员。

企业定岗定编中应明确安全管理机构名称和安全管理岗位名称及数量;应以企业红头文件进行任命;安全管理人员应具备相应的知识和能力等要求,并取得相应的资格证书;编制安全管理组织网络图。

二、成立安全生产职业健康管理委员会

应根据相关法律法规规定,结合企业实际,设立安全生产职业健康管理委员会或安全生产职业健康领导机构。

安全生产职业健康管理委员会或安全生产职业健康领导机构能够加强企业对安全生产职业健康的统一领导,是符合国情的安全生产职业健康协调管理方式之一,在安全生产职业健康管理实践中发挥了很好的推进作用。

安全生产职业健康管理委员会成员一般由企业领导和部门领导、工会及员工代表组成。安全生产职业健康管理委员会主任由企业一把手担任,应设立安全生产职业健康管委会办公室,负责开展企业的日常安全生产职业健康管理工作。

企业以红头文件的形式,成立安全生产职业健康管理委员会;成员应明确姓名和职务,如有变动,应及时发文进行调整。可参见国务院安全生产委员会调整组成人员的通知。

安全生产职业健康管理委员会或安全生产职业健康领导机构每季度应至少召开一次安全生产职业健康专题会,协调解决安全生产职业健康问题。会议纪要中应有工作要求并保存。

安全生产职业健康管理委员会本质是一个联席会,通过定期开会履行职能,在研究重大的安全生产职业健康决策外,还应协调解决安全管理部门因权限不够无法解决的事项。安全生产职业健康管理委员会的主要会议内容是监督检查上次会议布置工作的落实情况,研究当期安全生产职业健康情况,并进行工作布置安排。

会议纪要中应有具体工作内容,并形成闭环管理,建立档案。

第三节　安全生产检查与隐患排查治理

一、安全生产检查管理

1. 安全生产检查的内容

重点检查人的不安全行为、物的不安全状态、环境的不安全因素、管理缺陷。

(1)检查人的不安全行为:不规范佩戴防护用品,不按规章制度操作、作业等违章违规行为。

(2)检查物的不安全状态:作业工器具缺陷,设备带故障运行,安全防护设施损坏、缺失等现场安全隐患。

(3)检查环境的不安全因素:作业场所狭窄、照度不足、恶劣天气等不安全作业环境。

(4)检查管理缺陷:安全规章制度、安全教育培训、安全会议、安全措施等开展与落实情况。

2. 安全生产检查的类型

安全生产检查类型主要有综合检查、专业检查、季节性检查、节假日检查、日常检查等。

(1)综合检查是以落实岗位安全责任制为重点,由企业主要负责人牵头,各部门、各专业相关负责人共同参与的全面检查。一般企业至少每年组织一次综合检查,危险性较大的企业至少每半年组织一次综合检查。

(2)专业检查主要是对特种设备、电气设施、机械设备、安全防护设施、危险物品、运输车辆、避雷设施、仪器仪表、自动控制设施等分别进行的专业检查,一般企业至少每季度组织一次专业检查,新、改、扩建项目试生产前要组织开展安全专项检查。

(3)季节性检查是根据各季节特点开展的专项检查。春季重点检查防潮、防触电、防雷、防春困;夏季重点检查防台、防洪、防汛、防雷、防触电、防中暑;秋季要重点检查防风、防火、防中毒;冬季重点检查防冻、防滑、防火、防大雾、防中毒。

(4)节假日检查分为节前和节中检查,节前检查主要是对现场安全隐患、消防、应急物资、防偷盗等进行检查,节中检查主要是对各级管理人员值班值守、岗位人员劳动纪律、检修现场安全措施、安全生产操作及偷盗的情况等进行检查。

(5)日常检查包括班组、岗位员工的交接班检查和班中巡回检查,以及各级管理人员和生产工艺、设备、电气、工程、安全管理等专业技术人员的经常性检查。各岗位应严格履行日常巡查制度,重点对危险性大的关键区域、装置、部位以及危险源进行检查和巡查。

3. 危险和有害因素

(1)人的因素:心理、生理、行为性。

(2)物的因素:物理、化学、生物。

(3)环境因素:室内、室外、其他。

(4)管理因素:安全生产职业健康组织机构健全、责任落实、规章制度完善、安全投入等。

4. 检查原则

(1)突出重点:危险性大、易发事故、事故危害大的系统、装置、设备等。

(2)检查重点:易燃易爆区域、危险物品、压力容器、起重设备、冶炼设备、冲压机械、高处作业;易造成职业中毒或职业病的岗位及人员。

5. 安全检查方法

常规检查,安全检查表法。

6. 安全生产检查的工作程序

包括:①安全检查准备(方案、对象、目的、方法、检测工具);②实施安全检查(查、看、谈、测);③综合分析;④提出整改要求;⑤整改落实;⑥信息反馈及持续改进。

二、隐患排查管理

1. 安全生产事故隐患定义

安全生产事故隐患是指生产经营单位违反安全生产法律、法规、规章、标准、规程和安全生产规章制度的规定,或者因其他因素在生产经营活动中存在可能导致事故发生的人的不安全行为、物的不安全状态、环境的不安全因素及管理上的缺陷。

2. 建立隐患排查治理制度

(1)企业应根据自身实际情况,建立隐患排查治理制度,并按照本单位制度管理程序进行审批,以正式文件发布实施。

(2)企业应当建立相关方(承包、承租等相关方)隐患排查治理制度,明确各方对事故隐患排查、治理和防控的管理职责。

(3)隐患排查治理制度中要明确责任部门、人员和方法。

3. 制定隐患排查工作方案

(1)为确保隐患排查工作得到有效落实,企业应根据法律法规、方针政策、季节变化、生产实际情况等有关内容要求,制定长期和阶段性以及必要临时性、针对性的隐患排查工作方案。

(2)确定排查目的、排查的区域或作业范围、排查方法和组织方式、排查的时间、资源配置以及排查过程中的具体要求等,进行全面或专项的隐患排查工作。

(3)企业在组织隐患排查前需要进行认真策划,由组织隐患排查的部门、人员来确定具体排查工作方案。

(4)特定的一次隐患排查,要有具体的要求和目的,如贯彻落实上级有关工作要求、定期的排查、专业管理需要查清现场实际情况等。

(5)每一次隐患排查,应根据隐患排查的目的,限定具体的排查范围。

(6)排查方法的选择和确定需要充分考虑企业客观实际、相关要求,保证排查方法可行并满足要求。

(7)隐患排查工作方案中应明确排查的要求,包括受检单位的态度、排查人员的责任心、排查程序等方面。

4. 组织隐患排查

(1)按照预先制定的隐患排查工作方案,组织人员,采取预定的方式、方法,对确定的排查范围,实施现场排查,找出隐患。

(2)排查人员要对被检查区域内的相关从业人员进行访谈;查阅安全管理的相关文件、记录和档案;对现场的环境、设施、工艺、指标、显示、标识、作业等观察和记录;必要时采用仪器测量。

(3)排查人员要依据获得的信息和数据,进行分析,作出判断,找出主要问题,即人、物、环境、管理几方面的不安全因素。必要时可以通过仪器进行检验。

5. 隐患进行分析评估

(1)按照隐患的危害程度和整改难度,事故隐患可以分为一般事故隐患和重大事故隐患。一般事故隐患,是指危害和整改难度较小,发现后能够立即整改排除的隐患。重大事故隐患,是指危害和整改难度较大,应当全部或者局部停产停业,并经过一定时间整改治理方能排除的隐患,或者因外部因素影响致使生产经营单位自身难以排除的隐患。

(2)事故隐患等级是按照隐患整改能力的管理级别而定的,例如:班组级、工段(车间)级、分厂(部门)级和公司级等,指的是立足于在相应的组织范围内能够将各自的隐患控制和整改,当自身力量不足以解决时,隐患就会上升到上一级的管理层面去解决。

(3)企业应对排查出的事故隐患进行分析评估,根据隐患的危害程度,采取有定性或定量的分析评估方法,确定事故隐患等级。

(4)按照事故隐患的等级进行登记,建立事故隐患信息档案,并按照职责分工实施监控治理。企业隐患排查治理登记台账应反映隐患发现的时间、内容、存在的部位、等级、整改时限、责任人等相关内容。

6. 排查范围与方法

(1)企业组织隐患排查包括生产经营活动相关的所有场所、环境、人员、设备设施和所有作业及管理活动等,不留盲区和死角。

(2)隐患在企业中可能存在和涉及的范围大,甚至可以称得上"无孔不入"。要保证隐患排查的范围足以覆盖其可能藏身的所有地点和过程,隐患排查要做到"全员、全过程、全方位"。

(3)隐患排查要包括所有人员(包括各种外部人员)、所有活动(常规和非常规的)、所有场所(企业内部场所以及外部租赁场所等)、所有设施(建筑物、设备及工器具等),同时还要考虑三种时态(过去、现在和将来)和三种状态(正常、异常和紧急)。

(4)专项或专业检查可以针对特定的对象,但要对特定对象界定范围所涉及的所有场所、环境、人员、设备设施和所有作业及管理活动等全面排查。

(5)在一特定时间段内,企业组织的各种检查必须覆盖所有场所、环境、人员、设备设施和所有作业及管理活动等。

(6)应采用综合检查、专业检查、季节性检查、节假日检查、日常检查等方式进行隐患排查。

三、隐患治理管理

1. 应根据隐患排查的结果,及时进行整改。不能立即整改的,制定隐患治理方案,对隐患进行治理。

2. 方案内容应包括目标和任务、方法和措施、经费和物资、机构和人员、时限和要求。

3. 重大事故隐患在治理前应采取临时控制措施,并制定应急预案。

4. 隐患治理措施应包括工程技术措施、管理措施、教育措施、防护措施、应急措施等。

5. 对于能够立即整改的一般事故隐患,由企业(分厂或部门、工段或车间、班组)负责人或者有关人员立即整改,可以不制定隐患治理方案。

6. 有些隐患难以做到立即整改的,但也属于一般隐患,则应采取下达书面整改指令或问题整改通知单的形式限期整改。书面整改指令或问题整改通知单中需要明确列出隐患的排查发现时间和地点、隐患情况的详细描述、隐患发生原因的分析、隐患整改责任的认定、隐患整改负责人、隐患整改的方法和要求、隐患整改完毕的时间要求等。限期整改需要全过程监督管理,除对整改结果进行"闭环"确认外,也要在整改工作实施期间进行监督,以发现和解决可能临时出现的问题,防止拖延。

7. 重大事故隐患,需要由企业主要负责人组织制定并实施事故隐患治理方案。重大事故隐患治理方案应当包括以下内容:治理的目标、采取的方法和措施、经费和物资的落实、负责治理的机构和人员、治理的时限和要求、安全措施和应急预案。

8. 在事故隐患治理过程中,应当采取相应的安全防范措施,防止事故发生。事故隐患排除前或者排除过程中无法保证安全的,应当从危险区域内撤出作业人员,并疏散可能危及的其他人员,设置警戒标志,暂时停产停业或者停止使用。对暂时难以停产或者停止使用的相关生产储存装置、设施、设备,应当加强维护和保养,防止事故发生。

9. 治理措施的基本要求:能消除和减弱生产过程中产生的危险有害因素;处置危险和有害物,并降低到国家规定的限值;预防生产装置失灵和操作失误产生的危险有害因素;能有效地预防重大事故和职业危害的发生;发生意外事故时,能为遇险人员提供自救和互救条件。

10. 隐患治理验证和效果评估

(1)验证就是检查治理措施的实施情况,是否按照方案和计划的要求逐项落实了。效果评估是检查完成的措施是否起到了隐患治理和整改的作用,是否彻底解决了问题,是否真正满足了"预防为主"的要求。

（2）企业可以组织相关专业技术人员对隐患整改情况进行验证和效果评估。

（3）对隐患整改情况进行验证时要注意隐患治理过程中是否带来或产生新的隐患。

11. 应按规定对隐患排查和治理情况进行统计分析，并定期向安全监管部门和有关部门报送书面统计分析表或网上填报相关信息。

（1）企业应当每季、每年对本单位事故隐患排查治理情况进行统计分析，并按要求定期向安全监管部门和有关部门报送书面统计分析表或进行网上填报相关信息。

（2）统计分析表应当由企业主要负责人签字。

（3）统计分析表内容应当包括统计周期内的事故隐患排查开展情况、发现的事故隐患数量、一般事故隐患和较大事故隐患的排除情况、重大事故隐患治理情况、现存重大隐患情况、其他需要说明的问题。

（4）年度事故隐患排查治理汇总情况表内容应当包括事故隐患排查治理制度建立和责任制落实情况、本年度开展事故隐患排查总体情况（包括开展次数、参加人员等）、年度累计排查事故隐患数量、排除治理情况及整改资金投入情况、尚未治理完毕的重大事故隐患情况、未治理完毕的原因、存在的问题及改进措施、其他需要说明的问题。

（5）对于重大事故隐患，企业除依照前款规定报送书面统计分析表或网上填报相关信息外，还应当及时向安全监管部门和有关部门报告。重大事故隐患报告内容应当包括隐患的现状及其产生原因、隐患的危害程度和整改难易程度分析、隐患的治理方案。

四、能量隔离管理

（一）总则

为加强公司检维修作业的安全管理，规范和指导公司各单位能量隔离操作流程，消除在机械、设备、工艺上进行作业时由于危险能量的意外释放所引起的事故风险，保证作业人员在进行与设备有关工作时的人身安全，提升安全管理绩效，特制定《能量隔离管理规程》。

1. 能量隔离适用范围

（1）在机械、设备、工艺上进行作业任务前，上锁挂牌验证是控制危险能量源并达到零能态的首选方法。

（2）需要对机械、设备、工艺的防护或安全装置进行移除或旁路。

（3）人员在机械、设备、工艺上进行作业任务时可能暴露在危险能量中。

（4）涉及人员包括员工、合同方、第三方。

（5）不适用于使用插拔型连接设备，原料开采过程中爆炸性能量已经释放，移动设备班前检查，加油或其他经由风险评估确定的类似作业，只能在设备通电或开机状态下才能进行的作业等。

2. 能量隔离基本术语

（1）**能量源**：电源、机械能、水压、气压、化学能、热源或其他可能造成人员伤害的能量。

（2）**危险能量**：指一旦意外释放就可导致人员伤害或财产损失的任何能量。

（3）**零能态**：是指机械、设备与危险能量源完全分离，并且残留能量已经消散或受到限制的状态。

（4）**残留的(或储存的)能量**：是指在关断机器设备之后仍然保留其中的能量（如储气罐内的压缩空气）。

（5）**作业任务**：是指某项工作活动，包括搭设、安装、建造、调试、修理、调整、检查、疏通、装配、排除故障、试验、清洁、拆卸、废除、维修、保养或者其他类似的与机械、设备、生产过程相关的工作等。

(6)**个人锁具**:含有员工姓名及个人信息的普通挂锁(包括标有电话号码、部门、工种的标识牌),每人 3 套并由员工个人保管。

(7)**公用锁具**:集中上锁箱里刻有"公用"字样的普通挂锁、空气开关锁具、多孔锁、异形锁具、警示牌等。

(8)**外包锁具**:含有合同方姓名及个人信息的普通挂锁(包括标有电话号码、部门、工种的标识牌),供合同方人员使用,每人 3 套。

(9)**集中上锁方式**:对于设备检修、维护工作前需对 4 个及以上危险能量隔离装置同时进行锁定时,必须通过设置在工作现场集中上锁箱内的锁具对能量隔离装置进行锁定,然后再将锁具的钥匙放回到该集中上锁箱,最后由所有参加现场作业的人员用个人锁具将该集中上锁箱锁上。

(10)**直接上锁**:对于设备检修、维护工作前只需对 3 个及以下危险能量隔离装置进行锁定时,由所有参加现场作业的人员用个人锁具直接锁定能量隔离装置。

(11)**能量隔离装置**:是一种能预防能量转移或释放的机械装置,包括手工操作的电路断路器、分离开关、线路阀门等。

(12)**负责人**:接受过培训的作业项目负责人,负责所有的多重、复杂上锁措施,负责完成上锁挂牌验证工作,确保所有受影响人与被授权人完全清楚相关的危险和遵守机械、设备、工艺的危险能量控制程序,负责人既是执行上锁挂牌验证的第一个人,也是从集中上锁箱中移除个人锁具的最后一个人,同样也可以是授权人。

(13)**授权人**:接受过培训的参加作业人员,负责对机械、设备、工艺实施危险能量控制(上锁挂牌验证或替代控制方法)。

(14)**受影响人**:接受过培训的作业现场其他人员,此人的工作需要靠近或操作已被实施上锁挂牌验证(或替代控制方法)的机械、设备、工艺或需要其在正在实施上锁挂牌验证的区域进行作业。

3. 能量隔离基本原则

(1)**控制风险原则**。风险是指某些危害实际发生的可能性、严重性和频次。控制风险原则是指按照消除、隔离、工程措施、管理及正确使用的优先次序及其有效性来消除和控制事故的发生。

(2)**上锁挂牌验证原则**。上锁是指从物理上对机器或设备控制装置加锁。挂牌是指在锁定装置上挂贴信息牌,标明该设备所处状态和上锁人信息。验证是指在机器设备上进行作业前通过测试确认该机器设备已经完全消除能量,并且无法启动。

(3)**一人一锁原则**。所有作业人员都必须发放个人锁具;只要在机器设备上工作,不管时间长短,不管与能量隔离装置(即开关、阀门等)相距远近,每个作业人都应各自进行上锁挂牌;个人锁具自己保管,不得交与他人。

(二)职责与责任

1. 子公司领导职责与责任

(1)负责组织制定《能量隔离管理规程》,并根据现场机械、设备、工艺的改造等变化情况,及时组织研讨修订完善。

(2)负责督促各部门组织对本规程的培训达标与有效执行。

2. 安全管理部门职责与责任

(1)组织开展危险能量风险分析和危险能量控制程序的研讨,结合现场机械、设备、工艺的改造等变化情况,及时修订完善本规程。

(2)组织与督促各部门对照本规程对岗位人员开展培训达标情况和现场作业执行情况检查。

3. 相关部门负责人职责与责任

(1)负责对照本规程对岗位人员开展培训达标和贯彻执行。

(2)负责对合同方作业风险分析的审定和督促执行。

4. 合同方协调人职责与责任

(1)负责管理并督促合同方执行本规程和公司其他安全管理规定,合同方协调人由对口负责部门负责人指定。

(2)组织对合同方人员开展安全教育培训,使合同方作业人员熟知本规程和公司其他安全管理规定。

(3)负责完成合同方作业项目的"上锁挂牌验证"工作。

5. 作业负责人职责与责任

(1)参加相应的能量隔离培训,并考核合格。

(2)熟知危险能量风险分析和危险能量控制程序,负责对作业人员和受影响人员开展作业任务相关危险的教育和告知,让其知晓和严格遵守危险能量控制程序。

(3)负责完成作业项目的"上锁挂牌验证"工作。

(4)负责完成本次作业项目范围内危险能量控制程序的九个步骤。

(5)负责执行"上锁挂牌验证"的第一个人,也是从集中上锁箱中移除个人锁具的最后一个人,交接班时,负责将目前的隔离状态、进行的工作以及相关信息告知接班者,双方签字确认。

6. 作业人员职责与责任

(1)参加相应的能量隔离培训,并考核合格。

(2)认真执行能量隔离上锁程序,对需上锁设备进行上锁。

(3)保管自己的钥匙,不得交与他人。

(4)工作结束后,按规定解除自己的锁具;当班作业未能结束的项目,负责做好交接工作。

7. 现场受影响人员职责与责任

(1)从相关记录、信息牌等及时了解、知晓附近或其他相关作业项目和会受到影响或伤害的相关危险情况。

(2)及时与受影响人有效协调并告知相关危险,避免交叉作业和相互影响时受到伤害。

(三)危险能量控制一般程序

1. 第一步,**准备阶段**。作业负责人组织召开班前会,安排作业任务内容,学习机械、设备、工艺的危险能量控制措施,准备个人锁具及相关工器具,保证所有参加作业人员都了解和知晓危险能量控制程序,了解和知晓作业内容、过程、方法,开展作业风险分析,根据危险能量控制程序或作业风险分析,确认该作业应进行上锁的设备。

2. 第二步,**告知阶段**。作业负责人到中控室对工作地点、工作内容、预计作业时间、作业人数、上锁设备或集中上锁箱编号、上锁时间、工作许可提交时间、现场负责人及其联系方式在《设备维修信息中控记录本》中进行记录,并要求相应中控操作员签字确认,让中控操作员明确所辖范围设备的维护检修情况;到现场作业时还需要告诉受影响人。

3. 第三步,**关断阶段**。作业负责人到中控室通知中控操作员对需要维修作业的设备或危及作业安全的设备进行停机,并进行停机确认。

4. 第四步,**隔离阶段**。作业负责人和作业人员通过使用能量隔离装置(如分离开关、线路阀门、挡块、盲板等),而非机械、设备、工艺的操作控制装置(如开关按钮、紧急停止开关),有效截断危险能量,隔离装置和操作步骤必须规范、安全。

5. 第五步,**上锁阶段**。每个作业人员使用个人锁具或公用锁具对实施了能量隔离的装置或放置了钥匙的集中上锁箱进行锁定,避免他人操作,直到离开作业现场。根据作业任务上锁隔离装置的数量,将上锁分为直接上锁和集中上锁,作业负责人必须确保所有参与作业人员已执行有效的上锁。

(1)直接上锁:所有参与作业人员用个人锁具对风险评估或危险能量控制程序清单上识别的危险能量点和上锁装置进行直接锁定;当超过两人作业时,需使用多孔锁连接个人锁具,避免损坏上锁装置;合同方作业由合同方协调人与合同方作业共同实施关断、隔离、上锁。

其中需到电力室直接上锁的,作业负责人(或合同方协调人)联系电工,先按照《停送电管理办法》办理停电手续,并在电力室内《上锁登记表》上进行登记,随后所有作业人员在电工的陪同下才能进入电力室,当电工拉断空气开关或将手车、抽屉柜移动到检修位后,所有作业人员将锁具逐一交与电工在相应隔离装置上锁上个人锁具,并确认到位。

(2)集中上锁:作业负责人打开集中上锁箱,取出公用锁具对风险评估或危险能量控制程序清单中识别的危险能量点对应的上锁装置进行锁定,将钥匙放回集中上锁箱后,所有作业人员使用多孔锁具在对应位置上锁上个人锁具;合同方作业由合同方协调人与合同方负责人共同实施关断、隔离、上锁后并将自己的锁具锁在集中上锁箱中。

其中需到电力室集中上锁的,作业负责人(或合同方协调人)联系电工,先按照《停送电管理办法》办理停电手续,并在电力室内《上锁登记表》上进行登记,随后所有作业人员在电工的陪同下才能进入电力室,当电工拉断空气开关或将高压柜开关、抽屉柜移动到检修位后,由电工用公用锁具对相应隔离装置上锁,钥匙放回集中上锁箱内,所有作业人员确认到位后,在集中上锁箱上锁上个人锁具。

6. 第六步,**零能态确认阶段**。低压电能零能态:电流表/电压表回零,验电;中高压电能零能态:验电,挂地线,电容柜放电;物料势能零能态:继续运转设备,直到物料清空;设备物体势能零能态:用垫木、铁棒(销)、葫芦固定住设备;液压能零能态:释放液压,压力表回零;气压能零能态:打开泄压阀门,压力表回零。

7. 第七步,**验证阶段**。在确认所有人员都已经从机械、设备、工艺系统上离开之后,作业人员必须试开启动操作控制装置,以确保能量已经断开且无法操作。在验证测试之后,操作控制装置必须被恢复到空挡或关闭的位置。

电气设备验证方法:停电上锁挂牌后,必须对设备控制开关进行点动试验,确认现场开关处于关闭状态,将现场控制开关打到检修位置(有急停开关的,按下急停开关),现场控制开关处挂停电牌。现场动力开关盒断电上锁挂牌操作的,观察确认开关触点完全断开。

机械阀门设备验证方法:检查阀门关闭状态,阀门阀柄必须在关断位置,确认无气体(水、液体)流动或流出,管路贯通的各压力表指示为零。

8. 第八步,**执行作业阶段**。根据危险能量控制程序描述完全实施了上锁挂牌验证步骤,并对工作风险分析识别的危险能量采取相应的控制措施后,按作业项目内容进行作业。

9. 第九步,**检查和恢复阶段**。作业完毕,在恢复机械、设备、工艺的能量前,作业负责人必须:①对机械、设备、工艺系统的内部和周围进行检查与处理,确保没有遗留工器具等物品,防护装置和安全装置恢复到位;②确认所有人员已从机械、设备、工艺系统上离开;③通知所有受影响人能量将要被恢复;④移除能量源上的所有锁具和挂牌,需上锁本人移除锁具和挂牌,特殊情况移除需部门领导到现场确认与签字同意;⑤将所有隔离装置恢复到"开"的状态;⑥组织清理作业现场,确认现场所有安全装置、设施(包括防护罩、网等)均已复位,人员已清场,检修设备已处于可开机状态;⑦将相关审批材料、登记记录表等及时归档、存档。

集中上锁方式的解锁:上锁人员各自解开集中上锁箱上自己的锁具;作业负责人从集中上锁箱内取出钥匙将现场上锁设备一一解锁;需到电力室解锁时,作业负责人(或合同方协调人)联系电工,先按照《停送电管理办法》办理送电手续,随后在电工陪同下所有上锁人对集中上锁箱进行解锁,并在《上锁登记本》上作解锁记录;电工将公用锁具解锁后放回到集中上锁箱里;作业负责人通知中控操作员,并在中控室《设备维修信息中控记录本》进行记录,关闭该项作业。

直接上锁方式的解锁:上锁人员各自解开自己的锁具;需到电力室解锁时,作业负责人(或合同方协调人)联系电工,先按照《停送电管理办法》办理送电手续,随后在电工陪同下,所有上锁人将钥匙交与电工进行一一解锁,并在《上锁登记本》上作解锁记录;作业负责人通知中控操作员,并在中控室《设备维修信息中控记录本》进行记录,关闭该项作业。

（四）危险能量控制特殊程序

1. 间断性操作与作业的,如需要进行测试、故障排除或调整设备系统中部件位置等作业时,应按照如下程序操作:

(1)开展作业前的风险分析和制定相应的控制措施,并将各项风险控制措施落实与防范到位。

(2)按危险能量控制程序实施上锁挂牌验证九个步骤。

(3)对于窑辅传、磨辅传、斗式提升机(简称斗提)辅传等需间断性点动作业的,可在操作现场安装电能隔离装置(明显断点的隔离开关),作业人员可通过对外露的开关操作手柄断合操作(但需安装急停开关,操作前先按下急停开关),在操作手柄上开展上锁挂牌验证程序。

2. 存在交接班作业的,如果在一个工作班内检修任务还没完成,需移交给下一班次进行作业时,交班负责人应负责将目前的隔离状态、开展的工作情况以及相关信息告知接班者,交班人员应将能量隔离装置上的个人锁具一一解锁,接班人员需重复执行一遍以上上锁程序,然后才能开始工作。

3. 存在交叉作业的,出现两个或两个以上不同的作业项目组对同一台设备进行作业时,如某一组作业人员已对能量隔离装置进行了上锁,其他组作业负责人仍须对所有需上锁设备的实际上锁情况进行一一核对,然后组织本组作业人员按本规程规定的上锁要求在相应的位置锁上相应的锁具。当其中一组先结束工作后,应将自己的个人锁具解开,最后一组作业人员在工作结束后实施第九步检查与恢复。

4. 对于合同方人员到现场进行作业的,相关负责部门必须指定合同方协调人对合同方作业项目的安全状况进行监督,合同方协调人要指导、协助合同方作业人员遵守并执行本规程。

(1)针对简单上锁挂牌验证,即直接上锁,合同方协调人必须监督合同方作业负责人第一个上个人锁具,实行上锁挂牌验证程序,并确保所有合同方作业人员锁上个人锁具。

(2)针对复杂上锁挂牌验证,即集中上锁,合同方协调人必须协助并监督合同方作业负责人使用公用锁具对危险能量点上锁,在集中上锁箱上第一个上个人锁具,并确保所有合同方人员锁上个人锁具。

(3)合同方的锁具上必须标明上锁者姓名、公司名称、联系方式;相关负责部门要在合同方进场施工作业前,应明确对锁具的要求。

5. 特殊情况锁具和挂牌的移除。如因某一上锁人员不在单位或钥匙丢失等情况,未能解开个人锁具,负责人应遵循以下步骤解锁:

(1)需与上锁本人联系并让其返回工作岗位将锁具和挂牌移除,若不能返回单位进行解锁,需本人同意后可移除其个人锁具和挂牌(切断或破坏,但需有见证人进行签字确认)。

(2)如联系不到上锁人员时,作业负责人报告其部门领导到现场确认无误和签字同意后,才可移除该员工锁具和挂牌。

(3)如上锁本人钥匙丢失的,需由上锁本人在场切断或破坏锁具进行移除。

(4)进入电力室进行特殊情况锁具和挂牌移除的,应通知电工一同前往进行。

（五）锁具管理

根据区域位置可设置厂区Ⅰ、厂区Ⅱ、矿山、码头等集中上锁箱,厂区集中上锁箱的钥匙、特种锁具,集中放置在集中上锁箱内,由中控室操作人员负责钥匙、锁具的使用登记,其他部门不保存以上钥匙;作业部门或合同方需要使用集中上锁箱钥匙、特种锁具时,必须通过中控室操作人员同意并登记,不登记者不准使用;矿山、码头集中上锁箱的钥匙、特种锁具,集中放置在矿山、码头值班室,由矿山、码头值班人员负责登记管理。

（六）能量隔离管理

1. 作业任务前,作业负责人组织开展风险评估,制定相关的防范措施,并结合作业安全实际对参加作业人员进行安全培训,并按危险能量控制程序对需进行危险能量隔离的设备设施进行锁定。

2. 能量隔离变更管理。当机械、设备、工艺系统被改造或在危险能量控制程序的执行过程发现偏差后,需重新对机械、设备、工艺系统的危险能量进行识别与风险分析,研讨修订完善危险能量控制程序的管理流程,并对相关部门岗位人员进行再培训。

3. 培训管理要求。各单位要对照本规程内容对本单位的员工、合同方、第三方人员组织开展培训与学习,让其熟知正确使用上锁挂牌验证的相关程序,懂得隔离装置和隔断装置的安全操作技能;培训结束后,必须通过书面测试和实践操作技能考试。

（七）附件

1. 上锁挂牌各种图样（图 4-1）

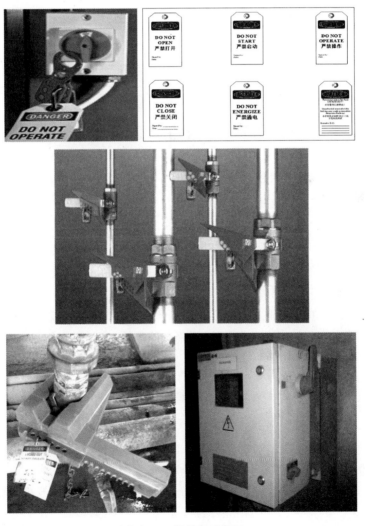

图 4-1　上锁挂牌示范图

2. 上锁登记表样(表 4-1~表 4-3)

表 4-1　设备上锁登记表

工作内容	上锁设备	上锁人及上锁时间	解锁人及解锁时间

表 4-2　特种锁具使用登记表

工作内容	特种锁具名称	数量	使用人及使用时间	归还人及归还时间

表 4-3　阀门锁具使用登记表

工作内容	阀门锁具名称	数量	使用人及使用时间	归还人及归还时间

第四节　安全生产教育培训

一、安全生产教育培训目的

通过定期和不定期进行安全生产教育培训,使培训对象熟悉安全生产有关法律、法规、规章和标准,了解安全管理、安全技术理论以及实际安全管理技能,熟悉其所在岗位的危险有害因素及防范措施,掌握职业卫生防护和应急救援知识,强化安全生产意识,提高自我保护能力,杜绝安全生产过程中人员伤亡事故的发生,促进企业良好的安全生产。

二、建立安全教育培训管理制度

1. 为了使生产经营单位从业人员熟悉有关安全生产规章制度和安全操作规程,具备必要的安全生产知识,掌握本岗位的安全操作技能,增强预防事故、控制职业危害和应急处理的能力,需要建立相应的安全教育培训管理制度。

2. 安全教育培训的管理制度具体应包括:①制定本制度的目的;②本制度的适用范围;③安全教育培训对象与范围;④安全教育培训相关要求。

三、培训计划管理

1. 安全教育主管部门定期识别安全教育培训需求,制定各类人员的培训计划。征求各部门意见,收集培训需求,确定培训内容,制定培训计划。

2. 按照培训计划进行安全教育培训,对安全培训效果进行评估和改进。做好培训记录,并建立档案。

3. 对由应急管理部门(安监管理部门)组织的培训或者非单位内的培训,要信息及时,负责对主要负责人和安全管理人员、特种作业人员及特种设备作业人员培训报名,应确保操作人员的专业培训和持证上岗。

4. 开展安全培训效果检测,对效果不大或者达不到培训目的的要改进,以保证达到培训目的。

5. 培训和检测过程要有相应的记录,建立档案,以备查询。培训记录内容主要包括培训时间、培训内容、主讲人员以及参加人员、培训效果评价。

四、培训管理

按照国家《安全生产法》《职业病防治法》《生产经营单位安全培训规定》《特种作业人员安全技术培训考核管理规定》等相关法律法规要求,各企业要规范开展安全生产教育培训工作。

1. 企业主要负责人和安全管理人员、职业卫生管理人员必须具备相应的安全生产、职业卫生等相关知识和管理能力,须接受具有相应资质安全、职业卫生培训机构的专门培训,经地方安全主管部门考核合格,并按规定接受再培训。

2. 特种作业人员须按照国家有关法律法规的规定接受专门的安全培训,经考核合格,取得特种作业操作资格证书后,方可上岗作业,并定期进行复审确保证件有效。特种作业包括:①电工作业(高压电工作业、低压电工作业、防爆电气作业);②焊接与热切割作业(熔化焊接与热切割作业、压力焊作业、钎焊作业);③高处作业(登高架设作业,高处安装、维护、拆除作业);④制冷与空调作业;⑤煤矿安全作业;⑥金属非金属矿山安全作业;⑦石油天然气安全作业;⑧冶金(有色)生产安全作业;⑨危险化学品安全作业;⑩烟花爆竹安全作业;⑪安全监管总局认定的其他作业。

3. 存在危险的生产作业岗位的新员工安全培训合格后,须组织签订师徒协议,实习期不少于3个月(非煤矿山不少于6个月),经考核达到岗位安全操作技能后,方可独立上岗。

4. 存在职业病危害岗位的新员工须在上岗前进行职业卫生教育培训,每年对职业病危害岗位人员进行在岗期间的职业卫生教育培训工作,职业卫生初次培训不少于8学时,每年再培训不少于4学时。

5. 新进人员(包括合同工、外单位调入职工、代培人员和大中专院校实习生等)上岗前,须进行三级安全教育,包括厂级、车间(工段)级、班组级,岗前安全培训时间不得少于24学时,矿山、建筑施工相关岗位的新上岗从业人员安全培训时间不得少于72学时,每年接受再培训的时间不得少于20学时,岗前安全培训内容须符合《生产经营单位安全培训规定》的要求,经考核合格后,方可安排到岗位实习。

(1)厂级岗前安全培训内容应当包括:① 本单位安全生产情况及安全生产基本知识;②本单位安全生产规章制度和劳动纪律;③从业人员安全生产权利和义务;④有关事故案例等;⑤事故应急救援、事故应急预案演练及防范措施等内容。

(2)车间(工段)级岗前安全培训内容应当包括:①工作环境及危险因素;②所从事工种可能遭受的职业伤害和伤亡事故;③所从事工种的安全职责、操作技能及强制性标准;④自救互救、急救方法、疏散和现场紧急情况的处理;⑤安全设备设施、个人防护用品的使用和维护;⑥本车间(工段)安全生产状况及规章制度;⑦预防事故和职业危害的措施及应注意的安全事项;⑧有关事故案例;⑨其他需要培训的内容。

(3)班组级岗前安全培训内容应当包括:①岗位安全操作规程;②岗位之间工作衔接配合的安全与职业卫生事项,③有关事故案例;④其他需要培训的内容。

6. 转岗、复岗(离岗3个月以上重新上岗)人员须经车间(工段)、班组两级安全培训教育,转岗导致接触职业病危害因素发生变化时,须重新进行职业卫生培训(视作继续教育),保证其具备本岗位安全操作、应急处置、职业卫生等知识和技能,经考核合格后,方可上岗作业。

7. 新设备、新工艺、新技术、新材料投入使用前,须及时制定相关安全操作规程和安全管理规定,对岗位人员进行专门的安全教育培训,经考核合格后,方可上岗操作。

8. 使用被派遣人员(包括兄弟单位、外单位、劳务单位的派遣人员)须纳入本单位从业人员统一管理,对被派遣人员进行岗位安全操作规程和安全操作技能的教育培训。

9. 外来参观、学习等人员进入生产现场前,须对其进行安全告知,主要内容包括:存在的危险源、危险部位以及注意事项和劳动防护用品配备等情况,并派专人陪同。

10. 相关方作业人员进入生产作业现场前,本单位须对其作业人员进行安全教育培训,要求服从本单位的安全生产管理,遵守本单位的相关安全操作规程和安全规章制度。

第五节　建设项目安全设施"三同时"管理

一、建设项目定义

1. 建设项目是指新建、改建、扩建的工程项目和实施新工艺、新技术、新材料、新设备的改造、投运和调试项目。

2. 建设项目中的安全防护设施、职业卫生设施、消防安全设施必须符合国家有关规定和安全技术标准、规程,必须与主体工程同时设计、同时施工、同时投入生产和使用。

二、建立建设项目"三同时"管理制度

1. 为提高生产设备设施的安全本质化程度,必须要严格执行国家有关建设项目"三同时"的规定,建立相关制度,确保"三同时"落到实处。

2. 建设项目在进行可行性研究时,生产经营单位应当分别对其安全生产条件进行论证和安全预评价:①非煤矿矿山建设项目;②生产、储存危险化学品(包括使用长输管道输送危险化学品)的建设项目;③生产、储存烟花爆竹的建设项目;④化工、冶金、有色、建材、机械、轻工、纺织、烟草、商贸、军工、公路、水运、轨道交通、电力等行业的国家和省级重点建设项目;⑤法律、行政法规和国务院规定的其他建设项目。

3. 企业应按期完成安全生产条件论证报告、安全预评价报告、建设项目安全验收评价报告及建设项目职业健康安全设施的竣工验收报告。

4. 安全预评价报告、安全专篇、安全验收评价报告应当报安全生产监督管理部门备案。

(1)矿山、危险化学品的生产储存、烟花爆竹的生产储存等建设项目按照《安全生产许可证条例》的规定执行。

(2)化工、冶金、有色、建材、机械、轻工、纺织、烟草、商贸、军工、公路、水运、轨道交通、电力等行业的国家和省级重点建设项目到市安全生产监督管理部门审查备案。

(3)其他普通建设项目到县安全生产监督管理部门审查备案。

三、建设项目"三同时"管理实施

1. 前期安全管理

(1)建设项目可行性研究阶段须充分辨识、分析项目建设期和项目运营中安全生产及职业健康因素。

(2)境外项目须全面分析和考虑所在地有关法律法规等对安全生产的各项要求,最大限度地规避、降低安全生产风险。

(3)建设项目须按照有关法律、法规的规定,委托有相应资质的设计单位编制安全设施设计方案,建设项目单位必须对其安全生产条件和设施进行综合分析,形成书面报告备查。

(4)非煤矿山建设项目须在可行性研究时,对其安全生产条件进行论证和安全预评价,安全设施设计并须报安全生产监督管理部门进行审查通过。

2. 建设期安全管理

(1)招标过程中,建设项目的安全生产费用不得列入竞争性报价,不得删减。

(2)评标过程中,严格审查投标单位的建设、施工、安装、监理资质、技术及管理力量、队伍素质、安全管理状况以及安全生产业绩等,不得将工程发包给不具备相应资质和安全施工条件的承包商,对承包商分包工程项目及分包单位资质进行审查。

(3)拟订发包合同时,将安全生产有关要求(包括安全费用)列入技术和商务条款,并与承包单位签订安全协议,明确各方须承担的安全生产管理责任。

(4)重大爆破、拆除工程、总降系统接入、超大超重件及危化品运输等单项工程或任务,有可能涉及其他单位生产运营及设备设施和人员安全时,提前将涉及范围、组织方案、保障措施、需协助解决的相关问题报所在地政府相关部门和相关单位,取得同意并协调一致后方可组织实施。

(5)按照有关规定或约定,建设单位须向承包商提供与建设项目安全相关的技术资料,提供必要的安全生产环境和条件;向承包商提供项目现场及毗邻区域供排水、供电、供气、供热、通信等地下管线资料,人文、气象、水文、地质等资料,相邻建筑物、构筑物等文件资料,提供以上资料的同时,须提出相应安全要求,并办理必要的交接手续。

(6)建设单位须认真贯彻国家有关安全生产法律法规、方针、政策,坚持"管工程必须管安全"的原则,在项目建设过程中须将安全生产工作纳入计划、布置、检查、总结和评比范围。

(7)建设单位须建立安全技术措施和安全设施监督、检查、验收以及工程质量安全监督、检查、验收工作机制,规范安全和工程质量管理,保证施工安全和工程安全。

(8)项目建设中引进先进的施工工艺、技术、设备,须同时引进相应的安全、职业卫生设施和技术,或配套相应水平的安全设施和技术。

(9)建设单位须督促参建单位根据相关规定提取、使用、管理安全生产费用,安全技术措施、防护、应急处置所需的经费要优先安排,不得压减、挪用、拖欠项目概算中所确立的安全费用。

(10)建设单位须督促承包商不断改善安全生产作业环境,落实尘、毒、噪声、高低温等有害因素的防治措施,按照相关规定,做好职业危害防治工作。

(11)建设单位不得明示或暗示承包商购买、租赁、使用不符合安全施工要求的安全防护用具、机械设备、作业机具及配件、器材等。

(12)建设单位不得对承包商提出不符合有关安全生产法律法规和强制性标准的要求,不得随意更改经审批的施工方案和安全措施、方案。

3. 试生产前安全预验收

(1)新建项目试生产前,企业须按相关管理制度要求进行申请建设项目专项安全预验收。

(2)成立预验收组,设组长、副组长、组员若干名。

(3)预验收组提前拟定预验收通知和预验收标准,发预验收申请单位。

(4)建设项目单位须按照预验收标准开展安全自查,及时完成自查问题的整改。

(5)预验收前,须组织召开首次会议,首次会议内容包括介绍预验收的目的、标准、预验收组成员、听取单位基本情况及安全管理的情况、确定现场预验收的方法与具体安排等内容。

(6)企业须为预验收组成员提供相应的劳动防护用品和开展进入现场前的安全告知,并须在预验收单位的相关人员陪同下进行预验收,不得独自进入生产现场。

(7)预验收方式采用资料核对、人员询问、现场检查与验证等方法。

(8)预验收检查结束后,须组织召开末次会议,末次会议内容包括预验收人员分别汇报预验收情况,预验收组组长宣布现场预验收结论,并提出安全生产管理要求。

(9)预验收工作结束后,预验收组须及时编制预验收报告和预验收整改计划表等相关预验收材料,经预验收组组长签字后,发预验收单位进行落实、整改与验证。

4. 试生产及竣工验收

(1)建设项目的主体工程完工后,其配套建设的安全设施须与主体工程同时投入试生产。

(2)在试生产前,须制定切实可行的安全技术措施和安全操作规程,进行全面安全培训,并按国家、地方、行业有关规定报批或备案。

(3)试生产期间,须对安全设施运行情况和建设项目对环境的安全影响和要求进行监测,试生产时间不少于 30 日,最长不得超过 180 日。

(4)建设单位须根据国家、地方、行业相关规定,申请对配套建设的安全设施(矿山)验收和职业卫生设施控制效果评价;分期建设、分期投入生产或使用的建设项目,其相应的安全设施必须分期验收,必要时须进行安全验收评价,应报送相关部门备案的须及时报送备案。

(5)非煤矿山等建设项目竣工验收后,须按规定取得"安全生产许可证"方可投入正式生产。

第六节　绩效评定与持续改进

一、绩效评定管理

1. 企业应每年对本单位安全生产管理工作的实施情况进行评定,验证各项安全生产制度措施的适宜性、充分性和有效性,检查安全生产工作目标、指标的完成情况。

2. 绩效评定,应是对隐患排查的情况及治理成效的具体分析,不能简单理解为或等同于企业或各部门每年所发生的伤亡情况。一个企业、一个部门连续几年未发生过任何伤亡事故,不代表其安全生产标准化管理的绩效就肯定好。将伤亡情况当作唯一的绩效,是中国多年来许多企业的恶习,在安全生产标准化工作中须加以彻底改进。

3. 各项安全生产制度措施的适宜性、充分性、有效性的评定,应从以下角度加以关注。

(1)适宜性:所制订的各项安全生产制度措施是否适合于企业的实际情况,包括规模、性质和安全健康管理的特点;所制订的安全生产工作目标、指标及其在企业内部能得以落实的方式是否合理,具备可操作性;与企业原有的管理制度相融合的情况,包括与原有的其他管理系统是否兼容;有关制度措施是否适合于企业员工的使用,是否与他们的能力、素质等相配套。

(2)充分性:各项安全管理的制度措施是否满足了《企业安全生产标准化基本规范》的全部管理要求;所有的管理措施、管理制度能否确保 PDCA 管理模式的有效运行;与相关制度措施相配套的资源,包括人、财、物等是否充分;对相关方的安全管理是否有效。

(3)有效性:能否保证实现企业的安全工作目标、指标;是否以隐患排查治理为基础,对所有排查出的隐患实施了有效治理与控制;对重大危险源能否实施有效的控制;通过制度、措施的建立,企业的安全管理工作是否符合有关法律法规及标准的要求;企业是否形成了一套自我发现、自我纠正、自我完善的管理机制;是否提高了安全意识,并能够自觉地遵守与本岗位相关的程序或作业指导书的规定等。

4. 企业负责人每年至少组织一次绩效评定工作,把握好评定依据及相关信息的准确性,并组织相关人员对上述的适宜性、充分性、有效性进行认真分析,得出客观评定结论,并把评定结果向所有部门、全体员工通报,让他们清楚本企业一段时期内安全管理的基本情况,了解安全生产标准化工作在本企业推行的主要作用、亮点及存在的主要问题,以利于下一步更好地开展安全生产标准化工作。评定结果同时作为考评相关部门、相关人员一定时期内安全管理工作成效的一个重要依据。

5. 企业领导：组织安全生产职业健康管理委员会全体成员参与，按职责进行明确分工，确定评定各环节的主要负责人，并协调各部门积极参与评定工作。

6. 安全生产主管部门：是企业评定的主管部门和具体组织实施部门。在创建初期，经过一段时间企业安全标准化管理系统的运行后，即可组织评定。在通过标准化评定后，每年实施落实至少一次的企业标准化自主评定工作。

7. 各职能主管部门和生产单位：要根据各自的具体职责，搜集相关信息和证据，分析一个周期内本部门、本单位在安全管理方面的主要情况，对于所发现的问题，要认真组织有关人员进行针对性分析，找出下一步安全管理必须改进的环节对症下药。

8. 完成评定工作后，要形成详细的安全生产标准化工作评定报告。通常，评定报告应按照相应的评定标准或评分细则中的要素，逐条进行详细分析和论述。

9. 安全生产管理工作的绩效评定结果要明确下列事项：①系统运行效果；②系统运行中出现的问题和缺陷，所采取的改进措施；③统计技术、信息技术等在系统中的使用情况和效果；④系统各种资源的使用效果；⑤绩效监测系统的适宜性以及结果的准确性；⑥与相关方的关系。

10. 开展绩效评定时，首先应让全体员工理解评定的方式和时间，并争取让大部分员工参与评定过程，并应将安全生产管理工作绩效评定报告向所有部门、所属单位和从业人员通报。

11. 应将安全生产管理工作实施情况的绩效评定结果，纳入部门、所属单位、员工年度安全绩效考评。

二、持续改进管理

1. 持续改进定义，就是不断发现问题、不断纠正缺陷、不断自我完善、不断提高的过程，使安全状况越来越好。

2. 应根据安全生产管理工作的绩效评定结果，对安全生产目标与指标、规章制度、操作规程等进行修改完善，制定完善安全生产管理的工作计划和措施，实施 PDCA 循环，不断提高安全绩效。

3. 持续改进更重要的内涵是，企业负责人通过对一定时期的评定结果进行认真分析，及时将某些部门做得比较好的管理方式及管理方法，在企业内所有部门进行全面推广；对发现的系统问题及需要努力改进的方面及时作出调整和安排。

4. 在必要的时候，把握好合适的时机，及时调整安全生产目标、指标，或修订不合理的规章制度、操作规程，使企业的安全生产管理水平不断提升。

5. 企业负责人还要根据安全生产预警指数数值大小，对比、分析查找趋势升高、降低的原因，对可能存在的隐患及时进行分析、控制和整改，并提出下一步安全生产工作的关注重点。

6. 持续改进的螺旋上升过程，是安全生产标准化长效机制所要求和期盼的。

7. 持续改进，作为现代管理的基本理念，应贯穿到安全管理的全过程。改进，是管理水平进一步提高的重要环节，如何有效改进，这是企业内部所有部门要根据自身情况认真思考的。

8. 经过有效的绩效评定，结合实际，各单位就要努力地根据评定过程中发现的问题，认真分析这些问题出现的最根本原因是什么，有针对性地开展整改。要彻底改变许多企业以往分析问题时应付了事的现象，真正做到举一反三，以点带面，提升本部门、本单位的安全管理水平。

第七节　安全生产责任制及目标管理

一、安全生产责任制管理

1. 安全生产责任制定义

安全生产责任制是根据我国的安全生产方针"安全第一、预防为主、综合治理"和安全生产法规建立的各级领导、职能部门、工程技术人员、岗位操作人员在劳动生产过程中对安全生产层层负责的制度。安全生产责任制是企业岗位责任制的一个组成部分，是企业中最基本的一项安全制度，也是企业安全生产、劳动保护管理制度的核心。

2. 安全责任制作用

（1）企业各级领导人员在管理生产的同时，必须负责管理安全工作，认真贯彻执行国家有关劳动保护的法令和制度，在计划、布置、检查、总结、评比生产的时候，同时计划、布置、检查、总结、评比安全工作。

（2）企业中的生产、工程、保全、供应、销售、办公室、财务、安全等各有关专职机构，都应该在各自业务范围内，对实现安全生产的要求负责。

（3）企业各生产运行部门都应该设有专兼职安全管理人员。专兼职安全管理人员在生产部门领导下，首先应当在安全生产方面以身作则，起模范带头作用，并协助部门领导做好下列工作：经常对本部门员工开展安全生产教育；督促员工遵守安全操作规程和各种安全生产制度；正确地使用个人防护用品；检查和维护本部门的安全设备设施；发现生产中有不安全情况的时候，及时报告；参加事故的分析和研究，协助领导上实现防止事故的措施。

（4）企业员工应该自觉地遵守安全生产规章制度，不进行违章作业，并且要随时制止他人违章作业，积极参加安全生产的各种活动，主动提出改进安全工作的意见，爱护和正确使用机器设备、工具及个人防护用品。

（5）实行安全生产责任制有利于增加企业员工的责任感和调动员工搞好安全生产的积极性。企业由各个分厂（部门）、车间（工段）、班组和岗位人员组成，各自具有本职任务或生产任务。而安全不是离开生产而独立存在的，是贯穿于整个生产过程之中的。只有从上到下建立起严格的安全生产责任制，责任分明，各司其职，各负其责，将法规赋予企业的安全生产责任，由大家来共同承担，安全工作才能形成一个整体，使各类生产中的事故隐患无机可乘，从而避免或减少事故的发生。

3. 安全生产法对责任制的相关规定

生产经营单位的主要负责人对本单位安全生产工作负有下列职责：①建立、健全本单位安全生产责任制；②组织制定本单位安全生产规章制度和操作规程；③组织制定并实施本单位安全生产教育和培训计划；④保证本单位安全生产投入的有效实施；⑤督促、检查本单位的安全生产工作，及时消除生产安全事故隐患；⑥组织制定并实施本单位的生产安全事故应急救援预案；⑦及时、如实报告生产安全事故。

生产经营单位的安全生产责任制应当明确各岗位的责任人员、责任范围和考核标准等内容。生产经营单位应当建立相应的机制，加强对安全生产责任制落实情况的监督考核，保证安全生产责任制的落实。

生产经营单位的安全生产管理机构以及安全生产管理人员履行下列职责：①组织或者参与拟订本单位安全生产规章制度、操作规程和生产安全事故应急救援预案；②组织或者参与本单位安全生产教育和培训，如实记录安全生产教育和培训情况；③督促落实本单位重大危险源的安全管理措施;④组织或者参与本单位应急救援演练;⑤检查本单位的安全生产状况,及时排查生产安全事故隐患,提出改进安全生产管理的建议;⑥制止和纠正违章指挥、强令冒险作业、违反操作规程的行为;⑦督促落实本单位安全生产整改措施。

生产经营单位的安全生产管理机构以及安全生产管理人员应当恪尽职守,依法履行职责。

4. 安全生产责任制的制定

(1)是指要求企业对纵、横向系列责任制进行制度设计,包括纵、横向系列责任制从无到有、从旧到新的制定、沟通、培训、评审、修订及考核等环节内容进行规定,而不是具体的纵、横向系列责任制。简单地讲,就是管理纵、横向系列责任制的制度,以保证纵、横向系列责任制的适用性和有关责任人责任的落实。

(2)是企业安全生产规章制度的核心,是行政岗位责任制和经济责任制的重要组成部分,明确企业各级领导、各部门、所属单位和所有人员,在安全生产中应负有的安全责任。它主要由纵向系列和横向系列责任制组成,其中纵向系列的包括各级领导直到岗位工人的责任制,其中包含部门的正副职领导;横向系列的包括各级职能部门(如安全、生产、设备、技术、人事、财务、党群等部门)和各基层单位的责任制。做到"纵向到底、横向到边、不留死角",形成全员、全面、全过程的安全管理责任体系。在制定具体的纵、横向系列责任制时,要保持各安全生产责任制与其责任人员的权限职责一致,做到适宜性强,有针对性,切忌笼统规定。

5. 安全生产责任制的管理

(1)细化各责任制相对应的具体工作,避免责任缺失。

(2)根据前款制度规定,对人员责任制落实情况进行定期考核。

(3)安全生产责任制编制完成后,企业应组织相应层级的人员进行培训学习,明确其相关的具体安全生产事项、享有的具体权限、应负的具体责任,便于履行安全职责,从而构成一个责、权、利清晰的立体责任网络体系。培训的形式可以多样化,分层分级、单独或合并、集中或自学等。

(4)企业应按照制度的规定,定期(半年或一年一次)对安全生产责任制进行适宜性评审与更新。了解责任制在建立、执行、考核等过程中的各种情况,通过评审的方式,全面逐条检查所有安全生产责任制的适宜性,特别是能否满足有关法规和上级要求,以及与责任人的权限是否一致。根据评审中发现的问题,安排对需要修订的安全生产责任制进行修订,做好安全生产责任制的更新工作。具体步骤为:

① 评审准备。责任制评审一般在每年年初以会议形式进行。通常由责任制编制部门负责组织成立评审工作组,落实参加评审的领导、部门或人员,评审组组长应由企业主要负责人或主管安全生产工作的负责人担任,各职能部门主要领导、各岗位人员代表为成员。评审前还应将安全生产责任制及有关资料在评审前送达参加评审人员。

② 组织评审。企业应按照相关管理文件评审要求,对责任制进行评审,做到责任制符合有关法律、法规、规章和标准,以及有关部门和上级单位规范性文件要求,与工作岗位相结合。评审工作组讨论并提出会议评审意见,填写评审表,并保留评审记录。

③ 修订完善。企业应认真按照评审意见对责任制进行修订、完善。评审意见要求重新组织评审的,应组织有关部门对某责任制重新进行评审。

(5)安全生产责任制批准发布。安全生产责任制经修订合格后,由企业主要负责人签发。

二、安全生产目标管理

1. 安全生产目标管理制度制定

(1)企业的安全生产目标管理是指企业在一个时期内,根据国家、行业等有关要求,结合自身实际,制定安全目标、层层分解,明确责任、落实措施,定期考核、奖惩兑现,达到现代安全生产目标的科学管理方法。

(2)企业应制定安全生产目标管理制度,从制度层面规定其从制定、分解到实施、考核等所有环节的要求,保证目标执行的闭环管理。其范围应包括企业的所有部门、所属单位和全体员工。

(3)该制度可以单独建立,也可以和其他目标的制度融合在一起。通过职业健康安全管理体系认证的企业,有方针和目标控制程序的程序文件,一般要求比较抽象,不具体,操作性不强,不能满足各环节内容的要求,需要修订。

(4)发布生效,成为企业的受控制度文件。企业所有的制度都应该发布,可以单独发布,也可以集中发布生效,以免发布的次数过多。

2. 制定年度安全生产目标与指标

(1)企业应按照安全生产目标管理制度的要求,制定具体的年度安全生产目标。各企业具体的目标不尽相同,但应该是合理的,可以实现的。目标制定的主要原则有:①符合原则,符合有关法规标准和上级要求。②持续进步原则,比以前的稍高一点,跳起来够得着,实现得了。③三全原则,覆盖全员、全过程、全方位。④可测量原则,可以量化测量的,否则无法考核兑现绩效。⑤重点原则,突出重点、难点工作。

(2)企业具体的年度安全目标可参照如下格式:

全年因工轻伤及其以上人身伤害事故为 0,每 20 万工作小时工伤事故损失频率≤2,可记录的事故比前一年减少 10%;重大设备、火灾、爆炸以及交通事故为 0;发现职业病病例为 0;一般环境污染事故为 0。

"三项岗位人员"持证率达 100%;特种设备定期检验率达 100%;事故隐患及时整改率达100%;岗位尘毒合格率达 90%;环保设施有效运行率、同步运行率达 90%以上。

3. 安全生产目标分解

(1)企业应根据所属基层单位和所有的部门在安全生产中的职能以及可能面临的风险大小,将安全生产目标进行分解。原则上应包括所有的单位和职能部门,如安全部门、生产部门、设备部门、人力资源部门、财务部门、党群部门等。如果企业管理层级较多,各所属单位可以逐级承接分解细化企业总的年度安全生产目标,实现所有单位、所有部门、所有人员都有安全目标要求。

(2)为了保障年度安全生产目标与指标的完成,要针对各项目标制定具体的实施计划和考核办法,签订安全责任书等。

4. 安全生产目标监测

(1)主管部门应在目标实施计划的执行过程中,按照规定的检查周期和关键节点,对目标进行监测检查,进行有效监督,发现问题及时解决。同时保存有关监测检查的记录资料,以便提供考核依据。

(2)按照制度规定的周期对目标实施计划的执行情况进行监测检查。时间周期多为季度或月度。

(3)保存相关的监测检查资料。

5. 安全生产目标评估和考核

(1)年度各项安全生产目标的完成情况如何,需要进行定期的总结评估分析。评估分析后,如发现企业当前的目标完成情况与设定的目标计划不符合时,应对目标进行必要的调整,并修订实施计划。

(2)总结评估分析的周期应和考核的周期频次保持一致,原则上应有月度、季度、半年度的总结评估分析和考核。总结评估分析的内容应全面、实事求是,充分肯定成绩的同时,认真查找需要改进提高的方面。

(3)按照制度规定的周期和内容进行总结评估分析,并提交书面报告。

(4)根据监测的情况,按照考核办法进行考核,兑现奖惩。

第八节　事故安全管理

一、事故定义

1. 事故是危害因素对人体的作用超过人的承受能力,发生人的死亡、职业病、伤害、财产损失或其他损失的事件。

2. 自然事故的特点:①自然原因而引起的事故;②不以人们的意志为转移;③非人力所能控制。

3. 自然事故的两种情形:①意外事件引起的自然事故,行为人对于危害结果没有预见,在当时情况下也不可能预见;②不可抗力引起的自然事故,行为人对于危害结果已经预见,在当时情况下不可避免。

4. 重大责任事故与自然事故的区分:①是否存在违章行为,在没有违章行为的情况下可以排除重大责任事故;②是否存在着主观过失。

5. 技术事故:①因技术设备条件不良而发生的事故;②是技术设备条件造成的,因而具有不可避免性;③操作者或者护理者应当发现而未能发现造成重大事故的,仍然应以重大责任事故罪论处;④只有在事故是由设备原因引起并且是在人所不能预见或者不能避免的情况下发生,才能定为技术事故。

二、事故安全管理的作用

1. 安全管理的原理:预防原理,事故是可以预防的,预防为主;预防才体现安全第一。

2. 安全事故发生原因:①人的不安全行为;②物的不安全状态;③环境的不安全因素;④安全管理上的缺陷。

3. 对策——工作质量

(1)建立健全规章制度并贯彻落实。各岗位操作规程、岗位责任制、应急救援预案、消防组织机构、内部巡查巡检记录、设备运行记录、设备检定记录、各种台账档案等。

(2)建立事故应急救援预案并演练,加强防灾救灾能力。

4. 事故调查和处理

(1)事故发生前的设备、设施等的性能和质量情况。

(2)使用的材料必要时进行物理性能和化学性能实验与分析。

(3)有关设计和工艺方面的技术文件、工作指令和规章制度方面的资料及执行情况。

(4)关于工作环境方面的情况,包括照明、湿度、温度、通风、声响、色彩度、道路、工作面情况以及工作环境中的有毒、有害物质取样分析记录。

(5)个人防护措施状况,应注意它的有效性、质量、使用范围。

(6)出事前受害人与肇事者的健康情况。

(7)其他可能与事故致因有关的细节或因素。

5. 事故原因分析

根据《企业职工伤亡事故调查分析规则》,直接原因包括机械、物质或环境的不安全状态和人的不安全行为。

根据《企业职工伤亡事故分类》标准,事故直接原因包括如下方面。

(1)机械、物质或环境的不安全状态：①防护、保险、信号等装置缺乏或有缺陷；②设备、设施、工具、附件有缺陷；③个人防护用品、用具等缺少或有缺陷；④生产(施工)场地环境不良。

(2)人的不安全行为：①操作错误，忽视安全警告；②造成安全装置失效；③使用不安全设备；④以手代替工具操作；⑤物体存放不当；⑥冒险进入危险场所；⑦攀坐不安全位置；⑧起吊物下作业、停留；⑨运转时操作机器；⑩有分散注意力的行为；⑪使用个人防护用品不当；⑫着不安全装束；⑬处理燃、爆物品错误。

事故间接原因：①技术和设计上有缺陷；②未培训或教育培训不够，缺乏安全操作技术知识；③劳动组织不合理；④对现场工作缺乏检查或指导错误；⑤没有安全操作规程或不健全；⑥未认真落实事故防范措施；⑦事故隐患整改不力。

责任划分：

(1)直接责任者：指其行为与事故发生有直接关系的人员。

(2)主要责任者：指对事故的发生起主要作用的人员。下列情况之一：①违章指挥、违章作业、冒险作业；②违反安全生产责任制、操作规程；③违反劳动纪律、擅自开动机械设备等。

(3)领导责任：指对事故发生负有领导责任的人员。下列情况之一：①责任制、规章、规程不健全；②职工安全教育培训不到位；③机械设备超期服役或超负荷运行；④作业环境条件不安全；⑤新建、扩建、改建项目"三同时"不到位。

三、事故类型与分级

1. 根据《生产安全事故报告和调查处理条例》《生产安全事故信息报告和处置办法》的规定，水泥公司生产经营范围内可能发生的生产安全事故主要类型如下。

(1)生产与施工作业事故：系指在生产操作、设备检维修及施工作业时发生的高处坠落、坍塌、物体打击、机械伤害、起重伤害、触电、淹溺、爆炸、灼烫、火灾、中毒和窒息等造成人员伤亡或财产损失的事故。

(2)危险化学品事故：系指在储存、运输、使用危险化学品和处置废弃危险化学品活动过程中发生的爆炸、灼烫、火灾、中毒和窒息等造成人员伤亡、财产损失或环境污染的事故。

(3)交通事故：系指企业内所属机动车辆由于各种原因造成的人员伤亡事故或车辆损坏的车辆伤害事故。

(4)火灾事故：系指由于各种原因发生火灾，造成人员伤亡或财产损失(烧毁)的事故。

(5)其他伤害事故：系指在生产经营活动中，发生以上类别以外的人员伤亡或财产损失或其他产生严重社会影响的事故。

2. 按照人员伤亡事故的严重程度，可分为死亡、重伤、轻伤、轻微伤事故。

3. 险兆事件：发生在前兆事故之后而又没有演变成为事故的事件，这类事件虽然有不安全的倾向，但是却没有造成任何损失。包括人的不安全行为、物的不安全状态、有可能产生严重后果的事件、造成财产损失的事件、造成环境破坏的事件、产生潜在伤害可能的事件、防范措施受到破坏的事件。

4. 根据生产安全事故(以下简称事故)造成的人员伤亡情况，结合生产经营实际情况，并参照国务院《生产安全事故报告和调查处理条例》的事故等级划分，将生产安全事故分为以下等级：

(1)特别重大事故，是指造成30人以上死亡，或者100人以上重伤(包括急性工业中毒，下同)，或者1亿元以上直接经济损失的事故。

(2)重大事故，是指造成10人以上30人以下死亡，或者50人以上100人以下重伤，或者5000万元以上1亿元以下直接经济损失的事故。

(3)较大事故，是指造成3人以上10人以下死亡，或者10人以上50人以下重伤，或者1000

万元以上 5000 万元以下直接经济损失的事故。

（4）一般事故，是指造成 3 人以下死亡，或者 10 人以下重伤，或者 1000 万元以下直接经济损失的事故。

事故划分等级中所称的"以上"包括本数，所称的"以下"不包括本数。

自事故发生之日起 30 日内，事故造成的伤亡人员发生变化的，须按照变化后的伤亡人数重新确定事故等级。

四、事故报告

1. 事故报告须执行《生产安全事故报告和调查处理条例》及地方或行业有关规定。遵循事故逐级报告的原则，发生一般及以上事故时，单位主要负责人接到报告后，必须在 1 小时内报告事故发生地县级以上人民政府安全监管部门和上级部门。

2. 情况紧急时，事故现场有关人员可以直接向本单位主要负责人报告和事故发生地县级以上人民政府安全监管部门。

3. 发生事故后，必须以书面形式报告在规定的时限内逐级上报，紧急情况下，可先用电话、短信等报告，同时编制书面报告在规定的时限内逐级上报。书面报告必须包括下列内容：①事故类别、发生的时间、地点以及事故现场情况；②事故的简要经过；③事故已经造成或者可能造成的伤亡人数（包括下落不明、涉险的人数）和初步估计的直接经济损失；④已经采取的应急处置、救援措施；⑤其他须报告的情况。以上报告内容，初次报告由于情况不明没有报告的，须在查清后及时补报。

4. 事故报告后出现新情况的，必须及时按规定进行补报。

5. 事故报告必须及时、准确、完整，任何单位和个人不得迟报、漏报、谎报或者瞒报事故。前款所称迟报、漏报、谎报、瞒报事故的行为依照下列规定认定：

（1）事故报告时间超过规定时限的，属于迟报；

（2）因过失对须上报的事故或者事故发生的时间、地点、类别、伤亡人数、直接经济损失等内容遗漏未报的，属于漏报；

（3）故意不如实报告事故发生的时间、地点、初步原因、性质、伤亡人数和涉险人数、直接经济损失等有关内容的，属于谎报；

（4）隐瞒已经发生的事故，超过规定时限未向安全监管部门和上级管理部门报告，经查证属实的，属于瞒报。

五、事故抢险与救援

发生生产安全事故，当事人或最先发现者须及时采取自救、互救措施，保护事故现场，并立即上报，单位负责人接到事故报告后，必须根据对事故的性质、严重程度、可能扩大的趋势等情况的判断，按照分级响应的原则，立即启动事故应急预案，做好事故的抢险救援工作，防止事故扩大或发生次生事故，减少人员伤亡和财产损失。

发生一般以上事故时，单位主要负责人和相关部门负责人，须立即赶赴现场，组织抢险救援，不得擅离职守。公司主要负责人不在单位时，在接到事故报告后，须委派现场应急救援指挥代理人全权指挥应急抢险救援工作，并第一时间返回，在事故抢险救援和调查处理期间不得擅离职守。

企业发生较大以上事故时，上级须立即成立应急抢救小组赶赴现场，协调或协助指挥现场抢险救援工作。上级应急抢救小组赶赴现场人员，须遵循统一指挥的原则开展事故抢险救援工作。事故抢险救援须按照相应的应急预案和现场处置方案组织实施，做好抢险、医疗救助、物资保障、善后处理等工作,尽量减少人员伤亡和财产损失,尽快恢复正常生产、生活秩序。

六、事故调查

发生生产安全事故的单位,须成立事故调查组开展事故调查,严格按照"四不放过"的原则,查清事故原因,查明事故责任,吸取事故教训,制定并落实防范措施,避免类似事故再次发生;当发生一般以上事故时,须积极配合和协助政府部门进行事故调查。

发生一般以上事故时,根据《生产安全事故报告和调查处理条例》有关规定,由政府部门负责调查或受政府部门授权委托的有关部门进行事故调查,事故单位必须积极配合,并及时将事故调查进程情况上报。

七、事故处理

企业各类生产安全事故根据伤亡和财产损失程度纳入考核,发生轻伤、重伤事故的子公司按"四不放过"原则处理,并上报上级部门进行备案。

八、事故统计与建档

1. 填写企业范围内的年度事故统计表,并对年度事故进行统计分析,形成年度事故分析报告,并建立健全事故管理档案。

2. 企业须建立事故统计和档案管理制度,加强事故统计分析工作,查找事故发生规律,为安全生产管理决策提供依据,并建立健全事故管理档案。

3. 企业在事故调查处理结案后,须保存完整档案。事故档案包括以下资料:①事故登记表;②事故调查报告;③现场调查记录、图纸、照片;④技术鉴定和试验报告;⑤人证、物证材料;⑥直接、间接经济损失计算资料;⑦事故责任者自述材料;⑧医疗部门对伤亡人员的诊断书;⑨发生事故时的工艺条件、操作情况和设计资料;⑩处理决定和受处理者的检查材料;⑪有关该事故的通报、简报及文件;⑫调查组人员名单(姓名、职务、单位、专业特长等);⑬其他与事故处理有关的材料。

4. 事故档案为永久性保存资料,须设专人管理。

第九节　交通安全管理

一、交通安全重要性与认识

"关爱生命,安全出行。"出行安全,不仅关系到自己的生命和安全,同时也是尊重他人生命的体现,是构筑和谐社会的重要因素。

提到出行安全,很难不让人想到交通安全。在日常生活中,交通安全总是围绕在我们身边。只要你一出行,便同交通安全打上了交道。

行走时的一次走神,过马路时的一次侥幸,开车时的一次违章,仅仅是一次小小的疏忽,这一切都会使一个生命转瞬即逝。飞旋的车轮会无情地吞噬掉行人的生命。

曾经看过一则报道:"全国每六分钟就会有一人死于车轮底下。"这绝对不是危言耸听。惨痛的事实再一次给我们敲响了警钟:"文明行车,文明走路。"

现代交通的发达虽然给人们带来了无尽的便利,但同时也增加了许多安全隐患。有人曾称交通事故为"现代社会的交通战争",交通事故像一个隐形的杀手,潜伏在马路上等待着违章违规的人出现。因此,人们应当学会保护自己,要养成文明行车、文明走路的习惯。

"人的生命只有一次""人,最宝贵的是生命",血的悲剧告诉我们一定要遵守交通法规,真正做到"关爱生命,安全出行"。

二、交通安全管理定义

交通安全管理:在对道路交通事故进行充分研究并认识其规律的基础上,由国家行政机关根据有关法律、法规、标准规范,采用科学的管理方法,在社会公众的积极参与下,对构成道路交通系统的人、车、路、交通环境等要素进行有效的组织、协调、控制,以实现防止事故发生、减少死伤人数和财产损失、保证道路交通安全、畅通的管理活动。

从上述定义可见,交通安全管理包含着如下五层含义:

1. 交通安全管理的目标是减少交通事故的发生,保障道路交通安全、畅通,根本上是保障人民生命财产安全。

2. 交通安全管理的主体是国家公安机关的交通管理职能部门。与此同时,道路交通安全管理需要全社会的广泛参与,包括运输企业、车辆制造维修检测单位、参与交通的驾驶员行人等。因而,从广义上来讲,交通安全管理的主体是以公安交通管理部门为主的社会各方面共同参与的综合力量。

3. 交通安全管理的客体是道路交通构成要素及其相互关系。道路交通管理的客体,从其外在形式上看,是由人、车、路、交通环境等要素构成的,而从其内在实质上看,是由受道路交通管理法规所调整和保护的各种道路交通法律关系构成的。

4. 道路交通管理的依据是道路交通管理法律、法规和有关技术规范。道路交通管理的依据概括起来可分为三个部分:第一部分是道路交通管理法律(以全国人大及其常委会为立法主体,如《中华人民共和国道路交通安全法》,以下简称《道路交通安全法》)、法规(包括国务院制定的法规和地方人大及其常委会制定的地方性法规)、规章(包括公安部制定的部委规章和地方政府制定的政府规章);第二部分是与道路交通管理相关的法律法规,如《中华人民共和国刑法》《中华人民共和国治安管理处罚法》等;第三部分是道路交通管理的相关技术标准规范,如《机动车安全运行技术条件》国家标准等。

5. 道路交通管理的基本职能是协调、控制。道路交通管理是一项国家行政管理活动。行政管理部门在交通管理过程中,是通过协调、控制道路交通构成要素及其相互关系,从而达到要素间有序的动态平衡。

三、交通安全管理的作用

1. 对道路交通行为的规范作用。通过交通法规的制定执行,规范了交通参与者的行为准则,规定了交通行为的过程要求和处理原则,保证了道路交通的有序进行。

2. 对道路交通安全的保障作用。通过一系列强制性的管理活动,使所有交通参与者统一于交通法规的原则和诸项规定之下,从而减少交通冲突,降低事故发生率。

3. 对道路交通畅达的改善作用。通过对交通安全设施的科学布设和交通秩序的有效维护、减少交通堵塞,保证通畅的交通。通过有效的交通管理,创造良好的交通条件,使各种运输工具发挥最大的效能,尽可能地提高道路的利用率,使运输企业和国家得到最大的经济效益和社会效益。

4. 对社会生活秩序的稳定作用。通过对交通事故的正确处理,化解矛盾,减少冲突,降低损失,保证社会安定,增加社会凝聚力。

5. 对道路交通功能的促进作用。通过系列的道路交通管理活动,保证汽车运输的畅达,减少环境污染、降低能源消耗,从而最大限度地发挥道路交通的功能,为国民经济建设服务。

6. 对精神文明建设的推动作用。通过交通安全的宣传教育,增强交通参与者的安全意识,帮助人们正确处理生产与安全、速度与效益、局部与全局、个体利益与国家利益等关系,推动全民的精神文明建设进程。

四、交通安全管理法规

1. 道路交通法规的基本内容

（1）基本概念

道路交通法规是指调整在道路交通过程中产生的同人的安全与健康，以及生产资料和社会财富安全保障有关的各种社会关系的法律规范的总和。

我们通常说的道路交通安全法规是对有关道路交通安全的法律、行政法规、规章、规程、标准的总称。它既是全社会人们行车、走路、使用道路的规范，也是交通管理部门查处交通违章和裁定事故责任的主要依据。

（2）道路交通安全法规的基本内容

① 交通秩序管理，即通行规则，主要内容包括道路通行的规则、交通指挥信号、交通标志和标线等。

② 车辆与驾驶人管理，主要内容包括：车辆在道路通行中应具备的条件；车辆检验标准；让车、会车、超车、停车的规定；速度规定；装载的规定；机动车驾驶员应具备的条件；驾驶执照核发与使用的规定；机动车驾驶员守则；对非机动车通行应具备的条件及通行规定；乘车及步行的规定等。

③ 交通违章处罚与交通事故处理。对违反交通法规的行为给予处罚，是交通法规顺利实施的保障。这部分内容主要包括对道路的要求及使用的有关规定、违反道路交通法的处罚、交通事故处理的规定、单位与个人道路交通的权利和义务等。

④ 执法监督。这部分内容是关于公安交通部门管理、值勤和执法要求的规范。主要内容有加强交通警察队伍建设，明确执法原则，规范警容风纪，严格执行收费规定，严格执行罚款规定，实行回避制度，行政监察监督、督察监督以及内部层级监督，社会和公民的监督以及检举、控告制度，以及对交通执法行为的保障等规定。

2. 道路交通安全法规的适用范围

（1）对道路的适用范围："道路"是指公路、城市道路和虽在单位管辖范围但允许社会机动车通行的地方，包括广场、公共停车场等用于公众通行的场所。

（2）对人的适用范围：主要是指车辆驾驶人、行人、乘车人以及道路上从事施工、管理、维护交通秩序以及处理交通事故的人员。此外，还有一些特定的单位，即可称为"法人"的道路施工单位、交通设施养护管理部门、道路主管部门、专业运输单位等。

（3）对车辆的适用范围：车辆主要包括"机动车"和"非机动车"。"机动车"是指以动力装置驱动或者牵引，上道路行驶的供人员乘用或者用于运送物品以及进行工程专项作业的轮式车辆。"非机动车"是指以人力或者畜力驱动，上道路行驶的交通工具，以及虽有动力装置驱动但设计最高时速、空车质量、外形尺寸符合有关国家标准的残疾人机动轮椅车、电动自行车等交通工具。

五、特殊天气安全行车要求

1. 低能见度气象条件行车安全要求

根据《中华人民共和国道路交通安全法实施条例》第八十一条，机动车在高速公路上行驶，遇有雾、雨、雪、沙尘、冰雹等低能见度气象条件时，应当遵守下列规定：

（1）能见度小于 200 m 时，开启雾灯、近光灯、示廓灯和前后位灯，车速不得超过 60 km/h，与同车道前车保持 100 m 以上的距离。

（2）能见度小于 100 m 时，开启雾灯、近光灯、示廓灯、前后位灯和危险报警闪光灯，车速不得超过 40 km/h，与同车道前车保持 50 m 以上的距离。

(3)能见度小于 50 m 时，开启雾灯、近光灯、示廓灯、前后位灯和危险报警闪光灯，车速不得超过 20 km/h，并从最近的出口尽快驶离高速公路。

2. 雨天行车安全要求

(1)发现下雨后，立即打开雨刷器、雾灯、近光灯，并打开空调进行车窗除雾。

(2)雨天行车启动要缓慢，尽量匀速直线行驶，与其他车辆保持足够的间距。避免急加速和紧急刹车。

(3)注意降低车速，平稳转向。雨水会让路面的附着系数大大降低，制动距离延长。

(4)雨天集中注意力观察四周，注意行人和其他车辆的动向。

(5)注意谨慎超车。由于雨天车辆使用性能和道路安全系数降低，超车的危险性加大，必须在确保安全的前提下稳妥、谨慎超车，不可强行超车，更不可从右侧超车。

(6)涉水时，除非熟悉的道路，否则尽量与前车拉开车距，待前车通行后，涉水通行。一旦水中熄火，千万不要尝试再次启动，这样可能会导致发动机报废。

3. 雪天行车安全要求

(1)雪天能见度低，车速须与视距成正比。能见度≤200 m，车速应≤60 km/h；能见度≤100 m，车速应≤40 km/h；能见度≤50 m，车速应≤20 km/h，并驶出高速公路。

(2)雪天路滑，请保持匀速行驶，有条件的安装雪地防滑链。

(3)雪天行车，常有眩目的情况，戴上适当的有色眼镜，防止眼睛的疲劳，有利于更好地瞭望前方情况。

(4)雪天行车，保持足够的安全车距是非常关键的。因为雪天路滑，其制动距离比干燥柏油路延长五到六倍，必须留足制动距离。

4. 大风天行车安全要求

(1)大风天出行前一定要检查车辆密封性；检查车窗胶条是否有老化、脱胶、开裂现象，以便及时更换，防止行车时尘沙钻进车内，影响驾车安全；开空调也只开内部循环。

(2)在多尘的道路注意保持车距，防止前车扬尘妨碍视线。

(3)高速公路行驶时，大风天气尽量避开在最内侧车道行，尽可能在中间车道行，防止刮大风把中间隔离带的界桩吹倒，引发事故。

(4)停车地点要远离楼房、栅栏、施工围挡，尽量远离阳台和窗户，避免出现高空坠物砸车的现象。

六、交通事故现场救援

1. 考察现场情况

开始进行救援工作之前，急救人员应对事故现场作一番客观考察，以避免意外发生。若现场和四周有诸如损坏的电线或致命的气体、液体等危险情况，应先将其排除后再进行救援工作。

2. 固定事故汽车位置

尽快将事故汽车固定下来。先在汽车车轮前后放上木条或砖石块，使汽车不能前后滚动，然后将车轮放气以保证车轮在救援过程中不能摇摆，以免加重伤者伤势。

3. 检查和保护受伤人员

救援人员要检查受伤人员状况和受伤情况以确定救援工作的速度和方法。在未处理汽车之前，先用毛毯将受伤者盖起来，可起保暖和防止受惊的作用，另外还可防止玻璃碎片和其他物件的伤害。在救援的这段时间内，应有人员陪伴伤者，及时观察受伤者的情况和满足伤者的要求。

4. 救出被困人员

如果汽车被撞变形，受伤人员无法移动，应使用专门救援工具把有关的汽车部件移动或去除,将车中被困人员救出。这些高性能的汽车急救工具可在短短的十几秒内将汽车的支柱剪断或车轮轴推开,效率非常高。

5. 现场诊断急救

如果医疗救护人员未到现场,救援人员应先将伤者送至路旁的安全地带,立即做必要的检查和救护。

6. 清理现场

当交通警察勘查完现场后,救援人员应拖走事故汽车并扫清路面,协助警察恢复正常的交通秩序。

第十节　消防安全管理

消防安全是一项知识性、科学性、社会性很强的工作,涉及各行各业、千家万户,与经济发展、社会稳定和人民群众安居乐业密切相关。

一、火灾灭火基本知识

1. 隔离法:将着火物移开,不与其他物品接触。

2. 窒息法:隔离空气接触火,用干粉灭火器、沙、湿棉被等物灭火。

3. 冷却法:用水、灭火器将火冷却。

4. 报警:火警电话119。报警要报清失火地点名称。

二、场所消防安全管理

1. 家庭消防安全管理:①安全使用炉火;②安全使用液化器;③安全用电;④少年儿童不要玩火;⑤燃放烟火爆竹要注意场所。

2. 变配电室及电气消防安全管理

(1)变(配)电室是要害部位和重点防火部位,非岗位人员未经许可不得入内。

(2)总降、电气室、中控室、主电缆隧道和电缆夹层,应设有火灾自动报警器、烟雾火警信号装置、监视装置、灭火装置;电缆穿线孔等应用防火材料进行封堵。

(3)高压配电室、电容器室、控制室应隔离,电缆通道用防火材料封堵。电缆沟应有防火设施。

(4)发生电气设备火灾事故,必须首先切断电源,边补救、边报警,禁止在断电前用水扑救。

(5)所属电缆架、沟、电容器室严禁烟火,确需动火时,必须严格履行动火作业审批手续。

(6)所辖范围要配备充足的消防器材、设施,搞好维护保养,使之处于良好的备用状态,岗位人员都要掌握其使用方法和灭火技能,确保所属部位的安全。

(7)各种电气元件及线路接触良好,连接可靠,无严重发热、烧损或裸露带电体现象。

(8)不得在易燃、易爆等动火作业场所架设临时电气线路。

3. 煤粉制备系统消防安全管理

(1)煤粉制备系统或危险品储库,必须采用密闭式防爆型电气设施。

(2)煤粉制备系统与油泵房、地上柴油罐、煤堆场等防火重点部位的消防设施配置数量应符合消防安全管理规定。

(3)煤磨系统必须配备足够的灭火设施和器材(灭火器、消火栓等);有煤磨系统防火、防爆专项应急预案,防止煤粉制备系统发生爆燃事故。

4. 工业气瓶消防安全管理

(1)氧气瓶、乙炔气瓶同一作业点或存放点气瓶放置不超过5瓶,且应分开存放;若超过5瓶但不超过 20 瓶,应有防火防爆措施。

(2)气瓶立放时应有可靠的防倾倒装置或措施;瓶内气体不得用尽,按规定留有剩余重量。

(3)氧气、乙炔存放点不得有地沟、暗道,严禁明火和其他热源,有防止阳光直射措施,通风良好,保持干燥。

(4)空、实瓶应分开放置,保持 1.5 m 以上距离,且有明显标记;存放整齐,瓶帽齐全。立放时妥善固定,卧放时头朝一个方向,存放点应设置足量消防器材。

(5)乙炔气瓶夏季严禁在日光下曝晒,冬季冻结时严禁用明火烘烤。

(6)乙炔气瓶的回火阀应完好。

5. 油罐消防安全管理

(1)油罐与周围设备设施和建筑物必须按规定保持一定的安全距离。

(2)油罐补油时,供应处、使用单位要安排人员到现场进行安全监控。

(3)到油罐区域操作人员禁止携带火柴、打火机及其他火种。油罐四周禁止吸烟,禁止穿外露鞋钉的鞋攀登油罐。油罐附近要有明显的禁止烟火标牌。

(4)油罐附近禁止动火作业,如因检修需要动火焊补时,须经办公室批准,并到安全管理部门办理动火作业审批手续,施工单位必须采取防火措施,做好灭火准备。

(5)储罐凡有排气呼吸阀、安全阀的,都要经常进行安全检查,保持阀门完好。

6. 物资仓库消防安全管理

(1)物资仓库属厂区重点防火部位,必须设置醒目的禁火标志。

(2)库房内要保持干净整洁,货物摆放有序,对洒落的易燃物质应及时消除。

(3)库房内不得架设临时电缆,因工作需要时,必须经使用部门负责人批准,报办公室备案,并在限期内及时拆除。

(4)库房内严禁烟火和动火作业,需要动火作业时,须经办公室、安全管理部门审批,办理动火作业审批手续,并采取有效的安全防范措施后,方可作业。

(5)库房内严禁使用电热器具取暖。

(6)库房内不得存放易燃易爆物品,因生产需要的易燃易爆物品必须按消防部门规定设专库存放,专库内保持通风,防湿、防晒。

(7)仓库管理人员每天下班前,必须进行防火安全检查,确认无事故隐患,关好门窗,切断电源,方可离开。

7. 厂内外包单位消防安全管理

(1)厂内外包作业单位必须教育所属人员严格执行本公司的《消防安全管理制度》,服从职能部门管理。

(2)如需在厂内重点防火部位动火作业时,必须在施工前到安全管理部门办理动火作业审批手续,经作业区域部门、安全管理部门、办公室审批同意后,方可作业。

(3)如在厂内搭建临时工棚的,禁止生炉取暖烧饭,禁止使用电炉、热得快等电热器具,不得乱拉电线,照明灯具每只不得超过 100 W。

(4)施工作业人员必须严格遵守各项操作规程,掌握基本的灭火知识和技能。棚内必须配有相应数量的消防灭火器材。

8. 加油车消防安全管理

(1)加油车车身上要有明显的禁止烟火标志,配置灭火器材。驾驶员及随车人员应了解消防常识,而且要掌握消防器材的使用方法,并做好日常维护保养。

(2)启动油车前要先检查灭火器是否完好,车有无泄漏,接地线是否完好,装油时周围禁止有明火。

（3）启动加油车前要进行鸣笛警告，前进两声，后退三声，在行驶过程中严禁人员上下或跳离设备。禁止在运矿道路上及交叉口处调头、倒车，在交叉路口做到主动停让行驶的矿车。

（4）加油车到现场加油前要合理选择加油地点，错开人员及车流密集地点、高温区域及煤磨等易燃易爆场所。加油作业时，必须与其他机械车辆保持 1 m 以上间距。

（5）出车前必须对车辆安全性能进行认真检查，不得驾驶安全设施不全、机件不符合技术标准等有安全隐患的车辆。

（6）停车时，人离开驾驶室，必须将车辆实施驻车制动，同时将车辆熄火。下班时，将车辆停在维修厂房内，并将加油车上锁，做好防盗工作。

三、消防器材、设施安全管理

1. 由办公室和使用部门管理。

2. 消防器材及设施主要包括各种灭火器、消防锹、消火栓、水枪、自动灭火系统、消防装备、阻燃防火材料及其他消防产品，只限消防专用，禁止占用、挪作他用或移动位置、人为损坏等。

3. 使用部门做好日常的维护保养工作，确保其完好有效。发现损坏或过期无效的应及时统计后向办公室汇报，由办公室统一编制维修或更换计划，审批后供应处采购，使用部门到仓库领用配置到位。

4. 使用部门应根据本部门岗位的实际情况，配置合理数量、型号、品种的消防器材。

5. 使用部门所配备的消防器材要做到定人保管，定点放置，定期检查，杜绝人为的损坏、挪用，空瓶应及时更换。

6. 新购进和充装的非固定式消防器材（如灭火器等）由仓库统一保管，专人验收入库，并要有记录。

7. 需更换的消防器材，必须以旧换新，批量更换须写明原因。

四、警示标志

根据《建筑设计防火规范》《爆炸和火灾危险环境电力装置设计规范》等规定，结合生产实际，确定具体的危险场所，设置危险标志牌或警告标志牌。

五、火场报警管理

1. 牢记 119 火警电话，发生火灾时立即拨打。

2. 报警时要讲清着火单位、所在具体地址名称；说明什么东西着火、火势怎样；讲清报警人姓名、电话号码。

3. 报警后要安排人到路口等候消防车，指引消防车去火场的道路。

4. 遇有火灾，不要围观。围观消防车有碍于消防人员工作。

5. 不能乱打火警电话。假报火警是扰乱公共秩序、妨碍公共安全的违法行为。如发现有人假报火警，要加以制止。

六、火灾自救与逃生

应沉着冷静，采用科学的自救措施逃生。

1. 井然有序撤离火场，不要大声喊叫，以防吸入烟雾窒息。

2. 弄清楼层通道，不要盲目乱跑、不要盲目开门。

3. 冲出楼房，要用湿毛巾捂住口鼻，低势匍行。

4. 楼梯火小，就冲出去，火大就用绳子、被单等从窗口、阳台上滑下。

5. 身上着火，要脱掉衣服，或在地上打滚压灭火。

第十一节　安全技术措施计划

一、编制安全技术措施计划的基本要求

1. 安全技术措施计划

安全技术措施计划是生产经营单位生产财务计划的一个组成部分，是改善生产经营单位生产条件，有效防止事故和职业病的重要保证制度。生产经营单位为了保证安全资金的有效投入，应编制安全技术措施计划。

2. 安全技术措施

安全技术措施计划的核心是安全技术措施。安全技术按照行业分可分为煤矿安全技术、非煤矿山安全技术、石油化工安全技术、冶金安全技术、建筑安全技术、水利水电安全技术、旅游安全技术等。安全技术按照危险有害因素的类别可分为防火防爆安全技术、锅炉与压力容器安全技术、起重与机械安全技术、电气安全技术等。安全技术按照导致事故的原因可分为防止事故发生的安全技术和减少事故损失的安全技术等。

(1)防止事故发生的安全技术，是指为了防止事故的发生，采取的约束、限制能量或危险物质，防止其意外释放的技术措施。常用的防止事故发生的安全技术有消除危险源、限制能量或危险物质、隔离等。

① 消除危险源。消除系统中的危险源，可以从根本上防止事故的发生。但是，按照现代安全工程的观点，彻底消除所有危险源是不可能的。因此，人们往往首先选择危险性较大、在现有技术条件下可以消除的危险源，作为优先考虑的对象。可以通过选择合适的工艺、技术、设备、设施，合理的结构形式，选择无害、无毒或不能致人伤害的物料来彻底消除某种危险源。

② 限制能量或危险物质。限制能量或危险物质可以防止事故的发生，如减少能量或危险物质的量，防止能量蓄积，安全地释放能量等。

③ 隔离。隔离是一种常用的控制能量或危险物质的安全技术措施。采取隔离技术，既可以防止事故的发生，也可以防止事故的扩大，减少事故的损失。

④ 故障-安全设计。在系统、设备、设施的一部分发生故障或破坏的情况下，在一定时间内也能保证安全的技术措施称为故障-安全设计。通过设计，使得系统、设备、设施发生故障或事故时处于低能状态，防止能量的意外释放。

⑤ 减少故障和失误。通过增加安全系数、增加可靠性或设置安全监控系统等来减轻物的不安全状态，减少物的故障或事故的发生。

(2)减少事故损失的安全技术

防止意外释放的能量引起人的伤害或物的损坏，或减轻其对人的伤害或对物的破坏的技术称为减少事故损失的安全技术。该项技术是在事故发生后，迅速控制局面，防止事故的扩大，避免二次事故的发生，从而减少事故造成的损失。常用的减少事故损失的安全技术有隔离、个体防护、设置薄弱环节、避难与救援等。

① 隔离。隔离是把被保护对象与意外释放的能量或危险物质等隔开。隔离措施按照被保护对象与可能致害对象的关系可分为隔开、封闭和缓冲等。

② 设置薄弱环节。利用事先设计好的薄弱环节，使事故能量按照人们的意图释放，防止能量作用于被保护的人或物，如锅炉上的易熔塞、电路中的熔断器等。

③ 个体防护。个体防护是把人体与意外释放能量或危险物质隔离开，是一种不得已的隔离措施，却是保护人身安全的最后一道防线。

④ 避难与救援。设置避难场所：当事故发生时，人员暂时躲避，免遭伤害或赢得救援的时间。事先选择撤退路线：当事故发生时，人员按照撤退路线迅速撤离。事故发生后，组织有效的应急救援力量，实施迅速的救护，是减少事故人员伤亡和财产损失的有效措施。

此外，安全监控系统作为防止事故发生和减少事故损失的安全技术措施，是发现系统故障和异常的重要手段，安装安全监控系统，可以及早发现事故，获得事故发生、发展的数据。

二、编制安全技术措施计划的原则

1. 必要性和可行性原则

编制计划时，一方面要考虑安全生产的实际需要，如针对在安全生产检查中发现的隐患、可能引发伤亡事故和职业病的主要原因，新技术、新工艺、新设备等的应用，安全技术革新项目和职工提出的合理化建议等编制安全技术措施。另一方面，还要考虑技术可行性与经济承受能力。

2. 自力更生与勤俭节约的原则

编制计划时，要注意充分利用现有的设备和设施，挖掘潜力，讲求实效。

3. 轻重缓急与统筹安排的原则

对影响最大、危险性最大的项目应优先考虑，逐步有计划地解决。

4. 领导和群众相结合的原则

加强领导，依靠群众，使计划切实可行，以便顺利实施。

三、安全技术措施计划的项目范围

安全技术措施计划的项目范围，包括改善劳动条件、防止事故、预防职业病、提高职工安全素质技术措施。主要有以下 4 类：

1. 安全技术措施。指以防止工伤事故和减少事故损失为目的的一切技术措施。如安全防护装置、保险装置、信号装置、防火防爆装置等。

2. 卫生技术措施。指改善对职工身体健康有害的生产环境条件、防止职业中毒与职业病的技术措施，如防尘、防毒、防噪声与振动、通风、降温、防寒等装置或设施。

3. 辅助措施。指保证工业卫生方面所必需的房屋及一切卫生性保障措施，如尘毒作业人员的淋浴室、更衣室、消毒室、急救室等。

4. 安全宣传教育措施。指提高作业人员安全素质的有关宣传教育设备、仪器、教材和场所等，如劳动保护教育室、安全卫生教材、挂图、宣传画、培训室、安全卫生展览等。

安全技术措施计划的项目应按《安全技术措施计划项目总名称表》执行，以保证安全技术措施费用的合理使用。

四、安全技术措施计划的编制内容

包括：①措施应用的单位和工作场所；②措施名称；③措施目的和内容；④经费预算及来源；⑤实施部门和负责人；⑥开工日期和竣工日期；⑦措施预期效果及检查方法。

对有些单项投入费用较大的安全技术措施，还应进行可行性论证，从技术的先进性、可靠性以及经济性方面进行比较，编制单独的《可行性研究报告》，报上级相关部门进行评审。

五、安全技术措施计划的编制流程

1. 确定措施计划编制时间。年度安全技术措施计划应与同年度的生产、技术、财务、供销等计划同时编制。

2. 布置措施计划编制工作。企业领导应根据本单位具体情况向职能部门提出编制措施计划具体要求，并就有关工作进行布置。

3. 确定措施计划项目和内容。企业在认真调查和分析本单位存在的问题，并征求群众意见的基础上,确定本单位的安全技术措施计划项目和主体内容,报上级安全生产管理部门。安全生产管理部门对上报的措施计划进行审查、汇总后,确定措施计划项目,并报有关领导审批。

4. 措施计划的编制和审批

(1)企业须通过推进加强安全技术基础工作、严格安全技术措施的编制、上报、落实等工作,发挥技术工作对安全生产的基础保障作用。同时加强安全技术科研、自主创新、安全技术改造等工作,解决影响安全生产的技术难题,鼓励和引导广大员工参与安全技术革新、提合理化建议活动。

(2)企业须制定安全技术工作规划,与企业发展和生产经营规划同步实施、同步推进。

(3)企业在编制年度生产经营计划时,须同时编制年度安全技术工作及安全技术措施计划,并制定保障实施的措施。

(4)企业须建立、完善安全技术标准、规程、检测监测、信息预警、教育培训等支撑体系,严格安全技术措施的编制、审批、交底、组织实施和监督管理程序及责任。

(5)安全技术设计须充分考虑生产系统的危险和危害因素,依次采用消除、降低、冗余、闭锁、隔离、防护等技术性对策;安全技术措施须有针对性、可操作性,从技术上和管理上提出具体措施要求,针对危险源、特殊环节要制订具体的防护措施以及故障、隐患的辨识和处置方法、应急措施等。

(6)企业安全技术措施须由相关专业技术人员编制,由相关专业技术部门负责人组织生产、技术、安全、设备等职能部门进行评审,并报单位分管技术领导审核,主要负责人审批。参加评审、审批人员须有明确意见并签名,要求上报上级部门审批的项目,须上报上级部门相关部室和相关领导审批。

(7)安全技术措施经审批后须严格执行,不得随意变更。确因客观原因需要变更时,须按原审查、审批程序办理。

(8)在引进"四新"项目(新技术、新材料、新工艺、新设备设施)的同时必须编制相应的安全技术措施,并进行评审论证(安全"三同时"和职业卫生"三同时"须有资质单位开展编制与评审),按照程序审批后,在项目设计、建设、投运时同时执行。

(9)对于专业性较强,以及结构复杂、危险性大、特性较强的项目或任务须单独编制专项安全技术方案和安全技术措施,并由具备相应资质的单位实施,必要时须进行试验、组织专家论证。

六、安全技术措施计划的实施

安全技术交底是安全技术措施实施的重要环节,实施前,须对所有作业人员及关联人员做好层层安全技术贯彻和交底工作,并做好贯彻交底过程记录。

企业须及时识别、获取和使用现行有效的国家、地方和行业安全技术标准、规范、规程等;在引进、采用新技术、新设备、新工艺、新材料时,须依据使用说明或相关安全操作要求,组织编制本单位的安全技术标准、规范或操作规程,并经审批、培训、交底后组织实施,必要时须先试用。

企业须积极推广应用先进适用的安全技术,不得使用国家、地方和行业明文规定禁用、淘汰(或将要禁用、淘汰)的设备、工艺、材料,不得使用禁用或不合格的安全技术防护设备、设施。

企业须组织开展安全技术交流、专题研讨和培训,推广应用先进安全技术成果和管理经验,拓宽培训渠道,建立安全技术专家信息库,为安全生产和安全技术工作提供支持。

七、安全技术交流及人才培训

上级部门相关部室建立专业技术人员信息库,为下级单位安全生产和专业安全技术工作提供支持与帮扶,积极搭建安全技术学习交流平台,推广先进安全技术成果和管理经验,实现资源共享。

企业将专业技术人才的引进、培养和使用纳入本单位人才资源规划,为技术人才施展才能和职业发展创造条件,提高技术人员的地位和待遇,加强对技术人员的培训,充分调动技术人员工作积极性。企业须建立安全技术考核、表彰、奖惩的相关制度,开展安全技术比武、竞赛活动,鼓励广大员工参与安全技术革新。

第十二节　危险源辨识与风险评价

一、危险源与事故隐患的区别和联系

危险源与事故隐患不是等同的概念,事故隐患是指作业场所、设备及设施的不安全状态、人的不安全行为,如检查不到位、制度的不健全、人员培训不到位等。危险源强调生产场所、设备或设施中存在固有能量(物质)的多少,而事故隐患是出现明显缺陷(人的不安全行为、物的不安全状态或缺陷)的危险源。

危险源是可能导致伤害、疾病、财产损失、工作环境破坏或这些情况组合的根源或状态,是指一个系统中具有潜在能量和物质释放危险的、可造成人员伤害、财产损失或环境破坏的、在一定的触发因素作用下可转化为事故的部位、区域、场所、空间、岗位、设备及其位置。它的实质是具有潜在危险的源点或部位,是爆发事故的源头,是能量、危险物质集中的核心,是能量从那里传出来或爆发的地方。重大事故隐患是指事物所处的一种状态,通过消除人的不安全行为、物的不安全状态和管理上的缺陷是可以改善的,直至达到安全状态。但重大事故隐患并不一定存在于重大危险源处。辨识应重点关注客观存在的危险源,危险源描述应准确。不应把危险源与隐患混淆。

一般来说,危险源可能存在事故隐患,也可能不存在事故隐患,对于存在事故隐患的危险源一定要及时加以整改,否则随时都可能导致事故。实际工作中,对事故隐患的控制管理总是与一定的危险源联系在一起,因为没有危险的隐患也就谈不上要去控制它;而对危险源的控制,实际就是消除其存在的事故隐患或防止其出现事故隐患。所以,二者之间存在很大的联系。

二、五个基本定义

1. 危险源:①可能导致伤害或疾病、财产损失、工作环境破坏或这些情况组合的根源或状态。②可能导致人体受伤和(或)健康损害的根源、状态或行为。

2. 危险源辨识:识别危险源的存在并确定其特性的过程。

3. 风险:某一特定危险情况发生的可能性和后果的组合。发生危险事件或有害暴露的可能性,与随之引发的受伤或健康损害的严重性的组合。

4. 可容许(接受)风险:根据组织的法律义务和职业健康安全方针,已降至组织可接受(容许)程度的风险。

5. 风险评价:评估风险大小及确定风险是否可容许的全过程。评估由危险源导致的风险、考虑现有控制措施的充分性并确定风险是否可接受的过程。

三、危险源辨识与风险评价的目的及注意事项

1. 危险源辨识与评价的目的:预防;控制;施加影响。

2. 应注意三个方面的问题

(1)危险源辨识、风险评价的结果应当考虑预防、控制或施加影响的必要性。例如"一般办公活动中的电脑的辐射""订书器伤手"之类,识别这类的必要性不强——要突出重点。

（2）危险源辨识、风险评价的结果应当考虑预防、控制或施加影响的可能性。例如，"地震""洪水"等自然灾害，目前还没有控制这类风险的可能性，要识别其次生灾害所导致的风险——要结合实际。

（3）危险源辨识、风险评价的结果应考虑预防、控制或施加影响的针对性。既然是为了预防、控制或施加影响，就必须站在其实施主体的立场上来考虑问题和分析问题，这个主体就是各岗位的员工。因此，危险源辨识、风险评价结果的描述必须符合他们的思维方式，使他们容易理解和记忆。成功的危险源辨识、风险评价结果可以直接作为员工上岗或转岗前的安全教育教材。对于生产经营活动中的风险以及如何预防，劳动者有知情权，用人单位有告知的义务。

危险源辨识、风险评价结果的描述要简洁、直观、通俗易懂，不要有模棱两可、似是而非或推论的成分。不是辨识的危险源越多或评价出的不可接受风险越多越好，过犹不及，不要让员工感觉到是为辨识而辨识，为评价而评价，要把有益于预防、控制或施加影响作为考虑和分析问题的出发点。

四、危险源辨识与风险评价的路径

五步骤：活动—能量释放—约束条件—风险（受伤或健康损害）—危险源。

1. 活动：①员工的职业活动包括生产作业、设备维修作业等，管理业务活动包括办公、采购、仓储、检验等；②为了职业活动的正常进行所必需的和在工作期间由组织提供方便的辅助活动（生产准备、检维修准备、住宿、乘用交通工具等）；③为了组织需要所从事的其他工作；④非常规的活动，例如应急活动等。

2. 能量释放

（1）职业健康安全风险的失控主要来自于能量异常释放的作用或员工自身能量的超常规付出，其结果就会导致受伤或健康损害。风险的严重程度取决于能量的释放程度（能量守恒定律）。

（2）能量分类：动能、势能、风能、水能、声能、热能、电能、光能、辐射能、化学能（易燃易爆、有毒、物质挥发、腐蚀）、生物能（致害或有毒的动物、植物、微生物的传播、渗透与袭击）、机械能等。

（3）健康损害：可确认由工作活动和（或）工作相关状况引起或加重的不良身体或精神状态。健康损害是风险的另一种表现形式（受伤）。要充分识别危险源，合理评价风险，就必须明确辨别出职业活动中接触的能量的种类、释放的形式以及其约束的方式和可靠性。

3. 约束条件

（1）约束是指对能量的异常释放的约束。约束条件的可靠性与风险暴发的可能性成反比。

（2）约束条件的种类：①能量释放的源头——安全防护设施（硬件投入）；②能量释放的终端——个体防护（劳动防护用品）；③能量异常释放的诱因——天灾的防范与人祸的控制。

（3）天灾（地震、洪水、泥石流、雷击等）的防范：①识别自然灾害导致的次生灾害；②防护设施与应急物资准备；③应急组织机构与应急预案及演练。

（4）对人的不安全行为的约束：①不安全行为的心理因素：侥幸、惰性、麻痹、逆反、逞能、冒险、厌倦、技能差、情绪波动、环境干扰等。②意识：承诺（诚信）、教育。③能力：培训。④规章制度：传达。⑤监督：检查考核、督促整改。

（5）对约束条件的充分性和可靠性的评估是风险评价过程中的重要环节。

4. 风险（受伤或健康损害）

常见的职业风险：火灾、车辆伤害、高处坠落、物体打击、机械伤害、触电、烫伤、危化品中毒、听力下降、有害气体吸入、食物中毒、视力下降、辐射伤害、精神压力过大而导致的亚健康状态、其他意外伤害等。

风险分类方法：

《企业职工伤亡事故分类》标准(GB 6441),综合考虑起因物、引起事故的诱导性原因、致害物、伤害方式等,将危险因素分为20类。

(1)物体打击。指物体在重力或其他外力的作用下产生运动,打击人体,造成人身伤亡事故,不包括因机械设备、车辆、起重机械、坍塌等引发的物体打击。

(2)车辆伤害。指企业机动车辆在行驶中引起的人体坠落和物体倒塌、下落、挤压伤亡事故,不包括起重设备提升、牵引车辆和车辆停驶时发生的事故。

(3)机械伤害。指机械设备运动(静止)部件、工具、加工件直接与人体接触引起的夹击、碰撞、剪切、卷入、绞、碾、割、刺等伤害,不包括车辆、起重机械引起的机械伤害。

(4)起重伤害。指各种起重作业(包括起重机安装、检修、试验)中发生的挤压、坠落(吊具、吊重)、物体打击等。

(5)触电。包括雷击伤亡事故。

(6)淹溺。包括高处坠落淹溺,不包括矿山、井下透水淹溺。

(7)灼烫。指火焰烧伤、高温物体烫伤、化学灼伤(酸、碱、盐、有机物引起的体内外灼伤)、物理灼伤(光、放射性物质引起的体内外灼伤),不包括电灼伤和火灾引起的烧伤。

(8)火灾。

(9)高处坠落。指在高处作业中发生坠落造成的伤亡事故,不包括触电坠落事故。

(10)坍塌。指物体在外力或重力作用下,超过自身的强度极限或因结构稳定性破坏而造成的事故,如挖沟时的土石塌方、脚手架坍塌、堆置物倒塌等,不适用于矿山冒顶片帮和车辆、起重机械、爆破引起的坍塌。

(11)冒顶片帮。

(12)透水。

(13)放炮。指爆破作业中发生的伤亡事故。

(14)火药爆炸。指火药、炸药及其制品在生产、加工、运输、储存中发生的爆炸事故。

(15)瓦斯爆炸。

(16)锅炉爆炸。

(17)容器爆炸。

(18)其他爆炸。

(19)中毒和窒息。

(20)其他伤害。

5. 危险源

通过前面四个步骤的工作,可以辨识出危险源。

《生产过程危险和有害因素分类与代码》(GB/T 13861),将生产过程中的危险和有害因素分为4大类。

(1)人的因素:①心理、生理性危险和有害因素;②行为性危险和有害因素。

(2)物的因素:①物理性危险和有害因素;②化学性危险和有害因素;③生物性危险和有害因素。

(3)环境因素:①室内作业场所环境不良;②室外作业场所环境不良;③地下(含水下)作业环境不良;④其他作业环境不良。

(4)管理因素:①职业安全卫生组织机构不健全;②职业安全卫生责任制未落实;③职业安全卫生管理规章制度不完善;④职业安全卫生投入不足;⑤职业健康管理不完善;⑥其他管理因素缺陷。

五、危险源辨识

1. 常用危险源辨识方法:询问交谈、现场观察、工作任务分析、安全检查表、预先危险分析、故障类型及影响分析、危险与可操作性研究、事件树分析、故障树分析等。

2. 危险源辨识及风险评价中常见的问题：①活动识别不准确，分类模糊；②风险与危险源混淆；③财产损失识别过多；④包含了产品、服务安全的内容；⑤工作失误给别人造成的风险识别过多；⑥无谓的或不可控的风险识别过多；⑦间接扩展的、不确定的、小概率事件识别过多；⑧语言描述烦琐、难懂；⑨评价出的重大风险过多，重点不突出。

六、风险评价的因素

1. 风险评价的目的：为相关岗位能力要求的确定和运行控制策划、职业健康安全培训策划提供依据。

2. 需要关注四个方面的因素：①能量的聚集或释放的程度；②约束条件动态变化的频繁程度和确保其可靠性的难易程度；③现有控制措施的充分性和适宜性；④组织的法定义务要求、职业健康安全方针要求和员工的合理要求。

七、常用风险评价方法

1. 风险评价表（表 4-4）法

表 4-4 风险评价表

可能性＼后果	轻微伤害	伤害	严重伤害
极不可能	可忽略风险	可容许风险	中度风险
不可能	可容许风险	中度风险	重大风险
可能	中度风险	重大风险	不可容许风险

在风险辨识基础上，可用直接判定法进行风险评价：借助分析人员的经验、判断能力和有关标准、法规、统计资料进行分析评价。

遇有下列情况之一的，可直接评价为重大危险源：

(1)不符合法律、法规和其他要求；

(2)不符合本地区行政主管部门有关规定，可能导致危险；

(3)相关方（含员工）强烈投诉或抱怨的危险源；

(4)直接观察到可能导致的重大危险和行为性危险因素。

2. LEC 法

格雷厄姆风险评价方法（LEC 法），分数值分别见表 4-5～表 4-8。

$$D=LEC$$

式中：D 为风险值；L 为事故发生的可能性大小；E 为暴露于危险环境的频繁程度；C 为发生事故产生的后果。

表 4-5 事故发生的可能性（L）

L 分数值	事故发生的可能性	L 分数值	事故发生的可能性
10	完全可以预料	0.5	很不可能，可以设想
6	相当可能	0.2	极不可能
3	可能，但不经常	0.1	实际不可能
1	可能性小，完全意外		

表 4-6　暴露于危险环境的频繁程度(E)

E 分数值	频繁程度	E 分数值	频繁程度
10	连续暴露	2	每月一次暴露
6	每天工作时间内暴露	1	每年几次暴露
3	每周一次,或偶然暴露	0.5	非常罕见地暴露

表 4-7　发生事故产生的后果(C)

C 分数值	后果	C 分数值	后果
100	大灾难,许多人死亡	7	严重,重伤
40	灾难,数人死亡	3	重大,致残
15	非常严重,一人死亡	1	引人关注,不利于基本的安全卫生要求

表 4-8　危险等级划分(D)

D 分数值	危险程度	风险分级	
>320	极其危险,不能继续作业	不可容许的	1 级
160~320	高度危险,需立即整改	重大的	2 级
70~160	显著危险,需要整改	中度的	3 级
20~70	一般危险,需要注意	可允许的	4 级
<20	稍有危险,可以接受	可忽略的	5 级

作业条件危险性评价法($D = L \cdot E \cdot C$):评定 1 级、2 级的风险等级确定为重大危险源,3 级风险等级为可承受的中度风险,4 级风险等级为一般风险,5 级风险基本可以忽略。

八、危险源辨识范围

辨识的范围应覆盖企业生产经营活动的所有方面,包括所有生产场所、设备(包括租赁设备)、人员(包括为企业提供各种服务的相关方)等。

危险源辨识应从人的不安全行为、物的不安全状态、环境不良、管理缺陷四个方面着手。管理缺陷是许多企业在危险源辨识时未予以严重关注的,而管理缺陷又恰恰是企业多年来一直未能清晰对待的影响企业安全管理水平提升的重要因素,在危险源管理制度中应加以强调。

许多企业依据 GB 6441 作为开展危险源辨识的参考依据,该标准列出的是伤亡分类,是后果概念,但许多企业却把标准中所列的 20 类后果直接当成了危险源,例如,直接把"高处坠落"当成了危险源,而危险源辨识恰恰需要辨识出造成"高处坠落"的原因、源头,包括人、物、环境、管理四个方面。

非常规活动的危险源辨识及控制,是许多企业安全管理中容易忽略的,应加强管理。

危险源评价(评估)的目的需要在管理制度中界定清楚。许多企业对于评价的目的模糊不清,误以为危险源评价目的就是对危险源进行分级,而后企业只要关注自身认定风险较高的危险源即可,这是许多企业的通病。殊不知,许多企业的事故往往就出在极不起眼的地方,并不一定是风险较高之处。

九、重大危险源的辨识与评价

生产经营单位所进行的危险源辨识、评价除了须满足企业内部风险控制决策的要求外,还应该根据有关规定确定重大危险源。判断是否构成重大危险源的依据主要是《危险化学品重大危险源辨识》(GB 18218)等相关法规标准。

危险化学品重大危险源的认定,严格按照《危险化学品重大危险源辨识》(GB 18218)的具体要求执行。其思路是以某物品的实际量除以规定临界量的结果为计算元素,若所有危险化学品计算元素之和大于或等于1,即构成重大危险源;重大危险源涉及的工艺、技术问题比较复杂,危险后果比较严重,重大危险源的评估工作一般由企业委托给有相应安全评价资质的中介机构完成,当然也可自行组织具有相应资质的专业技术人员进行,安全评价报告须报当地安监部门备案。

第十三节　劳动防护用品管理

一、定义

1. 劳动防护用品:是指由生产经营单位为从业人员配备的,使其在劳动过程中免遭或者减轻事故伤害及职业危险的个人防护用品,又称劳动保护用品,简称劳保用品。

2. 一般劳动防护用品:是指在劳动作业生产过程中对人体起到保护作用的安全防护用品。

3. 特种劳动防护用品:是指在劳动作业生产过程中对人体起到特殊保护作用的安全防护用品。

二、劳动防护用品分类

1. 大劳保:春夏秋冬季工作服、棉衣、皮防寒服、皮裤、劳保鞋、棉劳保鞋、电工棉鞋、绝缘鞋、安全帽(含棉安全帽)、胶鞋、雨衣、雨鞋。

2. 小劳保:布手套(含棉手套)、线手套、防尘口罩等。

3. 特种劳动防护用品:特种安全帽、安全绳(带)、电焊护目镜、电焊手套、防风镜、防尘镜、防尘帽、防尘服、防尘面具、防酸碱手套、隔热服、防噪声护耳器、绝缘护品类,各种安全防护装置、器材、安全标志等。

4. 其他临时增发的劳保用品,如防暑降温、防寒防冻、洗洁精等物品。

三、劳动防护用品的作用

1. 呼吸护具:是预防尘肺和职业病的重要劳动防护用品,也是防御缺氧空气和尘毒等有害物质吸入呼吸道的防护具。按用途分为防尘、防毒、供氧三类。

2. 眼防护具:用以保护作业人员的眼睛、面部,防止外来伤害。分为焊接用眼部防护具、防冲击眼护具、激光防护镜以及防 X 射线、防化学、防尘等眼护具。

3. 防护鞋:用于保护足部免受伤害。目前主要产品有防砸、绝缘、防静电、耐酸碱、耐油、防滑鞋等。

4. 防护手套:防御劳动中物理、化学和生物等外界因素伤害劳动者手部的护品,主要有耐酸碱手套、电工绝缘手套、电焊手套、防 X 射线手套、石棉手套等。

5. 防护服:按防护功能分为健康型防护服(如防辐射服、防寒服、隔热服及抗菌服等)和安全型防护服(如阻燃防护服、电弧防护服、防静电服等)。

6. 耳部护具:预防噪声伤害或有害物质入侵耳部的防护用品。主要品种有发泡无线耳塞、护耳罩、滤纸、滤布、噪声阻抗器等。

7. 防坠落用品:就是预防人体坠落伤亡的防护用品。主要品种有抓绳器、定位腰带、安全带、安全绳、安全网等。

四、劳动防护用品标识

特种劳动防护用品安全标志是确认特种劳动防护用品安全防护性能符合国家标准、行业标准,准许生产经营单位配发和使用该劳动防护用品的凭证。特种劳动防护用品必须具有生产厂家提供的"三证"(生产许可证、安全鉴定证、产品合格证)和"一标志"(安全标志)。

五、安全标识

用以表达特定安全信息的标志,由图形符号、安全色、几何形状(边框)或文字构成。是向工作人员警示危险状况,指导采取合理行为的标志。

六、辨识与配备

辨识危险岗位,辨识工作场所存在的隐患与风险,配备劳动防护用品。

七、劳动防护用品使用

按照国家法律法规和标准要求,制定企业《劳保用品管理制度》,并组织员工学习和使用方法培训,让员工掌握劳动保护用品的使用方法和保护作用。

1. 耳塞

噪声大于等于 85 dB 的工作场所必须佩戴耳塞:取出耳塞,将其搓细,另一只手将耳朵向上向外提起并保持住;将搓细的耳塞圆头朝向耳朵塞入耳中并至其膨胀定性(约 30 s)。示例如图 4-2 所示。

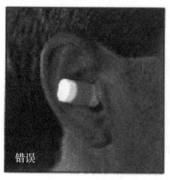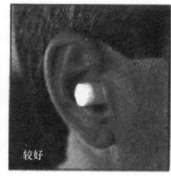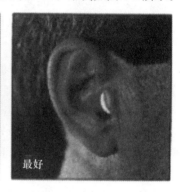

图 4-2 佩戴耳塞规范示例

2. 防尘口罩

佩戴前检查口罩质量,部件是否良好;口罩应佩戴端正,包住口、鼻,鼻梁两侧不应有空隙,口罩袋子要系牢;保持口罩清洁,不使用时应将口罩装入塑料保护袋内,防止口罩被污染。

3. 防护手套

防水、耐酸碱手套使用前应检查表面是否有破损,简易判断办法是向手套内吹口气,用手捏紧套口,观察是否漏气,漏气则不能使用。绝缘手套应定期检验电绝缘性能,不符合规定的不能使用。橡胶、塑料等防护手套用后应冲洗干净、晾干,保存时避免高温,并在制品上撒上滑石粉以防粘连。

4. 防毒口罩

检查口罩有无裂纹、磨损,附件是否齐全,滤盒是否在有效期。口罩戴正、牢固(不能松动摇晃),带子系好;每次佩戴面具后,进行面具的负压测试。

八、劳动防护用品维护与保养

1. 使用前应认真阅读劳保用品使用说明书。

2. 拿到劳保用品后应检查劳保用品有无破损,按要求使用,例如:安全帽有无裂纹,防护手套是否破损,安全带是否牢固。

3. 使用完劳保用品后,清理清洁,按要求回收。

4. 依据标准,及时更换老旧失效的防护用品。

5. 定期进行检测,确保性能正常。

第十四节　安全行为观察管理

开展"岗位安全行为观察"活动，落实"安全检查六步审核法"、改进安全管理方式方法、发动全员参与安全管理、努力创建安全文化的重要举措。公司各单位应将该活动开展作为安全管理的重要工作，主要领导要亲自动员和推动，对工作开展质量要加强检查监督，确保落到实处、发挥实效。

一、岗位安全行为观察的含义和意义

安全行为观察是指通过在作业现场观察作业人员的作业行为，并与被观察者进行交流，纠正不安全的作业行为，表扬、鼓励强化好的作业行为，提高双方的安全意识。

安全行为观察是各级管理人员履行安全检查、教育引导职责的重要载体。是安全管理中一种主动辨识并消除不安全行为、预防事故的工作方法。

安全行为观察通过改变员工的工作态度与心态，从而建立起良好的安全文化。

安全行为观察过程中，可通过领导层亲自参与，展现领导更加关注安全工作以及安全行为观察，为管理者和被管理者提供沟通平台，双向平等探讨，有助于营造安全文化氛围，也能够激励员工，让员工自愿参与安全管理。

二、安全行为观察重点

安全行为观察的过程是对某位员工一项具体的作业过程进行观察和检查，通过对各项重点内容的观察，判定作业行为是否安全，开展必要的沟通和交流，纠正不安全行为，提高安全意识。而观察和检查的重点是以下七个方面：①员工的反应；②员工的位置；③个人防护装备；④工具和设备；⑤作业程序与标准；⑥人体工效学；⑦现场环境与秩序。

三、安全行为观察方法

安全行为观察中的沟通，就是纠正、鼓励、教育、引导。沟通的方式方法也很大程度上决定了沟通的成效。在安全观察和检查过程中，各级管理人员应参照"安全检查六步审核法"开展观察活动。

1. 观察和检查前，先礼貌地打招呼。在安全的情况下，礼貌地打断他们的作业。

2. 发现有不安全行为和因素时，要及时提醒，不可以使用训斥和指责的语气。

3. 观察后，及时现场反馈观察情况。用一种考虑到员工自尊的积极的方式，向被观察员工反馈观察到的信息。

4. 多表扬和鼓励。对所有采用安全方法操作的行为，要及时给予积极的激励。

5. 当观察到不安全行为时，要从员工那里了解为什么会存在这种危险行为，并提供及时的辅导与纠正。在辅导和纠正后，聊一些和安全相关的话题，如提醒注意班后休息、注意交通安全等，或征询员工对管理的建议或意见。

6. 观察或检查结束，要认可员工的积极配合，鼓励他们继续安全地工作。

四、安全行为观察活动计划

各单位管理人员每周开展一次"岗位安全行为观察"。参加人员包括分厂各领导、值班长、安全员、工段长、工段技术员、工段设备管理员。通过跟踪观察岗位人员当班期间作业安全行为、交流沟通安全防范措施，进一步提升岗位人员作业安全意识以及促进遵章守规作业。

各单位要安排专人，排定各管理人员"岗位安全行为观察工作计划"，对开展时间、跟踪观察岗位进行明确，并按计划组织开展观察活动。

由各单位专职安全员负责,分批次组织对各管理人员开展"安全行为观察"专题培训,宣贯培训观察方式方法。

被观察的岗位人员应重点侧重于高危岗位人员、偏远区域"一人一岗"岗位人员、检修危险作业、特殊人群、安全管理较薄弱的工段人群、新成立的工段或班组内人群等。各分厂在排定计划时,应充分考虑被观察岗位的覆盖面,避免重复。

由安全管理部门牵头,组织对各分厂各管理人员岗位安全行为观察开展情况进行检查总结。在总结完善的基础上,拟定管理制度,组织长期开展"岗位安全行为观察活动",将"岗位安全行为观察"纳入正常的安全管理工作规范中。

五、岗位安全行为观察要求

对照计划按期开展观察活动。建议观察过程拍照留存。

观察活动必须依照观察记录规范流程开展,确保各环节观察到位。观察和检查过程中,应注意方式方法,遵循安全检查六步审核法。

观察活动结束后,应及时填报观察记录卡(表 4-9)。

表 4-9　岗位安全行为观察记录卡

观察日期		观察时段		观察人	
观察区域		被观察人		作业名称	
被观察人	□ 内部员工		□ 相关方员工		□ 外委作业人员
1. 员工的反应		**2. 个人防护装备**		**3. 程序和标准**	
□ 全部安全 **观察到的人员的异常反应:** □ 调整个人防护装备 □ 改变原来的位置 □ 重新安排工作 □ 停止工作 □ 收拾工具 □ 遮掩/离开 □ 其他		□ 全部安全 **未使用或未正确使用,是否完好:** □ 眼睛和脸部 □ 耳部 □ 头部 □ 手和手臂 □ 脚和腿部 □ 呼吸系统 □ 躯干 □ 其他		□ 全部安全 **观察到的问题:** □ 没有建立 □ 不适用 □ 没有及时更新 □ 不可获取 □ 员工不知道或不理解 □ 没有遵照执行 □ 没有办理作业许可证 □ 员工没有有效的上岗证 □ 其他	
4. 员工的位置		**5. 工具与设备**		**6. 人体工效学**	
□ 全部安全 **可能的问题:** □ 被撞击 □ 被夹住 □ 高处坠落 □ 绊倒或滑倒 □ 接触极端温度的物体 □ 触电 □ 接触、吸入或吞食有害物质 □ 接触转动设备 □ 搬运负荷过重 □ 接触振动设备 □ 其他		□ 全部安全 **观察到的问题:** □ 不适合该作业 □ 未正确使用工具与设备 □ 工具和设备本身不安全 □ 需要计量的仪器仪表没有校定 □ 其他		□ 全部安全 **办公室、操作和检维修环境:** □ 不符合人体工效学原则 □ 重复的动作 □ 躯体位置不良 □ 不适当的姿势 □ 工作区域设计不佳 □ 工具和把手不方便使用 □ 照明不足 □ 其他	

7. 环境整洁		
□ 全部安全 **观察到的问题：** □ 作业区域不整洁　□ 工作场所不能做到井然有序　□ 材料及工具的摆放不适当　□ 设备有跑冒滴漏现象 □ 其他		
被观察人签名	被观察人评价	□ 认可　□ 不认可
行为观察评判	□ 安全　□ 不安全、现场存在隐患　□ 不安全、作业存在不安全行为或违章	
隐患或不安全 行为描述		
可能导致后果	□ 财产损失　□ 轻伤　　□ 重伤　　□ 死亡　　□ 群体伤亡	
处理采用方式	□ 表扬鼓励　□ 沟通交流　□ 教育引导　□ 督促整改隐患　□ 考核处罚	
隐患整改情况 及内容		
管理考核情况 及内容		
教育引导或 现场培训帮扶 主要内容		
观察人签名	填表日期	

要求各管理人员使用小笔记本或软面抄，专门建立观察活动记录。记录的主要内容应涵盖观察时间、区域及对象，观察结果，不安全行为处理情况，员工的管理建议和意见，员工提出的需要解决的问题或现场隐患，自身的收获等。

对于员工提出的现场较大隐患，分厂工段无法独立解决的，要及时上报安全管理部门。

六、奖惩考核

未能按期拟定计划并积极推动岗位安全行为观察活动的，纳入部门责任人考核。未能按计划按期开展岗位安全观察活动的，纳入责任人考核。

观察记录卡未及时填报、未建立观察活动记录，视为未开展观察活动。记录及表格填报不完善，每次扣责任人 5 分。

安全管理部门组织对各管理人员岗位安全行为观察活动开展情况进行总结评比，对积极推动的分厂及主要领导进行嘉奖,对开展情况较好的管理人员予以表彰和嘉奖。

第十五节 设备设施安全管理

一、机械设备设施

(一)设备设施基础资料管理

1. 设备、设施、工具应建立名称、型号、规格、数量、分布状况的台账。

2. 按规定对新设备设施进行验收,确保使用质量合格、设计符合要求的设备设施。

3. 按规定对不符合要求的设备设施进行报废或拆除。

4. 主要设备设施应建立技术档案,包括:①产品出厂合格证、使用维护说明、安装技术文件等资料;②安全防护装置资料;③大修或技改记录;④安全附件、安全防护装置、测量调控装置及有关附属仪器仪表的日常维护保养记录;⑤运行故障和事故记录。

5. 建立特种设备(锅炉、压力容器、起重设备、安全附件及安全保护装置等)的管理制度。

(1)特种设备应有产品合格证、使用登记证、法定资质单位的定期检验报告。

(2)特种设备按规定使用、维护,定期检验,并将有关资料归档保存。

6. 设备应有日常使用状况自行检查记录,定期维护保养记录。

(二)通用设备设施安全

1. 不使用国家淘汰的生产设备,机械设备、电气设备的选用及安装应符合国家标准和有关规定。

2. 设备维护保养应达到:①无积灰、无杂物、无松动、无油污,不漏油、不漏水、不漏灰、不漏电、不漏风、不漏气;②设备基础牢固,安全可靠;③设备的易磨损件应及时更换;④各种传动设备配合良好,有防护罩或隔离网;⑤所有的防护罩(隔离网)、盖板、栏杆应完备可靠;⑥各种连锁、紧停、控制装置灵敏可靠。

3. 设备运转时,严禁在运转部位蹬踩、跨越和停留,不得进行清扫和擦拭工作,不准随意拆除、移动、挪用安全防护设施和警告标志。

4. 设备的运动零部件(如齿轮传动、滑动轴承和滚动轴承等)应定期正确润滑。

(三)设备设施的运行管理

1. 设备、设施的检修、维护、保养。

(1)生产现场的机、电、操控设备应有安全连锁、快停、急停等本质安全设计与装置。

(2)生产现场使用表压超过 0.1 MPa 的液体和气体的设备和管路,应安装压力表,必要时还应安装安全阀和逆止阀等安全装置。

(3)各种阀门应采用不同颜色和不同几何形状的标志,还应有表明开、闭状态的标志。

(4)不同介质的管线,应按照《工业管道的基本识别色、识别符号和安全标识》(GB 7231)的规定涂上不同的颜色,并注明介质名称和流向。

(5)在煤堆场、煤粉制备系统、油库、仓库和稀油站等防火重点部位设灭火装置或自动报警装置。

2. 建立设备设施运行台账,制定检维修计划;按检维修计划定期对安全设备设施进行检修。

(1)检修项目须制定安全方案,并有安全防护措施,有项目安全负责人。

(2)检修人员须穿戴劳保用品、用具,特种作业人员必须持有效操作证作业。

(3)设备检修须切断电源,办理停送电手续;要有专人负责,并挂上警示标志。

(4)特殊检修项目须严格执行停送电管理制度,办理危险作业分级、监护审批单。

3. 进入有限空间要有监护人,并挂警示标志。

(四)破碎设备(包括颚式破碎机、锤式破碎机、立轴式破碎机、辊式破碎机等)

1. 破碎设备周围应留有足够的操作和维修空间,操作位置应有良好的通道及可视性,设备检修门坚固可靠,传动皮带完好。

2. 设备应有总停开关及相应的急停和安全装置,并定期进行检查。

3. 机械传动部位安全防护装置、安全保险装置齐全可靠。

4. 严禁带料启动设备。

5. 设备的调整、维护、修理和清洁工作必须在停机时进行。

6. 设备液压润滑系统应符合要求,系统压力不得超过最大允许压力。

7. 熟料破碎机运转时的加油应使用油管延伸至安全地带内才可加油。

8. 启动和停止装置应有明显标志并易于接近,并有必要的预警信号。

9. 给料或转运料斗及料槽开口位置设防护装置,在无安全措施的条件下严禁人工疏通。

10. 严禁输送设施设备运行时进行维护调整、人体接近或触摸运转的部位。

(五)煅烧系统

1. 预热器、分解炉

(1)应有预热器清堵的专项安全操作规程或作业指导书。

(2)用压缩空气清料时,开或关压缩空气必须经现场清堵人员同意。

(3)两个或两个以上捅料孔同时捅料时,必须有专人指挥。严禁在处理堵料时上下齐捅,应遵守先下后上的原则。

(4)处理结皮时,必须有专人指挥,统一指令,侧身捅料。

(5)运行中巡检时,严禁正面对着检查孔,防止正压或塌料伤人。

(6)预热器周围平台上严禁堆放易燃易爆物品。

(7)悬挂设备下及吊装孔附近应有隔离防护等安全设施。

(8)预热器平台、构件、护栏要求完整牢固,检查孔盖牢固,翻板阀灵活好用。

(9)检修状态预热器的翻板阀必须锁紧。

2. 回转窑

(1)在回转窑传动装置中应设置辅助传动装置启动时能切断主电动机电源的连锁装置。

(2)回转窑辅助传动装置必须另设应急独立动力源。

(3)回转窑传动装置中的高转速联轴器、开式齿轮等传动部件应设置防护罩。

(4)回转窑辅助传动装置必须安装制动装置,以便在使用中切断辅助传动电动机,防止回转窑自行转动。

(5)煤粉输送管路完好无泄漏;燃烧器完好无泄漏,调整机构灵活好用。

(6)回转窑筒体无阻碍、碰撞物体,检修人孔门固定牢固;筒体冷却装置完好。

(7)系统连锁、控制完好,空气炮等气动元件、压力容器工作正常。

(8)回转窑传动装置中的高转速联轴器、开式齿轮等传动部件应设置防护罩;冷却水、润滑油供应正常。托轮、挡轮测控仪表完好。

(9)回转窑窑头、窑尾观察门(盖)完好,平台护栏、测量仪表仪器完好,密封装置完好无脱落。

(11)停窑维护要有相应的安全方案,并严格执行。入窑作业要有相应的作业指导书,并严格按指导书操作。

(12)应建立回转窑专项检查制度,其中规定检查的内容以及频次,并定期检查,做好相关运行记录。

3. 篦冷机

(1)设备完好无漏风,并润滑充足。

(2)制定清理篦冷机烧结料(也叫"雪人")的操作规程,并严格执行。

(3)人工清理篦冷机"雪人"时,必须停止使用空气炮,维持好窑头负压,在窑头平台上处理。

(4)人工进入篦冷机内清理作业前必须停下与篦冷机有关的所有设备:窑、冷却机、破碎机、空气炮,将预热器翻板阀锁死,并对相应开关、阀门上锁并挂警示牌。

(六)粉磨系统(包括立式辊磨机、管式球磨机等)

1. 粉磨检修时做到五个必须:①必须断开高压电控制电源;②必须把机旁电源锁住;③必须把慢转限位锁住;④必须把热风阀门关到"0"位;⑤在检修高压柜时,必须将机械部位与电气部位错开维护。

2. 进入磨体内检查必须断开主电源,挂警示牌,使用安全电压照明。

3. 磨机机械传动部位防护装置齐全可靠,磨体周围防护栏警示牌齐全。

4. 磨体两侧护栏应齐全,严禁人员从运转磨底穿越靠近磨体。

5. 磨机轴承应根据气候变化及时更换相适应的润滑油,并记录备案。轴承瓦润滑油,冷却水管完好畅通,油泵安装平稳牢固,油管、水管、油箱定期清洗。

6. 压力表、温度表保持清洁,安全可靠,并严格遵守在有效期内使用。

7. 磨机系统的防护栏、罩、盖、跨越走廊应安全可靠。

8. 煤磨停机后不要马上停后面的收尘设备及输送设备,如电收尘、袋收尘,应推迟 15～20 分钟,让收尘器振打清灰的时间延长些。

9. 煤磨作业现场必须设置禁止烟火警示标志,安装防静电装置;必须配备消防器材(灭火器、消火栓等)。

10. 动火作业前必须申请同意,动火现场必须备好灭火器。

11. 有煤磨系统防火、防爆专项应急预案,防止煤粉制备系统发生爆燃事故。

(七)输送设备(板链提升机、板链斗式输送机、螺旋输送机、空气输送斜槽、斗式提升机等)

1. 机械运输系统的外露传动部位,都应安装防护罩或防护屏,且应安装牢固,符合要求。

2. 纠偏装置完好,动作灵敏可靠。

3. 每个操作工位、升降段、转弯处必须设置急停装置,同时保证每 30 m 范围内应不少于 1 个急停装置。

4. 急停装置按钮或拉扯拉绳开关,应满足保证运输线紧急停机的要求,不得自动恢复,必须采取手动恢复。

5. 人员需要经常跨越运输线的地方应设过道桥。

6. 空气斜槽密封完好,设备无扬尘、漏灰等缺陷,观察口及连接法兰接口需有防进水措施。

7. 提升机及链板运输机电机及减速机基础螺栓固定牢固,运行稳定可靠。

8. 皮带机输送机:①纠偏装置完好。②传动部位防护装置齐全可靠,拉紧、制动、保护、连锁、安全保险装置齐全可靠。③每台设备设置总停开关,皮带机设置紧急拉绳控制的紧急停机开关,且开关灵敏可靠。④头部与尾部应设置防护罩或隔离栏及安全连锁装置,人员通过部位应设置专用跨越通道。⑤严禁带料启动设备。

9. 空气斜槽:①空气斜槽密封完好,设备无扬尘、漏灰等缺陷。②离心通风机运转无异声、无震动。③观察口及连接法兰接口需有防进水措施。

10. 提升机:①输送设备电机及减速机基础螺栓固定牢固。②传动部位防护装置齐全可靠,拉紧、制动、保护、连锁、安全保险装置齐全可靠。③给料或转运料斗及料槽开口位置设防护装置,在无安全措施的条件下严禁人工疏通。

11. 链板运输机:①输送设备电机及减速机基础螺栓固定牢固。②电机及减速机设备完好。③设置总开关,运输长度超过20 m的运输机必须设置紧急拉绳控制的紧急停机开关,且开关灵敏可靠。④机械传动部位防护装置齐全可靠,拉紧、制动、保护、连锁、安全保险装置齐全可靠。

(八)包装系统

1. 输送带设置跨越装置,输送机运转时,防止跨越、坐或站在输送机上。

2. 发生夹包,及时停机,禁止在设备运转时处理问题。

3. 包装机在运转时,禁止到包装机里面去拉包。

4. 包装袋仓库禁止烟火,必须配备符合国家要求的灭火设施。

5. 机械传动部位防护装置齐全可靠,拉紧、制动、保护、连锁、安全保险装置齐全可靠。

6. 给料或转运料斗及料槽开口位置设防护装置,在无安全措施的条件下严禁人工疏通。

7. 包装设备运行正常,传动部位防护装置齐全可靠;严禁带料启动设备。

8. 水泥筛分、计量、控制设施完好。

(九)收尘系统(电收尘、袋收尘)

1. 设备设施完好,定期检测;各项数据指标符合国家环保排放标准。

2. 建立进入收尘器的安全操作规程,制定相应的收尘设备管理维护制度。

3. 符合危险场所管理制度。

4. 要有防雷装置,并定期监测。

5. 对电除尘系统进行带电设备检查时,必须确认地线完好方可进行,并有监护人。

6. 对电除尘系统进行检查维修时,必须确认接地装置完好,放电、验电合格后方可进行,现场必须有监护人员。

(十)余热发电系统

1. 余热锅炉:①锅炉"三证"(产品合格证、使用登记证、年度检验证)齐全。②安全附件完好,安全阀、水位表、压力表齐全、灵敏、可靠,排污装置无泄漏。③按规定合理设置报警和连锁保护装置,并保持完好。④给水设备完好,匹配合理。⑤炉墙无严重漏风、漏烟、油、气、煤粉炉防爆装置完好。⑥水质处理应能达到指标要求,炉内水垢在1.5 mm以下。⑦其他辅机设备应符合机械安全要求。⑧应制定余热锅炉安全操作规程,并严格执行。

2. 汽轮机:①建立汽轮机安全操作规程。②设备设施完好,安全防护及连锁装置完好。③对油系统定期检查,保证管道的清洁和畅通,不得有漏油之处,冷油器定期冲洗,滤油网不得堵塞。④汽轮机油站应有事故放油池,油箱事故放油阀门保持完好并离开油箱一定安全距离。

(十一)特种设备(锅炉、压力容器、起重机械、电梯、厂内机动车辆)

1. 建立特种设备(设备编号、制造单位、技术参数、使用部门、检验日期)台账。

2. 应有生产许可单位制造、产品质量合格证明、使用维修说明及安装技术资料。

3. 应取得特种设备使用证,定期检验合格,在检验有效周期内使用。

4. 安全阀、压力表等安全附件定期检验合格,在检验有效周期内使用。

5. 日常运行应有定期自查或委托维修单位,并有记录或安全协议。

(十二)空压机

1. 机身、曲轴箱等主要受力部件无影响强度和刚度的缺陷,所有紧固件应牢固可靠,并有防松措施。

2. 压力表、温度表(计)每6个月检测,液位计(油标)等安全装置(附件)应完整、灵敏可靠,且在检测周期内使用。

3. 外露的联轴器、皮带传动装置等旋转部位应设置防护罩或护栏,螺杆式空压机保护盖应关闭。

4. 配套的压缩空气管道无腐蚀,管内无积存杂物,管道漆色符合浅灰色要求,并标有流向箭头,支架牢固可靠。

5. 电气设备符合安全要求,机组旁应设紧急停机按钮(开关)保护装置。

6. 空压机布置合理,空压机与墙、柱以及设备之间留有 1 m 的足够空间距离。

7. 固定式空压机应设置在有足够通风的房间,其区域内无灰尘、化学品、金属屑、油漆喷雾等。

(十三)起重机械设备(吊机、吊车、吊具等)

1. 吊车应设有下列安全装置:①吊车之间防碰撞装置;②大、小行车端头缓冲和防冲撞装置;③过载保护装置;④主、副卷扬限位、报警装置;⑤登吊车信号装置及门连锁装置;⑥露天作业的防风装置;⑦电动警报器或大型电铃以及警报指示灯。

2. 吊车应装有能从地面辨别额定荷重的标识,不应超负荷作业。

3. 吊运物行走的安全路线,不应跨越有人操作的固定岗位或经常有人停留的场所,且不应随意越过主体设备。

4. 与机动车辆通道相交的轨道区域,应有必要的安全措施。

5. 起重机械的定期检验周期为一年,应在检验周期内使用,合格的检验报告应长期完整保存。

6. 应有吊索具管理制度,车间有吊索具管理办法,明确规定集中存放地点,存放点有选用规格与对应载荷的标牌,有专人管理和保养。

7. 普通麻绳和白棕绳只能用于轻质物件捆绑和吊运,有断股、割伤、磨损严重应报废。

8. 钢丝绳编接长度应大于 15 倍绳直径,且不小于 300 mm,卡接绳卡间距离应不小于 6 倍绳直径,压板应在主绳侧。

9. 链条有裂纹、塑性变形、伸长达原长度的 5%;下链环直径磨损达原直径的 10% 情况时应报废。

10. 报废吊索具不得在现场存放或使用。

(十四)工业管道

1. 压力容器设备(包括空气压缩机、气泵、储气罐等)要求

(1)应有压力容器使用登记证、注册证件、质量证明书、出厂合格证、年检报告等。

(2)本体、接口、焊接接头等部位无裂纹、变形、过热、泄漏、腐蚀等缺陷。

(3)相邻管件或构件无异常振动、响声或相互摩擦等现象。

(4)压力表指示灵敏,刻度清晰,安全阀每年检验一次,记录齐全,且铅封完整,在检验周期内使用。

(5)生产过程中使用的压缩空气、循环水、润滑油等管路,应安装压力表,储气罐应安装安全阀,各种阀门应采用不同颜色和不同几何形状的标志,还应有表明开、闭状态的标志。

(6)应有全厂管网平面布置图,标记完整,位置准确,管网设计、安装、验收技术资料齐全。

(7)不同介质的管线,应按照《工业管道的基本识别色、识别符号和安全标识》(GB 7231—2003)的规定涂上不同的颜色,并注明介质名称和流向。

(8)埋地管道敷层完整无破损,架空管道支架牢固合理,无严重腐蚀、无泄漏,设置限高警示,有隔热措施。

2. 工业管道要求

(1)压力管道应取得使用证,定期检验,在周期内使用。

(2)管道漆色标记应明显,流向清晰。标识应符合 GB 7231—2003 的要求。

(3)管道完好,无严重腐蚀、无泄漏,防静电积聚措施可靠。

(4)埋地管道敷层完整无破损,架空管道支架牢固合理。

(5)燃气、消防等禁忌介质的管道应独立埋设。

(十五)厂内机动车辆

1. 厂内机动车辆应有统一牌照和车辆编号,每年应定期检验合格,在检验周期内使用。

2. 技术资料和档案、台账齐全,无遗漏。

3. 动力系统运转平稳,线路、管路无漏电、漏水、漏油。

4. 灯光电气部分完好,仪表、照明、信号及各附属安全装置性能良好。

5. 传动系统运转平稳。

6. 行驶系统连接紧固,轮胎无损伤。

7. 转向系统轻便灵活。

8. 制动系统安全有效,制动距离符合车辆性能要求。

(十六)工业梯台

1. 直梯

(1)宽宜 500 mm、梯级间隔尺寸宜 300 mm。

(2)梯段高度超过 3 m 部分应设护笼,护笼直径应为 700 mm,护笼条 5 根,制作应符合 GB 4053.1。

(3)直梯与平台相连的扶手高应≥1050 mm。

(4)结构件不得有松脱、裂纹、扭曲、腐蚀、凹陷或凸出等严重变形,更不得有裂纹。并应进行除锈涂装处理。

2. 斜梯

(1)梯宽≥600 mm,扶手立柱高于 900 mm,间距尺寸≤1000 mm,制作应符合 GB 4053.2 的要求。

(2)踏步高、宽适当,除扶手外,应设一根横杆。

(3)结构件不得有松脱、裂纹、扭曲、腐蚀、凹陷或凸出等严重变形,更不得有裂纹。并应进行除锈涂装处理。

3. 活动轻金属梯

(1)梯长应≤8 m,梯宽≥300 mm。

(2)梯脚防滑措施完好,无开裂、破损。

(3)轻金属直梯具备伸缩加长的直梯,其止回挡块完好无变形、开裂。

(4)人字梯的铰链完好无变形,两梯之间梁柱中部限制拉线、撑锁固定装置牢固。

(5)结构件不得有松脱、裂纹、扭曲、腐蚀、凹陷或凸出等严重变形,更不得有裂纹。

4. 轮式移动平台

(1)操作平台表面应防滑,护栏高度符合 1100 mm、中间一根横杆的要求。

(2)斜撑无变形、铰链连接可靠。

(3)轮子的限位、防移动装置完好有效。

(4)升降动力电源切断时应有紧急下降装置。

(5)结构件不得有松脱、裂纹、扭曲、腐蚀、凹陷或凸出等严重变形,更不得有裂纹。并应进行除锈涂装处理。

5. 走台、平台

(1)单人通道宽度宜 800 mm,双人交叉通道宽度宜 1200 mm,扶手最低高度 1100 mm、离地高度等于或大于 2 m 时,护栏不得低于 1200 mm,立柱间距小于 1000 mm,横杆与上、下构件的净间距不得大于 380 mm。

(2)扶手和立柱宜采用直径 33.5～50 mm 钢管,横杆采用不小于 25 mm×4 mm 扁钢或直径 16 mm 的圆钢。

(3)走台或平台的设计负荷大于规定值(走台 250 kg/m²,梯间平台 350 kg/m²,检修平台 400 kg/m²)。

(4)台面板周围的踢脚挡板高度不小于 100 mm,离基面不大于 10 mm。

(5)结构件不得有松脱、裂纹、扭曲、腐蚀、凹陷或凸出等严重变形,更不得有裂纹。并应进行除锈涂装处理。

二、电气设备设施

(一)变配电系统

1. 变配电站环境

(1)变配电站周围与其他建筑物间应有足够的安全消防通道,且保持畅通。

(2)应与爆炸危险场所保持 15 m 以上、有腐蚀性场所保持 7.5 m 以上的间距。

(3)变配电站地势不应低洼,防止雨后积水。

(4)室内可燃油油浸变压器室应设容量为 100％变压器油量的储油池。

(5)加设遮栏、护板、箱闸,安全距离符合规定;遮栏高度不低于 1.7 m,固定式遮栏网孔不应大于 40 mm×40 mm。

(6)高压配电室、电容器室、控制室应隔离,电缆通道用防火材料封堵。

(7)变配电间门应向外开,高压间(室)门应向低压间(室)开,相邻配电间(室)门应双向开。

(8)门应为非燃烧体或难燃烧体材料制作的实体门。

(9)门、窗、自然通风的孔洞都应采用金属网和建筑材料封闭,金属网孔应小于 10 mm×10 mm。

(10)多层建筑装置可燃油电气设备变配电所应在底层,高层建筑内不宜装置可燃油电气设备变配电所。

(11)保存完整规定存档期限内的工作票、操作票。

2. 变压器、发电机

(1)油标油位指示清晰,油色透明无杂质,且不漏油;变压器油应定期进行绝缘测试。

(2)油温指示清晰,温度低于 85 ℃,冷却设备完好,发电机工作温度定子不超过 70 ℃(E 级),转子不超过 80 ℃(B 级)。

(3)绝缘和接地故障保护完好可靠。

(4)瓷瓶、套管清洁,无裂纹、无破损。

(5)变压器、发电机运行过程中,内部无异常响声或放电声。

(6)应有符合规定的警示标志和遮栏。

3. 高低压配电间、电容器间控制装置

(1)所有的瓷瓶、套管、绝缘子应清洁无裂纹。

(2)所有的母线应整齐、清洁,接点接触良好,母线温度应低于 70 ℃,相序标志明显,连接可靠。

(3)各类电缆及高压架空线路敷设应符合安装规程,电缆头外表面清洁无漏油,接地可靠。

(4)断路器应为国家许可生产厂的合格产品,油开关油位正常,油色透明无杂质,无漏油、渗油现象。

(5)操纵机构应为国家许可生产厂的合格产品,高压开关柜应定期进行预防性试验。

(6)所有空气开关灭弧罩应完整,触头平整。

(7)电力电容器外壳无膨胀变形,无漏油现象。

(8)接地故障保护可靠,并有定期检测记录。

(9)各种安全用具应定期检验合格。

(10)变配电间内各种通道应布置合格。

(二)低压电气线路

1. 线路布线安装应符合电气线路安装规程,线路的导电性能和机械强度、安全距离符合要求。

2. 线路的绝缘、屏护良好,无发热和渗漏油现象。

3. 线路应按规范敷设和排列整齐、无影响线路安全的障碍物;架空绝缘导线各种安全距离应符合要求,严禁跨越高温区域。

4. 线路相序、相色正确、标志齐全清晰,地下线路应有清晰坐标或标志以及施工图。

5. 临时线路有审批制度,并有审批手续,不超期使用。

6. 每一线路应装有总开关控制和漏电保护装置,与负荷匹配的熔断器;敷设高度、强度符合要求。

7. 临时用电线路 PE 连接可靠,断路器应装设短路保护、过负荷保护和接地故障保护等装置。

8. 不允许在易燃易爆和火灾危险场所设临时线及插座。

9. 线路穿墙、楼板或地埋敷设时,都应穿管或采取其他保护;穿金属管时管口应装绝缘护套;室外埋设,上面应有保护层;电缆沟应有防火、排水设施。

(三)动力(照明)配电箱(柜、板)

1. 箱(柜、板)符合作业环境要求:①触电危险性大或作业环境差的生产车间、锅炉房等场所,应采用密闭式箱、柜。②有导电粉尘或产生易燃易爆气体的危险场所均应设置防爆型电器设备。③煤粉制备系统或危险品储库,必须采用密闭式防爆型电气设施。④箱(柜、板)内外整洁、完好、无杂物、无积水,有足够的操作空间,符合安全规程要求。

2. 箱(柜、板)体 PE 线连接可靠。

3. 各种电气元件及线路接触良好,连接可靠,无严重发热烧损现象。

4. 箱(柜、板)内插座接线正确,并配有漏电保护器。

5. 保护装置齐全,与负载匹配合理。

6. 外露带电部分屏护完好。

7. 线路编号清晰,识别标记齐全。

(四)电网接地系统

1. 电源系统接地制式的运行应满足其结构的整体性、独立性的安全要求。

2. 各个接地装置的接地电阻应在每年干燥季节定期检测合格。如:TN 系统、TT 系统工作接地电阻低于 4 Ω。

3. TN 系统重复接地布设合理。

4. 接地装置的连接应保证电气接触可靠,有足够的机械强度,并能防腐蚀、防损伤或者有附加保护措施。

5. 接地装置编号、标识明晰,有定期检查记录。

(五)防雷接地装置

1. 防雷技术措施应经过安全设计与验算,使其保护范围有效。

2. 防雷装置每年应在雷雨季节前检测,并有检测报告。

3. 防雷装置完好,接闪器无损坏,引下线焊接可靠,接地电阻应低于 $10\ \Omega$。

4. 独立避雷针系统与其他系统隔离,间距合格。

5. 建筑物、构筑物的防雷应有防反击、侧击等技术措施,与道路或建筑物的出入口有防止跨步电压触电的措施,线路应有防雷电波侵入的技术措施。

(六)移动电气设备

1. 电源插座应有漏电保护器。

2. 电源线采用三芯或四芯多股橡胶电缆,无接头,绝缘层无破损,移动电气设备在 6 m 处设电源开关,且不得拖地或跨越通道使用。

3. 绝缘电阻值应依据不同类型工具,符合不同的要求,并有定期检测记录。

4. PE 线连接可靠。

5. 开关应可靠、灵敏,且与负载相匹配。

6. 锅炉、金属容器、管道、密闭有限空间等狭窄作业场所额定电压应不超过 12 V。

7. 电焊机应满足:①电源线、焊接电缆与电焊机连接处的裸露接线板,应采取安全防护罩或防护板隔离,以防止人员或金属物体接触。②电焊机外壳必须接地或接零保护,接地或接零装置连接良好,并定期检查。③严禁使用易燃易爆气体管道作为接地装置。④每半年应对电焊机绝缘电阻遥测一次,且记录完整。⑤电焊机一次线长度不超过 5 m,电源进线处必须设置防护罩。⑥电焊机二次线必须连接紧固,无松动,接头不超过 3 个,长度不超过 30 m。⑦电焊钳夹紧力好,绝缘良好,手柄隔热层完整,电焊钳与导线连接可靠。⑧严禁使用厂房金属结构、管道、轨道等作为焊接二次回路使用。⑨在有接地或接零装置的焊件上进行弧焊操作,或焊接与地面密切连接的焊件时,应特别注意避免电焊机和工件的双重接地。⑩电焊机应安放在通风、干燥、无碰撞、无剧烈震动、无高温、无易燃品存在的地方;在室外或特殊环境下使用,应采取防护措施保证其正常使用;使用场所应清洁,无严重粉尘。

8. 手持电动工具:①手持电动工具根据使用的环境不同选择相应的绝缘等级。②手持电动工具至少每 3 个月进行一次绝缘电阻检测,且记录完整有效。③手持电动工具的防护罩、盖板及手柄应完好,无破损,无变形,不松动。④电源线长度限制在 6 m 以内,中间不允许有接头和破损。⑤不得跨越通道使用。

第十六节　危险化学品安全管理

一、危险化学品使用安全

1. 企业应建立危险化学品安全管理制度。

2. 储存、使用危险化学品应符合国家或行业有关法规、标准要求。

3. 企业使用的清洗剂、消毒剂、杀虫剂以及其他有毒有害化学品必须粘贴安全标签,在盛装、输送、储存危险化学品的设备附近,采用颜色、标牌、标签等形式标明其危险性。

4. 企业使用的化学品必须按规定储存,设置明显标志,由专人负责保管。危险化学品专用仓库或专用储存室的储存设备和安全设施应定期进行检测。

5. 应按相关要求在储存和使用危险化学品的场所设置应急救援器材、通信报警装置,并保证处于完好状态。

6. 岗位作业人员应认真执行本岗位安全操作规程、技术规程和设备检修、维护规程;应严格控制生产工艺安全的关键指标,如压力、温度、流量、液(料)位等。

二、储存场所安全

1. 危险化学品存放和使用现场应有安全警示标志、安全周知牌(卡)和应急救援预案。

2. 危险化学品存放和使用场所应是非燃烧材料建筑物,有隔热、降温、通风等措施。

3. 电气设施应采用相应等级的防爆电器。

4. 消防设施齐全有效,通道畅通。

5. 危险化学品应按其危险特性进行分类、分区、分库存放。工业气瓶分区、分类存放并有安全间距。

6. 按危险化学品的特性处理废弃物品或包装容器。

7. 使用酸、碱的场所,应有防止人员灼伤的措施,并设置安全喷淋或洗涤设施。

8. 作业现场应设置安全通道标志,跨越道路管线应设置限高标志。

三、使用现场安全

1. 作业现场应与明火、高温区保持 10 m 以上安全间距。

2. 作业现场应设置安全警示标志、安全告知牌。标明危险特性、储运要求、泄漏处置、急救、灭火方法、防护措施。

3. 产生毒物的作业现场应设有稀释水源,备有公用的防毒面具和防毒服、急救药箱。

4. 消防设施齐全有效,通道畅通。

5. 危险化学品使用现场存放量不得超过当班的量,使用前、后应对容器进行检查,且定点存放,化学废料及容器应统一回收,按规定进行妥善处理。

四、工业气瓶安全

1. 对购入气瓶入库和发放实行登记制度,登记内容包括气瓶类型、编号、检验周期、外观检查、入出库日期、领用单位、管理责任人。

2. 在检验周期内使用:①一般气瓶(氧气、乙炔)每 3 年检验一次;②惰性气体(氮气)每 5 年检验一次;③超过 30 年的应报废处理。

3. 外观无机械性损伤及严重腐蚀,表面漆色、字样和色环标记正确、明显;瓶阀、瓶帽、防震圈等安全附件齐全、完好。

4. 气瓶立放时应有可靠的防倾倒装置或措施;瓶内气体不得用尽,按规定留有剩余重量。

5. 氧气瓶、乙炔气瓶应分库存放,并存放在气瓶专用库中,库房应符合建筑防火规范。

6. 同一作业点气瓶放置不超过 5 瓶;若超过 5 瓶,但不超过 20 瓶应有防火防爆措施。

7. 气瓶不得靠近热源,可燃、助燃气瓶与明火距离应大于 10 m。

8. 不得有地沟、暗道,严禁明火和其他热源,有防止阳光直射措施,通风良好,保持干燥。

9. 空、实瓶应分开放置,保持 1.5 m 以上距离,且有明显标记;存放整齐,瓶帽齐全。立放时妥善固定,卧放时头朝一个方向,库内应设置足量消防器材。

第十七节　危险作业安全管理

一、建立管理制度

建立管理制度,明确责任部门、人员、许可范围、审批程序、许可签发人员等。

1. 建立如下危险作业安全管理制度:①危险区域动火作业;②进入有限空间作业;③高处作

业;④大型吊装作业;⑤预热器清堵作业;⑥篦冷机清大块作业;⑦水泥生产筒型库清库作业;⑧交叉作业;⑨高温作业;⑩其他危险作业。

2. 应对生产现场和生产过程、环境存在的风险和隐患进行辨识、评估分级,并制定相应的控制措施。

3. 应禁止与生产无关人员进入生产操作现场。应划出非岗位操作人员行走的安全路线,其宽度一般不小于1.5 m。

4. 应根据《建筑设计防火规范》(GB 50016)、《爆炸和火灾危险环境电力装置设计规范》(GB 50058)规定,结合生产实际,确定具体的危险场所,设置危险标志牌或警告标志牌,并严格管理其区域内的作业。

5. 预热器清堵

(1)预热器清堵作业人员应穿戴好防火隔热专用劳动防护用品,检查相应的作业工具,确保安全使用。

(2)清堵作业前必须办理危险作业申请,相关安全管理人员现场监控。

(3)清堵时篦冷机、斜拉链及地坑内禁止人员作业,防止生料粉涌入伤人。

(4)清堵前与中控联系确认好,维持系统负压,关闭空气炮进气阀门并切断电源,并将空气炮内部气源排空,挂"禁止操作"警示牌。

(5)作业期间必须遵循由下而上的原则,严禁多孔上下同时清料。

(6)用高压气体清料时,必须保证清料管穿透料层,防止喷料,专人控制高压气体阀门。

(7)清堵作业人员应站在上风口,应侧身对着清料孔,防止垮料、喷料造成人员烫伤。

(8)使用高压水枪清堵作业必须严格执行相关的安全操作要领。

(9)清料过程中现场各层平台及预热器四周要设置警戒范围,防止生料粉喷出伤人,对生料粉喷出可能触及的电缆和设备要采取防护措施。

(10)处理分解炉的结堵时,现场人员需切断电源,如使用空气炮时,必须将观察门及清堵口的盖子锁紧。

(11)作业人员必须服从现场统一协调、指挥,杜绝违章指挥及违章作业。

6. 篦冷机清料

(1)篦冷机清烧结料作业人员应按规定穿戴好防火隔热专用劳动防护用品,与中控联系好保持系统负压,防止正压热气流回喷。

(2)当破碎机未被卡死时,作业人员在处理大块烧结料时要防止飞溅的物料伤人。

(3)清理烧结料作业人员不得超过2人。

(4)篦冷机内如温度过高,必须采取通风等安全措施;工作人员要分组轮换作业,现场配备防暑降温药品。

(5)进入篦冷机检查必须按规定穿戴好劳动防护用品,办理设备停电和危险作业申请,与中控保持联系,确认预热器各级旋风筒内无堵料,锁紧预热器翻板阀,并禁止转窑,挂好"禁止合闸"警示牌。

(6)进入篦冷机内必须使用安全照明,同时现场设专人监护。

(7)进入篦冷机内清理作业时,必须检查窑口有无悬浮易脱落的窑皮或窑砖,如有,必须清除下来后再进行清理作业。

(8)作业前必须办理危险作业申请,相关安全管理人员现场监控。

7. 水泥生产筒型库

(1)清库作业应成立清库工作小组,制定清库方案和应急预案,并必须由公司安全生产管理部门负责人和公司主要负责人批准。

（2）清库作业过程中，必须实行统一指挥；清库作业应在白天进行，禁止在夜间和在大风、雨、雪等恶劣天气条件下清库。

（3）清库作业应在作业现场设置警戒区域和警示标志。

（4）必须关闭库顶所有进料设备及闸板，将库内料位放至最低限度（放不出料为止），关闭库底卸料口及充气设备，禁止进料和放料。

（5）清库前必须切断空气炮气源、关闭所有气阀，并须将空气炮供气罐内的压缩空气排空，同时应关闭空气炮的操作箱。

（6）清库人员每次入库连续作业时间不得超过 1 小时，清理原煤、煤粉储存库时每次入库连续作业时间不得超过 30 分钟。

（7）作业前必须办理危险作业申请，相关安全管理人员现场监控。

二、作业行为管理

1. 对生产作业过程中人的不安全行为进行辨识，并制定相应的控制措施。主要包括：①在没有排除故障的情况下操作，没有做好防护或提出警告；②在不安全的情况下操作；③使用不安全的设备或不安全地使用设备；④处于不安全的位置或不安全的操作姿势；⑤工作在运行中或有危险的设备上。

2. 对高危作业（高空作业、预热器清堵、水泥筒型储库清库等）实行许可制，执行工作票制。电气、高速运转机械等设备，应实行操作牌制度。

3. 为从业人员配备与工作岗位相适应的符合国家标准或者行业标准的劳动防护用品，并监督、教育从业人员按照使用规则佩戴、使用。

4. 进入有限空间检修，应采取可靠的置换或通风措施，并有专人监护和采取便于空间内外人员联系的措施。

5. 未经过专门安全技术和操作技能培训，并取得特种作业操作资格证书的人员严禁从事特种作业。

第十八节　检修安全管理

一、建立检维修作业行为准则

加强员工检维修作业的安全管理，确保作业过程安全、规范、受控。

明确检维修作业安全管理要求，确保设备检维修作业标准化、规范化安全管理。结合本单位安全管理方面的有关规定和规程，制定本单位《检维修作业行为准则》。

二、职责

1. 装备管理部和安全环保部为公司检维修安全管理部门，负责监督、检查、考核下属子公司在检维修作业过程中对本准则的执行情况，并定期组织修订本准则。

2. 子公司的设备保全处、安全管理部门为检维修安全管理的执行部门，负责督促、检查、考核本单位相关部门及检维修协作单位和工程承建单位（以下简称相关方）严格执行本准则。

三、检维修作业安全的基本保障

1. 检维修作业必须坚持"安全第一、预防为主、综合治理"的方针，严格贯彻执行国家相关法律法规及标准要求。

2. 建立健全检维修作业相关的管理标准制度体系及岗位安全操作规程。

3. 对相关方单位有效履行安全管理主体责任,各单位、各级部门及人员全面落实安全生产责任制和"一岗双责",有效履行安全监管职责。

4. 经常性、实效性地开展相关教育培训工作,检维修及施工作业管理人员业务能力强,作业人员安全意识和操作技能高。

5. 深入推进安全生产标准化创建工作,不断提高设备本质安全化水平,设备设施安全保障能力强。

6. 按照"一体化"管理要求,不断完善协同作业管理机制,与相关方密切合作,共保安全。

7. 所有检维修作业均应有危险因素识别和针对性的防范措施。

四、检维修作业安全通用准则

(一)合法性管理要求

1. 公司相关部门应对相关方各类资质进行严格审查,严禁无资质的单位承揽公司检维修业务。

2. 相关方管理人员及作业人员必须按照国家法律法规要求,经培训合格取得相应资格证后上岗。相关方进入厂区作业的人员,必须经过公司安全教育并登记在册后,方可进厂作业。

3. 相关工器具的使用必须符合国家法律法规及标准的管理要求,特种设备(压力容器、压力管道、起重机械和专用机动车辆等)应办理特种设备使用许可证。

4. 必须按照国家法律法规要求为作业人员办理人身意外伤害等保险。

5. 公司相关部门应与相关方签订安全协议,并进行安全技术交底。

(二)一般安全管理要求

1. 根据设备检维修项目的具体要求,应制定设备检维修方案,落实作业人员安全措施。

2. 检维修项目负责人应按检维修方案的要求,组织作业人员到现场,交代清楚检修项目、任务、方案,并落实安全措施。

3. 项目负责人应对安全工作负全面责任,并指定专人负责整个作业过程的安全工作。

4. 检维修作业前,必须对参加作业的人员进行安全教育,告知作业现场和作业过程中可能存在或出现的不安全因素及对策。

5. 根据作业需要办理相关危险作业、停送电、动火令等手续。应采取可靠的断电措施,切断需检修设备上的电源,原则上应切断动力电源。

6. 检维修现场必须具备良好的作业环境和作业条件,进入现场的所有作业人员,必须逐一确认作业条件,必须遵守现场安全管理各项准则。

7. 作业现场必须杜绝违章指挥、违章作业、违反劳动纪律的"三违"行为。任何人发现现场违章违规行为均有权制止和举报。

8. 组织定期和不定期现场安全检查,对作业现场或作业过程中存在事故隐患及时整改。必须达到以下安全检查要求:

(1)项目负责人应会同检维修管理人员、工艺管理人员检查并确认设备、工艺处理等符合检修安全要求。

(2)应对使用的脚手架、起重机械、电气焊用具、手持电动工具、扳手、管钳、锤子等各种工器具进行检查,凡不符合作业安全要求的工器具不得使用。

(3)对使用的气体防护器材、消防器材、照明设备等器材设备应经专人检查,保证完好可靠,并合理放置。

(4)应对检修现场的爬梯、栏杆、平台、隔筛、盖板等进行检查,保证安全;高空作业中使用的工器具、材料必须采取防坠落措施。

(5)作业完毕,项目负责人应会同有关人员检查检修及施工项目是否有遗漏,工器具和材料等是否遗漏在设备内。

(6)所使用的移动式电气工器具,应配有漏电保护装置。

(7)因作业需要而拆移的盖板、篦子板、栏杆、防护罩等安全设施应设置临时警示标志及围栏,作业完成后应恢复正常。

(8)作业完成后,工器具、脚手架、临时电源、临时照明设备等应及时拆除。

(9)作业完毕后应"三清"现场,将检修废弃物立即清理干净,废旧物质合理安置,并按分类准则放置到废料中,使作业现场恢复到作业前的状态。

(10)检修人员应会同设备所在岗位进行试车,验收交接。

(三)作业人员通用行为准则

1.作业人员应遵守本工种安全技术操作规程的准则,严格执行危险作业、停送电、动火令等制度,严禁违章作业。

2.作业人员应穿戴好劳动防护用品,在噪声、强光、热辐射、粉尘、烟气和火花的场所工作,必须佩戴护耳器、防护眼镜、头盔和面具等特殊防护用品。

3.从事特种作业(包括电气、起重、锅炉、压力容器、登高架设、焊接等)的作业人员应持有有效的"特种作业操作证"。

4.作业人员进入检维修作业现场后,必须遵守现场各类安全警示标志及服从现场安全管理人员的提醒、阻拦,不得擅自冒险进入与本职工作无关的场所,严禁触动无关的开关按钮和开闭阀门。

5.作业人员在作业过程中应相互配合,及时保持联系,如发生危险必须立即通知作业人员停止作业,迅速撤离作业现场,待确认安全后,方可进入现场。

6.作业人员严禁擅自变更作业内容、扩大作业范围或转移作业地点,经批准的作业内容变更、停工后重新恢复作业时,均应重新确认安全作业条件和对作业内容安全措施交底。

7.作业人员在作业完成后应对作业项目进行清理是否有遗漏,工器具和材料等是否遗漏在设备内。

8.对于安全措施不落实、作业环境不符合安全要求的,作业人员有权拒绝进行作业。

9.作业中做到"四不拆":设备带压不拆;传动设备动力电源未切断不拆;设备高温过冷不拆;工具不合格不拆。

(四)检维修作业场所通用规范

1.检维修作业现场及危险作业部位应采用围栏、安全警示带等物品设置有效隔离,防止无关人员误入作业区域。

2.应将检维修作业现场的易燃易爆物品、障碍物等影响安全的杂物清理干净,并采取防滑跌措施。

3.升降口、走道、平台、梯子等应有防护栏杆,坑、沟要保持清洁并有盖板或围栏。

4.应检查、清理检修现场的安全通道(人行通道、消防通道、行车通道),保证畅通无阻。

5.设备设施的备品备件及其他物品摆放必须符合 6S 的要求,重心稳,防止倒塌伤人。

6.作业场所的光线必须充足,夜间及阴暗处所要有足够的照明,亮度要符合安全操作要求。

7.有腐蚀性介质的检修场所应备有冲洗用水源。

8.作业场所应采取必要的防暑降温措施。

9.作业场所应供给足够的清洁饮水,并设置洗手设备。禁止在有粉尘或者放散有毒气体的工作场所用膳和饮水。

10. 在危险性较高的场所进行设备检修时,检修项目负责人应与当班生产操作班长联系。如生产出现异常情况,危及检修人员的人身安全时,生产当班班长应立即通知检修人员停止作业,迅速撤离作业场所。待上述情况排除完毕,确认安全后,检修项目负责人方可通知检修人员重新进入作业现场。

五、检维修作业安全禁令

(一)通用禁令

1. 严禁在安全生产条件不具备、隐患未排除、安全措施不到位的情况下组织生产。
2. 严禁使用不具备国家规定资质和安全生产保障能力的承包商和分包商。
3. 严禁违章指挥、违章作业、违反劳动纪律。
4. 严禁违反程序擅自压缩工期、改变技术方案和工艺流程。
5. 严禁使用未经检验合格、无安全保障的特种设备。
6. 严禁不具备相应资格的人员从事特种作业。
7. 严禁未经安全培训教育并考试合格的人员上岗作业。

(二)作业类禁令

1. 严禁酒后作业、野蛮作业、冒险作业。
2. 严禁无票作业或擅自变更、扩大工作内容或工作范围。
3. 严禁未经审批进行提、落检修闸门作业。
4. 严禁工作内容或现场安全注意事项交代不清楚即开始作业。
5. 严禁不核对现场安全措施即开始作业。
6. 严禁不按规定使用安全劳动防护用品进行检修作业。
7. 严禁擅自变更现场安全措施,或移动安全设施、标识。
8. 严禁高处作业过程中上下抛掷工具、材料等物品。
9. 严禁在层间未可靠隔离的情况下进行立体交叉作业。
10. 严禁违反起重作业"十不吊"规定强行起吊。
11. 严禁在没有经过审批或安全条件不具备的情况下进行动火作业。
12. 严禁未履行有关手续即对有压力、带电、充油的容器及管道施焊。
13. 严禁戴手套使用台钻。
14. 严禁现场滤油无人看管或无防火、防漏的可靠措施。
15. 严禁在未详细检查相关部位并派人监护的情况下进行盘车。
16. 严禁未按规定验电接地即进行停电作业。
17. 严禁约时停、送电。
18. 严禁无人监护进行电气或其他具有危险性的作业。
19. 严禁非电工人员私拆乱接电气线路、插头、插座、电气设备等。

(三)装置类禁令

1. 严禁擅自拆除设备围栏、孔洞盖板、栏杆、隔离层。
2. 严禁在拆除设备围栏、孔洞盖板、栏杆、隔离层后不采取可靠防护并及时恢复。
3. 严禁使用没有正确安装回火防止器的气割设备。
4. 严禁使用未按规定可靠接地的电气设备。
5. 严禁使用无触电保安器的移动电源盘。
6. 严禁使用绝缘破损或未经定期检验合格的电气工器具。
7. 严禁使用未经定期检验合格的安全帽、安全带、绝缘、起重工器具。

8. 严禁使用未经检验合格的脚手架、材料、设备。

9. 严禁检修后没有经过验收合格的设备投入试运行。

10. 严禁违反规定采购、储存、使用危险品或有害、有毒物品。

(四)管理类禁令

1. 严禁没有技术方案或技术方案未经审批即进行施工。

2. 严禁不具备资格的人员担任工作负责人或工作票签发人。

3. 严禁不认真审查外协单位资质及其安全生产保障能力即允许其承担工作。

4. 严禁不对外协单位及人员进行安全技术交底或交底不到位即允许其开始工作。

5. 严禁外协单位及人员在生产现场进行存在危险性的作业时无人监护。

6. 严禁未经培训、未通过安全考试的临时工参与现场工作。

7. 严禁聘用不符合用工要求的临时工。

8. 严禁酒后驾车、私自驾车、无证驾车、疲劳驾驶、超速行驶、超载行驶。

9. 严禁领导干部迫使驾驶员违章驾车。

10. 严禁公车私用,乘坐非正规运营车辆,或使用私家车进出生产区域。

11. 严禁人货混装,或在运输危险物品时不采取可靠的固定、隔离及保护措施。

12. 严禁冰雪等恶劣天气,在安全措施不具备的条件下进行户外作业。

六、检维修作业行为准则

(一)有限空间作业行为准则

1. 目的:为了确保进入有限空间人员的安全和健康。

2. 适用范围:公司内各部门、分厂。

3. 职责与分工:①安全管理部门负责监督本准则的执行;②各部门、分厂为本准则的执行部门。

4. 进入有限空间作业,办理"进入有限空间作业许可证"程序为:

(1)进入有限空间作业的单位提出申请,由安全管理人员负责办理许可证。

(2)落实进入有限空间的安全防护措施,确认安全措施和有限空间内氧气、可燃气体、有毒有害气体的检测结果。

(3)指派监护人员,监护人员与作业部门共同检查监护措施、防护设施及应急报警、通信、营救等设施,确认合格后签字认可。

(4)安全管理负责人在对上述内容全面检查无误后,报主管经理审批后,方可作业。

5. 进入有限空间作业的综合安全技术措施

(1)作业前,应指定专人对监护人和作业人员进行安全教育,包括作业空间的结构和相关介质等方面的知识,作业中可能遇到的意外和处理、救护方法等。

(2)切实做好作业空间的工艺处理,所有与作业点相连的管道、阀门必须加盲板断开,并对设备进行吹扫、置换,不得以关闭阀门或水封来代替盲板,盲板应挂牌标示。

(3)进入带有搅拌器等转动部件的有限空间内作业,电源的有效切断可采取取下电源保险丝或将电源开关拉下后上锁等措施,并加警示牌,设专人监护。

(4)进入有限空间前 30 分钟内应取样,严格控制可燃气体、有毒气体浓度和氧含量在安全范围内,检测合格后才允许进入设备内作业。有限空间作业有毒有害气体浓度不得超过 GBZ 1—2007 标准的最高允许浓度,一氧化碳不超过 20 mg/m^3(16 ppm),氧含量为 19.5%~23.5%,硫化氢不超过 10 mg/m^3(6.5 ppm)。如在设备内作业时间长,至少每小时分析一次,如超标,应立即停止作业,迅速撤离人员。

(5)取样分析要有代表性、全面性,有限空间容积较大时要对上、中、下各部位取样分析。

(6)进入有限空间作业,必须遵守动火、高处作业等有关准则,"进入有限空间作业许可证"不能代替其他作业许可,所涉及的其他作业要按有关准则执行。

(7)有限空间作业出入口内外不得有障碍物,应保证畅通无阻,以便出入和抢救疏散。

(8)进入有限空间作业不得使用卷扬机、吊车等运送人员。

(9)进入有限空间应有足够的照明,照明应使用低压照明灯,所有灯具及电动工具必须符合防潮、防爆等安全要求。

(10)作业现场配备一定数量的救护器具和灭火器材。

(11)作业人员进入有限空间前,应首先拟定和掌握紧急情况时的逃生路线、方法。

(12)有限空间作业时严禁用氧气进行通风换气。

(13)对产生有害气体的作业要佩戴安全可靠的防护面具,定时监测。

(14)发生中毒、窒息时,抢救人员必须佩戴氧气呼吸器进入作业空间,并至少留1人在外做监护和联络工作。

(15)在检修作业时,产生危及人员安全的情况下,必须立即撤离。处理妥当后方可作业。

(16)作业完工后,经检修人、监护人与单位负责人共同检查设备内部,确认设备内无人、工具和杂物后,方可封闭设备。

6. 进入有限空间作业的安全防范措施

(1)进入有限空间作业前应做全面检查,有一项不符合安全准则,不得进入作业。

(2)进入有限空间作业,要保持空气流通,必要时可用设备通风。对于通风不良、容积较小的设备,要进行间歇作业,不准强行连续作业。

(3)进入罐、容器、塔、仓内作业时,应准备合适的安全梯或安全绳作为急救用品,作业时严禁投掷物件,以保证作业安全。

(4)进入有限空间作业时,要穿戴好个人防护用品。

(5)进入有限空间作业,禁止携带与作业无关的物品,工具、配件必须登记清楚,结束后清点,防止遗留在设备内。

(6)在清理设备容器内的可燃物料残渣、沉淀物时,不得使用产生火花的工具,严禁使用铁器敲击碰撞且不准穿化纤织物。

(7)作业中断时间在两小时以上或作业条件发生改变,应重新办理许可证。

(8)作业完成后,作业人员和监护人、负责人必须共同对设备内外进行检查,确认无误,均在作业票上签字后,方可封闭设备。

(二)进窑检维修作业行为准则

1. 目的:规范公司进窑检维修作业管理,控制作业风险。

2. 适用范围:公司内各部门。

3. 职责与分工:①安全管理部门负责监督本准则的执行;②各部门为本准则的执行部门。

4. 内容与要求

(1)进窑前要正确穿戴劳保用品及防尘口罩、护目镜,须提前办理"危险作业申请单",制定相应警戒安全防范措施。

(2)办理窑主辅电机及相关设备的停电手续,并确认电源断电。

(3)检查预热器确认无堵料、无影响窑内安全的作业行为。

(4)进窑前应确认窑内温度正常,窑内温度偏高时,严禁携带手机和打火机等易爆物品。

(5)进窑前应确认窑内无窑皮、耐火材料垮落危险,若存在窑皮、耐火材料垮落危险,应清理后方可进入;人工清理时,作业人员应站在侧面,并与坠落物保持足够的安全距离,防止清理过程中受伤。

(6)进窑使用跳板时,跳板应有足够的强度和宽度,确认搭设牢固并设有护栏;进窑使用爬梯时,应检查确认爬梯安全可靠,摆放牢固,并设有专人扶梯,上下单人通行,严禁多人同时通行。

(7)窑内要保持充足的照明,必须使用 12 V 安全电压,并随身携带应急照明。

(8)进窑必须两人以上同时进入,窑外安排专人监护,监护人员不得擅自离开,并与作业人员保持联系。

(9)进入窑内应探明窑内物料多少和物料温度,物料温度较高时,严禁人员进窑检维修作业;待物料温度正常后方可进窑,在窑内尽可能减少大的振动,防止窑皮、耐火材料松动垮落伤人。

(10)进窑前后要清点现场人员,工具、材料等严禁遗留在窑内。

(三)预热器清堵作业行为准则

1. 目的

(1)确保对预热器巡检及清堵的过程中人员安全,避免发生工伤事故。

(2)提高作业人员安全意识,建立相互监督和保护的机制。

2. 职责

(1)操作人员

① 参加清堵人员必须穿戴好劳动防护用品(如防冲击安全帽、防火衣、防火鞋、防火手套)。

② 在清堵过程中,所有参加清堵人员必须具备高度的安全意识,坚持安全第一的指导思想,在保证人员安全的前提下进行操作。

③ 参加清堵的本岗位和其他岗位人员必须经过预热器清堵安全知识培训,熟悉安全操作规程。

④ 清堵人员必须有两人以上,互相监督和保护;预热器清理作业前必须告知窑操作员(简称窑操),不得独自进行清堵。

⑤ 指挥和参加清堵人员应带有对讲机,并随时和中控操作员保持联系。

⑥ 负责清理所使用的工具及积料。

(2)监护人员

① 监护人员应带有对讲机,并与清堵人员和中控操作员保持联系。

② 清堵开始前,监护人员应清理窑尾及窑头区域、冷却机区域,确认无人(上述区域在清堵期间为危险区域)。

③ 监护人员在整个清堵作业期间应在上述区域周围巡回检查,确保无人进入。

(3)指挥人员

清堵作业由分厂厂长负责指挥,其他人不得干预。

3. 安全作业指导(清堵)

(1)工具的准备:①直径为 4 分(1/2 英寸,12.7 mm)或 6 分(3/4 英寸,19.05 mm),长为 4 m 或 6 m 的铁管。②2 m 长、30 cm 宽木板或竹排 6 块。③铁锹。

(2)开始清堵:

① 清堵前应确认塔架、窑头及冷却机区域无人,并在施工区域设警示。

② 检查清堵现场周围的电缆分布情况,确认其位于安全位置。

③ 清堵前应对堵塞情况进行检查,了解堵塞状况,制定既安全又合理的清堵方案以及紧急状态下的安全撤退路线,撤退路线上的任何障碍物必须移开(躲避地方)。

④ 在捅料孔或观察孔进行检查之前应切断空气炮控制箱电源,并上锁,关闭空气炮压缩空

气进口阀,并手动喷爆空气炮,排出空气炮内的压缩气体。

⑤ 检查预热器压力情况,如果预热器有正压现象,绝对禁止清堵;此时必须和窑操作员联系,调整高温风机转速,保证预热器内有足够的负压。

⑥ 不得上下同时进行清堵,在任何时候都只能开一个捅料孔进行清堵。

⑦ 清堵时人应站在上风口处,打开捅料孔时应侧身面对捅料孔,预防物料突然喷出。

⑧ 如需开压缩空气清堵,必须两人密切配合,人员处于安全区域后方可开气,而且两人必须保持联系。

⑨ 在吹捅时应尽量先捅下料管,以免锥部物料大量外溢,危及人身及设备安全。

⑩ 正在进行清堵作业时,非清堵人员如因工作需要进入清堵现场,必须首先和清堵指挥人员取得联系,得到明确的许可并确保安全后方可进入。

⑪ 需要打开人孔门时要防止热料流出烫伤。

⑫ 进入现场作业人员要定时更换,如感觉头晕、胸闷等不适情况时,应立即撤离现场。

(3)清堵结束:

① 确认堵塞物料已全部清除后,关闭所有捅料孔及观察孔。

② 通知中控操作员和地面监护人员,解除安全警戒,并可开始投料操作。

③ 系统正常后,再清理现场积料,并将清堵工具整理好。

(四)预热器内部检维修作业行为准则

1. 目的:规范公司预热器内部检维修作业管理,控制作业风险。

2. 适用范围:公司内各部门、分厂。

3. 职责与分工:①安全管理部门负责监督本准则的执行;②各部门、分厂为本准则的执行部门。

4. 内容与要求

(1)进入预热器内部作业前要正确穿戴劳保用品及防尘口罩、护目镜,提前办理好"危险作业申请单",制定相应警戒安全防范措施。

(2)预热器人员出入口应保持畅通,并设立安全警示作业标志。

(3)预热器内部要保持充足的照明,必须使用12 V安全电压,并随身携带应急照明。

(4)进入预热器内部前应确认窑内温度正常,窑内温度偏高时,严禁携带手机和打火机等易爆物品。

(5)进入预热器内部前应对作业点顶部进行开孔检查,确认耐火材料无脱空、锚固件牢固,作业点顶部无结皮、耐火材料垮落危险,若存在危险应清理后方可进入;人工清理时,作业人员应在侧面,并与坠落物保持足够的安全距离,防止清理过程中受伤。

(6)进入预热器内部作业前需对上下空间进行检查,确保作业点上方各级翻板阀锁死,严禁上方有作业行为,避免交叉作业,若交叉作业无法避免时,要采取有效的隔离防护措施,避免互相伤害。

(7)进入预热器内部前应办理窑尾排风机和喂料设备停电手续并确认停电,切断空气炮电源、气源,防止误操作造成人员伤害。

(8)进入预热器内部作业时存在坠落或滑落风险时必须系好安全绳并确认长度合适,外部安排专人监护,监护人员不得擅自离开,并与作业人员保持联系。

(9)需搭设脚手架作业时,应确认脚手架搭设牢固,作业人员上下方便,并搭设防护层,分解炉和窑尾烟室作业时需搭设双层防护。

(10)预热器内部作业应严格按照由上至下逐级进行,严禁多点同时作业,作业时应避免大块结皮或耐火材料坠落。

(11)预热器内部作业前后要清点现场人员,工具、材料等物件严禁遗留在预热器内部。

(五)篦冷机清大块作业行为准则

1. 目的:加强对篦冷机清大块作业的安全管理,防范各类安全事故发生,减少职业危害,切实保证生产经营的正常进行。

2. 适用范围:篦冷机清大块作业管理。

3. 职责:分厂负责对篦冷机清大块作业的归口管理,安全管理部门指导监督本准则的执行,相关部门配合实施。

4. 管理程序及内容

(1)中控操作员发现窑电流有波动,经判断出掉窑皮时要控制好烟室温度和窑的转速和煅烧,当窑皮到达窑口下落时:①加快一段篦速让下落的窑皮尽可能的随料推走。②同时加大空气炮的开启次数,防止窑皮堆积。③当以上措施效果不明显时,要通知巡检工通过观察口观察"雪人"堆积情况。

(2)篦冷机巡检工要对"雪人"堆积情况不定时地通过观察口巡检,并及时向中控汇报。

(3)中控操作员在与现场取得联系"雪人"确需人工清理时,要在确认窑皮稳定再通知现场清理"雪人"。

(4)当班班长、工段长以及分厂厂长要做好现场清理"雪人"的组织工作,在作业前要佩戴好相应的劳动防护用品,与作业人员交代好安全注意事项后再进行清理工作。

(5)清理"雪人"需开人孔大门时,要通知厂长到现场指挥工作,制定相应的安全措施。

(6)在现场清理"雪人"的过程中,中控操作员与现场作业人员形成联保、互保关系,如发生事故中控操作员负连带责任,在清理过程中,中控操作员要随时监控窑口是否有窑皮,如果有,及时通知现场停止作业,在窑皮出完后再通知现场开始作业。人工清理篦冷机"雪人"时,必须停止使用空气炮,维持好窑头负压,在窑头平台上处理。人工进入篦冷机内清理作业前,必须停下与篦冷机有关的所有设备如窑、冷却机、空气炮等,将预热器翻板阀锁死,对开关、阀门上锁并挂警告牌。

(7)在清理"雪人"工具的配备上,分厂要根据现场情况,配备几套长短不一的适宜现场作业的钢钎,作业人员手握的部位要用软质材料包裹,作业人员握钢钎时要手心向上,时刻注意保护自身和他人的安全,清理完毕后要把人孔门密封好,严防跑温和跑尘。

(8)篦冷机清烧结料作业人员应按准则穿戴好防火隔热专用劳动防护用品,与中控联系好保持系统负压,防止正压热气流回喷;当破碎机被卡死时,作业人员在处理大块烧结料时要防止飞溅的物料伤人。

(9)一次进入篦冷机内清理烧结料作业人员不得超过两名。

(10)如篦冷机内温度过高,必须采取通风等安全措施;工作人员要分组轮换作业,现场配备防暑降温用品。

(六)煤磨系统检维修作业行为准则

1. 煤磨系统是重点防火防爆生产区域,检维修作业应严格执行审批程序,进入磨内及其他设备内部检维修作业必须严格按照"危险作业申请单"办理危险作业审批手续,若动火作业必须办理动火令,并由公司领导进行现场安全监护,并制定相应警戒安全防范措施。

2. 煤磨系统未停机前严禁电焊、氧气乙炔进入煤磨区域,严禁检维修人员携带火源、易燃易爆物品进入煤磨区域。

3. 煤磨系统检维修作业前应正确穿戴好劳动防护用品,办理好系统设备停电手续并确认切断电源。

4. 煤磨系统停机时,应放空磨内煤粉,磨机停机后应连续对收尘器进行振打,确认收尘器和输送铰刀无积煤方可停机。

5. 煤磨开筒体门前必须系好安全带,保持合适长度并固定牢固,检查扳手、大锤、电动葫芦等工器具安全可靠,开门作业时应防止滑落、铁屑飞溅伤人。

6. 进入磨内或其他设备内部作业前应打开相应的检修孔和通风口,确保通风良好,并检测一氧化碳和氧气含量,确认正常后方可进入作业。

7. 进入磨内或其他设备内部作业要保持充足的照明,必须使用12 V安全电压,并随身携带应急照明。

8. 进入磨内或其他设备内部前应确认内部温度正常,在人员出入口应保持畅通,并设立安全警示作业标志;煤磨区域检维修作业必须有两人以上,磨内或其他设备内部作业时,必须在设备外部安排专人监护,监护人员不得擅自离开,并与作业人员保持联系。

9. 煤粉仓未清空前严禁动火作业,铰刀动火作业前必须将作业点存留煤粉清理干净,袋收尘动火作业前必须将作业点周边收尘袋抽出。

10. 煤磨区域动火作业前应严格检查电焊机及接线、氧气乙炔及气管连接,作业时必须规范使用电焊、氧气乙炔,避免发生着火。

11. 煤磨区域动火作业前必须在作业点备好灭火器、消防水,一旦发生着火,作业人员和监护人员必须立即灭火,防止火势蔓延。

12. 煤磨区域检维修结束后,应将作业点存留的杂物、高温焊渣、工具等清理干净,确认正常后关闭各检修孔和通风口,办理设备送电手续。

(七)进磨机内部检维修作业行为准则

1. 进原料磨、水泥磨等磨机内部检维修作业应严格执行审批程序,按照"危险作业申请单"办理危险作业审批手续,并由相应的管理人员进行现场安全监护,并制定相应警戒安全防范措施。

2. 进磨检维修作业前应正确穿戴好劳动防护用品,原料磨系统应关闭进出口挡板并确认断电,现场确认挡板密闭到位,办理好系统设备停电手续并确认切断电源。

3. 磨机系统停机时,应排空磨内物料,磨机停机后应连续对收尘器进行振打,确认收尘器和输送铰刀无积料方可停机。

4. 磨机开筒体门前必须系好安全带,保持合适长度并固定牢固,检查扳手、大锤、电动葫芦等工器具安全可靠,开门作业时应防止滑落、铁屑飞溅伤人。

5. 进入磨内或其他设备内部作业前应打开相应的检修孔和通风口,确保通风良好,并检测一氧化碳含量,确认正常后方可进入作业。

6. 进入磨内或其他设备内部作业要保持充足的照明,必须使用12 V安全电压,并随身携带应急照明。

7. 进入磨内或其他设备内部前应确认内部温度正常,人员出入口应保持畅通,并设立安全警示标志;磨机维修作业时必须有两人以上,磨内或其他设备内部作业时,必须在设备外部安排专人监护,监护人员不得擅自离开,并与作业人员保持联系。

8. 原料磨内部作业前必须通知中控室稳定系统用风,因突发故障需要调整系统用风时,应及时通知磨机内作业人员撤出,待系统稳定后可再次作业,严禁窑点火、升温、故障时进入磨内作业。

9. 磨机倒球作业前应做好防护隔离措施,倒球时严禁人员进入隔离区域,选球时严禁乱抛乱甩,装袋时确认袋子安全可靠,防止起吊时袋子炸裂。

10. 磨机检维修结束后,应将作业点存留的杂物、高温焊渣、工具等清理干净,确认正常后关闭各检修孔和通风口,办理设备送电手续。

(八)SNCR 烟气脱硝检维修作业行为准则

1. SNCR 烟气脱硝系统是重点防火防爆生产区域,检维修作业应执行审批程序,严格按照"危险作业申请单"办理危险作业审批手续,若动火作业必须办理动火令,并由中层以上管理人员进行现场安全监护,并制定相应警戒安全防范措施。

2. SNCR 烟气脱硝系统未停机前严禁电焊、氧气乙炔进入该区域,严禁检维修人员携带火源、易燃易爆物品进入该区域。

3. SNCR 烟气脱硝系统检维修作业必须安排专业培训,作业人员应掌握氨水的性质和有关防火防爆规定,作业人员应穿戴专用劳动防护用品,办理好系统设备停电手续并确认切断电源。

4. SNCR 烟气脱硝系统动火作业前必须将系统内氨水用完,并灌注适量的自来水进行稀释,确认洗眼器可以正常使用。

5. SNCR 烟气脱硝系统检维修作业时必须有两人以上,并设置专人监护,监护人员不得擅自离开。

6. SNCR 烟气脱硝系统区域动火作业前应严格检查电焊机及接线、氧气乙炔及气管连接,作业时必须规范使用电焊、氧气乙炔,避免发生着火。

7. SNCR 烟气脱硝系统区域动火作业前必须在作业点备好灭火器、消防水,一旦发生着火,作业人员和监护人员必须立即灭火,防止火势蔓延。

8. SNCR 烟气脱硝系统在卸氨或运行时发现氨水泄漏,应立即关闭卸氨离心泵或系统输送泵,停止系统运行,查明泄漏原因,立即采取相应措施;氨水泄漏原因不明、防护措施不到位,严禁任何人员进入 SNCR 烟气脱硝系统区域,并立即撤离附近作业人员,采取隔离警戒措施,启动应急预案,处理完毕后对泄漏存留的氨水进行稀释清理。

9. SNCR 烟气脱硝系统区域检维修结束后,应将作业点存留的杂物、高温焊渣、工具等清理干净,办理设备送电手续。

(九)电收尘器检维修作业行为准则

1. 进入电收尘内部检维修作业前,应严格按照"危险作业申请单"办理危险作业审批手续,制定相应警戒安全防范措施,穿戴好相应的劳动防护用品。

2. 进入电收尘内部检维修作业前,办理好相应设备停电手续并确认设备电源已切断,并悬挂作业警示标志,同时确认高压设备已接地放电。

3. 进入电收尘内部作业前应打开相应的检修孔和通风口,确保通风良好,并检测氧气、一氧化碳含量,确认正常后方可进入作业。

4. 进入电收尘设备内部作业要保持充足的照明,必须使用 12 V 安全电压,并随身携带应急照明。

5. 进入电收尘内部前应确认内部温度正常,人员出入口应保持畅通,并设立安全警示标志。

6. 电收尘内部检维修作业时必须有两人以上,并在设备外部安排专人监护,监护人员不得擅自离开,并与作业人员保持联系。

7. 电收尘内部检维修作业时应规范使用电焊机及接线,作业时做好绝缘防护,防止触电;顶盖揭开下雨时严禁作业。

8. 在窑头保温、窑升温及停窑初期严禁进入电收尘内部进行作业。

9. 在电收尘器内部维修作业必须系安全带,需搭设脚手架作业时,应确认脚手架搭设牢固,作业人员上下方便。

10. 电收尘内部检维修作业结束后,确认室内无人,无工具、灰斗,无杂物,方可关闭检修孔和通风口。

(十)余热发电检维修作业行为准则

1. 必须正确穿戴和使用劳动防护用品及工具,办理相应设备停电手续并确认电源切断。

2. 蒸汽水位计冲洗时,应缓慢操作,且严禁正面对水位计,防止玻璃管炸裂伤人。

3. 运行中汽轮发电机组的运转部位严禁接触和清理卫生。

4. 现场未保温的管道、阀门严禁触摸,防止烫伤。

5. 汽轮机出现紧急停车时,在打开真空破坏阀时,注意防止蒸汽喷出烫伤。

6. 运行中汽包水位计冲洗时,应缓慢操作,且严禁正面对水位计,防止玻璃管炸裂伤人。

7. 检查处理管道法兰垫时,必须将管道内压力泄完后方可作业。

8. 进入锅炉内部作业时,必须办理危险作业申请;进入锅炉等内部作业前应打开相应的检修孔和通风口,确保通风良好,并检测一氧化碳含量,确认正常后方可进入作业。

9. 进入锅炉设备内部作业要保持充足的照明,必须使用 12 V 安全电压,并随身携带应急照明。

10. 进入锅炉内部前应确认内部温度正常,人员出入口应保持畅通,并设立安全警示标志。

11. 设备内部检维修作业时必须有两人以上,并在设备外部安排专人监护,监护人员不得擅自离开,并与作业人员保持联系。

12. 锅炉等设备内部检维修作业结束后,确认室内无人,无工具、灰斗,无杂物,方可关闭检修孔和通风口。

13. 巡检锅炉振打机构时,应与转动部位保持安全距离,防止锤头伤人。

(十一)窑运行中 AQC 锅炉爆管检维修作业行为准则

1. 进入 AQC 锅炉前作业应严格按照"危险作业申请单"办理危险作业审批手续,制定相应警戒安全防范措施,穿戴防高温劳动防护用品,并由管理人员现场进行安全监护。

2. 作业前应提前完全关闭锅炉入口挡板、出口闸板,打开旁路挡板及冷风阀,各挡板位置确定后应断电并将现场控制开关打至检修位置。

3. 进入锅炉内部作业前应打开相应的检修孔和通风口,确保通风良好,并检测氧气、一氧化碳含量,确认正常后方可进入作业。

4. 进入锅炉设备内部作业要保持充足的照明,必须使用 12 V 安全电压,并随身携带应急照明。

5. 进入锅炉内部前应确认内部温度正常,人员出入口应保持畅通,并设立安全警示业标志。

6. 检维修作业时必须有两人以上,并在设备外部安排专人监护,监护人员不得擅自离开,并与作业人员保持联系。

7. 停炉期间,窑系统操作应合理控制窑头出口风温,防止风温过高给窑头收尘、风机出现故障跳停。

8. 窑点火、投料期间及雷雨等恶劣天气,严禁入炉作业。

9. 检维修作业结束,在关闭各层面检修门之前,必须指定专人检查,在确认内部无人、工具和其他遗留物后才能关门。

(十二)袋收尘检维修作业行为准则

1. 袋收尘检维修作业前应办理好停电手续并确认切断电源,穿戴好劳动防护用品,准备好相应的工器具。

2. 作业前应关闭气源,排空罐体内存留的气体。

3. 高空作业应系好安全带,保持合适的长度并固定好。

4. 袋收尘在运行中不得打开盖板进行换袋工作。

5. 夜间作业或照明不足时,应设置充足的照明,并与作业点保持合理的距离;进入收尘器内部作业要保持充足的照明,必须使用 12 V 安全电压,并随身携带应急照明。

6. 进入收尘器内部作业前应打开相应的检修孔和通风口,确保通风良好,并检测氧气、一氧化碳含量,确认正常后方可进入作业。

7. 进入袋收尘内部前应确认内部温度正常,人员出入口应保持畅通,并设立安全警示标志。

8. 作业时必须有两人以上,并在设备外部安排专人监护,监护人员不得擅自离开,并与作业人员保持联系。

9. 袋收尘顶部作业时,由于空间狭小,不宜多人同时作业。

10. 检维修作业结束,在确认内部无人、无工具和其他遗留物后才能关门。

(十三)危险区域动火作业行为准则

1. 动火项目

动火项目包括:①电焊、气焊等;②喷灯、火炉、液化气炉、电炉烘烤等;③明火取暖和明火照明等;④生产装置和罐区使用电动砂轮、风镐等。

2. 动火等级划分管理

(1)一级动火:煤磨系统、变电站及各种变压设备、稀油站、易燃、易爆的管道以及储存过易燃易爆物品的容器及其连体的辅助设备。

(2)二级动火:①一级动火以外的区域;②在具有一定危险因素的非禁火区内进行临时的焊割作业;③小型油箱、油桶等容器,无易燃易爆性质的压力容器、储罐、槽车、箱桶;④密封的容器、地下室等场所;⑤与焊割作业有明显抵触的场所;⑥现场堆有大量可燃、易燃物质的场所;⑦架空管道、线槽、建筑物构件等。

3. 动火审批

(1)动火区设置:由动火单位实施风险辨识、落实安全措施、制定现场处置方案、落实责任人并提出申请,经安全管理部门书面审理和现场确认后予以审批,固定动火区每年审批一次。

(2)"动火作业安全许可证"应按以下程序审批:

① 一级动火:动火部门填写"动火作业安全许可证",厂长审批,安全管理部门审核后,报主管经理审批。

② 二级动火:动火部门填写"动火作业安全许可证",厂长审批,报安全管理部门审核。

③ 夜间因抢修、事故处理需动火,应由值班领导审核签字,落实好安全防范措施后,方可动火。

④ 外单位在公司厂区内动火,由施工单位填写"动火作业安全许可证",经公司安全管理部门审核后报总经理审批签发。

(3)动火作业责任划分

① 动火项目负责人对执行动火作业负全责,必须在动火前详细了解作业内容和动火部位及其周围情况;参与动火安全措施的制定,并向作业人员交代任务和动火安全注意事项。

② 动火人必须持证上岗,并在"动火作业安全许可证"上签字。动火人在接到动火证后,要详细核对各项内容是否落实和审批手续是否完备。若发现不具备动火条件时,有权拒绝动火。动火人应严格按动火准则进行作业,劳保用品穿戴齐全,动火作业时,动火证应随身携带,严禁无证作业及审批手续不完备作业。

③ 动火监护人负责动火现场的安全防火检查和监护工作,应指定责任心强、有经验、熟悉现场、掌握灭火方法的人员担当;监护人在作业中不准离开现场,当发现异常情况时,应立即通知停止作业,及时联系有关人员采取措施。作业完成后,要会同动火项目负责人和动火人检查、消除残火,监护人继续监护1小时后,确认无火险后方可离开现场。

④ 动火项目负责人对作业现场进行安全确认。生产系统如有紧急或异常情况时,应立即通知停止动火作业。

⑤ 动火审批部门对动火作业的审批负全责,必须到现场了解动火部位及周围情况,审查并完善防火安全措施,审查动火审批是否完全,确认符合安全条件后,方可批准动火。

(4)动火分析

① 动火前必须进行动火分析,动火分析由动火部门进行,安全管理部门审核。

② 使用检测仪进行分析时,检测设备必须合格,被测的气体或蒸气浓度应小于或等于爆炸下限的20%。

③ 使用其他手段分析时,应确保人员安全。

(5)动火的安全管理准则

① 凡在生产、储存、输送可燃物料的设备、容器、管道动火应首先切断物料源并加盲板,彻底吹扫、清洗、置换后打开人孔通风换气,严禁用氧气置换通风。

② 凡是能拆下来的设备必须拆下,拿到安全地带动火。

③ 一张动火证只限一处使用,如动火区域变更,应重新申请办证。

④ 动火人在接到动火证后,应逐项检查各项落实情况,如不符合动火要求,拒绝动火。

⑤ 高空进行动火作业,下部地面如有可燃物、地沟等,应检查分析,并采取措施,以防火花溅落引起火灾爆炸事故。

⑥ 拆除管线的动火作业,必须事先查明内部介质及其走向,并制定安全防火措施。

⑦ 5级风以上(含5级)天气,禁止露天动火作业。确需动火时,应加大监护力度。

⑧ 动火证有效期均为8小时,超期必须重新办理。原则上夜间不得动火。

⑨ 动火前,应检查电、气焊等工具,保证安全可靠,不准带病使用。

⑩ 使用气焊时,两瓶间距不小于5 m,二者与动火点不小于10 m,不准在烈日下暴晒。

(十四)高处作业行为准则

1. 一般高处作业分级:①高处作业高度在2～5 m时,为一级高处作业。②高处作业高度>5 m且≤15 m时,为二级高处作业。③高处作业高度>15 m且≤30 m时,为三级高处作业。④高处作业高度在30 m以上时,为特级高处作业。

2. 特殊高处作业分类:①在阵风6级以上情况下进行的高处作业,称为强风高处作业。②在高温或低温情况下进行的高处作业,称为异温高处作业。③阵雨时进行的高处作业,称为雨天高处作业。④阵雪时进行的高处作业,称为雪天高处作业。⑤室外完全采用人工照明时进行的高处作业,称为夜间高处作业。⑥在接近或接触带电的条件下进行的高处作业,称为带电高处作业。⑦在无立足或无牢靠立足点的条件下进行的高处作业,称为悬空高处作业。⑧对突然发生的各种灾害事故进行抢救的高处作业,称为抢救高处作业。

3. 以下情况均视为高处作业:①凡是框架结构生产装置,虽有护栏,但人员进行非经常性作业时有可能发生意外的视为高处作业。②在无平台、护栏的塔、炉、罐等化工设备、架空管道、汽车、特种集装箱上进行作业时视为高处作业。③在高大的塔、炉、罐等设备内进行登高作业视为高处作业。

4. 作业下部或附近有排水沟、排水管、水池或易燃、易爆、易中毒区域等部位登高作业视为高处作业。

5. 高处作业要求

(1)高处作业人员必须遵守公司的各项安全规章准则。

(2)凡患有高血压、心脏病、贫血病、癫痫以及其他不适于高处作业的人员不准登高作业。

(3)高处作业人员必须按要求穿戴整齐个人防护用品,安全带的拴挂应为高挂低用。不得用绳子代替,酒后不许登高作业。

(4)原则上禁止特殊高处作业,如确实需要,必须采取可靠的安全措施,安全管理部门、主管经理要现场指挥,确保安全。

(5)登高作业时,不准交叉作业。

(6)高处作业所用的工具、零件、材料等必须装入工具袋,上下时手中不得拿物件;必须从指定的路线上下,不准在高处抛掷材料、工具或其他物品;不得将易滚、易滑的工具、材料堆放在脚手架上,工作完毕应及时将工具、材料等一切物品清理干净,防止伤人。

(7)登高作业严禁接近电线,特别是高压线路,应保持间距 2.5 m 以上。

(8)在吊笼内作业时,应事先检查吊笼和拉绳是否牢固可靠,承载物重量不能超出吊笼所承受的额定重量,同时作业人员必须系好安全带,并有专人监护。

(9)高处作业使用的脚手架、材料要坚固,能承受足够的负荷强度,几何尺寸、性能等要符合《建筑安装工程安全技术规程》及当地实际情况的安全要求。

(10)使用各种梯子时,首先检查梯子要坚固,放置要牢稳,立梯坡度一般在 60°左右,并应设防滑装置,有专人扶梯。人字梯拉绳要牢固。金属梯不得在电气设备附近使用。

(11)冬季及雨雪天登高作业时,要有防滑措施。

(12)在自然光线不足或夜间进行高处作业时,必须有充足的照明。

(13)坑、井、池、吊装孔等都必须有护栏或盖板封严,盖板必须坚固,几何尺寸要符合安全要求。

(14)上石棉瓦、瓦楞铁、塑料屋顶工作时,必须铺设坚固、防滑的脚手板,如果工作面有玻璃时必须加以固定。

(15)非生产高处作业也要按高处作业要求执行。

6. 高处作业审批

(1)作业部门制定具体安全措施,按准则办理登高审批手续。

(2)"高处作业许可证"必须经安全管理部门审核后,方可进行高处作业。

(十五)吊装作业安全行为准则

1. 吊装作业的分级

吊装作业按吊装重物的质量分为三级:①一级吊装作业吊装重物的质量＞100 t;②二级吊装作业吊装重物的质量≥40 t 至≤100 t;③三级吊装作业吊装重物的质量＜40 t。

2. 吊装作业的基本要求

(1)应按照国家标准准则对吊装机具进行年检,否则不准使用。

(2)吊装作业人员(指挥人员、起重工)应持有效的"特种作业人员操作证",方可上岗操作。

(3)吊装质量≥40 t 的重物,应编制吊装作业方案。吊装物体虽不足 40 t,但形状复杂、刚度小、长径比大、精密贵重,以及在作业条件特殊的情况下,也应编制吊装作业方案、施工安全措施和应急救援预案。

(4)吊装作业方案、安全措施和应急救援预案经厂领导审查,报安全管理部门批准后方可实施。

(5)利用两台或多台起重机械吊运同一重物时,升降、运行应保持同步;各台起重机械所承受的载荷不得超过各自额定起重能力的80%。

3. 作业前的安全检查

(1)对从事指挥和起重操作的人员进行资格确认。

(2)作业单位对安全措施落实情况进行确认。

(3)对起重吊装机械和吊具进行安全检查确认,确保处于完好状态。

(4)对吊装区域内的安全状况进行检查。吊装现场应设置安全警戒标志,并设专人监护,非作业人员禁止入内。

(5)遇到雪、雨、雾及6级以上大风时,不得安排室外吊装作业。原则上夜间不得安排吊装作业。

4. 作业中的安全检查

(1)吊装作业时应明确指挥人员,指挥人员应佩戴明显的标志,坚守岗位。其他人员应清楚吊装方案和指挥信号。吊装过程中出现故障,应立即向指挥者报告,没有指挥令,任何人不得擅自离开岗位。

(2)正式起吊前应进行试吊,试吊中检查所有机具、地锚受力情况,确认一切正常,方可正式吊装。

(3)严禁利用管道、管架、电杆、机电设备等作吊装锚点。

5. 操作人员应遵守的准则

(1)按指挥人员所发出的指挥信号进行操作。对紧急停车信号,不论由何人发出,均应立即执行。

(2)坚持遵守"十不吊",即:①吊物下面有人时不准起吊;②吊物上有人或浮置物时不准起吊;③超负荷时不准起吊;④遇有重量不明的埋置物体不准起吊;⑤在制动器、安全装置失灵时不准起吊;⑥物件捆绑、吊挂不牢不准起吊;⑦斜拉重物不准起吊;⑧棱角吊物没有衬垫时不准起吊;⑨光线不足时不准起吊;⑩指挥信号不明或多人指挥不准起吊。

(3)不准用吊钩直接缠绕重物。

(4)起重机械不得靠近高低压输电线路。必须在输电线路附近作业时,应停电后再进行起吊作业。

(5)停工和休息时,不得将吊物、吊笼等吊在空中。

(6)下放吊物时,严禁自由下落;不得利用极限位置限制器停车。

(7)所吊物件接近或达到额定起重能力时,应检查制动器,用低高度、短行程试吊后,再平稳吊起。

6."吊装作业安全许可证"的管理

(1)公司要求吊装质量大于10t的重物应办理许可证和编制吊装方案,经安全管理部门批准后方可作业。

(2)应按作业的内容填报作业许可证。

(3)许可证批准后,吊装指挥及作业人员应检查、熟悉许可证,确认无误后方可作业。

(4)应按许可证上填报的内容进行作业,严禁涂改许可证、变更作业内容、扩大作业范围或转移作业部位。

(5)吊装作业审批手续不全、安全措施不落实,作业人员有权拒绝作业。

(6)作业许可证一式三份,审批后第一联交吊装指挥,第二联交作业单位,第三联交安全管理部门,保存一年。

(十六)临时用电作业安全行为准则

1. 临时供用电管理

(1)凡在公司区域内临时用电如临时排风扇、检修电焊机、切割机、临时照明、土建施工、临时用电、工程技改临时用电等必须办理"临时用电作业许可证",没有办理不得擅自接线用电。

(2)临时用电必须严格确定用电时限,临时用电使用期原则上最长不超过10天。超过时限要重新办理许可证的延期手续,同时办理涉及的相关危险作业许可证手续。

(3)在申请临时用电前,用电单位对其作业环境进行危险性分析,由管理部门(机电科)对用电单位的作业条件进行确认,并进行临时用电危险性分析,制定风险控制措施。并将风险分析的结果及采取的控制措施,准确填到"临用电作业许可证"上。

(4)外来施工的专业电工(持证)只能在现场配电箱及以后的设备、线路上进行维修、配接和操作,不能在现场配电箱前的线路及配电房进行维修和配接。

(5)电工配接后,要对临时用电线路、电气元件进行一次系统的检查确认,满足送电要求后,方可送电。

(6)施工现场的线路,开关箱应经常检查和维修。检查、维修人员必须是专业电工。工作时必须穿戴好绝缘用品,必须使用电工绝缘工具。维修时必须切断前一级相应的电源开关,并挂牌示警,严禁带电作业。

2. 申请、审批、接电及拆除

(1)"临时用电作业许可证"由用电单位负责人填写,经部门、分厂审核后,报管理部门(机电科)负责人审批,电工负责配接。

(2)临时用电结束后,用电单位应及时通知电气主管,由电工安排拆除临时用电线路,其他单位不得私自拆除。

(3)安装临时用电时,必须由专业电工负责安装和拆除,严禁非电气人员进行电气工作。电工作业前,用电单位必须对其进行详细的安全技术交底。

(4)用电部门应对安全用电负责。临时用电线路装设必须符合《施工现场临时用电安全技术规范》有关要求。

3. 作业许可证管理

(1)"临时用电作业许可证"一式二联,第一联由用电单位存档,第二联交临时用电执行人保存。

(2)用电单位须每月将使用完的"临时用电作业许可证"送交安全管理部门备案,以便登记临时用电作业台账。

(3)"临时用电作业许可证"是临时用电作业的依据,应按上面填报的内容进行作业,严禁涂改、代签,变更作业内容,扩大作业范围或转移作业部位。临时用电作业许可证保存期为1年。

(4)对临时用电作业审批手续齐全,安全措施全部落实,作业环境符合安全要求的,作业人员方可进行作业。

(5)若涉及动火作业及其他危险作业,还应办理相应的危险作业许可证。

4. 安全准则

(1)临时用电线路的电源侧及操作处均应装设开关、熔断器、插座等电器,电源总开关处应装设电流型触电保护器或漏电开关,电器设备的金属外壳应可靠接地。

(2)临时用电开关箱安装的对地高度不低于1.5 m。

(3)临时线路必须采用绝缘良好、完整无损、规格符合要求的坚韧皮线,刀闸、开关等电器设备严禁裸露导电部分。

(4)临时线路必须采用悬空架设,不得任意敷设在地面上或高温物体上。

(5)临时线路所接的电器设备金属外壳必须加装接地线。

(6)临时线路靠近高、低压线路时,安全距离必须符合安全规程要求。

(7)工作间断离开时,必须切断总电源,挂上标志牌,再次送电时,应先检查线路是否完好。

(8)对现场临时用电配电盘、配电箱要有防雨措施,配电箱门必须能牢靠关闭。

(9)临时用电设备和线路必须按供电电压等级正确选用,所用的电气元件必须符合国家规范标准要求,临时用电的电源施工、安装必须严格执行电气施工、安装规范。

(10)在防爆场所使用的临时电源,电气元件和线路要达到相应的防爆等级要求,并采取相应的防爆安全措施。

(11)临时用电线路架空时,不能采用裸线,户内线路距地面不得低于2.5 m,户外线路不得低于3.5 m,横穿马路的线路不得低于5 m;横穿道路时要有可靠的保护措施,严禁在树上或脚手架上架设临时用电线路。

(12)采用暗管埋设及地下电缆线路必须设有"走向标志"及安全标志。电缆埋深不得小于0.1 m,穿越公路在有可能受到机械伤害的地段应采取保护套管、盖板等措施。

(13)行灯电压不得超过36 V;在特别潮湿的场所或塔、槽、罐等金属设备内作业装设的临时照明行灯电压不得超过12 V。

(14)临时用电设施必须安装符合规范要求的漏电保护器,移动工具、手持式电动工具应一机一闸一保护。

(15)开关箱内应一机一闸,严禁用一个开关电器直接控制两台及以上用电设备,并在开关箱电源隔离开关负荷侧配接符合要求的漏电保护器。

5. 要单独设置开关箱的技改或土建施工场地应符合的要求

(1)停用的设备必须拉闸断电,并锁好开关箱。

(2)开关箱应装设在干燥、通风的场所,不得装设在潮湿、液体飞溅、热源烘烤、强烈振动的场所,其周围不得堆放任何有碍操作检修的物品。

(3)开关箱采用铁板或优质绝缘材料制作,安装要端正、牢固。

(4)开关箱内的各种电器安装要牢固,接线要规范,电器元件完好无损,并有接零装置。

(5)搬迁或移动用电设备,必须经电工切断电源并作妥善处理后进行。

(十七)交叉作业安全行为准则

1. 术语和定义

(1)凡是可能对其他作业造成危害、不良影响或对其他作业人员造成伤害的作业均构成交叉作业。

(2)交叉作业的范围是指在同一作业区域内进行的有关工作,可能危及对方生产安全和干扰工作的。主要表现在土石方开挖、爆破作业、设备(检修)安装、起重吊装、高处作业、脚手架搭设拆除、焊接(动火)作业、生产用电、运输、其他可能危及对方生产安全作业等。

2. 交叉作业的分类

(1)A类交叉作业:相同或相近轴线不同标高处的同时生产或检修作业。

(2)B类交叉作业:同一作业区域不同类型的专业队伍同时生产或检修。

(3)C类交叉作业:同一作业区域不同分包单位同时生产或检修。

(4)D类交叉作业:同一项目由不同分包单位同时生产或检修。

3. 交叉作业的特点和危害

两个以上作业活动在同一作业区域内进行作业,因作业空间受限制,人员多,工序多,现场的隐患多,造成的后果严重。可能发生高处坠落、物体打击、机械伤害、车辆伤害、触电、火灾、淹溺等。

4. 交叉作业法律规定

《安全生产法》第四十五条规定:"两个以上生产经营单位在同一作业区域内进行生产经营活动,可能危及对方生产安全的,应当签订安全生产管理协议,明确各自的安全生产管理职责和应当采取的安全措施,并指定专职安全生产管理人员进行安全检查与协调。"

5. 交叉作业和管理原则

(1)同一区域内各生产或检修方,应互相理解,互相配合,建立联系机制,及时解决可能发生的安全问题,并尽可能为对方创造安全工作条件和作业环境。

(2)在同一作业区域内生产或检修应尽量避免交叉作业,在无法避免交叉作业时,应尽量避免立体交叉作业。双方在交叉作业或发生相互干扰时,应根据该作业面的具体情况共同商讨制定具体安全措施,明确各自的职责。

(3)因工作需要进入他人作业场所,必须以书面形式(交叉作业通知单,通知单一式三份,生产或检修双方及厂部各执一份)向对方告知作业性质、时间、人数、运用设备、作业区域范围、需要配合事项。其中必须进行告知的作业有土石方开挖、爆破作业、设备(检修)安装、起重吊装、高处作业、脚手架搭设拆除、焊接(动火)作业、生产检修用电、材料运输作业等。

(4)双方应加强从业人员的安全教育和培训,提高从业人员的作业技能、自我保护意识、预防事故发生的应急和综合应变能力,做到"四不伤害"。

(5)交叉作业双方检修前,应当互相告知本方检修作业的内容、安全注意事项。当生产或检修过程中发生冲突和影响生产或检修作业时,各方要先停止作业,保护相关财产、周边建筑物及水、电、气、管道等设施的安全;由各自的负责人或安全管理负责人进行协商处理。生产或检修作业中各方应加强安全检查,对发现的隐患和可预见的问题要及时协调解决,消除安全隐患,确保生产检修安全和质量。

6. 交叉作业的安全措施

(1)双方在同一作业区域内进行高处作业时,应在作业前对生产检修区域采取隔离措施、设置安全警示标识、警戒线或派专人警戒指挥,防止高空落物、生产检修用具、用电危及下方人员和设备的安全。

(2)爆破作业区内多单位、多部门时,爆破作业单位必须提前 24 小时书面通知邻近组织、相关单位和人员。被干扰方应积极配合做好人员撤离、设备防护等工作,在被干扰方未做好防护措施前,不准进行爆破作业。爆破作业单位在爆破前 30 分钟进行口头通知,确认人员和设备撤离完成;确定爆破指挥人员、爆破警戒范围和人员、爆破时间。爆破时应尽量采用松动爆破,特殊部位应采用覆盖或拉网,防范飞石伤人毁物。

(3)在同一作业区域内进行起重吊装作业时,应充分考虑对各方工作的安全影响,制订起重吊装方案和安全措施。指派专业人员负责统一指挥,检查现场安全和措施符合要求后,方可进行起重吊装作业。与起重作业无关的人员不准进入作业现场,吊物运行路线下方所有人员应无条件撤离;指挥人员站位应便于指挥和瞭望,不得与起吊路线交叉,作业人员与被吊物体必须保持有效的安全距离。索具与吊物应捆绑牢固、采取防滑措施,吊钩应有安全装置;吊装作业前,起重指挥人通知有关人员撤离,确认吊物下方及吊物行走路线范围无人员及障碍物,方可起吊。

(4)在同一作业区域内进行焊接(动火)作业时,必须事先通知对方做好防护,并配备合格的消防灭火器材,消除现场易燃易爆物品。无法清除易燃物品时,应与焊接(动火)作业保持适当的安全距离,并采取隔离和防护措施。上方动火作业(焊接、切割)应注意下方有无人员、易燃、可燃物质,并做好防护措施,遮挡落下焊渣,防止引发火灾。焊接(动火)作业结束后,作业单位必须及时、彻底清理焊接(动火)现场,不留安全隐患,防止焊接火花死灰复燃,酿成火灾。

(5)各方应自觉保障生产检修道路、消防通道畅通,不得随意占道或故意发难。运输超宽、超长物资时必须确定运行路线,确认影响区域和范围,采取防范措施(警示标识、引导人员监护),防止碰撞其他物件与人员。车辆进入生产检修区域,须减速慢行,确认安全后通行,不得与其他车辆、行人争抢道。

(6)同一区域内的生产检修用电,应各自安装用电线路。生产检修用电必须做好接地(零)和漏电保护措施,防止触电事故的发生。各方必须做好用电线路隔离和绝缘工作,互不干扰。敷设的线路如果必须通过对方工作面,应事先征得对方的同意;同时,应经常对用电设备和线路进行检查维护,发现问题及时处理。

(7)生产检修各方应共同维护好同一区域作业环境,必须做到生产检修现场文明整洁,材料堆放整齐、稳固、安全可靠(必须有防垮塌,防滑、滚落措施)。确保设备运行、维修、停放安全;设备维修时,按准则设置警示标志,必要时采取相应的安全措施(派专人看守、切断电源、拆除法兰等),谨防误操作引发事故。

7. 各类交叉作业安全责任

(1)A类交叉作业中,上部生产检修单位为责任方,其生产检修人员为下部生产检修人员提供可靠的安全防护措施,确保下部生产检修人员的安全,下部生产检修人员在隔离设施未完善之前不得生产检修。

(2)B类交叉作业,由生产检修单位负责人在生产检修前对各方做明确的安全交底,着重明确各方责任、安全责任区,确定防护设施的维护与完善。各方必须严格按交底执行。

(3)C、D类交叉作业由公司项目负责人划分安全责任区,明确各方安全责任。

(4)交叉作业中的隔离防护设施及其他安全设施由责任方提供。当责任方因故无法提供时,公司将指定由另一方提供,其费用及日常维护费用由责任方承担。

(5)交叉作业责任方必须确保隔离设施及其他安全设施的完整、可靠性。由于此设施缺陷而导致人身伤亡事故及设备、设施、料具损坏,责任由责任方承担。

(6)某处出现交叉作业安全责任不清时,各方应暂停生产检修,报公司项目负责人,由公司明确安全责任,待责任方完善安全措施后方可生产检修。

(7)交叉作业的各生产检修队伍在作业前必须对岗位人员进行交叉作业的安全教育,并做有针对性的分项、分工种、分工序的安全技术交底。各单位负责人要经常检查、指导岗位人员工作,及时纠正岗位人员的违章行为。

(十八)电力变压器检维修作业行为准则

1. 作业前对高压验电棒、接地线、人字梯等所需工器具进行检查确认,验电棒、接地线的电压等级及规格应参照待检修变压器电压等级选用,且确认验电棒在强检有效期限内,人字梯结实牢靠无安全隐患。

2. 开展验电棒验电试验,宜先在有电设备上进行试验,确认验电棒能够正常使用、检测。验电时,人体应与被验电设备保持安全距离。

3. 检查接地软铜线是否存在断头现象,螺丝连接处有无松动,线钩的弹力是否正常,不符合要求应及时调换或修好后再使用,严禁使用其他金属线代替接地线。

4. 核实待检修设备代号、名称等,确认准确无误后,按照《停送电管理办法》流程办理停送电,并悬挂警示牌。

5. 检修人员应熟悉设备周围场地安全状况及周围设备带电情况。且应针对本次作业,认真进行危险点分析,制定控制措施并认真记录。

6. 变压器检修期间的安全设施任何人不准擅自挪动。

7. 变压器周围严禁烟火或存放易燃易爆物品,如遇有非点火不可的特殊作业时,要预先做好灭火措施。

8. 设备停电后,先验电再挂接地线,悬挂时接地线导体不能和身体接触,且应在高压柜侧及变压器侧分别进行接地,避免倒送电、感应电出现。

9. 挂接地线时,应先连接固定接地夹,后接接电夹,且现场工作不得少挂接地线或者擅自变更挂接地线地点,装、拆接地线均应使用绝缘棒或专用的绝缘手套。

10. 对可能来电线路,要先验电、放电后,方可拆除动力、控制电缆等,拆下的电缆要做好标记并用绝缘材料包扎规范。

11. 检修拆除的零配件要整齐摆放在合适位置,防止零件丢失、滚落、摔坏或伤人。

12. 检查瓷瓶套管、母排及各连接螺栓复紧情况时,作业人员要戴好防护手套,正确使用工具,不要猛然发力,防止过于发力损坏设备、碰伤自己或他人。

13. 温度、瓦斯等各保护侧引线、接点检查紧固时,作业人员要正确使用工具,不要过于发力,防止损坏此类设备。

14. 清除变压器本体及瓷瓶表面的积灰和污物,需使用的梯子、临时操作台应绑扎牢靠,梯子与地面夹角以 60°～70°为宜。

15. 在梯子、临时操作台上工作时,如需传递工具,需通过手进行传递,严禁上下抛物。

16. 对接地装置进行检查,并对绝缘电阻值进行检测,使用摇表测量绝缘电阻值后,切记要进行放电,防止触电。

17. 检修结束后拆除接地线,应先拆接电夹,后拆接地夹,接地线在拆除后,不得从空中丢下或随地乱摔,要用绳索传递,同时应注意接地线的清洁工作。

18. 专业人员应进行认真检查清理,重点检查有无影响设备运行的异物遗留等,并清理现场杂物,同时恢复防护设施(如防雨、封堵及遮栏等)。

19. 按照送电流程办理送电。

(十九)电动机检维修作业行为准则

1. 确认待检修设备控制柜在分闸位置或已停电,按照《停送电管理办法》办理停电手续,并悬挂警示牌,高压电机检修时须将高压柜小车摇出。

2. 检查所需的工器具安全可靠,无隐患,对于电机、联轴器等相对较重的物品或工具人工转运时,作业人员要相互配合提醒,避免误伤自己、他人或损坏设备。

3. 检修人员应熟悉设备周围场地安全状况及周围设备带电情况,且应针对本次作业,认真进行危险点分析,制定控制措施并认真记录。

4. 设备停电后,对可能来电线路,要先验电、放电后,方可拆除动力、控制电缆等,拆下的电缆要做好标记并用绝缘材料包扎规范。

5. 电机定子、按钮盒接线及固定螺栓检查紧固时,作业人员要正确使用工具,不要猛然发力,防止过于发力损坏设备、碰伤自己或他人。

6. 电机风扇检查,风道、滑环清灰,使用吹风机或吸尘器时,要检查确认临时用电电缆绝缘良好、无破损,并按照规范要求接线取电,防止触电现象发生。

7. 特殊情况下如需使用压缩空气时,作业人员要紧握气管,防止开启气源的瞬间气管误伤自己或他人。

8. 电机移位时,只允许拴挂在电机吊环上起吊,吊环必须牢固可靠,移位时,作业人员要相互提醒、配合,防止损伤人员或电机。

9. 拆卸电机联轴器、地脚螺栓、轴承时,作业人员要正确使用工器具,戴好防护手套,切勿用力过猛,损坏设备、碰伤自己或他人,同时在使用大锤、拉马、榔头、錾子等工具时,要戴好防护眼镜等,防止可能产生的飞屑伤人。

10. 拆卸过程中如需动火加热时要树立安全防火意识,办理相应的危险作业许可证,且应将灭火器放置到位,防止可能产生的不安全因素。

11. 电机解体时,注意将拆下的螺栓、端盖等配件统一放置在合适位置,以免丢失、滚落、摔坏或伤人。

12. 电机吊盖清灰,检查和处理电机绕组及其他零部件时,所使用工具、拆卸螺栓数量要清楚,作业人员随身物品要全部拿出,检修时核对数量,避免杂物遗留在定子腔内。

13. 检查定子、转子引出线有无破损放电,接线进行紧固,定子接线盒内绝缘板有无烧灼痕迹,检查定子线圈三相阻值是否平衡。

14. 检查滑环表面光洁度及碳刷磨损情况,更换磨损或打火严重的碳刷,检查更换碳刷压簧及刷架,转子引出线螺栓检查紧固,过程中作业人员要预防所使用工具、随身物品遗留在滑环室内。

15. 清洗电机轴承,更换润滑油时,要做好废旧润滑油脂的回收,切勿随地丢弃,影响现场环境。

16. 电机辅助设备(稀油站、水电阻、风扇、加热器、按钮盒等)及保护装置(测温、测振、差动)各出线孔封堵检查时,作业人员要正确使用工器具,防止操作不当损坏仪表。

17. 电机轴承、联轴器等回装过程中,使用大锤击打铜棒时,作业人员要戴好防护眼镜、防护手套等,正确使用工具并互相提醒,防止可能产生的飞屑伤人或损坏联轴器。

18. 检查电机绕组绝缘,使用摇表测量电机绝缘阻值后,切记要进行放电,防止触电。

19. 电机接线时,检查电缆是否带电,按标记认真接线。

20. 恢复电机防护设施(如防雨、封堵及遮栏等),并认真检查清理,重点检查有无影响设备运行的异物遗留等,并清理现场杂物。

21. 办理送电申请,送电试车,确认电机转向正确。

(二十)开关柜检维修作业行为准则

1. 检查所需的工器具,确保安全可靠,无隐患。

2. 按照《停送电管理办法》流程办理停电。

3. 检修人员应熟悉设备周围场地安全状况及周围设备带电情况,且应针对本次作业,认真进行危险点分析,制定控制措施并认真记录。

4. 断路器操作

(1)操作前应检查检修中为保证人身安全所设置的措施(如接地线等)是否全部拆除,防误闭锁装置是否正常。

(2)操作前应检查控制回路、辅助回路、控制电源均正常,合闸操作不能多次连续进行,应有足够的间隙时间以保证合闸线圈冷却,弹簧储能操作机构的开关,合闸后应确保操作机构在储能状态。

(3)操作中应同时监视有关电压、电流、功率等表针的指示及红绿灯的变化。

(4)如果开关的遮断容量小于系统的短路容量时,禁止就地操作电磁机构。

5. 隔离开关操作

(1)应尽量避免采用隔离开关拉合空载线路和主变,如因特殊情况需要拉合时应征得批准并按规定执行,严禁用隔离开关带负荷操作。

（2）设备停送电操作，在拉合隔离开关前，应检查相应高压断路器必须在断开位置后，才能操作隔离开关。

（3）手动合隔离开关应果断迅速，但在合闸终了时不应产生过大冲力；拉开隔离开关时最初应缓慢，在触头刚分离时，若发现有不正常的电弧应迅速合上，如隔离开关已完全拉开则不准再合上。

（4）隔离开关合上后应检查接触是否良好，拉开后应检查拉开角度是否正常，隔离开关操作机构的闭锁装置是否闭锁妥当；合隔离开关时如遇合得不好，可将刀闸稍微拉开再合上，而不能将整个隔离开关重新拉开，以避免多次冲击。

（5）操作带接地刀闸的隔离开关，当发现接地开关或高压断路器的机械连锁卡住不能操作时，应立即停止操作并查明原因。

（6）操作隔离开关时，应先稍微摇动和观察无异常后方能用力操作，以防支持瓷瓶断裂倒塌。

（7）隔离开关、接地开关和高压断路器之间安装有防误操作的闭锁装置，在刀闸操作时必须按操作顺序进行。当闭锁装置失灵或隔离开关、接地开关不能正常操作时，必须严格按闭锁要求的条件检查相应的断路器、隔离开关位置状态，待条件满足后，方能解除闭锁进行操作。

6. 电压互感器操作

（1）分闸：先分二次侧二次小开关（或熔断器），后分一次侧刀闸。

（2）合闸：先合一次侧刀闸，后合二次侧二次小开关（或熔断器）。

7. 电容器操作

（1）母线停电操作，先停止母线所带电容器；送电时，最后投入母线所带电容器。

（2）电容器组切除后再次合闸，其间隔时间一般不少于 5 分钟，对于装有并联电阻的开关，一般每次操作间隔不得少于 15 分钟。

（3）电容器停电后必须进行逐台放电后，工作人员方可接触电容器进行工作。

8. 母排检查

（1）应断开变电站、配电站（所）、环网设备（包括用电设备）等线路断路器（开关）和隔离开关（刀闸），悬挂"禁止合闸，线路有人工作！"或"禁止合闸，有人工作！"的警示牌。

（2）在停电线路工作地段装设接地线，要先验电，验明线路确无电压。

（3）验电前应开展验电棒验电试验，宜先在有电设备上进行试验，确认验电棒能够正常使用、检测。

（4）验电应使用相应电压等级、合格的接触式验电器，且应确认验电棒在强检有效期限内。

（5）验电时，作业人员应与被验电设备保持安全距离，并设专人监护。

（6）装设接地线应先接接地端，后接导线端，接地线应接触良好，连接可靠；装、拆接地线均应使用绝缘棒或专用的绝缘手套。

9. 小车检查

（1）检查小车时确认开关柜在分闸位置。

（2）将开关柜小车从开关柜中抽出，移动到方便作业的场所，移动过程中要注意小车倾倒等因素可能产生的人员伤害或设备损坏。

（3）作业完毕后将小车推入开关柜。

（4）开关柜控制室内有多个操作电源，检查过程中注意判断各电源的实际状态，确认已断电后方可进行控制部分检修操作。

10. 拆除接地线，应先拆接电端，后拆接地端，接地线在拆除后，不得从空中丢下或随地乱摔，要用绳索传递，同时应注意接地线的清洁工作。

11. 检查确认母排上、柜内有无遗留作业工具、杂物等。

12. 及时恢复完善柜内封堵,关闭母排室及电缆室柜门并确认柜门电磁锁完好,确认无误,按送电流程办理送电手续。

(二十一)变频器检维修作业行为准则

1. 检查确认所需的工器具安全可靠,无隐患。

2. 按照《停送电管理办法》流程规范办理停电手续。

3. 检修人员应熟悉设备周围场地安全状况及周围设备带电情况,且应针对本次作业,认真进行危险点分析,制定控制措施并认真记录。

4. 停电前变频器输入、输出及控制电路均存在带电可能,严禁对变频器任何部位进行检修操作。

5. 禁止带电操作传动单元、电机电缆和电机。在切断输入电源之后,应至少等待 5 分钟,待中间电路电容放电完毕后再进行操作。

6. 操作之前应使用万用表测量并确认中间直流回路的电压为零,以确认放电完毕,方可进行作业。

7. 在操作之前要使用临时的接地措施。

8. 清除内部的积灰、脏物,紧固内部各单元及二次回路接线,定期对控制板件进行维护保养,清理过程中使用吸尘器时,确认临时用电电缆绝缘良好、无破损,并按照规范要求接线取电,防止触电现象发生。

9. 检查母排及内部元件有无发热变色部位,尤其检查功率器件有无脱焊、过热变色等异常,对电解电容检查或更换(测量电容值有无变化,有无膨胀漏液等)。

10. 通风散热系统检查,各功率单元、控制板件及变压器等的冷却风扇维护或更换,进口冷却风扇轴承拆装后试运行正常后方可投入运行。

11. 对冷却风扇接线进行检查紧固,清理风道内积灰及污物,柜体及墙体过滤网清洗或更换。

12. 故障记录检查确认,检查控制板件状态(有无发热烧灼等异常),清理表面浮灰,清理过程中作业人员须谨慎进行,检查外围辅助系统(如测速装置、保护限位、按钮盒等)。

13. 检查接地系统,确认阻值,检查柜体封堵。

14. 部分变频器有多个电源回路,检修前须予以确认,禁止在传动单元或外部控制电路带电时操作控制电缆;即使主电源断电,其内部仍可能存在由外部控制电路引入的危险电压。

15. 检修结束后拆除临时接地线,及时恢复孔洞密封及安全防护设施。

16. 确认无误后,按照送电流程办理送电。

(二十二)检修作业能量隔离行为准则

1. 安全锁管理

(1)安全锁和钥匙使用时归个人保管并标明使用人姓名或编号,安全锁不得相互借用。

(2)在跨班作业时,应做好安全锁的交接。

(3)锁具的选择除应适应上锁要求外,还应满足作业现场安全要求。

(4)备用钥匙只能在非正常解锁时使用,由锁具所属负责人或指定专人保管,严禁私自配制备用钥匙。

(5)定期对安全锁进行检查测试,测试时应排除连锁装置或其他会妨碍验证有效性的因素。

2. 停电挂锁操作流程

(1)停电申请人在办理停电手续前先领取安全锁,对钥匙与安全锁的配套性进行确认,避免安全锁上锁后钥匙无法打开。

(2)申请人按照《停送电管理办法》要求办理申请手续,对所检修、维护的设备名称及代号进行核实,防止错停或漏停,申请单不得涂改,若涂改视为无效。

(3)审批人对所停设备进行核实无误后审批,并做好登记手续。

(4)操作人员接到停电申请时,要确认停电申请单上设备名称及设备代号与控制柜代号一致,无误后进行停电操作并验电,由申请人将锁系挂在控制柜锁孔内,并悬挂警示牌,安全锁钥匙由停电申请人负责保管。操作人员停电后要在申请单操作栏签名,第二联留存,并做好登记手续,第三联交给停电申请人。

(5)申请人须跟随操作人一起至所需停电设备的开关柜前,确认操作人员按申请单要求操作结束。如申请人出现交接班,接班的申请人须到所停设备开关柜前进行确认后方可施工作业。

(6)作业组只有拿到操作人员与申请人共同签名的申请单,并查验控制柜停送电操作手柄已上锁后方可开始作业,严禁未上锁或未将停电申请单交给操作人员办理停电就开始进入现场作业。

3.送电解锁操作流程

(1)申请人在作业完毕或试机时,按照《停送电管理办法》要求持停电第三联申请单及安全锁钥匙(钥匙编号与上锁的安全锁编号对应)办理送电申请,填写送电申请单时,必须遵守"一支笔"的原则。

(2)审批人负责审核是否有交叉作业,具备送电条件,第一联留存并做好登记手续,第二、三联交给申请人,不具备送电条件,只做登记手续。

(3)申请人拿到审批人已审批的送电申请单后,同时经由设备所在工艺工段负责人审定后,方可到送电操作人处办理送电作业。

(4)操作人员接到审批人和工段审定人共同签名的送电申请单后,应核对相关内容和确认是否有交叉作业,确认无误后,具备送电条件时,取下警示牌,由申请人用钥匙解锁,操作人员操作送电,在申请单操作栏签名,并做好登记手续;不具备送电条件时,向申请人、审批人、审定人说明情况,并在申请单上注明后交给申请人。

(5)申请人在办理完送电手续后,将安全锁及钥匙上交保管人。

(6)应急状态下需解锁时,在办理完送电手续后可以使用备用钥匙解锁;无法取得备用钥匙时,经停送电审批人及公司安全主管部门确认同意后,可以采用其他安全的方式解锁。解锁应确保人员和设施的安全,并及时通知上锁的相关人员。

(二十三)电焊、气割检维修作业行为准则

1.电焊作业行为准则

(1)焊工是特种作业人员,应经过专门培训,掌握电、气焊安全技术,并经过考试合格,取得特种作业证书后方能上岗。

(2)焊机一般采用380 V或220 V电压,空载电压也在60 V以上,因此焊工首先要防止触电,特别是在阴雨、打雷、闪电或潮湿作业环境中。

(3)焊工作业时要穿好胶底鞋,戴好防护手套,穿好工作防护服,正确使用防护面罩。

(4)焊工作业更换焊条时要戴好防护手套,夏天出汗及工作服潮湿时,注意不要靠在钢材上,避免触电。

(5)电焊作业时,由于金属的飞溅极易引起烫伤、火灾,因此要切实做好防止烫伤、火灾的防护工作。

(6)焊工作业时穿戴的工作服及手套不得有破洞,如有破洞,应及时补好,防止火花溅到而引起烫伤。

(7)电焊现场必须配备灭火器材,危险性较大的应有专人现场监护。严禁在储存有易燃、易爆物品的室内或场地作业。

(8)露天电焊作业时,必须采取防风措施,焊工应在上风位置作业,风力大于5级时不宜作业。

(9)高处电焊作业时,应仔细观察作业区下面有没有其他人员,并拉好警戒线,防止焊渣飞溅造成下面人员烫伤或发生火灾。

(10)焊接电弧产生的紫外线对焊工的眼睛和皮肤有较大的刺激性,因此必须做好电弧伤害的防护工作。

(11)焊工操作时,必须使用有防护玻璃且不漏光的面罩,身穿工作服,手戴工作手套,并戴上脚罩。

(12)开始作业引弧时,焊工要注意周边其他作业人员,以免强烈弧光伤害他人。

(13)在人员众多的地方焊接作业时,应使用屏风挡隔。

(14)清除焊渣、铁锈、毛刺、飞溅物时,应戴好手套和防护眼镜,防止损伤。

(15)搬动焊件时,要戴好手套,且小心谨慎,防止划破、烫伤皮肤或造成人身伤害事故。

(16)焊工高处作业时要用梯子上下,焊机电缆不能随意缠绕,要系好安全带。焊工用的焊条、清渣锤、钢丝刷、面罩等要妥善安放,以免掉下伤人。

2. 气割作业行为准则

(1)在作业之前要在作业场所附近备有干粉灭火器和灭火用水,还要查明附近的灭火用水源。

(2)氧气乙炔瓶在现场使用时,必须配备减震圈和防倾倒装置;乙炔瓶必须使用回火器。

(3)乙炔瓶不宜放置露天暴晒,以免产生高热而发生爆炸。

(4)乙炔瓶、氧气瓶口、减压器的螺丝绝对不可附着油脂,以防爆炸。

(5)乙炔瓶必须设专用的减压器,回火防止器,开启时操作者应站在阀口的侧后方,动作要轻细,开启后扳手仍应套在瓶阀的方芯上,一旦遇有险情,便于紧急关闭。

(6)乙炔气管、氧气管不得调换使用,凡新领皮管,先将管内胶粉吹清,以防塞死,发现漏气及时调换。

(7)气割点火时只开乙炔不开氧气,熄火时先关氧气。

(8)气割作业时氧气瓶与乙炔瓶放置距离要相隔5 m以上,与明火要相隔10 m以上。

(9)气割作业时气瓶不可放置在有火花飞溅的地方,尤其在高处气割作业时,火花飞溅范围广,应更加注意。

(10)在气割工作中,禁止将带有油珠的衣服、手套或其他沾油脂的工具、物品与氧气瓶软管及接头相接触。

(11)气割时操作者必须戴上护眼镜,以免火溅入眼睛,割件刚焊割完后,不要马上用手拿工件,以免灼伤手。

(12)气割工作时,减压器指示的放气压力一般控制在0.02~0.05 MPa。

(13)使用中的乙炔瓶,如瓶壁温度异常上升则应立即停止使用,在没有查明原因前该瓶不再使用。

(14)气割作业气瓶内气体严禁用尽,必须不低于规定要求(乙炔0.05 MPa、氧气0.5 MPa),用过的瓶上应写明"空瓶"。

(15)作业完毕后必须关闭好焊、割炬的氧气瓶有关阀门,并将乙炔、氧气胶管等工具挂放到适当地点,清理工作场地后,方可离开。

(二十四)钳工作业行为准则

1. 常用工具的使用准则

(1)钳工的工作台安放必须稳妥,有良好的照明。在虎钳操作的对面必须设置安全防护网。

(2)工具、夹具、量具应放在指定地点,不准乱放。

(3)工作前应检查好工具是否良好,有破损及不良之处要及时修理好。

(4)打锤前,首先要检查锤头与锤把是否松动,有无脱落之危险,锤头的飞刺、卷边要及时磨去,锤击面不准淬火,锤柄、锤头不得有油。

(5)扁铲、冲子的锤击面不准淬火,不得有裂纹、飞边、毛刺,柄部及顶端不得有油。

(6)锉刀、刮刀必须安木柄,木柄不得有裂纹、松动现象。

(7)锉刀及工件的锉削面不得有油。

2. 打锤作业行为准则

(1)禁止使用有斜纹、蛀孔、节疤等缺陷的锤柄,锤柄的大小长短要合适并有适当的斜度,锤头上必须加铁楔,以免工作时甩掉锤头。

(2)使用前,必须确认锤柄与锤头无松动及脱落危险,锤头上的卷边或毛刺全部清除后方可作业。

(3)手上、手锤柄上、锤头上有油污时,必须擦干净后方可操作。

(4)锤头及锤击面不准淬火,以免碎块崩出伤人。

(5)打锤时不准戴手套(冬天在外边工作可戴一副单手套)。

(6)抢锤时,要先回头察看,不得有障碍物,周围不得有与操作无关的人。

(7)两个人打锤时,要交叉站立,不准打抢锤,不准以锤劈锤,不准用手指点打击位置。

3. 扳手的使用行为准则

(1)扳手钳口、螺轮及螺帽上不准沾有油污,以防滑脱。

(2)禁止扳口加垫、扳把接管和用锤打扳把。

(3)扳手不能当手锤使用。

(4)不得使用扳口变形或破裂的扳手。

(5)使用活扳手时,应把固定面作为着力点,活动面作为辅助面。

(6)使用活扳手时,扳口尺寸应与螺帽尺寸相符,不得在手柄上加套管。

(7)活扳手用力较大时,禁止反向扳动。

(8)高空上操作必须使用呆扳手,作业人员要系好安全带。

4. 虎钳的使用行为准则

(1)虎钳安装必须稳固。

(2)钳口必须保持完好,磨平时要及时修理以防工件滑脱。

(3)用台虎钳夹持工件时,钳口张开尺寸不得超过其总行程的三分之二。

(4)工件必须夹紧,手柄应朝下方,不准用增加手柄长度或狂击手柄的方法夹紧物件。

(5)工件应夹持钳口的中部,如需夹在一端时,另一端需用等厚的硬垫夹上。

(6)加工精密工件时,钳口必须用铜皮垫好。

(7)工件超出钳口长度时,根据情况,必要时另加支承,并有防止坠落的措施。

5. 扁铲、冲子的使用行为准则

(1)剔铲脆性金属时,应从两边向中间铲,避免边缘切屑飞出伤人。铲切部分快要断时,锤击要轻。

(2)剔铲时必须戴防护眼镜,不对准人和人行通道剔铲。

(3)铲大活时,不准用铁东西挡,应用软东西挡,防止崩回打伤自己。

6. 锉刀的使用行为准则

(1)锉工件物品时,不准用手摸锉下的金属屑,更不准用嘴吹。

(2)使用小锉刀锉削时,不可用力过大,以防锉断伤人。

(3)不准用刮刀和锉刀在淬火的工件上刮削和锉削。

7. 钢锯的使用行为准则

(1)锯条安装夹松紧适度,锯物时用力不得过猛。

(2)工件将被锯断时,用力要轻,防止锯断部分坠落伤人。

8. 刮削作业行为准则

(1)刮刀杆不准淬火。使用前要仔细检查不得有裂纹,以防止折断。

(2)刮削时,刮刀及工件的刮削面不得有油,手上不得有油和汗渍。

(3)被刮削的工件应安放平衡,刮削时不得窜动。

(4)刮削时应将工件的毛刺、飞边及时除掉,刮削时两脚站稳,工件边缘处理时用力不能过大,禁止以身体的重量压向刮刀。

(5)刮削时应高出工件的突起处,以防止碰伤。

(6)放置刮刀尖端不得朝上,且要放在不易碰着人的地方。

(7)刮削研合时,手指不得伸到研件的错动面或孔、槽内,使用研磨机时,先检查好其各部件是否正常,并及时注油,研磨各种阀门时,禁止磕碰。

9. 手电钻作业行为准则

(1)使用时,由动力电工接通电路,严禁乱拉乱接。

(2)电钻外壳必须有接地线或者接中性线保护。

(3)在潮湿的地方工作时,必须站在绝缘垫或干燥的木板上工作,以防触电。

(4)电钻未完全停止转动时,不能卸、换钻头。

(5)停电、休息或离开工作地点时,应立即切断电源。

(6)如用力压电钻时,必须使电钻垂直于工件,而且固定端要特别牢固。

10. 梯子作业行为准则

(1)自制梯子应用钢材制作,梯子各档应均匀,不得过大或缺档。

(2)使用时,梯子的顶端应有安全钩子,梯脚应有防滑装置,梯子离电线(低压)距离至少保持3 m。

(3)放梯子的角度以 60°为宜。禁止两人同登一梯(人字梯除外)及在梯子顶档工作。

(4)在梯子上工作时要携带工具袋,工具使用后要及时放于袋内。

(5)使用人字梯时,其中间必须用可靠的拉绳牵住。

(6)梯杆应有足够强度,禁止使用有折痕、裂纹的梯子。

11. 划线作业行为准则

(1)划线平台安放必须稳固,台面要保持清洁,不许放置杂物,要保证台面的精度。

(2)用千斤顶支撑较大工件时,工件与平台间应放置垫木,不准将手伸到工件下,对支撑面较小的高大工件,要用起重机吊扶,在垫平衡以后,方可稍松绳,但不准摘钩。

(3)工件放置应避免上重下轻,如不可避免时,必须有防护措施。

(4)划线盘用完后,必须将划针的针尖朝下,并紧固好。

(5)禁止在划线平台上敲击、锤打。

12. 砂轮机作业行为准则

(1)正确穿戴劳保用品,使用前检查砂轮机电源线、接地等是否良好。

（2）开机前首先要清理周围杂物，创造良好工作环境；操作时不准戴手套。

（3）砂轮机必须有防护罩，不允许随便取下。

（4）新装砂轮机必须先试转 3～4 分钟，检查砂轮机及轴等转动是否平稳，有无摇动和其他不良现象。

（5）应定期检查砂轮片有无损伤（有无裂纹、轮缘是否呈凹凸犬牙状）、是否在有效期内，并检查砂轮机轴两端螺栓是否锁紧，拧紧主轴尾端的螺帽，只许用手扳，不得采用别的附加工具装卸。

（6）支撑加工物的工作台进端与砂轮工作面间隙必须随时注意保持不得大于 3 mm，以防磨件带入缝隙挤碎砂轮。

（7）操作时戴好防护用品（如防尘眼镜等），不可戴手套操作，不可站在砂轮的正面，不能用力过猛，要缓慢加力。

（8）砂轮启动后须待速度稳定时方可磨削，且不允许用砂轮侧面磨削，不允许两人同时使用一块砂轮进行磨削。

（9）不应在砂轮上磨重大工件，不能用过大的力量来压紧砂轮进行磨削，以防止打碎砂轮伤人。

（10）两个砂轮磨损量应大致相等，其直径相差不应超过 20％。

第十九节　安全生产费用管理

一、安全生产费用专款专用

安全生产专项费用使用的范围：①完善、改造和维护安全防护设备设施；②提供符合标准的劳动防护用品、用具；③安全生产教育培训；④设备设施安全性能检测检验；⑤安全标志及标识；⑥应急救援器材、装备的配备及应急救援演练；⑦职业危害防治，职业危害因素检测、监测和职业健康体检；⑧安全评价、重大危险源监控、事故隐患评估和整改；⑨其他与安全生产直接相关的物品或者活动。

企业应依法参加工伤社会保险，为从业人员缴纳工伤保险费。

二、安全生产费用统计规范

为规范公司安全生产费用的投入和统计管理，真实准确地反映公司当前安全生产费用投入情况，根据《企业会计准则》《安全生产法》及《企业安全生产费用提取和使用管理办法》（财企〔2012〕16 号）等法律、法规的有关规定，结合公司安全生产管理的特点，特制定本规范。

（一）总则

1. 本规范所提的安全生产费用（以下简称安全费用），是指公司按照国家有关法律法规的相关规定，为了推行和加强企业安全生产规范化建设，专门用于完善和改进企业安全生产条件和作业环境所发生的费用。

2. 本规范以实际发生的经济业务为载体，以权责发生制为基础，采用历史成本法计量，遵循时间配比原则和一贯性原则。

3. 本规范适用于安徽海螺水泥股份有限公司及所属全资、控股子公司和分公司，合营、联营及托管公司参照执行。

（二）安全费用统计范围

1. 安全费用包括：

（1）完善、改造和维护安全防护设备设施（不含"三同时"要求初期投入的安全设施）。安全防护设备设施费用主要包括生产作业场所防火、防风、防水、防尘、防盗、防腐、防噪声、防雷电、防辐射、防中暑、防中毒、防灼烫、防爆炸、防坠落、防触电、防坍塌、防淹溺、防机械伤害、防起重伤害、防物体打击、防车辆伤害的隔离装置、报警装置、监控装置、避雷装置、通风装置、检测装置、保护装置、保险装置等设备设施采购与安装的费用。

(2)安全生产教育培训和配备劳动防护用品。安全生产教育培训费用主要包括购置或编印安全技术等书刊与购买安全教育影片及外请培训老师等费用、开展安全与职业健康知识竞赛等活动费用、安全生产月及公司内外部开展的各类安全教育培训费用等。劳动防护用品费用主要包括因工作需要为岗位员工和现场配备的各类劳保用品、安全防护用品、防暑降温用品等费用。

(3)安全评价(不包括新建、改建、扩建项目安全评价)、重大危险源监控、事故隐患评估和整改。安全评价费用主要包括各类安全生产现状评价费用、安全生产标准化现场评审与复审费用、应急预案评审(评估)费用等。重大危险源监控、事故隐患评估和整改费用主要包括易燃、易爆等物品运输、仓储、使用时的安全评估、监控、防护费用,以及事故隐患排查评估与整改治理的领用金属、五金、建材、杂品等材料费用。

(4)职业危害防治,职业危害因素检测、监测和职业健康体检。主要包括现场职业卫生现状评价费用、职业卫生现场检测与监测费用、职业健康体检费用等。

(5)设备设施安全性能检测检验。主要包括特种设备(叉车、电梯、压力容器、安全阀、压力表、锅炉、吊机、行车、需年检的电动葫芦与管道等)年检费用、检测设备与工具年检费用、防雷接地年检费用、高压设备与工器具检测费用等定期检测费用。

(6)应急救援器材、装备的配备及应急救援演练。主要包括应急预案演练费用和应急救援储备物资及现场应急照明、消防器材、喷淋装置等的采购与日常维护费用等。

(7)安全标志及标识。主要包括生产、办公、生活区域安全警示标志、安全标识、宣传标语、管道标识等购置制作与安装费用。

(8)其他与安全生产直接相关的物品或者活动。

(三)安全费用投入管理

1. 结合公司实际情况,为确保成本费用核算准确,安全费用在实际投入时据实列支,原则上不予事前计提。

2. 安全费用投入需纳入年度预算编制,区分资本化支出和费用化支出。在建、改建、扩建项目安全费用在项目总体概算中计算列支,在项目竣工验收后予以资本化。

3. 子公司需编制年度安全费用投入计划,主要负责人对安全费用投入的有效实施全面负责,保证安全投入资金、责任、监督等落实到位,确保安全生产条件和作业环境符合安全管理要求。

4. 子公司安全费用使用须履行报批手续。购置固定资产发生的安全费用支出按照《固定资产管理暂行办法》履行报批手续。辅材、备件等安全费用支出按照《物资供应管理暂行办法》《备件管理办法》等制度的要求,严格执行分级审核制度。同时领料单须经公司安全员审核,各部门须按照公司安全员审核后的领料单统计部门安全费用投入。其他安全费用支出按照相应的审批权限履行报批手续。

(四)安全费用使用监督

1. 子公司财务部门需建立安全费用投入台账,按月统计并填写台账。台账包括材料名称、金额、用途、时间、使用部门等项目。子公司财务部门要会同安全生产管理部门定期统计分析安全费用投入情况,并定期向本单位安全生产职业健康管理委员会汇报。

2. 股份公司安全环保部、财务部应对子公司安全费用投入实施情况进行监督,对重大安全投入项目进行跟踪、督查。

第二十节　安全生产操作规程管理

一、安全生产规章制度的要求

1. 公司各职能部门和基层单位应定期识别和获取本部门适用的安全生产法律法规与其他要求，并向归口部门汇总。

2. 应及时将识别和获取的安全生产法律法规与其他要求融入企业安全生产管理制度中；将安全生产规章制度发放到相关工作岗位，并对员工进行培训和考核。

3. 应及时将适用的安全生产法律法规与其他要求传达给从业人员，并进行相关培训和考核。

4. 基于岗位生产特点中的特定风险的辨识，编制齐全、适用的岗位安全操作规程；向员工下发岗位安全操作规程，并对员工进行培训和考核。

5. 编制的安全规程应完善、适用，员工操作要严格按照操作规程执行。

6. 每年至少一次对安全生产法律法规、标准规范、规章制度、操作规程的执行情况和适用情况进行检查、评估。

7. 根据评估情况、安全检查反馈的问题、生产安全事故案例、绩效评定结果等，对安全生产管理规章制度和操作规程进行修订，确保其有效和适用。

二、公司应建立的规章制度

主要包括：①安全生产目标责任和奖惩管理；②安全生产责任制管理；③法律法规标准规范管理；④安全生产投入管理；⑤文件和档案管理；⑥安全生产工作例会管理；⑦风险评估和控制管理；⑧安全生产教育和培训管理；⑨特种作业人员管理；⑩设备设施的安全管理；⑪建设项目安全"三同时"管理、生产设备设施验收管理；⑫生产设备设施报废管理、施工和检维修安全管理；⑬危险物品及危险源管理、作业安全管理；⑭安全生产检查及隐患治理；⑮劳动防护用品、用具及职业安全健康管理；⑯相关方及外用工（单位）管理、职业健康管理；⑰现场安全管理；⑱消防安全管理；⑲电气安全管理；⑳危险作业安全管理；㉑事故管理；㉒应急救援预案；㉓安全绩效评定管理。

三、安全技术操作规程

1. 建立健全岗位安全操作规程。
2. 安全操作规程应在现场上墙上架。

第二十一节　应急管理

一、重要危险源辨识

1. 按相关规定对本单位的生产设施或场所进行危险源辨识、评估，确定重要危险源（包括公司确定的重要危险源）。

2. 对确认的危险源及时登记建档。按照相关规定，将重大危险源向安监部门和相关部门备案。

3. 计量检测用的放射源应当按照有关规定取得放射物品使用许可证。

4. 应每年至少组织一次风险辨识、评估；重大危险源按 GB 18218—2018 进行辨识，并建立档案，制订防范措施。

二、危险源监控与管理

1. 对重要危险源（包括公司确定的重要危险源）采取措施进行监控，包括技术措施（设计、建设、运行、维护、检查、检验等)和组织措施(职责明确、人员培训、防护器具配置、作业要求等)。

2. 在危险源现场设置明显的安全警示标志和危险源点警示牌(内容包含名称、地点、责任人员、事故模式、控制措施等)。

3. 相关人员应按规定对危险源进行检查,并在检查记录本上签字。

三、应急救援预案范围

主要包括:①地震、洪水、台风等自然灾害事故;②火灾、爆炸重大生产安全事故;③危险化学品重大生产安全事故;④锅炉、压力容器、压力管道等特种设备重大生产安全事故;⑤其他伤害等事故。

四、应急救援预案内容

1. 确定应急救援组织指挥机构,包括:①相关部门与人员职责分工明确、指挥协调;②应急处置措施、医疗救助、应急人员防护、群众的安全防护;③现场检测与评估;④信息发布。

2. 应急救援经费保障、物资保障、队伍保障;善后处置措施齐全。

五、应急预案及其演练

1. 按相关规定建立安全生产应急管理机构或指定专人负责安全生产应急管理工作。

2. 建立与本单位安全生产特点相适应的专兼职应急救援队伍或指定专兼职应急救援人员。

3. 按规定制定生产安全事故应急预案,重点作业岗位有应急处置方案或措施。

4. 根据有关规定将应急预案报当地主管部门备案,并通报有关应急协作单位。

5. 按规定组织生产安全事故应急演练。

6. 按应急预案的要求,完善应急设施,配备应急装备,储备应急物资。

7. 对应急设施、装备和物资进行经常性的检查、维护、保养,确保其完好可靠。

六、应急救援预案培训、更新

1. 每年至少组织一次生产安全事故应急救援培训和演练;定期组织专兼职应急救援队伍和人员进行训练。

2. 对应急演练的效果进行评估,并及时更新预案。

3. 定期评审应急预案,并进行修订和完善。

4. 发生事故后,应立即启动相关应急预案,积极开展事故救援。应急结束后应编制应急救援报告。

第二十二节 相关方安全管理

一、安全协议

签订安全协议,明确双方安全职责:①外来施工(作业)方应符合安全生产条件;②施工现场应有可靠的安全防范措施。

二、发包或出租应符合的法规和行业规定

1. 承包或租赁方应具备安全生产条件,不应将工程项目发包给不具备相应资质的单位。

2. 项目承包协议应明确规定双方的安全生产责任和义务,签订责任明确的安全管理协议。

3. 公司应与危险化学品供应商签订安全协议。供应商应有国家规定的资质。

4. 对厂区内临时作业人员、实习人员、参观人员及其他外来人员应有安全管理制度和安全

防护措施。

5. 甲方应统一协调管理同一作业区域内的多个相关方的交叉作业。

6. 对承包商、供应商等相关方的资格预审、选择、服务前准备、作业过程监督、提供的产品、技术服务、表现评估、续用等进行管理，建立相关方的名录和档案。

三、外委施工作业安全管理规程

(一)总则

1. 为加强外委施工作业安全管理，健全外委施工作业安全监督与保障机制，规范外委施工作业管理，确保外委施工作业安全，依据《安全生产法》《建设工程安全生产管理条例》等法律法规要求，特制定本规程。

2. 外委施工作业包括日常外委检维修作业、外委技改作业、外委土建施工作业等，将公司部分作业项目委托给外委方实施，并由本单位统一负责协调指挥的作业。

(二)施工作业前安全管理

1. 施工单位进厂前，合同签订部门要对施工单位的营业执照、安全生产许可证、项目负责人证、安全管理员证及特种作业证进行审查，对施工作业人员保险购买情况进行检查，确保所有证件均真实、有效，并将复印件留存备查。证件不齐全或未足额购买保险等情况，严禁进厂作业。合同签订部门要审核所有作业人员的身份证并留存复印件，规避作业人员超龄作业现象。施工单位和施工作业人员的相关资质材料复印件需留存备查。

2. 施工单位进厂后，合同签订部门牵头，安全管理部门配合，与施工单位签订安全生产职业健康管理协议书，明确各自的管理职责。安全生产职业健康管理协议书签订后要同时抄送公司安全管理部门、财务处，作为日后对施工单位和作业人员违章处罚的依据。同时，要对施工单位制定的施工作业方案和事故应急救援预案进行严格审核，必须按照公司安全管理制度要求进行施工作业。

3. 公司安全管理部门要配合合同签订部门，在施工方人员进厂后，对作业人员进行身体条件审查和公司级安全教育培训，向施工方人员介绍公司日常的安全管理制度及现场作业的基本规范要求，如实告知施工人员现场存在危险因素、可能导致的事故及预防措施，培训结束后安全管理部门保留培训相关资料，对于身体条件不符合要求的不允许进入现场施工作业。

4. 公司级安全教育培训后，相关方人员进入场地作业前，由所在分厂或工段进行安全教育培训，并留存培训材料，对于安全教育培训达不到要求的不允许进入现场施工作业。合同签订部门要督促施工单位技术负责人对施工作业人员开展安全技术交底，并保留交底相关材料。

(三)施工作业中安全管理

1. 施工人员进入厂区后，需在指定区域进行作业，未经施工责任单位现场负责人许可或合同对口管理部门负责人许可，不得随意进入非施工区域。作业过程中，施工人员需规范穿戴劳动防护用品。

2. 施工作业过程中使用的工器具和防护用品必须完好，施工单位对口管理部门要牵头对施工单位用电工器具定期进行检测，严禁使用不符合国家相关安全技术标准的工器具。

3. 施工临时用电的设备和线路设置必须符合《临时用电管理制度》和行业安全规定。露天设置的临时用电设备，要有防雨设施；所有电气设备必须有接地或接零保护。现场作业严禁使用太阳灯，有限空间内部作业临时照明必须采用安全电压照明，潮湿区域和金属等有限空间内作业必须采用 12 V 安全电压。

4. 开展危险作业前，施工作业主要责任部门必须按照《危险作业分级审批管理制度》要求，规范办理危险作业分级审批，对相关设备设施办理停送电手续与上锁挂牌，落实与确认各项安全防范措施。

5. 运输气瓶时,严禁碰撞、抛掷、滚滑,严禁氧气、乙炔混装,要检查气阀、防震圈、瓶帽等是否完好;气瓶使用时要直立放置,设支架稳固,防止倾倒;氧气瓶与乙炔气瓶之间的距离不小于5 m;氧气瓶、乙炔气瓶与明火的距离至少为10 m;高温天气要做好气瓶防晒措施。

6. 吊装作业前必须对吊装区域内的安全状况进行检查(包括吊装区域的划定、标识、障碍),规范办理吊装作业分级审批;起吊作业必须严格遵守"十不吊"规定,严禁违规使用起重设备开展吊篮载人作业;警戒区域设置警戒线,并设专人监护、专人指挥,非作业人员禁止入内。

7. 脚手架搭设作业人员,必须持有登高架设作业证,脚手架搭设作业结束必须按照合同和国家相关标准要求,规范开展脚手架验收工作,对不符合要求的脚手架严禁投入使用。

8. 进厂车辆驾驶人员进入公司大门时,需与公司签订安全承诺书,必须证照齐全,严格遵守厂区交通规则,严禁超载、超速行驶。非作业车辆严禁进入生产区域。

9. 要自觉维护厂内环境卫生,施工材料要堆放整齐。现场要做到工完、料尽、场地清,施工垃圾要集中堆放并及时进行清理。施工过程中如涉及Ⅱ级及以上较大危险作业时,施工作业主要责任部门需安排专人现场监护。

10. 施工人员发生变动时,相关外委单位要提前向合同签订部门和安全管理部门通报,根据相关要求,对新入厂人员做好安全教育培训和技术交底,并留存相关材料。

11. 施工单位负责人是施工作业的安全管理第一责任人,子公司相关责任单位要履行相应的安全督查职责,不得代替施工方指挥其作业。涉及交叉作业或需公司配合作业的,要指定专人在现场协调,确保施工安全。

(四)处罚

1. 公司安全管理部门和相关责任部门要对外委施工作业现场开展安全监管与督查,对施工单位及作业人员存在违规、违章行为的,由安全管理部门、作业所在区域部门或合同签订部门按照《外委施工违规、违章处罚标准》(表4-10)的规定,对施工单位下达处罚通知单,交财务部门进行处罚。

表 4-10　外委施工单位违规、违章处罚标准

序号	违章事项	处罚金额(元)
1	生产现场安全帽下颌带未扣	100
2	进入生产现场不戴安全帽	200
3	进厂车辆未遵守厂区交通规则,超载、超速行驶	200
4	非作业车辆(或人员)进入生产区域(或警戒区域)	200
5	未做好现场清理工作,工作现场乱堆物件	200
6	在禁止烟火区域吸烟	500
7	临水作业未穿救生衣	500
8	高空作业不系(或未扣好)安全带	500
9	使用不合格的登高用具(包括梯子)或不符合要求的脚手架	500
10	高空交叉作业无隔离措施	500
11	危险区域未做安全防护措施	500
12	危险作业场所未按要求设置警戒隔离	500
13	组织或带领非施工人员进入现场参与作业	500
14	使用磨光机、砂轮机、切割机未戴防护眼镜	500

续表

序号	违章事项	处罚金额(元)
15	使用无防护罩的磨光机、砂轮机、切割机	500
16	氧气、乙炔瓶现场不按规范摆放或割具使用不规范	500
17	电焊、气割作业时不按要求使用防护用具	500
18	现场施工临时用电未经审批或超期限	500
19	未经业主方同意私自乱接乱拉水、电、气	500
20	未经许可擅自动用配电箱电源	500
21	施工现场临时用电未按要求采用三相五线制,未安装漏电保护器,电源线路架空绝缘不到位、走线不规范	500
22	使用无插头(电线直接插入插座)、插头插座破损、电线或电缆接头泡在水里的临时用电	500
23	现场使用禁用的照明灯具、破损灯具,照明安全电压不符合要求	500
24	擅自动用运行设备、防护设施、机动车辆	500
25	擅自拆除安全设施	1000
26	跨越转动设备、输送皮带	1000
27	违章指挥,野蛮作业	1000
28	高空作业时传递工具不用绳子扎牢或抛扔工具	1000
29	未经许可进入配电室、厂房等禁入房间或区域	1000
30	未经甲方同意擅自改变施工方案	1000
31	施工方案、施工应急救援预案、施工单位相关资质材料、作业人员相关证件未交业主单位留存备案	1000
32	作业现场不接受安全管理,对违章行为或存在事故隐患拒不整改	1000
33	墙体砌砖、外墙抹灰、粉刷未规范设置安全网	1000
34	现场楼梯口、电梯井口、预留洞口、通道口、挖(冲)孔桩井口、深基坑等,未规范设置安全防护	1000
35	现场坑、孔、洞、沟、高处平台未进行安全防护或设置设施不安全	1000
36	起重设备未检验合格或安全防护装置、保护装置损坏	1000
37	起重作业违反"十不吊"规定	1000
38	起重设备开展吊篮载人作业	1000
39	起重作业未设专人指挥与监护	1000
40	需警戒区域未设置警戒线(或警戒设施)	1000
41	有限空间、禁火区动火等危险作业未办理危险作业分级审批或未落实好安全防范措施	2000
42	发生一次火警(不包括发生火灾事故)	2000
43	未对相关设备设施办理停送电手续	2000
44	危险作业现场未安排专人监护或擅自离开	2000
45	现场拆除工程、高空抛物及楼面施工垃圾清扫等,现场无专人监护指挥,以及地面未进行警戒	2000
46	现场发现酒后作业人员:严重者罚2000元,重者罚1000元,轻者罚500元	500～2000
47	安排未经安全教育培训人员开展施工作业	2000
48	安排无特种作业证人员开展特种作业	2000

2. 对施工单位拒不接受处罚或施工作业现场违规、违章拒不改进,存在较大安全风险的,子公司要按照合同约定,停止其施工作业。

3. 外委单位在施工中造成人员伤亡及以上事故的,要及时上报股份公司,督促外委单位按规定及时上报相关政府部门,积极配合相关部门对外委单位生产安全事故开展调查工作,对该外委单位按合同或协议进行处罚,并列入公司黑名单。

第五章 矿山安全管理

第一节 矿山基本概念及常用术语

一、我国露天开采技术的现状及发展方向

目前,我国铁矿石约 75% 是用露天开采的,有色金属矿山露天开采的约占 50%,而冶金辅助原料矿山和建筑材料矿山全部采用露天开采。近年来,国外露天开采的比例也在增加,如美国,铁矿石露天开采占 90%,有色金属矿露天开采占 88%。

我国现有生产露天矿采用的开采程序都比较单一,主要采用缓工作帮、全境界开采方式。铁矿和煤矿绝大多数采用工作线呈平行走向分布、垂直走向推进的纵向开采方式,少数露天铁矿采用工作线沿走向推进、横向开采方式;有色矿山采用部分纵向开采、部分横向开采方式;少数金属露天矿采用分期开采和分区开采。

露天矿开拓的核心问题是运输方式。目前采用的开拓方法主要有铁路运输、公路运输、铁路与公路联合运输、平硐溜井、汽车箕斗联合运输、汽车破碎机带式输送机运输等。

穿孔是坚硬矿岩露天矿的主要生产环节之一。目前我国金属矿山主要采用孔径 250 mm 的牙轮钻和孔径 200 mm 的潜孔钻,部分矿山使用孔径 310 mm 的牙轮钻和孔径 250 mm 的潜孔钻。在矿岩硬度比较大的露天矿,有用牙轮钻更新现有潜孔钻的趋势。

在我国露天开采的铁矿石、有色金属矿石和冶金辅助原料矿石的发展较快,化工及建材系统多数属中小型露天矿。近年来,我国露天矿在爆破技术和新型炸药研制方面取得较大进展。在爆破技术方面推广应用大区微差爆破、压碴爆破、减震爆破和光面爆破。在露天矿基建剥离时,成功地进行了万吨级大爆破和数十次百吨级和千吨级的大爆破,掌握了在各种复杂条件下进行松动爆破、抛掷爆破及定向爆破的技术。在炸药加工方面,成功研制出了多种铵油炸药、多孔粒状铵油炸药、乳化炸药和防水浆状炸药。

我国大、中、小型露天矿一般采用 $1\sim4.6$ m³ 挖掘机进行采装。这种挖掘机对大型露天矿来说,规格小,效率低,全年效率一般为 100 万~120 万 t。目前少数大型露天矿采用 6 m³ 和 7.6 m³ 挖掘机装载,全年效率可达 400 万 t 左右。

汽车运输一般使用载重 20~40 t 级的自卸汽车,少数矿山使用了 100 t 级的电动轮汽车,极个别矿山还引进了 170 t 的载重汽车。

我国今后露天开采技术的发展方向是开采规模大型化、工艺设备大型化、工艺连续化和半连续化、开拓方式多样化和强化开采,并且扩大电子计算机、系统工程等学科在露天矿设计、规划和生产中的应用,便于选择最优方案,并使生产管理现代化。

二、石灰岩知识

石灰岩又简称灰岩,是以方解石为主要成分的碳酸盐岩,有时含有白云石、黏土矿物和碎屑矿物,有灰、灰白、灰黑、黄、浅红、褐红等色,硬度一般不大,与稀盐酸产生剧烈的化学反应,属于

沉积岩,是水成岩的一种。石灰岩主要是在浅海的环境下形成的,属于生物性沉积形成,其主要是由海洋生物的尸体沉降累积,加上来自陆地的动植物腐物残渣与泥沙一起在河床或海床上沉积压实后经地质变化形成。

1. 石灰岩组成结构

石灰岩的矿物成分主要为方解石,伴有白云石、菱镁矿和其他碳酸盐矿物,还混有一些其他矿物,比如石英、石髓、蛋白石、硅酸铝、硫铁矿、黄铁矿、水针铁矿、海绿石等。此外,个别类型的石灰岩中还有煤、地沥青等有机质和石膏、硬石膏等硫酸盐,以及磷和钙的化合物,碱金属化合物以及锶、钡、锰、钛、氟等化合物,但含量很低。石灰岩的主要化学成分是 $CaCO_3$,易溶蚀,故在石灰岩地区多形成石林和溶洞,称为喀斯特地形。

石灰岩的结构较为复杂,有碎屑结构和晶粒结构两种,其中碎屑结构多由颗粒、泥晶基质和亮晶胶结物构成,晶粒结构是由化学及生物化学作用沉淀而成的晶体颗粒。

2. 石灰岩分类

石灰岩按其沉积地区可分为海相沉积岩和陆相沉积岩,以海相沉积岩为多。

石灰岩按其形成类型可分为生物沉积岩、化学沉积岩和次生沉积岩三种类型。

石灰岩按矿石中所含成分不同可分为硅质石灰岩、黏土质石灰岩和白云质石灰岩三种。

石灰岩按结构构造可分为竹叶状灰岩、鲕粒状灰岩、团块状灰岩等。

3. 石灰岩特征

(1)石灰岩是冶金、建材、化工、轻工、建筑、农业及其他特殊工业部门的重要工业原料。

(2)石灰岩具有岩性均一,易于开采加工,且分布相当广泛,是一种用途很广的建筑石料。

(3)石灰岩具有良好的加工性、不透气性、隔音性和很好的胶结性能,可深加工应用,是优异的建筑装饰材料。

(4)石灰岩产地广泛,具有灰、灰白、灰黑、黄、浅红、褐红等颜色且色泽纹理颇丰,也是良好的装饰性物品。

(5)石灰岩的质地细密,加工适应性高,硬度不高,有良好的雕刻性能,易制作小型架上雕刻,较适宜初学雕刻者选用,石灰岩具有易溶蚀,不宜用作户外的雕刻。

三、矿山的概念及其分类

(一)矿山的基本概念定义

矿山是指开采矿石或生产矿物原料的场所。一般包括一个或几个露天采场、地下矿山和坑口,以及保证生产所需的各种附属设施。

(二)矿山的分类

1. 根据矿种可分为煤矿和金属非金属矿山。

(1)煤矿是人类在开掘富含有煤炭的地质层时所挖掘的合理空间,通常包括巷道、井硐和采掘面等。

(2)金属非金属矿山是指除煤矿、煤系硫铁矿以及与煤共生、伴生矿山、石油矿山以外的所有矿山。我国的金属非金属矿山(含尾矿库)数量现有近 10 万座,其中小型矿山的比例高达 95%。

2. 根据开采方式可分为露天矿山和地下矿山及两者联合开采矿山。

(1)金属非金属露天矿山是在地表开挖区通过剥离围岩、表土或砾石,采出供建筑业、工业或加工业用的金属或非金属矿物的采矿场及其附属设施。

根据露天开采所使用的采掘工具和采运设备的不同,又分为机械、人工、水力和挖掘船四种开采方式。

(2)金属非金属露天矿山是以平硐、斜井、斜坡道、竖井等作为出入口,深入地表以下,采出供建筑业、工业或加工业用的金属或非金属矿物的采矿场及其附属设施。

3.按规模可分为大型、中型和小型矿山。

根据国家有关规定,石灰岩大型、中型、小型矿山划分标准如下:

矿种类别	量单位/年	大型	中型	小型
石灰岩	矿石万吨	≥100	50～100	<50

四、露天开采的基本概念及术语

(一)露天矿山开采的基本概念

1.露天矿山

(1)定义

露天矿山指在地表直接进行剥离和采矿的工作场所,通常是指埋藏不深或露在地表的矿床。

(2)分类

① 按照开采工艺分为机械和水力冲两类开采方式。目前,机械开采被广泛用于各类露天矿山开采。

② 露天矿山按照地形和矿床埋藏条件分为山坡露天矿和凹陷露天矿。山坡露天矿是指在地表封闭圈以上进行露天开采的场所;凹陷露天矿是指在地表封闭圈以下进行露天开采的场所。随着我国露天矿山开采年限的增加,露天矿山逐步由山坡露天转入凹陷露天开采。

2.露天开采

(1)露天开采,又称为露天采矿,是指直接从地表揭露出煤炭或其他矿产并将其采出的作业。开采形成的平台、采坑和露天沟道的总和称作露天矿场。

(2)露天采场,是指具有完整的生产系统、进行露天开采的场所。

(3)剥离物,是指露天采场内的表土、岩层和不可采矿体。

随着我国露天开采技术的发展和大型采、装、运设备和信息化技术在露天矿山的推广应用,露天矿山的机械化、自动化水平越来越高,开采规模越来越大。

露天开采与地下开采相比,优点是资源能够全部充分利用,回采率高,贫化率较低,且适于用大型机械施工,建矿周期短,产能大,劳动生产效率高,成本低,劳动条件好,生产安全可靠等。缺点是剥离量大,占土多,地表易被破坏,环境受到污染,受气候影响较大,开采范围受限等。

(二)露天矿台阶的构成要素

1.台阶:露天开采时,按剥离、采矿或排土作业的要求,以一定高度划分的阶梯,每个阶梯就是一个台阶,或称为平盘,平盘又称平台,是指台阶的水平部分。

2.台阶组成要素:主要由上部平台、下部平台、坡面、坡顶线、坡面角和台阶高度构成(图5-1)。

(1)台阶上部平台:是台阶上部的水平面(图5-1中的1)。

(2)台阶下部平台:是台阶下部的水平面(图5-1中的2)。

(3)台阶坡面:台阶上、下平台之间的倾斜面(图5-1中的3)。

(4)台阶坡顶线:台阶上部平盘与台阶坡面的交线(图5-1中的4)。

(5)台阶坡底线:台阶下部平盘与台阶坡面的交线(图5-1中的5)。

(6)台阶坡面角:台阶坡面与水平面的夹角 α(图5-1中的 α)。

(7)台阶高度(h):台阶上部平台和下部平台之间的垂直距离(图5-1中的 h)。

(8)台阶端面:与工作线呈垂直方向的台阶坡面。

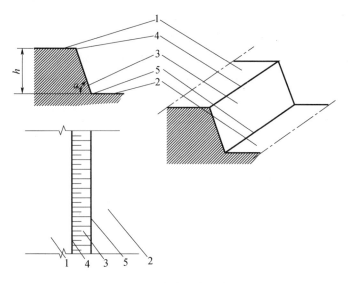

图 5-1 台阶组成要素

1. 上部平台；2. 下部平台；3. 坡面；4. 坡顶线；5. 坡底线；α——坡面角；h——台阶高度

3. 台阶命名：通常是以该台阶的下部平台(作业设备设施站立平台)的标高表示，故常把台阶称作某平台，如图 5-2 所示。

(三)露天矿场的要素

露天矿场由台阶、边坡和开采境界等要素组成，如图 5-3 所示。

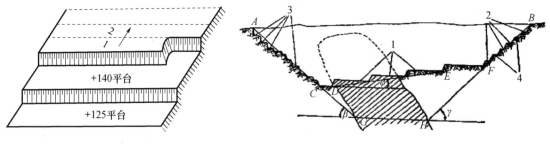

图 5-2 台阶的开采和命名　　　　图 5-3 露天矿场的要素

1. 露天矿山开采境界：露天采场开采结束时的空间轮廓。

2. 地表境界线(禁止使用上部境界)：露天采场最终边帮与地表的交线(图 5-3 中的 AB)。

3. 底部境界线(禁止使用下部境界)：露天采场最终边帮与其底面的交线(图 5-3 中的 GH)。

4. 露天采场底面：露天采场的底部表面(禁止使用采场底、坑底)。

5. 开采高度：山坡露天采场内开采水平最高点至露天采场底面的垂直高度。

6. 开采深度：凹陷露天采场内开采水平最高点至露天采场底面的垂直深度。

7. 采掘带：台阶上按顺序采掘的条带。

8. 露天采场边帮(允许使用边帮，禁止使用边坡)：露天采场由台阶、倾斜坑线的坡面和平台限定的表面总体及邻近岩体。

9. 工作帮：由正在开采的台阶组成的边帮。工作帮的水平部分叫工作平台。即台阶构成的要素中的上部平台和下部平台，它是设备设施进行穿孔、爆破、铲装和运输工作的场所。

10. 非工作帮：由已结束开采的台阶部分组成的边帮(图 5-3 中的 AC、BF)。露天矿山的下部水平 CD 叫露天矿的底盘。

11. 最终边帮:露天采场开采结束时的边坡。

12. 底帮:位于露天采场矿体底板一侧的边帮。

13. 顶帮:位于露天采场矿体顶板一侧的边帮。

14. 端帮:位于露天采场端部的边帮。

15. 非工作帮坡面(最终帮坡面):通过非工作帮最上台阶坡底线与最下台阶坡底线形成的假想面(图 5-3 中的 AG、BH)。该帮坡面代表露天矿场边帮的最终位置。

16. 最终帮坡角(禁止使用最终边坡角):最终帮坡面与水平面的夹角。

17. 工作帮坡面:通过工作帮最上台阶坡底线与最下台阶坡底线形成的假想面(图 5-3 中的 DE)。

18. 工作边坡角:工作边坡与水平面的夹角,一般为 $8°\sim12°$,不宜超过 $15°\sim18°$。

19. 工作帮帮坡角(禁止使用工作帮边坡角):工作帮坡面与水平面的夹角(图 5-3 中的 β、γ)。最终边坡角和工作帮帮坡角大小直接影响露天开采境界和露天矿的生产能力,因此,无论是在露天矿设计还是在生产中都具有十分重要的意义。

20. 非工作帮帮坡角(禁止使用非工作帮边坡角):非工作帮坡面与水平面的夹角。

21. 露天矿场的最终深度:上部最终境界线与下部最终境界线所在水平的垂直距离。

按用途可以将非工作帮上的平台(平盘)分为安全平台、运输平台、清扫平台和工作平台四种,如图 5-3 所示。

1. 安全平台(允许使用安全平台,禁止使用保安平台):非工作帮上为保持帮坡稳定和阻挡落石而设的平台(图 5-3 中的 2)。安全平台起到减缓最终帮坡角的作用,确保最终边帮的稳定性和下部水平的工作安全。安全平台宽度一般为平台高度的 1/3。

2. 运输平台(允许使用运输平台):非工作帮上用于铺设运输线路的平台(图 5-3 中的 3)。运输平台通常设在与出入沟同侧的非工作帮和帮沟上,其宽度由采用的运输方式和道路线路数目共同决定。

3. 清扫平台(允许使用清扫平台):非工作帮上为清除落石而设的平台(图 5-3 中的 4)。一般情况下每间隔 2 个平台设一个清扫平台,其宽度由使用的清扫设备来决定。如平台上同时增设了排水沟,应按照规定设置排水沟。目前在我国露天大型矿清扫平台宽度设置为 $7\sim10$ m。

4. 工作平台:进行采掘和运输作业的平台(图 5-3 中的 1)。

(四)露天矿剥采比

剥采比是衡量露天开采经济效果的重要指标,也是露天矿山一个重要参数,是剥离量与有用矿物量之比值,即采出一吨所需要的矿石与所需剥离的岩石量之比,其单位可以用 t/t、m^3/m^3、t/m^3 表示。露天矿设计和生产中常用的剥采比如下。

1. 平均剥采比:露天开采境界内剥离物总量与有用矿物总量之比值,如图 5-4(a)所示。

2. 分层剥采比:露天开采境界内某一水平分层的剥离量与有用矿物量之比,如图 5-4(b)所示。

3. 生产剥采比:在一定生产期内从露天采场采出的剥离量与有用矿物量之比值,如图 5-4(c)所示。

4. 境界剥采比:露天采场境界扩大一定深度或宽度所增加的剥离量与有用矿物量之比值,如图 5-4(d)所示。

5. 经济剥采比:在一定技术经济条件下,露天开采经济上合理的极限剥采比,如图 5-4(e)所示。

(五)露天矿山开采方式

露天矿山开采目前可分为机械化、水力、人工、挖掘四种开采方式。

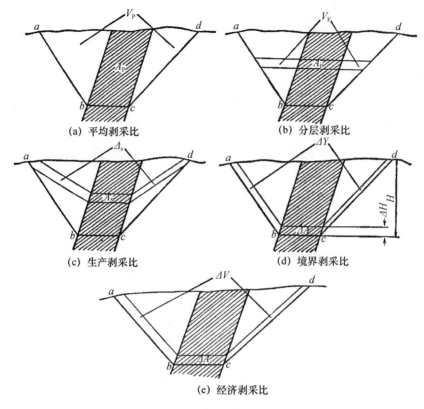

图 5-4　露天矿剥采比

目前,石灰石露天矿山开采均已实现了机械化开采,即使用采掘运输等设备,在露天的区域开采所需矿石的工作,为得到需要的矿石,将矿石周围的覆盖物及岩石剥掉,并通过车辆、皮带或地下巷道等方式把所需矿石运到地面。在露天采场内采出剥离物的作业过程,称为剥离。露天采场内采出矿产的作业过程,称为采矿。

(六)露天开采工艺

开采工艺环节是指露天开采中矿岩的松碎、采装、移运和排卸等主要作业环节。

露天开采工艺按作业的连续性,可分为间断式、连续式和半连续式三种:①间断开采工艺是指采装、移运和排卸作业均用周期式设备形成不连续物料流的开采工艺。②连续开采工艺是指采装、移运和排卸作业用连续式设备形成连续物料流的开采工艺。③半连续开采工艺是指部分环节是间断的、部分环节是连续的开采工艺。

开采工艺系统(允许使用生产工艺)是指组成开采工艺环节的机械设备和作业方法的总称。

露天矿山的主要生产系统有穿孔、爆破系统,铲装、开拓和运输系统,防水和排水系统及破碎、机修、汽修、供电、炸药库等生产车间。

五、露天矿山主要安全问题与基本要求

(一)露天矿山主要安全问题

1. 穿孔过程中的安全问题

钻机在穿凿排孔作业、平台边缘行走时,由于恶劣天气或平台边缘局部失稳可引发各种安全事故,如夜间穿凿排孔作业可能导致钻机侧翻事故,钻机穿孔作业时台阶局部失稳导致钻机侧翻,钻机在平台边缘行走时可能导致车辆滑跌至下部平台等。

2. 爆破过程中的安全问题

爆破作业过程中因不按照爆破设计施工、爆破网络错联、漏联等不安全行为及存在大块二次

爆破等可能造成各类伤害事故,如早爆和爆破警戒不到位、爆破飞石、爆破烟尘等因素对人或设备设施产生危害,存在盲炮、哑炮时处理不当可引发爆破事故。

3. 铲装过程中的安全问题

在铲装作业、推土机行走作业时,由于不按照有关规定要求操作可导致各类生产安全事故,例如,同一作业平台内存在两台铲装设备作业、铲装作业时存在车辆抢装、铲装时车辆驾驶人员擅自离开驾驶室、上下两个平台存在铲装设备同时作业以及铲装作业台段存在岩块悬浮、高架头或存在盲炮等不安全因素造成伤害事故。

4. 运输过程中的安全问题

矿车运输作业时,因刹车制动失灵、人员疲劳驾驶、超速行驶、两车距离保持不当、夜间照明不良、路况不好、雨雾天气行车车速控制不当等均可导致车辆事故;采用皮带运输的矿山,由于皮带自身保护罩安装不当或失效、人员违规清理皮带积料等可能造成伤害事故。

5. 用电过程中的安全问题

在使用露天矿山移动电源设备漏电或破碎区域各种电机及设备的保护接地失灵、各类电气设备在检维修时未规范办理通电手续、上锁挂牌,导致电气伤害事故。

6. 边坡稳定及防排水的安全问题

露天矿山高陡边坡存在滚石、塌方、滑坡,因排查治理不及时,可能对矿山生产、机械设备、人身安全带来极大危害;凹陷露天矿山因排水设备损坏,突发暴雨可能造成采场受淹。

7. 台段构成的安全问题

露天矿山台段构成要素在设计和生产过程中设置不恰当,极易导致边坡稳定性问题,容易造成伤害事故。因此,露天矿山台段的高度、工作台段坡面角、非工作台段的最终坡面角和最小工作平台宽度等应严格执行国家有关规定及设计标准要求。

8. 检维修过程中的安全问题

露天矿山检维修车辆、铲装设备或破碎机维修期间,未严格按照有关要求作业,容易造成物体打击、机械伤害等事故。

(二)露天矿山安全的基本要求

1. 应遵守国家有关安全生产的法律、法规、规章、规程、标准和技术规范;按照国家有关规定,建立健全各级领导安全生产责任制、职能机构安全生产责任制和岗位人员安全生产责任制、建立健全安全活动日制度、安全目标管理制度、安全奖惩制度、安全技术审批制度、危险源监控和安全隐患排查制度、安全检查制度、安全教育培训制度、安全办公会议制度等,严格执行值班制和交接班制等。

2. 依法设置安全管理机构,配置安全管理人员。专职安全生产管理人员,应由不低于中等专业学校毕业(或具有同等学力)、具有必要的安全生产专业知识和安全生产工作经验、从事矿山专业工作 5 年以上并能适应现场工作环境的人员担任。

3. 对"三项岗位"人员按规定进行教育、培训与考核;为作业人员配备符合国家标准或行业标准要求的劳动防护用品。

4. 按国家规定提取和使用安全技术措施专项费用。该费用应全部用于改善矿山安全生产条件,不应挪作他用。

5. 制定科学合理的采矿方法,且开采的顺序应科学、合理,并符合国家规定。

6. 穿孔、爆破、铲装、运输、破碎等环节的安全防护和信号装置应齐全完整有效。

7. 爆破警戒范围以及处理盲炮、哑炮等应符合《爆破安全规程》有关规定,采场应设置安全可靠的避炮设施。

8. 矿山应设置防排水、防尘、供水等系统；应优先采用湿式作业，产尘点和产尘设备应采取综合防尘技术措施。

9. 供电、照明、通信系统尤其是炸药库的避雷装置应安全可靠。

10. 应按规定选择铲装设备、电气仪表，其安装和保护装置要符合要求且安全可靠。

11. 需要处理尾矿和排土的矿山，应按照要求设置尾矿库和排土场。

12. 应按国家有关规定，建立由专职或兼职人员组成的事故应急救援组织，配备必要的应急救援器材和设备，制定事故应急救援预案并定期组织演练。

13. 对开采中存在的粉尘、噪声、振动、有毒有害物质要有预防措施。

14. 露天矿山的地形地质和水文地质图及有关图纸等技术资料要齐全，并符合设计要求。

15. 工作帮和非工作帮的边坡角、平台高度、平台宽度及台阶坡面角应符合国家有关规定，并采取有效的防范边坡滑坡措施。

16. 发生生产安全事故时，主要负责人应立即组织抢救，采取有效措施迅速处理，并及时分析原因，认真总结经验教训，提出防止同类事故发生的措施。事故发生后，应按国家有关规定及时、如实报告。

第二节　露天矿山开拓及安全管理

一、露天矿山开拓

(一)露天矿山开拓定义

露天矿床开拓是指建立地表至露天采场各平台的运输通道，以保证露天矿场的生产运输。

(二)露天矿山开拓方式及运输方式

1. 露天矿山开拓方式

露天矿山开拓所涉及两大对象为运输设备与运输通道。开拓方式的选择对矿山基建周期、工程量、达产时间、矿山生产能力、矿石损耗和贫化、生产成本等重要指标均具有直接的影响。开拓方式一旦确定形成，不宜改变，否则会产生较大影响，造成严重的经济损失。

2. 露天矿山开拓运输方式

目前，我国露天矿山开拓运输方式主要可以分为公路运输开拓、铁路运输开拓、公路-铁路联合运输开拓、公路-斜坡提升联合运输开拓、公路-平硐溜井联合运输开拓、公路-破碎站-胶带机联合运输开拓、自溜-斜坡卷扬提升运输开拓7种。露天矿山7种开拓运输方式的优缺点如表5-1所示。

表5-1　露天矿山7种开拓运输方式的优缺点

序号	运输方式	优点	缺点	备注
1	公路运输开拓	沟道坡度较铁路运输时大、展线短、掘沟工程量小，汽车运输灵活，沟道布置可适应各种地形条件	运费比较高且受运距限制	
2	铁路运输开拓	运营相对费用低，运量大，设备坚固耐用	展线长，掘沟工程量大，新水平准备周期长，工作帮推进速度慢，灵活性较差。在凹陷露天矿用折返沟道开拓时，随开采深度下降，列车在折返站停车换向次数增加，影响运输效率	

续表

序号	运输方式	优点	缺点	备注
3	公路-铁路联合运输开拓	综合了公路运输和铁路运输的优点	/	
4	公路-斜坡提升联合运输开拓	用斜坡矿车组时,设备简单;修筑斜坡道工程量少,基建时间短,易投资;用斜坡箕斗时,斜坡道倾角大于串车提升的倾角,运距短,运输设备少;提升量大,设备维修方便;比矿车组提升省电	需人工摘挂钩,存在安全隐患,劳动强度大,劳动生产率低;运物环节多,矿岩须经转载,要设置装载栈桥	
5	公路-平硐溜井联合运输开拓	利用矿岩自重向下溜放,可减少运输设备和运输线路工程量;可缩短运距,使矿石生产成本降低,经济效果好	溜井平硐基建周期长、工程量大	
6	公路-破碎站-胶带机联合运输开拓	生产能力大;能克服较大的地形高差;矿岩运费低于单一汽车运输的运费	/	
7	自溜-斜坡卷扬提升运输开拓	设备简单,基建周期短,工程量小,投资少,投产快	劳动生产率低、运矿量少	

目前,水泥企业矿山的开拓运输主要为公路-破碎站-胶带机联合运输开拓,部分矿山可能采用了公路-平硐溜井联合运输开拓。

(三)露天矿的开采程序及安全问题

露天矿的开采程序是指露天采场内剥采工程在时间和空间上的发展顺序。

露天矿开采程序可分为以下两类:

1. 分区开采,是指露天采场划分为若干个区段,按一定的顺序进行的开采。

2. 分期开采,是指露天采场在整个开采期间内,按开采深度、开采工艺、规模、剥采比等划分为不同开采阶段进行的开采。

分期开采应注意的安全事项如下:

(1)安全平台宽度应不小于 15 m。

(2)采用陡帮扩帮作业时,每隔 60~90 m 高度,应布置一个宽度不小于 20 m 的接滚石平台。

(3)陡帮开采工艺的作业台阶,不应采用平行台阶的排间起爆方式,宜采用横向起爆方式。

(4)爆区最后一排炮孔,孔位应成直线,并控制炮孔装药量,以利于下一循环形成规整的临时非工作台阶。

(5)在爆区边缘部位形成台阶坡面处进行铲装时,应严格按计划线铲装,以保证下一循环形成规整的临时非工作台阶。

(6)爆破作业后,在陡帮开采作业区的坑线上和临时非工作台阶的运输通道上,应及时处理爆碴中的危险石块,汽车不应在未经处理的线路上运行;上部采剥区段在第一采掘带作业时,下部临时帮上运输线不应有运输设备通过。

(7)临时非工作台阶作运输通道时,其上部临时非工作平台的宽度应大于该台阶爆破的旁冲距离。

(8)临时非工作台阶不作运输通道时,其宽度应能截住上一台阶爆破的滚石。

(9)组合台阶作业区之间或组合台阶与采场下部作业区之间,应在空间上错开,两个相邻的组合台阶不应同时进行爆破;作业区超过 300 m 时,应按设计规定执行。

二、穿孔作业及安全管理

露天矿山开采的第一道工序是穿孔作业,穿孔费用占生产总费用的比例可以达到 10%~15%。穿孔作业好坏对矿山的爆破、铲装和运输、破碎等工作均有着直接影响。

目前,我国露天开采中使用最为常见的穿孔设备主要有牙轮钻(机)、潜孔钻(机)、凿岩台车三种,其中,牙轮钻使用最为广泛,凿岩台车只有在某些特定条件下才用。

(一)穿孔设备

1. 牙轮钻机

牙轮钻机即一种钻孔设备,多用于大型露天矿山,以钻孔孔径大、穿孔效率高等优点成为大、中型露天矿目前普遍使用的穿孔设备。我国目前定型生产和使用主要有 KY 和 YZ 两大系列的 12 种型号。在选用牙轮钻机时,大型、特大型露天矿一般选用孔径 310~380 mm 的牙轮钻,中型露天矿一般选用孔径 250 mm 的牙轮钻。

牙轮钻的穿孔原理:牙轮钻机钻孔时,依靠加压、回转机构通过钻杆,对钻头提供足够大的轴压力和回转扭矩,牙轮钻头在岩石上同时钻进和回转,对岩石产生静压力和冲击动压力作用。牙轮在孔底滚动中连续地挤压、切削冲击破碎岩石,有一定压力和流量流速的压缩空气经钻杆内腔从钻头喷嘴喷出,将岩渣从孔底沿钻杆和孔壁的环形空间不断地吹至孔外,直至形成所需孔深的钻孔。

2. 潜孔钻机

潜孔钻机一般是由回转机构、升降机构、推压机构、支承机构和冲击机构等部分组成。具有机动灵活、设备重量较轻、价格低、穿孔角度变化范围大等优点。但穿孔效率不如牙轮钻机。我国已定性生产 KQ-150、KQ-200、KQ-250 型潜孔钻机,孔径 150~200 mm 潜孔钻机一般用于中小型露天矿,孔径 250 mm 潜孔钻机一般用于大中型露天矿。潜孔钻机因机构简单,穿孔速度较快,设备价格较低,在我国中小型露天矿山的使用,目前占绝对优势,而且有继续发展下去的态势。

潜孔钻机的穿孔原理是把冲击器和钻头潜入孔底的一种凿岩方式。随着孔深的增加,冲击器和钻头也随之向孔底推进,钻进过程中,在安装于机架上的回转机构带动下,使冲击器和钻头连续回转,与此同时,压气由供风接头进入钻杆,推动冲击器活塞反复冲击钻头,将岩体破碎成孔,并用压气和从冲击器排出的废气,将凿下的岩粉从孔底沿着孔壁吹至地面。

(二)穿孔作业安全管理

1. 钻机操作人员应了解钻机性能,熟练掌握操作要点并严格落实钻机安全操作规程。

2. 钻机稳车时,应与台阶坡顶线保持足够的安全距离。千斤顶中心至台阶坡顶线的最小距离:台车为 1 m,牙轮钻、潜孔钻、钢绳冲击钻机为 2.5 m,松软岩体为 3.5 m。千斤顶下不应垫块石,并确保台阶坡面的稳定。

3. 钻机作业时,其平台上不应有人,非操作人员不应在其周围停留。

4. 钻机与下部台阶接近坡底线的铲装设备不应同时作业。钻机长时间停机,应切断机上电源。

5. 穿凿头排孔时,钻机的中轴线与台阶坡顶线的夹角应不小于 45°。夜间严禁穿凿头排孔。

6. 钻机靠近台阶边缘行走时,应检查行走路线是否安全;台车外侧突出部分至台阶坡顶线的最小距离为 2 m,牙轮钻、潜孔钻和钢绳冲击式钻机外侧突出部分至台阶坡顶线的最小距离为 3 m。

7. 钻机移动时,机下应有人引导和监护。钻机不宜在坡度超过 15°的坡面上行走;如果坡度超过 15°,应放下钻架,由专人指挥,并采取防倾覆措施。

8. 行走时,司机应先鸣笛,履带前后不应有人;不应 90°急转弯或在松软地面行走;通过高、低压线路时,应保持足够安全距离。钻机不应长时间在斜坡道上停留;没有充分的照明,夜间不应远距离行走。起落钻架时,非操作人员不应在危险范围内停留。

9. 打雷、暴雨、大雪或大风天气,不应上钻架顶作业。不应双层作业。高空作业时,应系好安全带。

10. 挖掘台阶爆堆的最后一个采掘带时,相对于挖掘机作业范围内的爆堆台阶面上、相当于第一排孔位地带,不应有钻机作业或停留。

三、爆破作业及安全管理

爆破作业是露天矿山开采工作的又一重要工序,其目的是为采装、运输和破碎提供矿岩。矿山爆破费用一般占矿石总成本的 15%～20%。因此,爆破工作的好坏,不但直接影响采装,运输和粗破碎的设备效率,而且影响矿山总成本。

(一)露天开采使用的爆破器材

1. 露天开采使用的爆破器材主要包括炸药和起爆器材。

(1)炸药:在一定的条件下,能够发生快速化学反应,释放大量热量,产生大量气体,因而对周围介质产生强烈的机械作用,呈现所谓爆炸效应的化合物或混合物。炸药一般有硝酸铵类炸药、水胶炸药、硝化甘油炸药和乳胶炸药。其中硝酸铵类炸药是我国矿山最广泛使用的工业炸药。硝酸铵类炸药曾称"硝安炸药"或"硝铵炸药",是以硝酸铵为主加有可燃剂或再加敏化剂(硝化甘油除外),可用雷管起爆的混合炸药。该炸药的特点是氧平衡接近于零,有毒气体产生量受到严格限制。硝酸铵炸药均为粉状,用纸包装加工成圆柱形药卷,外涂一层石蜡防水。硝酸铵炸药的储存期为 4～6 个月。

(2)起爆器材:可分为起爆材料和传爆材料两大类。雷管是爆破工程的主要起爆材料,导火线、导爆管属于传爆材料,继爆管、导爆线既可起起爆作用,又可起传爆作用,是两者的综合。

2. 爆破材料的安全管理

(1)爆破材料的储存。为防止爆破器材变质、自燃、爆炸、被盗以及有利于收发和管理,《爆破安全规程》规定,爆破器材必须存放在爆破器材库里。爆破器材库由专门存放爆破器材的主要建构筑物和爆破器材的发放、管理、防护和办公等辅助设施组成。爆破器材库按其作用及性质分总库、分库和发放站;按其服务年限分为永久性库和临时性库两大类;按其所处位置分为地面库、永久性硐室库和井下爆破器材库等。

(2)爆破材料的运输。爆破器材运输过程中的主要安全要求是防火、防震、防潮、防冻和防殉爆。爆破材料的运输包括地面运输到用户单位或爆破材料库,以及把爆破材料运输到爆破现场。运输爆破器材时,必须遵守有关规定。

(二)露天开采中使用的爆破方法

1. 浅眼爆破法:适用于小型矿山、山头或平台局部采掘等。

2. 中深孔爆破:是目前国内广泛采用的用于矿山剥离、采矿、水利等工程的主要爆破方式。在最常用的深孔爆破法中,根据起爆顺序的不同又分为:齐发爆破、秒差迟发爆破和微差爆破等,其中以微差爆破使用最广。

(1)多排孔微差爆破法

国内外的露天开采中广泛使用多排孔微差爆破、多排孔微差挤压爆破等大规模的爆破方法。多排孔微差爆破法是排数 4～6 排或更多的微差爆破,这种爆破方法一次爆破量大,矿岩破碎效果好。常用的微差间隔时间是 25～50 ms。起爆顺序多种多样,常见的有依次逐排爆、斜线起爆、波浪形起爆。

多排孔微差爆破的优点：①一次爆破量大，减少爆破次数和避炮时间，提高采场设备的利用率。②改善矿岩破碎质量，其大块率比单排孔爆破少 40%～50%。③提高穿孔设备效率 10%～15%。④提高采装、运输设备效率 10%～15%。

（2）多排孔微差挤压爆破法

指工作面残留有爆堆情况下的多排孔微差爆破。渣堆的存在，为挤压创造了条件，一方面能延长爆破的有效作用时间，改善炸药能的利用和破碎效果；另一方面，能控制爆堆宽度，避免矿岩飞散。多排孔微差挤压爆破微差间隔时间比普通微差爆破大 30%～50% 为宜，我国露天矿常用 50～100 ms。

相对于多排孔微差爆破而言，多排孔微差挤压爆破的优点：①矿岩破碎效果更好，这主要是由于前面有渣堆阻挡，包括第一排在内的各排钻孔都可以增大装药量，并在渣堆的挤压下充分破碎。②爆堆更集中。对于采用铁路运输的矿山，爆破前可以不拆道，从而提高采装、运输设备效率。

多排孔微差挤压爆破的缺点：①炸药消耗量较大。②工作平台要求更宽，以便容纳渣堆。③爆堆高度较大，可能影响挖掘机作业的安全。

（三）露天开采对爆破工作的基本要求

1. 要有足够的爆破储藏量，露天开采中，为了保证挖掘机连续作业，要求工作面每次爆破的矿岩量，至少能满足挖掘机 5～10 天的采装需要。

2. 要有足够的矿岩块度，爆破后矿岩块度，要小于挖掘机铲斗允许的块度，也要小于破碎机入口允许的块度。

3. 要有完整的爆堆和台阶。爆堆过高，会影响挖掘机安全作业；爆堆过低，挖掘机不易装满铲斗；爆堆前冲过大，不仅增加挖掘事先清理的工作量，而且运输线路也受到妨碍；前冲过小，说明矿岩碎胀不佳，破碎效果不好。因此，爆堆高度及宽度都要适宜，爆破后工作量不允许出现根底，新形成的台阶上都应避免后冲而出现龟裂。

4. 要安全经济，爆破是一种瞬间发生的巨大能量释放现象，安全工作十分重要。除了要注意爆破技术操作的安全外，还要尽量减少爆破震动、空气冲击波及个别飞石对周围的危害。至于爆破的经济合理性，还应从采装、运输等总的经济效果去评价。

（四）爆破工作的安全管理

1. 露天矿爆破作业中存在较多不安全因素，因此从事爆破作业的人员应经过公安部门爆破技术专业培训，持证上岗，并掌握安全操作方法和了解爆破安全规程。

2. 爆破作业的爆破准备、炮孔验收、炸药运输、装药、填孔、起爆和爆后检查等环节都应保证安全生产。

3. 爆破准备工作应事先了解天气情况，不得在黄昏、夜间及雷雨和大雾等恶劣天气情况下进行爆破作业。爆破前做好炮孔检查，有无乱孔、堵孔、卡孔、积水，及时调整设计装药量。

4. 装药车或装药器装药时要有可靠的防静电措施。起爆前，所有人员应撤到安全地点，防止早爆事故造成伤亡。爆破后，按规定的等待时间进入爆破地点检查。检查中发现拒爆药包或对全爆有怀疑时，应设置警戒界并立即处理。

5. 为保证人员、设备和建筑物安全，必须正确确定各项安全距离。

6. 严格按照盲炮处理的各项规定处理盲炮。

四、铲装作业及安全管理

铲装作业是露天矿开采全部生产过程的中心环节。其他工艺过程，如穿孔爆破、运输、破碎、废石排弃等,都是围绕铲装工作展开的。采装工艺及其生产能力在很大程度上决定着露天矿开采方式、技术面貌、开采强度和最终的经济效果。

（一）装载机械

采装工作所用的机械设备有单斗挖掘机、前装机、索斗机、轮斗挖掘机、链斗挖掘机等。金属露天矿由于矿岩比较坚硬,目前国内外露天矿山装载设备均以单斗挖掘机和前装机为主。随着爆破技术和挖掘机制造的进步,大型轮斗式挖掘机在金属矿山的应用发展前景更大。

1. 挖掘机

挖掘机,又称挖掘机械,又称挖土机,是用铲斗挖掘高于或低于承机面的物料,并装入运输车辆或卸至堆料场的土方机械。主要由动力装置、工作装置、回转机构、操纵机构、传动机构、行走机构和辅助设施等部分组成。

按照规模大小的不同,挖掘机可以分为大型挖掘机、中型挖掘机和小型挖掘机。

按照行走方式的不同,挖掘机可分为履带式挖掘机和轮式挖掘机。

按照传动方式的不同,挖掘机可分为液压挖掘机和机械挖掘机。机械挖掘机主要用在一些大型矿山上。

按照用途来分,挖掘机又可以分为通用挖掘机、矿用挖掘机、船用挖掘机、特种挖掘机等不同的类别。

按照铲斗来分,挖掘机又可以分为正铲挖掘机、反铲挖掘机、拉铲挖掘机和抓铲挖掘机。正铲挖掘机多用于挖掘地表以上的物料,反铲挖掘机多用于挖掘地表以下的物料。

挖掘机的主要参数有操作重量、挖掘力、接地比压、履带板、行走速度、牵引力、爬坡能力、提升能力、回转速度、发动机功率、噪声。其中,发动机功率、铲斗容量、操作重量是挖掘机三个重要参数。

2. 前装机

前装机在露天矿可以用作挖掘机装载设备、装载运输设备或者辅助设备。作为装载设备,经常与汽车配套使用。由于轮胎式前装机机动灵活、调动方便,行走速度快,可达 $30\sim40\ km/h$,因此轮胎式前装机在露天矿应用较广。

装载机按行走方式分为轮式和履带;按转向方式分为铰接式和非铰接式;按传动分为机械驱动和静压驱动;按工装可分为铲车、爪车、叉车等。

（二）铲装作业安全管理

1. 挖掘机汽笛或警报器应完好。进行各种操作时,均应发出警告信号。夜间作业时,车下及前后的所有信号、照明灯应完好。

2. 挖掘机作业时,发现悬浮岩块或崩塌征兆、盲炮等情况,应立即停止作业,并将设备开到安全地带。

3. 挖掘机作业时,悬臂和铲斗下面及工作面附近,不应有人停留。

4. 运输设备不应装载过满或装载不均,也不应将巨大岩块装入车的一端,以免引起翻车事故。

5. 装车时铲斗不应压碰汽车车帮,铲斗卸矿高度应不超过 $0.5\ m$,以免震伤司机,砸坏车辆。

6. 不应用挖掘机铲斗处理粘厢车辆。

7. 两台以上的挖掘机在同一平台上作业时,挖掘机的间距:汽车运输时,应不小于其最大挖掘半径的 3 倍,且应不小于 50 m;机车运输时,应不小于二列列车的长度。

8. 上、下台阶同时作业的挖掘机,应沿台阶走向错开一定的距离;在上部台阶边缘安全带进行辅助作业的挖掘机,应超前下部台阶正常作业的挖掘机最大挖掘半径 3 倍的距离,且不小于 50 m。

9. 挖掘机工作时,其平衡装置外形的垂直投影到台阶坡底的水平距离,应不小于 1 m。操作室所处的位置,应使操作人员危险性最小。

10. 挖掘机应在作业平台的稳定范围内行走。挖掘机上下坡时,驱动轴应始终处于下坡方向;铲斗应空载,并下放与地面保持适当距离;悬臂轴线应与行进方向一致。

11. 挖掘机在松软或泥泞的道路上行走,应采取防止沉陷的措施;上下坡时应采取防滑措施。

12. 挖掘机、前装机铲装作业时,铲斗不应从车辆驾驶室上方通过。装车时,汽车司机不应停留在司机室踏板上或有落石危险的地方。

13. 挖掘机运转时,不应调整悬臂架的位置。

(三)推土机作业安全管理

1. 推土机在倾斜工作面上作业时,允许的最大作业坡度,应小于其技术性能所能达到的坡度。

2. 推土机作业时,刮板不应超出平台边缘。推土机距离平台边缘小于 5 m 时,应低速运行。推土机不应后退开向平台边缘。

3. 推土机牵引车辆或其他设备时,应遵守下列规定:①被牵引的车辆或设备,有制动系统,并有人操纵。②推土机的行走速度,不超过 5 km/h。③下坡牵引车辆或设备时,不用缆绳牵引。④应有专人指挥。

4. 推土机发动时,机体下面和近旁不应有人作业或逗留。推土机行走时,人员不应站在推土机上或刮板架上。发动机运转且刮板抬起时,司机不应离开驾驶室。

5. 推土机的检修、润滑和调整,应在平整的地面上进行。检查刮板时,应将其放稳在垫板上,并关闭发动机。任何人均不应在提起的刮板上停留或进行检查。

五、运输作业及安全管理

露天矿运输是露天开采主要工序之一。运输系统的投资占矿山总投资的 40%~60%。运输成本和劳动量分别占矿山总成本和劳动量的一半。由此可见,露天矿运输在露天开采中占有十分重要的地位。

露天矿运输基本任务:一是将采场采出的矿石送到选矿厂、破碎站或储矿场;二是把剥离岩土运送到排土场;三是将生产过程中所需的人员、设备和材料运送到工作地点。

(一)运输方式

1. 公路运输

用汽车将开采的矿石运送到破碎机等地,这种运输方式机动灵活,对地形条件适应性较强;但车辆的运行和维修费用较大。在道路运输方式中,自卸汽车运输在国内外获得了广泛应用,并会有继续发展而取代铁路或其他运输方式的趋势,已经成为露天矿开采技术的主要发展方向,目前绝大多数水泥企业的露天矿山开采均采用此运输方式。

单一的自卸汽车运输只是在一定的条件下使用才能获得最优经济效果,当露天矿开采到深度超过某一限度后,这种运输方式的效果便显得不合理。目前,自卸汽车和皮带运输机联合运输方式,引起了人们的重视,并已推广应用。

露天矿自卸汽车运输的经济效益,在很大程度上取决于矿山运输线路的合理布置、路面的质量与状况。自卸汽车在路面良好的道路上行驶时,可以减少它的滚动阻力,提高运行速度,降低燃料消耗,延长自卸汽车寿命。生产实践证明,适当提高道路和路面标准,不仅提高自卸运输效率,而且有利于降低耗油量、运输成本和延长使用寿命。

2. 自溜运输

在山坡露天矿场,矿石借助自重从溜井或溜槽溜放到地面。在采场内和场面,则应用机动车辆或其他运输设备来进行运输。自溜运输方式不受矿山规模的限制,利用地形高差自重放矿,运营费低,在距地面高差较大、坡度较陡的山坡露天矿场中得到较广泛的应用。

(二)公路运输分类

1. 露天矿运输公路按其性质和所在位置的不同,分为干线、支线、辅助道路三类。

2. 按服务年限,公路又可分为固定公路、半固定公路和临时性公路。

(三)运输工作的安全管理

1. 车辆运输的安全管理要求

矿山运输公路通常具有断面形状复杂、线路坡度大、转弯多、曲线半径小、行驶车辆载重量大、密度高、运输量大和相对服务年限短的特点。因此,要求公路结构简单,并在一定的服务年限内保持相当的坚固性和耐磨性。

露天矿场公路运输所用的车辆一般都选用矿用自卸汽车,其吨位根据矿山的规模等因素来确定,且同一座矿山应尽可能使用单一型号的矿车,以利于设备的维修,使之处于良好的状态。为了确保公路运输的安全,应做到下列 15 点。

(1)深凹露天矿运输矿(岩)石的汽车,应采取尾气净化措施。

(2)不应用自卸汽车运载易燃、易爆物品;驾驶室外平台、脚踏板及车斗不应载人。不应在运行中升降车斗。

(3)双车道的路面宽度,应保证会车安全。陡长坡道的尽端弯道,不宜采用最小平曲线半径。弯道处的会车视距若不能满足要求,则应分设车道。急弯、陡坡、危险地段应有警示标志。

(4)雾天或烟尘弥漫影响能见度时,应开亮车前黄灯与标志灯,并靠右侧减速行驶,前后车间距应不小于 30 m。视距不足 20 m 时,应靠右暂停行驶,并不应熄灭车前、车后的警示灯。

(5)冰雪或多雨季节道路较滑时,应有防滑措施并减速行驶;前后车距应不小于 40 m;拖挂其他车辆时,应采取有效的安全措施,并有专人指挥。

(6)山坡填方的弯道、坡度较大的填方地段以及高堤路基路段,外侧应设置护栏、挡车墙等。

(7)正常作业条件下,同类车不应超车,前后车距离应保持适当。生产干线、坡道上不应无故停车。

(8)自卸汽车进入工作面装车,应停在挖掘机尾部回转范围 0.5 m 以外,防止挖掘机回转撞坏车辆。汽车在靠近边坡或危险路面行驶时,应谨慎通过,防止崩塌事故发生。

(9)对主要运输道路及联络道的长大坡道,应根据运行安全需要,设置汽车避让道。

(10)装车时,不应检查、维护车辆;驾驶员不应离开驾驶室,不应将头和手臂伸出驾驶室外。

(11)卸矿平台(包括溜井口、栈桥卸矿口等处)应有足够的调车宽度。卸矿地点应设置牢固可靠的挡车设施,并设专人指挥。挡车设施的高度应不小于该卸矿点各种运输车辆最大轮胎直径的 2/5。

(12)拆卸车轮和轮胎充气之前,应先检查车轮压条和钢圈完好情况,如有缺损,应先放气后拆卸。在举升的车斗下检修时,应采取可靠的安全措施。

(13)不应采用溜车方式发动车辆,下坡行驶不应空挡滑行。在坡道上停车时,司机不应离开;应使用停车制动,并采取安全措施。

(14)露天矿场汽车加油站,应设置在安全地点。不应在有明火或其他不安全因素的地点加油。

(15)夜间装卸车地点,应有良好照明。

2. 皮带输送机运输的安全管理要求

(1)带式输送机两侧应设人行道,经常行人侧的人行道宽度应不小于1.0 m;另一侧应不小于0.6 m。人行道的坡度大于7°时,应设踏步。

(2)非大倾角带式输送机运送物料的最大坡度,向上应不大于15°,向下应不大于12°。

(3)带式输送机的运行,应遵守下列规定:①任何人员均不应乘坐非乘人带式输送机;②不应运送规定物料以外的其他物料及设备和过长的材料;③物料的最大块度应不大于350 mm;④堆料宽度,应比胶带宽度至少小200 mm;⑤应及时停车清除输送带、传动轮和改向轮上的杂物,不应在运行的输送带下清矿;⑥必须跨越输送机的地点,应设置有栏杆的跨线桥;⑦机头、减速器及其他旋转部分,应设防护罩;⑧输送机运转时,不应注油、检查和修理。

(4)带式输送机的胶带安全系数,按静载荷计算应不小于8,按启动和制动时的动载荷计算应不小于3;钢绳芯带式输送机的静载荷安全系数应不小于5。

(5)钢绳芯带式输送机的卷筒直径,应不小于钢丝绳直径的150倍,不小于钢丝直径的1000倍,且最小直径不应小于400 mm。

(6)各装、卸料点,应设有与输送机连锁的空仓、满仓等保护装置,并设有声光信号。

(7)带式输送机应设有防止胶带跑偏、撕裂、断带的装置,并有可靠的制动、胶带和卷筒清扫以及过速保护、过载保护、防大块冲击等装置;线路上应有信号、电气连锁和紧急停车装置;上行的输送机,应设防逆转装置。

(8)更换拦板、刮泥板、托辊时应停车,切断电源,并有专人监护。

(9)胶带启动不了或打滑时,不应用脚蹬踩、手推拉或压杠子等办法处理。

3. 平硐、溜井运输的安全管理要求

(1)应合理选择溜槽的结构和位置。从安全和放矿条件考虑,溜槽坡度以45°~60°为宜,应不超过65°。溜槽底部接矿平台周围应有明显警示标志,溜矿时人员不应靠近,以防滚石伤人。

(2)确定溜井位置,应依据可靠的工程地质资料。溜井应布置在矿岩坚硬、稳定、整体性好、地下水不大的地点。溜井穿过局部不稳固地层,应采取加固措施。

(3)放矿系统的操作室,应设有安全通道。安全通道应高出运输平硐,并应避开放矿口。

(4)平硐溜井应采取有效的除尘措施。

(5)溜井的卸矿口应设挡墙,并设明显标志、良好照明和安全护栏,以防人员和卸矿车辆坠入。

(6)运输平硐内应留有宽度不小于1 m(无轨运输时,不小于1.2 m)的人行道。进入平硐的人员,应在人行道上行走。平硐内应有良好的照明设施和联络信号。

(7)容易造成堵塞的杂物、超规定的大块物件、废旧钢材、木材、钢丝绳及含水量较大的黏性物料,不应卸入溜井。溜井不应放空,应保持经常性放矿制度。

(8)在溜井口周围进行爆破,应有专门设计。

(9)溜井发生堵塞、塌落、跑矿等事故时,应待其稳定后再查明事故的地点和原因,并制定处理措施;事故处理人员不应从下部进入溜井。

(10)应加强平硐溜井系统的生产技术管理,编制管理细则,定期进行维护检修。检修计划应报主管矿长批准。

(11)雨季应加强水文地质观测,减少溜井储矿量;溜井积水时,不应卸入粉矿,并应采取安全措施,妥善处理积水,方可放矿。

第三节　露天矿边坡事故预防

随着露天开采技术的不断发展,对露天矿进行有效、合理开采,开采深度、边坡暴露的高度、面积及维持的时间也不断增加。由于边坡不稳定因素的影响和边坡安全管理的不善,可能导致露天矿边坡岩体滑动或崩落坍塌,给矿山人员、设备安全、国家财产和矿产资源带来严重的危害和损失。因此,进行露天矿边坡的稳定性研究和定期的安全检测,对于贯彻国家有关安全法现和保证矿山安全生产具有重要意义。

一、边坡稳定的基本概念

通常把露天开采时的矿岩划成一定厚度的水平层,采用自上而下逐层开采的模式。这样使露天采场周边形成阶梯状的台阶,多个台阶组成的斜坡称为露天矿边坡。

(一)边坡的结构及特点

1. 边坡的结构

一般来说边坡结构中的基本单元是台阶。不同用途的台阶进行组合形成了边坡的结构。各台阶参数的组合决定了最终边坡角的大小,而最终边坡又受到岩体的工程地质条件和开采深度等因素的限制。

最终边坡角、台阶各项参数、开采深度等一般在开采前由设计来确定。当这些参数确定后,边坡的基本结构也就确定了。最终边坡的一般结构是:在非运输帮边坡上是由几个安全平台加上一个清扫平台组成;在运输帮边坡上由安全平台、清扫平台、运输平台组成,运输平台是根据线路而布入的。由于运输平台往往较安全或清扫平台宽,所以在有运输线一帮的边坡角比无运输线一帮的边坡角要缓。

需要指出的是,露天矿开拓期间,往往是不分层的高台阶开采,作业环境极不安全,容易发生高处坠落、坍塌、物体打击与爆破飞石等事故。因此,在实际开采过程中要控制好开采高度与坡度,选取合理的边坡形式与几何形状。

2. 边坡的特点

露天矿边坡与其他一些工程边坡,如铁路、公路、水库、水坝等形成的边坡相比,有以下特点:

(1)露天矿边坡一般比较高,从几十米到几百米都有,走向长从几百米到数千米,因而边坡暴露的岩层多,边坡各部分地质条件差异大、变化复杂。

(2)露天矿最终边坡是由上而下逐步形成,上部边坡服务年限可达几十年,下部边坡则服务年限较短,底部边坡在采矿时即可废止,因此上下部边坡的稳定性要求也不相同。

(3)露天矿由于每天频繁的穿孔、爆破作业和车辆行进,使边坡岩体经常受到震动影响。

(4)露天矿边坡是用爆破、机械开挖等手段形成的,坡度是人为的强制控制,暴露岩体一般不进行维护,因此边坡岩体较易破碎,且易受外部风化影响而产生次生裂隙,从而破坏岩体的完整性,降低岩体强度。

(5)露天矿边坡的稳定性随着开采作业的进行不断发生变化。

(二)边坡的破坏类型

1. 边坡岩体的破坏类型

露天矿开采会破坏岩体的稳定状态,使边坡岩体发生变形破坏。边坡破坏的形式主要有崩落、散落、倾倒坍塌和滑动等。边坡岩体的破坏类型按破坏机理可分为四类,如图 5-5 所示。

(1)平面破坏(图 5-5a):边坡沿某一主要结构面如层面、节理或断层面发生滑动,其滑动线为直线。

(2)楔体破坏(图5-5b):在边坡岩体中有两组或两组以上结构面与边坡相交,将岩体相互交切成楔形体而发生破坏。

(3)圆弧形破坏(图5-5c):边坡岩体在破坏时其滑动面呈圆弧状下滑破坏。

(4)倾倒破坏(图5-5d):当岩体中结构面或层面很陡时,每个单层弱面在重力形成的力矩作用下向自由空间变形。

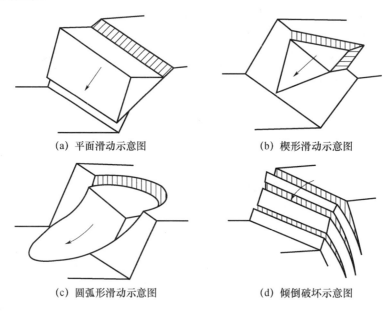

(a) 平面滑动示意图　　　　(b) 楔形滑动示意图

(c) 圆弧形滑动示意图　　　　(d) 倾倒破坏示意图

图 5-5　边坡岩体破坏类型

2. 边坡岩体的滑动速度和破坏规模

当边坡岩体发生滑动破坏时,由于受各种因素和条件影响,其滑动速度是各不相同的。有的滑动破坏是瞬间发生的,而有的滑动破坏是缓慢的,在一段时间内完成整个破坏过程。

分析边坡岩体破坏时的滑动速度大小,对预防矿山事故非常重要。按照边坡岩体的滑动速度,边坡岩体的滑动破坏可分为四种类型。

(1)蠕动滑动:边坡岩体平均滑动速度小于10^{-5} m/s。

(2)慢速滑动:滑动速度为$10^{-5}\sim10^{-2}$ m/s。

(3)快速滑动:滑动速度为$0.01\sim1.0$ m/s。

(4)高速滑动:滑动速度大于1.0 m/s。

露天矿边坡岩体发生破坏时所产生的后果不仅取决于其破坏的类型、速度,还取决于破坏的规模,即下滑岩体体积的大小和岩体滑动的范围。边坡岩体的破坏规模可分为四种。

(1)小型破坏:滑落的岩体体积一般为1万 m³以下。

(2)中型破坏:滑落的岩体体积一般为1万~10万 m³。

(3)大型破坏:滑落的岩体体积一般为10万~100万 m³。

(4)巨型破坏:滑落的岩体体积一般为100万 m³以上。

边坡破坏形式、破坏岩体的滑动速度、破坏规模三个要素在每次边坡破坏过程中都能反映出来。三个要素的综合作用决定了一次边坡破坏过程可能造成的危害程度。如果在事故发生前能正确地预测出这三个要素,就能提前采取有效的措施,从而制止边坡破坏的发生或使边坡破坏时所造成的危害降到最低限度。

(三)边坡安全管理

确保露天矿边坡安全是一项综合性工作,包括确定合理的边坡参数、选择适当的开采技术和制定严格的边坡安全管理制度等。

1. 确定合理的台阶高度和平台宽度

合理的台阶高度对露天开采的经济技术指标和作业安全情况都具有重要的意义。确定台阶高度要综合考虑矿岩的埋藏条件、力学性质、穿爆作业的要求和采掘工作的要求,一般不超过 15 m,目前水泥企业矿山的台阶高度在 12～15 m。

平台宽度不但影响边坡角的大小,也影响边坡的稳定性。工作平台宽度取决于所采用的采掘、运输设备的型号和爆堆的宽度。

2. 正确选择台阶坡面角和最终边坡角

台阶坡面角的大小与矿岩性质、穿爆方式、推进方向、矿岩层理方向和节理发育情况等因素有关。工作台阶坡面角的大小在各类矿山安全规程都作了详细的规定。一般情况下,其大小取决于矿岩的性质:松软的矿岩,工作台阶坡面角不大于所开采矿岩的自然安息角;较稳定的矿岩,工作台阶坡面角不大于 55°;坚硬稳固的矿岩,工作台阶坡面角不大于 75°。

最终边坡角与岩石的性质、地质构造、水文地质条件、开采深度和边坡存在期限等因素有关。由于这些因素十分复杂,因此通常可参照类似矿山的实际数据来选择矿山最终边坡角。

3. 选用合理的开采顺序和推进方向

在生产过程中要坚持自上而下的开采顺序,坚持穿下向孔或倾斜炮孔,杜绝在作业台阶底部进行掏底开采,避免边坡形成伞檐状和空洞。一般情况下应选用从上盘向下盘的采剥推进方向,做到有计划、有条理的开采。

4. 合理进行爆破作业,减少爆破震动对边坡的影响

由于爆破作业产生的地震波可以使岩体的节理张开,因此在接近边坡地段尽量不采用大规模的齐发爆破,应采用微差爆破、预裂爆破、减震爆破等控制爆破技术,并严格控制单段爆破的炸药量,减少爆破震动对边坡的破坏。

5. 建立健全边坡检查和管理制度

当发现边坡上有裂陷可能滑落或有大块浮石及伞檐悬在上部时,必须迅速处理。处理时要有可靠的安全措施,受到威胁的作业人员和设备要撤到安全地点。

6. 选派专人管理

矿山应选派技术人员或有经验的人员专门负责边坡的管理工作,及时消除隐患,发现边坡有塌滑征兆时要立即制止采剥作业,并向矿山负责人报告。

7. 其他措施

对于有边坡滑动倾向的矿山,必须采取有效的安全措施。露天矿有变形和滑动迹象的矿山,必须设立专门观测点,定期观测记录变化情况。

二、边坡稳定性检测

边坡稳定性检测应遵循一定程序:收集、整理基础资料,现场检测,检测资料的分析与计算,边坡稳定性评定。

(一)收集、整理基础资料

主要收集的基础资料包括矿区工程地质资料及有关图件,如矿床地质勘探报告、水文地质资料、工程地质资料、一年内采场生产现状图及有关矿图等生产现状资料、矿山以前发生的边坡坍塌事故基本情况和边坡岩体观测资料等。

基础资料的整理主要是指对收集的资料进行分类整理,看其是否满足本次检测工作的需要,

与以往掌握的资料比较是否有变化等。

(二)边坡现场检测

边坡现场检测主要有以下内容：

1. 边坡的各项参数如边坡的结构、表层土厚度、边坡走向长度、边坡高度、各类平台的宽度、各种边坡角度等。

2. 边坡岩体构造和边坡移动的观测岩体构造主要指断层、较大的节理等结构面。要求绘制结构面在边坡的位置，并记录有关参数。边坡移动的观测是指用仪器或简易设备探测边坡岩体的位移规律或其不稳定性。

3. 边坡的整体观测主要检查在生产边坡上是否存在违章开采的情况，如伞檐、阴山坎、空洞等。违章开采的位置、范围及严重程度等要绘成草图。

(三)边坡检测资料的分析

指对现场检测的数据、资料进行综合分析，包括三个方面的内容：

1. 根据工程地质资料和现场对边坡揭露岩体及结构面的调查观测等资料，采用岩体结构分析法、数学模型分析法和工程参数类比法等进行综合计算和分析。

2. 根据现场实测边坡各项参数对照国家有关规定，确定其是否符合要求。

3. 确定影响边坡稳定性的主要因素：主要结构面对边坡稳定性的影响、边坡各项参数对边坡稳定性的影响、采掘工作面上违章开采对边坡稳定性的影响等。

(四)边坡稳定性评定

根据检测资料和分析结果得出被检测边坡属于稳定边坡或不稳定边坡的结论。根据检测结果提出矿山边坡存在的问题，尤其是对不稳定边坡，要指出问题所在和不稳定的原因，并提出相应的治理措施和整改要求。

三、不稳定边坡的治理措施

(一)边坡治理措施的分类

不稳定边坡会给露天矿的生产带来极大的危害，因此矿山应十分重视不稳定边坡的监控，并及时采取合理的工程技术措施，防止滑坡的发生，从而确保生产人员和设备的安全。

我国自 20 世纪 50 年代末期开始研究不稳定边坡的治理，特别是从 20 世纪 80 年代以来，各种新的工程技术治理方法得到了有力的推广，获得了良好的效益。不稳定边坡的治理措施大体可分为以下四类：

1. 对地表水和地下水的治理，生产实践和现场研究表明，对那些受地表水大量渗入和地下水运动影响而不稳定的边坡，采用疏干的方法，治理效果较好。对地表水和地下水治理的一般措施有：地表排水、水平疏干孔、垂直疏干井、地下疏干巷道等。

2. 采取减小滑体下滑力和增大抗滑力措施，具体方法有缓坡清理法与减重压脚法。

3. 采用增大边坡岩体强度和人工加固露天边坡工程技术，普遍使用的方法有挡土墙、抗滑桩、金属锚杆、钢绳锚索、压力灌浆、喷射混凝土护坡和注浆防渗加固等。

4. 周边爆破的爆破震动可能损坏距爆源一定距离的采场边坡和建筑物。对采场边坡和台阶比较普遍的爆破破坏形式是后冲爆破、顶部龟裂、坡面岩石松动。控制爆破技术就是通过降低炸药能量在采场周边的集中和控制爆破的能量在边坡上的集中，从而达到限制爆破对最终采场边坡和台阶破坏的目的。具体的控制爆破技术有预裂爆破、减震爆破、缓冲爆破等。

(二)疏干排水法

1. 地表排水

一般是在边坡岩体外面修筑排水沟，防止地表水流进边坡岩体表面裂隙中。排水沟要求有一定的坡度,一般为 5‰;断面大小应满足最大雨水时的排水需要;沟底不能漏水;要经常维护好水沟,防止水沟堵塞。

边坡顶面也应有一定的坡度,使边坡顶部不积水。在具有较大张开裂隙的边坡,该地降雨量又多,在这种情况下,除了开沟引水外,还必须对裂隙进行必要的堵塞,深部宜用砾石或碎石充填,裂隙口宜用黏土密封。

2. 地下水疏干

地下水是指潜水面以下即饱和带中的水。对于地下水可采取疏干或降低水位,减少地下水的危害,这样既可提高现有边坡的稳定性,又可使边坡在保持同样稳定程度的情况下加大边坡角。地下水的疏干应在边坡不稳定变化之前进行,必须详细收集有关边坡岩体的地下水特性及其分布规律的资料。

地下水的疏干有天然疏干和人工疏干两种。当露天开采切穿天然地下水面时,地下水便向采场渗流。这样,采场就要排水,边坡内的水位降低造成天然疏干。由于岩体中的裂隙不通达边坡表面,因而仅依赖于天然疏干是不够的,还必须配合人工疏干,才能达到预期的目的。疏干系统的规模与欲疏干边坡的规模有关,其效率与它穿过的岩体不连续面的数量有关。具体的疏干方法要依据总体边坡高度、边坡岩体的渗透性以及经济条件、作业情况等因素确定。

(1)水平疏干孔。从边坡打入水平或接近水平的疏干孔,对于降低裂隙底部或潜在破坏面附近的水压是有效的。水平疏干孔的位置和间距,取决于边坡的几何形状和岩体中结构面的分布情况。在坚硬岩石边坡中,水一般沿节理流动,如果水平孔能穿过这些节理,则疏干效果会很好。

水平疏干孔的主要优点是施工比较迅速,安装简便,靠重力疏干,几乎不需要维护,布设灵活,能适应地质条件的变化。缺点是疏干影响范围有限,而且只有在边坡形成后才能安装。

(2)垂直疏干井。在边坡顶部钻凿竖直小井,井中配装深井泵或潜水泵,排除边坡岩体裂隙中的地下水,是边坡疏干的有效方法之一。在岩质边坡中疏干井必须垂直于有水的结构面,以利于提高疏干效果。在坚硬岩体中,大部分水是通过构造断裂流动的。

垂直疏干井与水平疏干孔相比,其主要优点是它可以在边坡开挖前安装并开始疏干。而且,不论何时安装,这种装置均不与采矿作业相互干扰。采矿前疏干有较大好处,因为在某些情况下,疏干井抽水费用可能由于爆破及运输费用的降低而得到弥补。抽出的水常常是清洁的,可用于选矿厂或其他方面。

(3)地下疏干巷道。在坡面之后的岩石中开挖疏干水源巷道作为大型边坡的疏干措施,往往在经济上是合理的。对于大型边坡,由于钻孔的疏干能力有限,很可能需要打大量的孔洞。一个给定的边坡,通常只需要一个或两个水源疏干巷道。

(三)机械加固法

机械加固边坡是通过增大岩石强度来改善边坡的稳定性。采用任何加固方法都要进行工程与经济分析,以论证加固的可行性和经济性。只有当稳固边坡的其他方法如放缓边坡角或排水等都不可行或代价更高时,才考虑机械加固法。

1. 采用锚杆(索)加固边坡(图 5-6)

用锚杆(索)加固边坡是一种比较理想的加固方法,可用于具有明显弱面的加固。锚杆是一种高强度的钢杆,锚索则是一种高强度的钢索或钢绳。锚杆(索)的长度从几米到几百米。

锚杆(索)一般由锚头、拉伸段及锚固段三部分组成。锚头在锚杆(索)的外面,它的作用是给锚杆(索)施加作用力。拉伸段在孔内,其作用是将锚杆(索)获得的预应力(拉应力)均匀地传给锚杆孔的围岩,增大弱面上的法向应力(正应力),从而提高抗滑力。对于坚硬而又较破碎的岩石,锚杆的预应力可使锚杆孔围岩产生压应力,从而增大了破碎岩块间的摩擦阻力,提高了围岩的抗剪强度。对于非预应力锚杆,只在安装完后锚杆受拉时,将应力均匀地传给围岩。锚固段在锚杆(索)孔的孔底,它的作用是提供锚固力。

锚杆的长度应穿过滑动面,在有弱面存在的稳定岩层中,普通锚杆的长度为 1.0～1.5 m,预应力锚杆长为 2.5～3 m。预应力锚索的长度可达到数十米乃至近百米,因而适用于加固大型边坡。

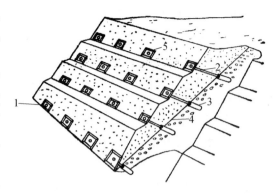

图 5-6 锚杆加固边坡示意图
1. 锚头;2. 张拉段;3. 锚固段;4. 滑动面;5. 墩台

为保证锚杆(索)加固边坡的效果,在每两根锚杆(索)之间布设钢筋混凝土横梁,并在锚头和横梁上挂设钢丝网,然后在钢丝网上喷上水泥浆,以防止边坡碎石滚落和风化,并使边坡岩石构成一个与锚杆(索)加固的完整系统,加强了边坡的稳定性。

2. 采用喷射混凝土加固边坡

喷射混凝土是作为边坡的表面处理,它可以及时封闭边坡表层的岩石,免受风化、潮解和剥落,同时又可以加固岩石,提高岩石的强度。喷射混凝土可单独用来加固边坡,也可以和锚杆配合使用。对边坡进行喷射混凝土时,其回弹量的大小主要决定于喷射手的技术和是否加速凝剂。喷层的厚度一般约为 10 cm。为了提高喷射混凝土的强度,特别是提高抗拉强度和可塑性,可加设钢筋网。有时也可以在喷射混凝土干料中加入钢丝或玻璃纤维以提高其抗拉强度,这种混凝土叫钢丝纤维补强混凝土。

3. 采用抗滑桩加固边坡

用抗滑桩加固边坡的方法,已在国内外广泛应用。抗滑桩的种类很多,按其刚度的大小可分为弹性桩和刚性桩;按其材料不同可分为木材、钢材和钢筋混凝土,钢材可采用钢轨或钢管。一般多用钢筋混凝土桩加固边坡,其中又分大断面混凝土桩和小断面混凝土桩,前者一般用于破碎、散体结构边坡的加固,而后者一般用于块状、层状结构边坡的加固。露天矿边坡加固是在边坡平台上钻孔,在孔中放入钢轨、钢管或钢筋等,然后浇灌混凝土将钻孔的空隙填满或用压力灌浆。桩径、桩的间距和插入滑动面的深度,大多按照经验进行选取。

抗滑桩加固边坡的优点较多,如布置灵活、施工不影响滑体的稳定性、施工工艺简单、速度快、工效高、可与其他治理的加固措施联合使用、承载能力较大等。

4. 采用挡土墙加固边坡

挡土墙是一种阻止松散材料的人工构筑物,它既可单一地用作小型滑坡的阻挡物,又可作为治理大型滑坡的综合措施之一。挡土墙的作用原理是依靠本身的重量及其结构的强度来抵抗坡体的下滑力和倾倒。因此,为了确保其抗滑的效果,应注意挡土墙的位置,一般情况下,挡土墙多设在不稳定边坡的前缘或坡脚部位。在设计与施工中,必须将墙的基础深入到稳固的基岩内,使其深度保持足够的抗滑力,确保滑体移动时,挡土墙不致产生侧向移动和倾覆。有时,在开挖挡土墙基础时要破坏部分滑体,因而会造成滑体的滑动,这就要求边挖边砌,分段挖砌,加快施工速度。

5. 采用注浆法加固边坡

它是在一定的压力作用下通过注浆管,使浆液进入边坡岩体裂隙中。一方面用浆液使裂隙和破碎岩体固结,将破碎岩石粘结为一个整体,成为破碎岩石中的稳定固架,提高了围岩的强度;另一方面堵塞了地下水的通道,减小水对边坡的危害。要使注浆达到预期效果,注浆前必须准确了解边坡变形破坏的主滑面的深度及形状,以便使注浆管下到滑面以下有利的位置。注浆管可安装在注浆钻孔中,也可直接打入。注浆压力可根据孔的深度和岩体发育程度等因素确定。

(四)周边爆破法

目前矿山广泛采用高台阶、大直径炮孔和高威力炸药进行爆破,有效地降低了采矿成本。但这些措施也造成了爆破区能量集中,以致出现最终边坡的严重后冲破裂问题。如果对后冲破裂作用不加以控制,最终势必会降低采场边坡角,造成剥采比增加的不良经济效果。此外,还将产生更多的坡面松动岩石,使设计的安全平台变窄、失效或并段,使工作条件恶化。虽然可以采取一些补救措施,诸如大面积地撬浮石,使用钢丝网或其他人工加固措施,但价格昂贵,且难以实现。应当考虑大型爆破节省的资金与维护边坡质量花费的资金之间的平衡,最后得到最好的解决方法是控制爆破的影响即采用控制爆破技术,以达到不损坏边坡岩石的固有强度的目的。

露天矿山通常采用的控制爆破方法有减震爆破、缓冲爆破、预裂爆破。这些方法的设计目的是使露天矿周边边坡每平方米面积上产生低的爆炸能集中,同时控制生产爆破的能量集中,以便不破坏最终边坡。通过采用低威力炸药、不耦合装药与间隔装药,减小炮孔直径、改变抵抗线和孔距等方法,可以实现最终边坡上的低能量集中。

1. 减震爆破

减震爆破是一种最简单的控制爆破方法。这种方法通常与某种其他控制爆破技术联合使用,诸如预裂爆破等。减震爆破是控制爆破中最经济的一种,因为它缩小了爆破孔距。减震孔的抵抗线应为生产爆破孔抵抗线的 0.5~0.8 倍。减震爆破服从的一般法则是抵抗线不超过孔距,通常采用抵抗线与孔距之比为 0.8。如果比值过大,就可能产生爆破大块,并在爆破孔周围形成爆破漏斗。如果药包受到过分的约束,就不能破碎到自由面。如果孔距过大,每对爆破孔之间可能保留凸状岩块在坡面上。减震爆破只有在岩层相当坚硬时才单独使用。它可能产生较小的顶部龟裂或后冲破裂,但其破坏程度比不采用控制爆破低。

2. 缓冲爆破

缓冲爆破是沿着预先设计的挖掘界限爆裂,但在主生产炮孔爆破之后,起爆这些缓冲爆破孔。缓冲爆破的目的是从边帮上削平或修整多余的岩石,以提高边坡的稳定性。为了取得最佳的缓冲效果,全部缓冲爆破孔应该同时起爆。在坚硬岩石中,抵抗线与孔距之比应为 0.8~1.25;在非常破碎或软弱的岩石中,该比值应为 0.5~0.8。沿预先设计的挖掘线呈线状穿,少量装药并起爆,削掉多余的岩石。爆破孔直径一般为 10~18 cm。孔距为 1.6~2.4 m,可以通过低密度散装药达到装药量的降低,从而相应地改善这种方法的经济效果。缓冲爆破得到与预裂爆破相类似的结果。在坚硬岩石中,爆破后暴露的边坡面平滑整洁,且残留孔痕明显可见。

3. 预裂爆破

预裂爆破是最成功、应用最广泛的一种控制爆破方法。在生产爆破之前起爆一排少量装药的密间距的爆破孔,使之沿设计挖掘界限形成一条连续的张开裂缝,以便散逸生产爆破所产生的膨胀气体。减震爆破孔排可用来使预裂线免受生产爆破的影响。预裂爆破的目的是对特定岩石和孔距,通过特殊的方式装药,使孔壁压力能爆裂岩石,但仍不超过它们原位的动态抗压强度,以及使爆破孔周围岩石不发生压碎。因为大多数岩石的爆压均大于 6.8×10^8 Pa,而大多数岩石的抗压强度都不大于 4.1×10^8 Pa,所以必须降低爆压。通过采用不耦合装药、间隔装药或使用低密度炸药来实现降低爆压的目的。

第四节 露天矿山安全管理对策措施

一、露天矿山开采的一般安全规定与要求

1. 矿山开采应当采用平台式开采,始终按照"自上而下、分台阶开采,采剥并举、剥离先行"原则。不能采用平台式开采的,必须按照由上至下分层开采。

2. 台阶的高度、宽度、坡面角度等应该满足国家有关规定及初步设计要求。台阶高度不得超过 15 m(一般以挖掘机臂伸直为最高度为宜),宽度不得小于 4 m,最终边坡角根据岩体的稳定性确定,但最大不得超过 65°。剥离工作面应超前开采面工作面 4 m 以上。松散爆堆或者松散矿岩不超过挖掘机最大挖掘高度的 1.5 倍。

3. 作业前和作业中应当对台端的稳定性进行检查,发现工作面有裂痕或在坡面上有浮石、危石和伞檐体可能塌落,应立即撤离至安全地点,并采取可靠、安全的预防措施。

4. 在距离地面高度超过 2 m 或者坡度超过 30° 的坡面作业时,应当使用安全带。

5. 采剥和排土作业,不得对深部开采和相邻矿山造成危害。

6. 露天开采应设置专用的防排洪设施。

7. 道路两侧堆放物品不得影响运输安全,应确保矿山运输畅通。

8. 矿山边界应设可靠的围栏或醒目的标志,防止无关人员进入。可能危及人员安全的树木、岩石要及时清除。

9. 因遇大雾、炮烟、尘雾、照明不良以及暴风雨、雪或有雷击天气,应立即停止生产,当威胁人员安全生产时,人员应转移到安全地点。

10. 设备的走台、梯子、地板以及人员通行和操作的场所,应保持整洁和通行安全。

11. 采场应有人行通道(一般采区最外边的 1 m 为人行通道),并设置安全标志和照明。

12. 采场应采取防尘措施,凿岩应采取湿式作业、干式捕尘凿岩或其他防尘措施。

二、边坡事故的预防

(一)技术措施

1. 贯彻"采剥并举、剥离先行"的方针,超前剥离表土和风化层。

2. 自上而下、分层开采,禁止一面坡的开采方式。台阶高度和台阶坡面角须符合初步设计及有关规定的要求。

3. 在生产过程中,根据揭露的边帮的岩体情况和积累的经验对边坡及时平整和刷帮,改变边坡的轮廓和形状,以提高边坡的稳定性。

(二)管理措施

1. 作业前,必须对工作面进行检查,清除危石和其他安全隐患。

2. 作业中应加强边坡巡检,当发现边坡上有裂缝、大块浮石、伞岩,边坡可能坍塌时,巡检人员须马上进行上报。

3. 处理时要有可靠的安全措施,受其威胁的人员和设备机械应撤离到安全地点。如果暂不处理,应设置醒目的警示标志,要求人员、设备不得在浮石危险区进行任何作业和停留。

4. 当作业人员发现边帮有滑塌征兆时,应立即停止作业,同时迅速撤离人员和设备。

5. 在平常的作业中应指派有经验、心细、有责任心的专人负责边坡处理工作,并安排定期对边帮进行检查。对有潜在坍塌危险的边坡,应建立预测预防制度,设立专门的观测点,对边坡的变化进行定期观测。

三、铲装作业的一般安全规定与要求

采装作业常见的事故有:两台以上的挖掘机或装载机在同时作业时距离太近相互干扰;设备靠台阶边坡行走或作业时压塌台阶发生翻车伤人;人员受到伤害或设备受损;挖掘机或装载机铲斗距离车厢底盘的卸载高度太大而砸坏车辆;台阶太高,爆堆垮落发生埋铲、砸铲和人员伤亡事故;挖掘机、装载机与高压线接触造成触电事故等

(一)应采取的安全措施

1. 两台以上挖掘机或装载机在一平台上作业时,应保持一定的安全作业距离。

2. 相邻两台阶同时作业的机械必须沿台阶方向错开一定距离,最小不小于50 m。

(二)挖掘机、装载机行车时的一般规定

1. 必须在作业平台的稳定范围内行走。

2. 铲斗应空载并下放到与地面适当的距离,悬臂方向与行进方向一致。

3. 上坡时驱动轴应始终处于下坡方向,并采取防滑措施。

4. 通过电缆、风管、水管应采取保护电缆、风管、水管的措施。

5. 在松软或泥泞的道路上行走时,应采取防沉陷措施。

(三)挖掘机、装载机作业时应遵守的一般规定

1. 装车时要与受装车辆驾驶员保持有效的信号联系。

2. 挖掘机工作时,其平衡装置外形的垂直投影到阶段坡底线的水平距离应小于1 m,操作场所处于的位置应使操作人员危险性最小。

3. 直接挖掘松软不需要爆破的矿岩时,挖掘的台阶高度不应超过铲斗的最大挖掘高度。

4. 遇根底时,须扫净浮石、经机械破碎后方可挖掘。

5. 挖掘时,严禁铲斗横向受力,禁止用铲斗横扫大块硬物。

6. 禁止铲斗从车辆驾驶室上方通过。

7. 装第一铲时,卸装高度不应大于0.5 m,卸装时应使车厢重心保持平衡。

8. 不得将装满矿的铲斗悬在车道上方等待装车,车辆未对正铲斗位和停稳时,不得装车,装车时要鸣笛示意。

9. 装车时调车人员应下车指挥。

10. 禁止用铲斗处理粘帮翻斗车或运矿车。

11. 运行时禁止做任何修理、注油工作及上下车。

12. 装载机作业时,铲斗动臂下严禁站人,装载物不准偏重、超载,禁止铲斗超过运载位置高速运行,严禁急转弯,行驶中严禁人员跳上跳下,急弯时必须减速。

13. 装载机在高料堆作业时应有人监护,最高速度不准超过5 km/h,高料堆作业要注意下方安全。

14. 装载机卸载物料,不允许物料重心偏置,也不允许大块物料伸出车帮外。处理特殊装载时应有专人指挥,并督促配合作业人员做好安全防范措施。

四、矿山道路运输作业的一般安全规定与要求

道路运输常见的事故有汽车撞人、撞车、汽车跑车、翻车以及车上落石伤人事故等,其安全要求如下。

1. 山坡填方的弯道,坡度较大的填方地段以及高堤路基路段外侧应设置护栏、挡车墙等,夜间装卸矿点应有良好的照明。

2. 车辆进入作业面装车,应停在挖掘机尾部回转范围0.5 m以外,以防挖掘机回转撞坏

车辆。

3．装车时禁止发动机熄火，关好驾驶车门，不得将头和手臂伸出驾驶外，禁止检查、维护车辆。

4．装好车后应听到发出的信号，汽车方能驶出装车地点。

5．禁止用溜车方式发动车辆，下坡行驶时严禁空挡滑行。在坡道上停车时，司机不能离开，必须使用停车制动并采取安全措施（塞轮胎、挂倒挡、方向盘向右）。

6．机动车在矿山道路上宜中低速行驶，急弯、陡坡和危险地段应按矿山规定限速行驶。

7．在矿山道路上正常作业条件下，严禁超车，前后车保持适当距离。

8．雨雾天和烟尘弥漫能见度低时，应开亮防雾灯（黄色）与标志灯，靠山体右侧减速行驶，前后车距离不少于 30 m（靠左靠右由矿山确定）。

9．视距不足 20 m，应靠山体一侧暂停行驶，并不得熄灭前后的警示灯，驾驶员不得离开车辆。

10．冰雪和雨季道路较滑时，应有防滑措施，并减速行驶，前后车距不少于 40 m，禁止超车、转急弯、急刹车或拖挂其他车辆（一般出现以上情况停止作业）。

11．夜间行车必须有良好的照明，并禁止使用远光灯，在装载或卸载时应关闭大灯。

12．车辆靠近边坡或危险路段时，要注意边坡滚石，上下坡要判断准确，反应迅速，操作灵活，做好随时停车的准备，要适当与前车保持安全距离，防止突然停车造成事故。

13．严禁无故在生产主干线、坡道上停车。

14．卸矿地点必须设置牢固可靠的挡车设施，并设专人指挥，挡车设施高度不得小于该卸矿点各种车辆最大轮胎直径的 2/5。

15．汽车进入排卸场要听从指挥，卸完后应及时落下货箱，务必确认货箱落下方可开车，避免货箱竖立刮坏高压线路和管道等。

16．车辆顶起或下落货箱时禁止人员靠近，卸料工作完毕后应将操作器放置空挡位置，防止卸车时货箱自动升起引发事故。

17．自卸车严禁运载易燃易爆物品，除驾驶室外，脚踏板及车厢内不得载人，严禁在运行中升降货厢。

18．要加强对机动车辆的检查和维护保养，保证机动车安全运行、车辆前后灯光正常，方向、刹车、传动、雨刮灵活可靠。

19．矿山道路行驶的技术操作必须做到"安全六戒，三让"。一戒是侵占对方路面；二戒是猛打方向；三戒是脱挡滑行；四戒是盲目高速，滥用紧急制动；五戒是强超抢会；六戒是气压不足又连续点压制动踏板。"三让"，一让是在矿山道路上行车遇坡道，不管是坡头、坡中、坡底空车必须让重车先行；二让是不管弯道大小，只要是弯，空车必须让重车先行；三让是遇道路狭窄时，空车必须主动退让重车先行。

五、开拓运输（包括破碎、皮带输送）安全要求

1．矿山应加强开拓运输道路路基，尤其是道路一侧护坡、坡陡、路窄、弯急地段，皮带输送长廊岩体结构复杂（破碎带、节理裂隙发育）地段的现场安全检查及管理工作。

2．对山坡填方的弯道设置的安全车辆凸面镜、坡度较大的填方地段以及高堤路基路段外侧设置的护栏、挡车墙等安全设施，应经常巡检和维护。

3．破碎机工作期间未切断电源之前，维修人员不得进行设备维修作业。

4．破碎站卸矿口，应设置金属隔筛，金属隔筛的网格参数应与破碎机进料口要求的料石规格一致，预防大块石卡漏事故；破碎站卸矿口的金属隔筛上部，应设置金属钢梁（系安全带的安全

设施),保护在金属网上人员处理个别大块时的安全,预防操作人员不慎发生坠落事故。

5.胶带输送过程中,禁止清理胶带下部废渣。

6.胶带机未切断电源运行期间,维修人员禁止给设备注润滑油;皮带跑偏、打滑时,人员禁止用手推、脚踏,防止发生卷入伤害事故。

六、采剥单元安全要求

1.矿山企业应严格控制台阶局部岩体破碎地段的台阶坡面角和安全平台宽度,预防滑坡事故发生。

2.采场穿孔作业过程中应加强预防"高处坠落"事故,穿孔设备距台阶坡顶线的安全距离应严格控制,尤其是岩体构造"节理、裂隙"发育地段的穿孔设备布置位置,应做到仔细、认真检查,发现存在安全隐患,应及时调整穿孔设备位置,避免台阶局部坍塌,发生高处坠落事故。

3.矿山现场应加强铲、装、运设备高台阶运行过程的安全管理,危险作业地段的安全警示标志应明显醒目。

4.矿山爆破作业过程应严格按照《爆破安全规程》及初步设计要求进行操作,避炮设施应设置在爆破地震波、空气冲击波安全距离以外,并避开爆破抵抗线方向,确保爆破作业安全。

七、矿山电气安全要求

1.重要电气设备可设置绝缘罩,防止人员触、碰,发生间接意外触电。

2.矿山配电室保证变(配)电室通风、干燥、密闭。

3.10 kV 系统为中性点不接地系统,380/220 V 系统为变压器中性点直接接地系统,为保护人身安全,接地系统应采用安全高的 TN-S 五线制系统。

4.电力设备的工作接地、重复接地、保护接地、过电压保护接地等应采用共用接地装置。

5.防雷保护及接地系统:要求配电站、电收尘接地电阻不大于 2 Ω;电力室接地电阻不大于 4 Ω;重复接地电阻不大于 10 Ω;防雷接地电阻不大于 10 Ω。

6.应保证矿山联络信号畅通、可靠。

八、安全管理单元要求

1.主要负责人对矿山安全生产应认真履行相应的职责。

2.企业应进一步完善安全生产管理制度和各级安全生产岗位责任制,充实其内容并监督落实;发挥安全机构作用,加强现场安全生产管理,提高职工安全生产意识,确保安全生产。

3.作业规程、操作规程应结合实际逐步编制完善,安全管理人员应监督安全操作规程的落实情况。

4.企业按相关标准提取安全经费,必须做到专款专用,严禁挪作他用。

5.矿山如采取"外委"爆破,应积极协调爆破单位做好爆破安全管理工作。

第六章　水泥制造安全管理

第一节　生产过程中的危险有害因素

危险因素是指能对人造成伤亡或对物造成突发性损害的因素,有害因素是指能影响人的身体健康或对物造成慢性损害的因素,通常统称为危险有害因素。水泥生产企业存在的能量有重力、机械力、电力、热力、化学力、风力、磁力等,这些能量失去控制,是危险有害因素产生的根本原因。能量、有害物质失控主要体现在设备故障(含缺陷)、人员失误和管理缺陷三个方面。

一、危险有害因素辨识依据

1.《企业职工伤亡事故分类》(GB 6441—1986)

综合考虑起因物、引起事故的诱导性原因、致害物、伤害方式等,将事故分为 20 类:物体打击、车辆伤害、机械伤害、起重伤害、触电、淹溺、灼烫、火灾、高处坠落、坍塌、冒顶片帮、透水、放炮、火药爆炸、瓦斯爆炸、锅炉爆炸、容器爆炸、其他爆炸、中毒和窒息、其他伤害。

2. 职业健康分类

职业病范围和职业病患者处理办法的规定中将危险有害因素分为 7 类:生产性粉尘、毒物、噪声、振动、高温/低温、辐射(电离辐射、非电离辐射)、其他有害因素。在水泥企业中制备或使用以下物质可能导致职业病:主要原料有石灰石;主要燃料有煤粉、燃油(点火用);最终产品有水泥。

二、生产过程中使用和产生的物料

水泥熟料生产过程中产生的主要污染物是含尘废气,其次为噪声、废水。

1. 含尘废气

生产性粉尘存在于水泥生产全过程,主要有三大类:一是煤尘,存在于原料制备、生料煅烧等生产过程中;二是含硅矿物尘,存在于原料制备阶段;三是水泥尘,存在于水泥粉磨到产品包装外运的全过程。

粉尘对人体的危害程度与其理化性质、生物作用及防尘措施等有密切关系,水泥生产的全过程中(如原料破碎、皮带运输机运行、入库包装以及设备检修等过程)均有粉尘飞扬,若生产过程未采取密闭、抽风、除尘等有效措施,或清扫过程中,人员未正确佩戴个体防护用品,粉尘等有害物质通过呼吸道、口、皮肤侵入人体,会造成作业人员患尘肺等职业病。

(1)含尘烟气

含尘烟气主要来源于回转窑、煤磨。其排出的含尘烟气中主要有害物为生产性粉尘、CO_2,少量 SO_3、NO_x 及微量 CO。水泥生产过程中一系列生产工艺都会产生大量的粉尘,在主要产尘点如果不选用合适的收尘设备,既污染环境,又严重危害作业员工身体健康。

(2)含尘空气

主要来源于破碎、粉磨、包装、储运等工序及物料输送有落差的环节中,其主要污染物为粉尘。

人体吸入生产性粉尘后,可刺激呼吸道,引起鼻炎、咽炎、支气管炎等上呼吸道炎症,严重的可发展成为尘肺病。同时,生产性粉尘又刺激皮肤,引起皮肤干燥、毛囊炎、脓皮病等疾病。特别是粉尘中含有游离的二氧化硅,人体吸入过量会导致矽肺。矽肺是职业病学中最严重的病种之一,临床一般表现为气短、胸闷、胸痛、咳嗽和咯痰等呼吸功能障碍症状,最终可因呼吸功能衰竭而死亡。

2. 噪声

包括机械性噪声、空气动力性噪声和电磁性噪声。①机械性噪声:主要来源于破碎机、磨机。②空气动力性噪声:主要来源于各类风机和空气压缩机。③电磁性噪声:主要来源于电力变压器和各类电力设施。

水泥厂产生较高噪声的设备主要有煤磨、水泥磨、空压机、通风机、电动机等。噪声会对现场作业人员带来健康危害,长期在高噪声环境中作业会对人听觉系统造成损伤。在噪声环境下工作,人们的注意力不容易集中,工作易出差错,不仅影响工作进度,而且容易引起工伤事故。

噪声防治主要采取以下措施:①减弱噪声源。噪声源主要为磨机及空气压缩机,设备选型时尽量选用低噪声设备,在磨机内安装沟槽衬板,空气压缩机上安装消声器,以减弱噪声声源强度。②控制传播途径。在噪声较大的设备车间设置隔声墙、门窗,员工值班室采用隔音材料建造,对于振动较大的设备,采取减振措施。③加强个人防护。对于高噪声设备,一般情况下员工应在隔音值班室工作,设备巡查时应戴上个人防护用具,如耳塞、耳罩等。

3. 废水

生产性废水:主要为设备冷却水和地面冲洗水,污染物为油类和悬浮物。生产过程中大部分冷却水处理后循环利用,排放量较少。

化验室废水:主要为化验分析用水,污染物为微量的酸碱物质。

生活污水:主要来源于生活卫生设施,污染物为有机质和病原体。

生产性废水经隔油、沉砂处理后循环利用;化验室废水经酸碱中和处理后达标排放;生活污水经化粪池处理后达标排放。

三、生产工艺过程的主要危险有害因素分析

水泥熟料生产过程潜在的危险因素引起的主要事故类型有爆炸、火灾、中毒窒息、机械伤害、灼伤、粉尘危害、坍塌、起重伤害、高处坠落、触电伤害、物体打击、车辆伤害、淹溺、其他等。

1. 爆炸

一切存在爆炸性气体(粉尘)混合物等化学性危险因素的场所,遇明火(热源)都可能发生爆炸事故;锅炉、压力容器、压力管道、反应器等,可能因超压、安全设施失灵、违章操作、非受控剧烈化学反应等,由物理、化学或行为性危险因素,引起爆炸事故。

(1)熟料烧成的燃料为煤粉,制备煤粉是将煤加入风扫磨烘干并粉碎,经动态选粉机分离出粗粉返回风扫磨再磨,而细粉则与废气进入袋式收尘器,经收尘得到合格煤粉,储存在煤粉仓内。然后经煤粉仓下计量输送装置精确地送入窑头及分解炉。煤粉的颗粒极小,形状不规则,与空气混合物具有很好的流动性。选粉机、袋式收尘器、煤磨及煤粉仓内积存的煤粉由于缓慢氧化,当发生热量积累超过一定限度时,就会引起自燃。挥发分较高的煤粉与空气的混合物达到一定浓度时,具有较大爆炸性,当混合物浓度达到爆炸极限并且有足够能量的火源时,就可能导致爆炸事故,造成人身伤亡和财产损失。煤粉仓中设置的防爆阀使用压力过大,可能导致压力增高后不动作,引发煤粉仓爆炸事故。

(2)锅炉爆炸、容器爆炸、其他爆炸

锅炉运行过程中,汽包、锅炉联箱、高压除氧器、主给水管道、高温蒸汽输送承压管道等因超

压运行,安全防护装置(安全阀、压力表等)失效或损坏,主要承压部件出现裂纹、严重变形、腐蚀、组织变化等情况而导致承压部件丧失承压能力,锅炉严重缺水,作业人员误操作,均有可能导致上述压力容器和管道发生爆炸。

(3)煤磨燃爆主要发生在磨头部位,若磨头负压剧烈波动,出磨压力增大,出磨温度迅速上升,会造成煤粉喷出,严重时磨头出现明火,导致燃烧爆炸事故发生。

(4)在煤粉仓、收尘器上未设温度和一氧化碳监测及报警装置,或装置失效,泄漏的一氧化碳浓度达到爆炸极限时,遇火源会引发燃烧爆炸事故。

(5)袋式收尘器所用滤料若是纤维编织的滤料,当气流穿过时,由于摩擦会产生静电现象,同时粉尘在输送过程中也会由于摩擦和其他原因而带电,因窑头和窑尾废气中均可能存在一氧化碳易燃易爆物质,当袋式收尘器内一氧化碳达到爆炸极限时,若遇足够能量的点火源,即会发生燃烧爆炸。

(6)设备维检修气焊作业中,氧气和乙炔瓶在储存过程中混存或使用不当且遇明火,或气焊作业中因气瓶的安全距离不够、违章操作等,导致回火可能引起火灾爆炸。

(7)焊工如使用粘有油脂的工具、手套或油污工作服去接触氧气瓶阀、减压器等,氧气遇油脂发生燃烧会引起爆炸事故。

(8)连接氧气瓶或乙炔瓶的管道老化或断裂,泄漏的气体达到爆炸极限时且遇火源可能发生燃烧爆炸事故。乙炔气瓶卧放使用时,可能发生爆炸。

(9)空压机、空气储气罐制造质量不良,由不具备资质的单位生产的产品,导致特种设备本质安全程度达不到要求。安装过程中由不具备资质的单位安装或安装不合格等导致设备存在隐患。运行过程中,如果未安装相应的安全装置(如安全阀、压力表、液位计、安全连锁装置等)或安全装置失效,均会发生爆炸事故。另外,储气罐外壳发生鼓包、裂纹,也可导致爆炸事故的发生。

(10)变压器超压运行且无显示或显示无效、漏油,无事故油池,遇火源可能发生火灾和爆炸。

(11)柴油发电机作为保安电源,柴油发电机运行过热时,若冒险向机内注放冷水,会使机器发生爆裂。

(12)柴油发电机其内燃机的排烟管口未安装阻火器,火花由排烟管喷出,可引发火灾爆炸事故。

(13)化验室涉及的化学试剂(强氧化剂、还原剂、易燃品)混放、管理不善,或操作不当,均会造成化验室发生燃烧爆炸事故。

(14)物料储运及生产过程中物料,存在一定的环境风险,可能发生物料的泄漏以及火灾爆炸事故。如煤粉制备系统温度较高时,煤粉达到一定浓度时,会引起爆炸;温度过高也会引起煤磨系统中的煤粉堆积处煤粉自燃。

(15)设备安装、检修时使用氧气、乙炔时违章操作引起的爆炸。压缩空气储气罐设备若设计、制造、安装质量不合格,安全附件缺失或失灵,违章操作有可能发生压力容器超压物理爆炸。

(16)压力容器、压力管道、压力设备因安全设施失效、设备缺陷、腐蚀等物理性危险因素,违章操作(超高压力运行,开、关错阀门,人员脱岗等)等行为性危险因素,安全标志、安全信号缺失等其他危险因素可能引起爆炸。

2. 火灾

一切有助燃物(如空气)存在的环境中,可燃物在火源或一定的温度条件下,都可能发生着火而引发火灾。

(1)水泥窑的燃料为煤粉,煤粉在生产和储存过程中因储存时间过长,可能会产生自燃,积粉自燃后将会烧损输粉设备,引起其他可燃物质的燃烧,如引起电缆着火。

(2)建(构)筑物、设施、装置因无避雷装置或避雷装置失效,可能受雷击引发火灾。

(3)电缆夹层是火灾易发生场所,在生产运行中因电缆过负荷,如未使用不燃电缆或难燃电缆,可能引发电缆火灾,导致电缆夹层燃烧。

(4)变压器等电气设备由于线圈绝缘受损发生短路,变压器油质老化,连接处、分接头处接触电阻过大、外部线路短路、铁芯损坏、电弧闪络等,且未定期进行绝缘的预防性试验和定期检修等都可能引发火灾。

(5)变配电装置在运行中,由于设备外部破损、内部绝缘击穿以及人员误操作,将造成线路、设备过载或短路,所产生的电弧有可能引发火灾。

(6)机电设备及控制装置(如空压机、破碎机、胶带输送机、变配电设备等)运行中因超负荷运行或线路绝缘失效或线路短路,且周围有可燃物质可引起电气火灾。

(7)机械设备检修废弃的废旧油棉纱,水泥包装废弃的皮纸袋等易燃物,未按规定合理处置,遇火源会引发火灾事故。

(8)包装库房所用的包装纸、报废的纸袋,遇火源会引发火灾事故。

(9)施工期间用电往往交叉进行,临时设施中又有很多易燃材料,由于接触不良、短路、电器发热等,可能引起电线电缆燃烧,形成火灾。

(10)柴油和润滑油遇明火、高热、强氧化剂有引起燃烧的危险。

(11)柴油发电机作为保安电源,柴油(如 0#)闪点不低于 55 ℃,自燃温度为 350～380 ℃,是乙类火灾危险物质。若柴油发电机漏油遇明火、高热、氧化剂时,均可引起燃烧,导致火灾事故发生。

(12)窑尾预热器、窑外分解回转窑、分解炉等设备运转过程中,存在的高温引燃物,会引发火灾事故发生。

(13)气焊、切割及电焊作业时,如果没有采取可靠的防火措施,由焊接、切割产生的火花及金属熔融体遇到可燃物,可能造成火灾。

(14)设备运行过程中使用的润滑油、绝缘油等,油品在储存和使用过程中如果泄漏,遇明火则可能发生火灾。

(15)生产现场存在较多可燃物(可燃杂物等),有因电气火花、静电火花、高温物体等物理性危险因素和违章火源(吸烟、违章动火)等行为性危险因素,以及因安全标志、安全信号缺失等其他危险因素,而引起可燃物燃烧进而引起火灾。

(16)变配电室可能因电器故障、线路绝缘老化、短路、过载过流等物理性危险因素,使用电加热器等行为性危险因素引发电气火灾。

(17)材料库房可能因可燃物(如检修用洗油、润滑油、擦机布、棉纱等)或挥发物等,化学性危险因素遇电器火花或违章火源等行为性危险因素而引发火灾事故。

3. 中毒窒息

有毒物质浓度超标、接触高毒性毒物,空气氧含量太低的场所、密闭半密闭容器内作业等,化学性危险有害因素都可能引发中毒窒息事故。

(1)煤粉制备系统煤粉仓内因煤粉缓慢氧化可产生一氧化碳。窑尾和窑头废气中均可存在一氧化碳。当一氧化碳浓度超标时,现场岗位作业人员有中毒窒息的危险。

(2)在对各类料仓、库的清理和维护的过程中,因违章操作、安全设施不到位等,可能发生坍塌,掩埋导致人员窒息等事故。

(3)回转窑生产过程中产生的废气主要由袋式收尘器净化后排空,正常工艺状态下,整个熟料烧成系统不会产生高浓度的一氧化碳。但在异常情况下,煤粉燃烧不完全或停窑重新点火过程中可能产生大量一氧化碳,在对收尘器检修清理时,积存的高浓度一氧化碳可能使人中毒。

(4)窑尾废气主要含二氧化硫、氮氧化物有毒气体,在对窑尾袋收尘器停机检修清理时,积存的二氧化硫、氮氧化物等有毒气体可能使人中毒窒息。

(5)柴油机燃烧分解产物为一氧化碳、二氧化碳有毒气体,人员吸入可引起中毒、窒息。

(6)在焊接作业中,因焊接烟尘含金属锰,若作业人员未采取有效防护措施或作业场所通风不良,会造成人员锰中毒的危险。

(7)含尘烟气中主要有害物为生产性粉尘,含少量的 SO_3、NO_x 及微量 CO。

(8)SO_2 是强烈的神经毒物,对黏膜有强烈刺激作用,高浓度吸入可引起中毒。

(9)原煤在窑内燃烧和水泥原料的预热分解过程产生一定量的 CO、SO_2、NO_x、氟化物等生产性毒物。分解炉、回转窑等密闭半密闭容器维护、检修时有可能因置换不合格、未按规定设置"盲板"、通风不良等行为性危险有害因素造成窒息。

(10)地沟、阴井、阀门井、地桩井等地面以下作业时,可因 SO_2、NO_x 及沼气(密度比空气大)浓度超标等,以及安全标志、安全信号缺失等其他危险因素造成中毒窒息。

4. 机械伤害

机械伤害的主要形式是机械设备的转动或移动部位、锐角(边)、毛刺等物理性危险有害因素对人体形成的碰撞、剪切、卷入、绞、碾、割、刺、戳、切等伤害,包括工件或刀具飞出伤人、切屑伤人、手和身体其他部位被卷入、手或其他部位被刀具碰伤、被设备转动机构缠住等。

(1)带式输送机、链式输送机、斗式提升机、链斗输送机、螺运机等物料输送设备的易挤夹部位,传动件、运动件等,如果缺乏有效的防护装置或生产过程中违反规程操作,均可能对值班人员造成夹击、卷入、绞、剪切等机械伤害。

(2)物料破碎机的下料口和出料口,如果缺乏防护装置可能造成绞、割、卷入等机械伤害。

(3)高速旋转而又突出于轴外的法兰盘、键、销及连接螺栓等,常会绞带衣服对人造成伤害。

(4)少数裸露于机器外部的齿轮会对人体造成伤害。

(5)如果设施布置不合理,场地缺陷狭小等均有可能发生挤、碰、压、擦、刮等伤害。另外,由于场地、通道和作业面的异物、不平整引起作业人员跌滑摔倒。

(6)机械防护装置缺失或失效,设施布置不合理,无作业安全规程,不执行作业安全规程等是机械伤害的主要原因。

(7)机械可能因为转动(传动)部位防护缺失等物理性危险和有害因素和违章作业等行为性危险因素以及疲劳、紧张等心理、生理性危险因素,安全标志缺失等其他危险因素造成机械伤害。如靠背轮质量不好、安装不牢或操作失误,可能发生靠背轮破碎飞出伤人事故;当转动部分缺少护栏、护罩时,在操作、擦洗过程中,员工触及可能发生撞击,衣物或长发被缠绕而造成伤害。

(8)静止设备、检修工具等也有造成砸、碰、割、刺等机械伤害的可能。

5. 灼伤

灼烫是指火焰烧伤、高温物体烫伤、化学灼伤、物理灼伤(光、放射性物质引起的体内外灼伤),不包括电灼伤和火灾引起的烧伤。灼伤有高(低)温灼伤和化学灼伤两类,高(低)温灼伤主要是物理性危险有害因素引起的烧伤(冻伤),化学灼伤主要是化学性危险有害因素引起的腐蚀伤害或兼有中毒。

(1)生料预热分解及煤烘干等均采用高温工艺,在排除堵料故障、检修作业时,可能发生高温气流及炽热粉料的灼烫伤害。

(2)水泥熟料生产过程中,如员工在无防护措施的情况下近距离作业或操作不当,可造成灼烫。

(3)熟料在输送过程中温度也较高,如人体不慎接触到高温物料及高温容器装置表面,可能造成灼烫。

(4)使用的电焊、氧焊及磨机、电机、空压机、风机、提升机、皮带运输机等传动、转动部分长时间工作未冷却,人体无意或有意触及,都有可能被高温体烫伤。

(5)在生产过程中回转窑、窑头、冷却机、锅炉、熟料输送等设备,在运行过程、设备检修以及窑尾预热器排出的废气等作业场所,存在生产性热源及热辐射,对作业人员可能造成危害。预热器、分解炉、回转窑、篦冷机、余热发电系统、蒸汽管道的高温裸露部位等物理性危险因素因人体接触,以及安全标志、安全信号缺失等其他危险因素而引起灼伤。

(6)长时间接触水泥熟料生产废渣(有较强碱性)也会造成化学灼伤。项目在水处理过程中采用的危险化学品如盐酸、碱等,如果在生产及操作过程泄漏导致人员触及,可导致人员的化学伤害事故。

(7)带压气体(高压气瓶等)的快速降压过程会产生低温,直接接触可能造成"冷烧伤"的危险。

6. 粉尘危害

总悬浮颗粒物(TSP)中粒径<5 μm 的进入呼吸道深处和肺部,危害人体健康、引起支气管炎、肺炎、肺气肿、肺癌等。侵入肺组织或淋巴结,引起尘肺。水泥尘肺是水泥企业最为严重的职业危害。长期吸入水泥混合粉尘,会引起肺组织弥漫性肺间质纤维化的病理改变,同时还伴有肺功能下降、咳嗽、胸闷、并发肺部感染、肺结核等疾病。

在整个水泥生产均化、粉磨、烧成等生产过程中,原料和成品主要以粉、粒状形态存在,其中少量的粉尘随其输送的气流外逸或随废气排放到大气中。特别是在生料磨、煤磨、窑头及窑尾的收尘器设施出现故障情况下,粉尘未得到有效收集排空,造成环保事故及经济损失。

石灰石、燃煤在储存、运输、使用过程中,都会产生粉尘,这些粉尘除了物质性质确定的燃烧、爆炸、腐蚀危险外,如果防护(主要是工程防护和个人防护)不当还有粉尘危害。

7. 坍塌

坍塌事故的发生会造成重大危害,如人员伤亡,阻碍供水、供电、通信、交通,产生经济损失,影响社会秩序和稳定。

(1)原料堆场过高将有可能发生坍塌,致使现场作业机械及工作人员被掩埋。

(2)窑尾预热器生产过程中发生高温物料在上升烟道、下料管、旋风筒锥部内壁上粘的一层层硬皮,阻碍物料正常流动,结皮在物料、气体冲刷下,垮下造成下料管堵塞。在捅堵过程中,若站在窑头、冷却机看火孔检修,预热器堵料突然塌落伤人。以及预热器在检修过程中,处理物料、上下同时作业突然塌落伤人。

(3)在对各类料仓、库的清理和维护的过程中因违章操作、安全设施不到位等,可能发生坍塌、掩埋导致人员窒息等事故。

(4)建(构)筑物所处地质条件不合要求、建(构)筑物未按有关建筑设计规范要求或施工人员野蛮施工,造成邻近建筑物的堡坎土发生垮塌,致使建筑物垮塌事故。

(5)在检修作业中搭设的检修平台、脚手架等,若未按规定要求搭设,可能造成坍塌事故。

8. 起重伤害

起重伤害指从事起重作业时引起的机械伤害事故。适用于统计各种起重作业引起的伤害。起重作业包括桥式起重机、龙门起重机、门座起重机、塔式起重机、悬臂起重机、桅杆起重机、铁路起重机、汽车吊、电动葫芦、千斤顶等作业。如起重作业时脱钩砸人、钢丝绳断裂抽人、移动吊物撞人、钢丝绳刮人、滑车碰人等伤害;包括起重设备在使用和安装过程中的倾翻事故及提升设备过卷等事故。

在建设、运行及维修的时候,使用行车、移动式吊车等起重设备,这些起重机械在运行过程中如果起重工操作不当或者是钢丝绳断裂、吊钩开口度增大或扭曲变形、滑轮损坏、制动器及其他安全装置失效或误操作所造成挤压、坠落、物体打击;各类起重设备因制造安装不合格,且未定期检验,导致设备存在隐患;或者由于电气部分绝缘能力降低以及失效有可能使设备外壳及绳钩带电等,这些因素均可能引起作业人员起重伤害。

9. 高处坠落

在高处坠落基准面的作业场所存在物理性危险有害因素,因为没有平台、没有防护或防护不当、违章或冒险作业等行为、心理性危险有害因素,就可能发生作业人员坠落事故。

(1)检修和维护分解炉、旋风预热器、冷却塔、水泥窑、立磨机、破碎机等大型设备、各类建筑物存在高处坠落危险。

(2)在烟囱、提升装置、除尘设施、煤仓、回转窑等岗位检修时,未采取相关的防护措施,可能发生人员高处坠落事故。

(3)在原料仓清库、水泥库等岗位处理故障时,未遵照安全规程进行操作,对各类料仓的清理和维护的过程中因违章操作、安全设施不到位,可能导致作业人员高处坠落。

(4)高于 2 m 以上的平台、楼梯等因无栏杆或栏杆损坏、不符合标准等,可能发生高处坠落。

(5)在建(构)筑物的坠落基准面 2 m 以上,有因作业条件不安全(护栏缺失、地板不防滑等)等物理性危险因素,未采取防护措施(安全绳等)、作业人员自身原因(如穿高跟鞋、裙子或酒后作业)等多种行为、心理性危险因素发生坠落危险的可能。

(6)装置中有平台、爬梯或者检修脚手架等,员工在储罐顶等操作及检修交叉作业,有高处坠落及高处落物打击的危险。建筑屋顶、架空管道、高大设备高处检修(检查)时因未使用或未正确使用安全带(固定不牢、低挂高用等)等行为性危险因素可能造成高处坠落事故。

(7)在平台、楼梯、高架通道作业时,也有可能因护栏不规范、未穿戴或未正确穿戴劳保用品(穿高跟鞋、赤脚、宽衣大袖等)等原因造成高处坠落危险。

10. 触电伤害

一切可能和带电体(包括带静电)接触(接近)的场所,存在物理性危险有害因素,都是触电事故可能发生的部位;高压配电室等处还有可能产生电磁辐射伤害。

(1)企业所处地域湿度相对较大(年平均相对湿度为 81%),控制柜、动力装置及其他机电设备容易受潮,导致其绝缘性能下降,容易发生触电事故。

(2)电气设备(如变压器、配电设备及控制装置等)的选型、安装高度、使用电压不符合安全要求或电气设备本身存在本质安全问题时,有发生触电伤害的危险。

(3)照明电器的安装高度较低,由于操作人员、管理人员的疏忽,容易发生触电伤害。

(4)所有电气设备(变压器、配电装置、出线设备、电机等)运行过程中,可能因安装不当、保护失效、无个体防护、违章操作或误操作等原因造成电气伤害事故。

(5)所有电气设备运行过程中,因无接地设施或接地设施失效、绝缘损坏等造成正常情况下不带电的金属外壳带电,使作业人员在操作或检修时发生触电危险。

(6)电力系统电气事故造成的设备损坏,可能引起触电事故。

(7)作业人员因违章作业或误操作有发生触电伤害、电弧灼伤的危险。检修过程中使用的临时照明电源或其他临时用电不符合标准要求时,作业人员有发生触电伤害事故的可能。

(8)断电检修设备时,电源受电开关处未挂设"有人作业,不准送电"标志牌或未设专人看守,误合闸可能造成人员触电伤害。

(9)电线乱搭乱接、架线高度不符合要求、裸线连接或接头裸露等亦可产生触电事故。

(10)设备电线长期超负荷运行,导致绝缘性能下降或炭化,也可能导致触电事故。

(11)如无防雷装置或防雷系统损坏、不符合防雷要求,变压器等电气设备有遭受雷击危险,雷电产生的冲击电压可能损坏电器设备的绝缘造成高压窜入低压,引起触电事故。另外,巨大的雷电电流流入地下可能造成跨步电压或接触电压触电。

(12)因无避雷设施或避雷设施失效,露天作业人员雷雨天作业时,可能发生雷击伤亡事故。

(13)在雷雨季节,各种露天设备及各类高大建(构)筑物,在未设置防雷接地装置或所设置的防雷接地装置失效的情况下,有造成雷击伤害的可能。

(14)在进行电焊作业时,因电缆乱接乱拉、电缆破损等可能导致作业人员在焊接作业过程中触电。

(15)在容器内部检修时,因未使用安全电压、手持电动工具不满足安全用电要求等,可能导致触电。

(16)使用电机拖动的设备和拖动电机都可能因接地(接零)失效、电源线路绝缘破坏、短路、没有漏电保护装置等物理性危险因素、违章作业等行为性危险因素造成触电事故。

(17)高、低压配电室因为故障、违章作业、未穿戴或未正确穿戴(使用)劳保用品(非绝缘鞋、赤脚、不符合要求绝缘工具等)等行为、心理性危险因素可能造成触电事故。

(18)没有使用特低电压(低于 36 V)的照明、电动工具等都可能因电源线路绝缘老化、破坏、短路、没有漏电保护装置、违章作业等原因造成触电事故。

11. 物体打击

高空落物等物理性危险因素、使用工具不当等行为性危险因素都可能造成物体打击事故。

(1)检修磨机、圆库、回转窑等设备过程中,由于存在上下交叉作业,若组织措施和技术措施落实得不好,垂直作业的作业面未搭保护棚或隔离层,上下作业人员未加强联系,上层作业人员将工具放置在易滑落的地方,可能造成下层作业人员被坠落物伤害的危险。

(2)破碎机、原料粉磨、螺旋输送机、刮板机、堆料机、水泥磨等运转过程中的物料打击人体。

(3)生产现场高处作业有因零件、工具、废料、螺丝、其他物件未固定好等物理性危险因素,随意抛丢等行为性危险因素而造成物体打击事故的可能。

(4)运输有因重物掉落等物理性危险因素,违章装卸、堆放(堆垛)过高等行为性危险因素造成物体打击危险。

12. 车辆伤害

运输车辆的重物失控、车辆安全设施缺失或失灵等物理性危险因素,违章驾驶等行为性危险有害因素,以及没有安全信号、安全标志等其他危险因素都可能造成车辆伤害。

生产需用的原辅料及卸车、成品装车,厂前区公路等是容易发生车辆伤害的地方。检修施工,生产作业场地狭窄,无人流、物流分流通道等物理性危险因素,交叉作业,检查不到位,安全标志缺陷等其他危险因素可能造成车辆伤害。

造成车辆伤害的主要因素有:道路布置不合理;道口没有设置警示灯、警示牌、防护栏等;道口没有足够的安全视距;驾驶人员违章操作;机动车辆未经相关部门检测或有缺陷;驾驶人员无证驾驶等。

13. 淹溺

废水池、消防水池、高位水池、循环水池甚至排水沟的深水部位等处,如防护(包括安全警示标志、必要的护栏、盖板、隔离等)不到位可能造成淹溺。

14. 其他

对胶带输送机、磨机、破碎机等大型设备停机进行检修时,由于安全措施不力,未挂警示牌及集散控制彼此配合不好,导致误合闸开车发生重大人身伤亡事故。

若安全消防设施设置不符合要求,在事故发生的初期不能及时有效控制事故,将使事故扩大造成更大的伤害;警示标志、安全色等设置不符合规范要求,不能起警示作用,可能引起人员误入、误操作而造成意外伤害。另外,由于受场地条件不良等因素的影响,如道路不平整、信号缺陷,容易造成摔伤、跌伤、扭伤、擦伤、挤伤、轧伤等伤害。

第二节 熟料水泥区域危险有害因素辨识与分析

从熟料水泥生产工艺流程(图 6-1)入手,对熟料水泥生产作业过程中各环节的危险有害因素进行辨识与分析,提高从业人员的安全技能,避免或减少生产安全事故的发生。

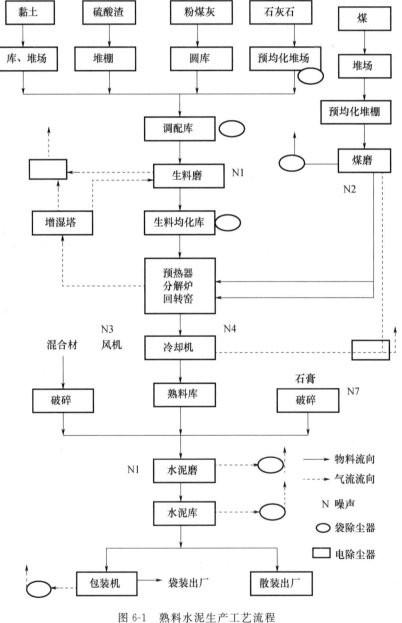

图 6-1 熟料水泥生产工艺流程

一、原料粉磨系统

1. 机械伤害

原料粉磨系统中容易发生机械伤害危险的设备有石膏破碎机、原料磨、胶带输送机、电机、风机、堆取料机等。机械设备的裸露传动机构防护设施缺失或不全等可能造成机械伤害事故。

原料粉磨系统易发生机械伤害事故的原因有：①机械设备制造质量不合格或设计上本身就存在缺陷。②设备控制系统失灵，造成设备误动作，导致事故发生。③电源开关布局不合理，一种是有了紧急情况不便立即停车；另一种是多台机械设备开关设在一起，极易造成误开机引发事故。④机械设备安全防护装置缺乏或损坏，或在运输、安装过程中被拆除等。⑤机械设备有故障不及时排除，设备带故障运行。⑥在机械运转中从事清理卡料、修理等工作。⑦在检修时，机械装置突然被人随意启动；不具备操作机械资质的人员上岗或其他人乱动机械设备。⑧在与机械相关联的不安全场所停留、休息；任意进入机械运行危险区域。⑨皮带运转过程中清理物料、处理故障，发生皮带卷人伤害；人接触传动部位（加油、清理、处理故障等），皮带突然启动伤人。⑩违章操作，穿戴不符合安全规定的服装进行操作。

2. 高处坠落

员工对原料调配库设备、生料均化库设备、破碎机、原料磨等设备设施检修时，其作业平台均高于 2 m，如违章作业、防护不当或设备零部件松动、梯子或平台打滑或其他不符合规范要求的缺陷，操作者存在高处坠落的危险。另外也存在从平地上跌入坑内或池中，从设备开口处掉入设备中等坠落危险。

3. 物体打击

在检修原料磨等高处作业中，操作人员违反操作规程乱放工具或没放稳，工具落下而导致砸伤人。还有在检修过程中发生物料或构件等出其不意的飞出或下落等造成物体打击事故。转动的机械设备零件有崩出造成物体打击伤人的危险，大型物件放置不稳会发生倾倒，从而伤人。

二、熟料烧成系统

1. 机械伤害

熟料烧成系统中容易发生机械伤害危险的设备有熟料破碎机、提升机、胶带输送机、电机、风机、篦冷机等。机械设备的裸露传动机构防护设施缺失或不全等可能造成机械伤害事故。

2. 高处坠落

员工对预热器、分解炉设备、篦冷机、高温风机等设备设施检修时，其作业平台均高于 2 m，如违章作业、防护不当或设备零部件松动、梯子或平台打滑或其他不符合规范要求的缺陷，操作者存在高处坠落的危险。

3. 物体打击

在检修预热器、分解炉等高处作业中，操作人员违反操作规程乱放工具或没放稳，工具落下而导致砸伤人。还有在检修过程中发生物料或构件等出其不意的飞出或下落等造成物体打击事故。转动的机械设备零件有崩出造成物体打击伤人的危险，大型物件放置不稳会发生倾倒，从而伤人。

4. 爆炸

窑头电收尘器在收尘过程中，当粉尘浓度达到爆炸极限时，遇到火源，就会发生爆炸事故。熟料在烧成过程中会产生一定量的 CO 可燃气体，当 CO 气体与空气的混合比例达到爆炸极限时，遇明火会产生爆炸。

5. 灼烫

熟料烧成系统的回转窑、预热器和分解炉、篦冷机等设备在生产过程中均为高温状态，如不注意,极易发生烫伤事故;预热器、冷却机出口高温烟气的泄漏也易造成人员灼烫;高温熟料处理过程中,若人员不注意或防护措施不到位,也易造成人员烫伤。造成灼烫事故的原因主要有以下几个方面:①系统堵料,三次风管、预热器塌料;②作业人员违章作业;③高温设备防护措施不到位或烟气泄漏;④作业人员安全意识差,自我保护意识差。

6. 中毒

在熟料烧成过程中,回转窑窑尾产生的烟气中含有 CO 和微量 SO_2。CO 气体属于毒性程度高的化学介质,在设备密封性能不好及工作地点通风不良的情况下,会使 CO 气体存积,人员过量吸入 CO 气体会危害健康甚至危及生命。一氧化碳在血中与血红蛋白结合而造成组织缺氧,中毒过深会留下后遗症。SO_2 为有毒气体,若烟气处理不当会发生 SO_2 中毒。

三、煤粉制备系统

1. 机械伤害

煤粉制备系统中容易发生机械伤害危险的设备有煤磨磨机、胶带输送机、电机、风机等。机械设备的裸露传动机构防护设施缺失或不全等可能造成机械伤害事故。

2. 高处坠落

员工对煤粉仓设备、煤磨等设备设施检修时,其作业平台均高于 2 m,如违章作业、防护不当或设备零部件松动、梯子或平台打滑或其他不符合规范要求的缺陷,操作者存在高处坠落的危险。

3. 物体打击

在检修煤磨等高处作业中,操作人员违反操作规程乱放工具或工具没放稳,工具落下而导致砸伤人。还有在检修过程中发生物料或构件等出其不意的飞出或下落等造成物体打击事故。转动的机械设备零件有崩出造成物体打击伤人的危险,大型物件放置不稳会发生倾倒,从而伤人。

4. 爆炸

煤粉在输送过程中发生扬尘或者煤磨系统的煤粉泄漏,造成煤尘弥漫在空气中,当空气中的煤粉浓度达到爆炸极限时,遇到火焰、电火花等会发生爆炸事故。煤粉制备系统爆炸和煤粉(尘)爆炸事故都是由于细小的煤粉或煤尘颗粒在空中漂浮,当达到一定浓度时,遇到火源,就会发生爆炸事故,造成设备损坏和人员伤亡。

煤磨车间如果不采用防爆照明和防爆电器,或防爆照明和防爆电器不合格,极易导致电火花的产生,最终导致引爆煤粉的爆炸、燃烧。

(1)煤粉特性及自燃爆炸的条件

煤粉发生自燃和爆炸是由煤在加工成煤粉后所具有的特性以及煤粉所处的环境条件决定的。积存的煤粉与空气中的氧长期接触氧化时,会发热使温度升高,而温度的升高又会加剧煤粉的进一步氧化,若散热不良时会使氧化过程不断加剧,最后使温度达到煤的燃点而引起煤粉的自燃。

在煤粉系统中,煤粉是由输送煤粉的气体和煤粉混合成的云雾状的混合物,它一旦遇到火花就会使火源扩大而产生较大的压力(2～3 倍大气压),从而造成煤粉的爆炸。

影响煤粉爆炸的因素包括煤的挥发分含量、煤粉细度、煤粉与空气混合物的浓度、温度和输送煤粉的气体中氧的比例等。煤粉与空气的混合物容易发生爆炸。

煤粉浓度是影响煤粉爆炸的重要因素。实践证明,最危险的浓度在 $1.2\sim2.0$ kg/m^3,大于或小于该浓度时爆炸的可能性都会减小。在实际运行中一般很难避免危险浓度。制粉设备中沉积煤粉的自燃性往往是引爆的火源。气粉混合物温度越高,危险性就越大。煤粉爆炸的实质是一个强烈的燃烧过程,是在 $0.01\sim0.15$ s 的瞬间大量煤粉突然燃烧,产生大量高温烟气因急速膨胀而形成的压力波以高速向外传播,而产生很大的冲击力和声音。

(2)煤粉系统爆炸原因

引起煤粉系统煤尘爆炸主要取决于三个因素:一定浓度的煤粉或煤尘、助燃空气、足够点火的热源。因此,避免以上三个因素同时存在,就可以避免爆炸。

煤粉爆炸的引爆点主要在容易长期积煤或积粉的位置,煤粉系统处于封闭状态,引爆的火源主要是磨煤机入口积煤,细粉分离器水平段入口管积粉,粗粉分离器积粉自燃,根据煤粉系统的运行工况和爆炸情况分析,主要原因如下:

① 煤粉细、风粉浓度高

煤粉爆炸的前期往往是自燃。一定浓度的风粉气流吹向自燃点时,不仅加剧了自燃,而且会引起燃烧,而接触到明火的风粉气流随时都会产生爆炸。造成流动煤粉爆炸的主要因素是风粉气流中的含氧量、煤粉细度、风粉混合物的浓度和温度。

煤粉越细,爆炸的危险性就越大。粗煤粉爆炸的可能性就小些,当煤粉粒度>0.1 mm 时几乎不会爆炸。当煤粉浓度$>3\sim4$ kg/m³(空气)或$<0.32\sim0.47$ kg/m³时,不容易引起爆炸。因为煤粉浓度太高,氧浓度太小;而煤粉浓度太低,缺少可燃物。只有煤粉浓度为$1.2\sim2.0$ kg/m³时最容易发生爆炸。

② 磨煤机入口积煤自燃

磨煤机处积煤发生在入口上部管道上,热风管道接口处以及入口短管处,有的进入防爆门处,在此处开有三个孔分别与回粉管、再循环管和防爆门连接。从一侧过来的热风与对应的风粉形成涡流,从给煤机落下来的湿煤就被冲击并被黏在开孔上方管道的内壁上、防爆门处或黏附在入口短管上,有时也会落入热风接口管内。运行中人工无法清除此处的积煤,同时从预热器来的一次热风温度高达 329 ℃,在煤粉系统停止运行后,由于磨煤机入口风门不严,漏过的热风使磨煤机入口处温度达 100 ℃以上,很容易将入口处的积煤引燃,燃烧的煤进入磨煤机就会引起爆炸。另外有的磨煤机入口不光滑,有的存在夹层,也容易积煤着火。

③ 细粉分离器中积粉自燃

细粉分离器中积粉主要发生在入口方形管道下部的水平段,因为水平段正上方有两个防爆门,因而使该处的通流面积增大,风粉气流的流速下降,增大了积粉的可能性。从以往发生的煤粉系统爆炸事故可以看出,半数以上都是由水平段积粉引起的。

④ 热风门内漏

由于磨煤机启停频繁,故热风门容易磨损。有时热风门关不严,以致热风内漏造成磨煤机内存煤自燃,再次启动时引起煤粉系统爆炸。

⑤ 粉仓漏风和系统漏风

煤粉仓制作时钢板焊接的形状为倒方锥体结构。因季节和煤粉系统内介质温度变化的影响,粉仓钢板伸缩性大,与厂房混凝土框架的结合面存在漏风问题,致使粉仓经常出现温度高的现象。

⑥ 粗粉分离器内堆积煤粉自燃

粗粉分离器的细粉内锥体下部和固定帽锥之间的环形缝隙,有时被杂物堵塞而造成大量的积粉,此类原因也可能引起煤粉系统爆炸。

⑦ 运行人员操作不当

煤粉系统运行过程中运行人员控制磨煤机出口风粉混合物的温度不严,频繁超温。磨煤机的运行属于变工况运行,此时若出口温度控制不当,很容易使温度超过极限而导致煤粉爆炸。

煤粉系统运行时残存的煤粉如果没有抽净就会发生缓慢氧化,在启动通风时会使自燃的煤粉疏松和扬起,温度升高时便会引发爆炸。

运行中的磨煤机入口已发生积粉自燃,停止前又没有及时发现,停止给煤机的抽粉过程中回粉管继续抽粉,使煤粉磨得更细,加上温度控制不当,也可以引起爆炸。

容易导致大量煤尘或煤粉在空气中弥漫的场所是水泥厂煤磨系统,对容易发生煤粉和煤尘爆炸的地方,需要重点加以防范。如卸煤场、运煤的机械,煤的破碎机、粉磨机、选粉机,煤粉的气力输送等。

5. 中毒和窒息

煤粉制备过程和煤磨检修中会产生一定量的 CO 气体,CO 气体属于毒性程度高的化学介质,在设备密封性能不好及工作地点通风不良的情况下,会使大量的 CO 气体存积,人员过量吸入 CO 气体会危害健康甚至危及生命。

煤磨、煤粉仓等场所中的煤粉或煤尘颗粒较细,且在空中漂浮,造成煤粉或煤尘浓度较高,氧气浓度较低。在检修过程中如工作人员进入这些场所且防护措施不当时,可能会发生因缺氧而造成窒息死亡。

四、水泥粉磨及包装、散装系统

1. 机械伤害

水泥粉磨及包装、散装系统容易发生机械伤害危险的设备有水泥磨、胶带输送机、电机、风机、水泥散装机及包装机等。这些设备的裸露传动机构防护设施缺失或不全等可能造成机械伤害事故。

2. 高处坠落

员工对水泥库、水泥磨、包装机等设备设施检修时,其作业平台均高于 2 m,如违章作业、防护不当或设备零部件松动、梯子或平台打滑或其他不符合规范要求的缺陷,操作者存在高处坠落的危险。

3. 物体打击

在检修水泥磨、提升机等高处作业中,操作人员违反操作规程乱放工具或没放稳,工具落下而导致砸伤人。还有在检修过程中发生物料或构件等出其不意的飞出或下落等造成物体打击事故。转动的机械设备零件有崩出造成物体打击伤人的危险,大型物件放置不稳会发生倾倒,从而伤人。

熟料水泥区域主要危险有害因素分布如表 6-1 所示。

表 6-1　熟料水泥区域主要危险有害因素分布表

危险有害种类	部位	设备名称	作业种类
机械伤害	机械传动外露部位、原料堆场、原料磨、煤场输送、煤磨、风机间等	破碎机、输送机械、磨机、风机等各类机械设备	运行中维护检修
触电	供电与用电系统、电力室、原料堆场、煤堆场、煤磨、原料磨等	供配电系统等	送停电、运行、检修
火灾	煤堆场、变配电室、油泵站、油罐、空压机站、卸车坑,使用润滑油、绝缘油的系统等	煤堆、变压器、油泵站柴油罐等	运行中
其他爆炸	煤磨系统、电气设施、机修车间及维修工段、除尘系统	电(袋)收尘器、煤磨、煤粉仓、电气设备、油泵站柴油罐	启动、停止阶段、动火作业、检修

危险有害种类		部位	设备名称	作业种类
灼烫		窑尾、窑头、热水锅炉及箅冷机等	回转窑、箅冷机、预热器等	运行检修过程中
高处坠落		作业高度超过 2 m 的工作平台,或设备、设施检修平台	全厂较高设备、设施	高空作业
车辆伤害		原料堆场、燃料堆场、熟料等物料运输、卸车坑	汽车等运输设备	运输
中毒和窒息		生料焙烧阶段,煤粉制备系统	预热器、分解炉、回转窑、生料均化库、煤粉仓等	运行、检修中
物体打击		高处作业处时,工具、零部件从高处落下伤人,生产作业中转动的机械设备零件崩出伤人	破碎、风机等高作业平台下部等	生产过程中及检修中
起重伤害		原料提升运输场所,水泥磨	电动葫芦、电动单梁式起重机、通用桥式起重机等	吊装作业
容器爆炸		空压机站,氧气瓶、乙炔瓶等储存间	空压机的压缩空气储罐、氧气瓶、乙炔瓶等	运行、检修中
电梯故障		电梯	电梯	电梯运行及检修过程中
坍塌		原燃料堆等堆场	原燃料库等	作业过程中
粉尘		原料场地熟料生产线上原料破碎、输送、粉磨均化、烧成等工段,熟料装运	破碎机、提升机、磨煤机、粉磨机、堆取料机、胶带运输机、汽车运输等	作业过程中
毒物		回转窑窑尾产生的烟气中含有 CO 和微量 SO_2。煤粉制备过程和煤磨检修中会产生一定量的 CO 气体、窑尾、窑头锅炉烟气净化系统、化学水处理系统、总降变电站及化验室等	窑尾、窑头锅炉电(袋)收尘器、煤磨、油泵站柴油罐等	作业过程中
噪声与振动		整个生产线上	各类机械设备,如生料磨、煤磨、破碎机、辊压机+球磨机联合粉磨系统、罗茨风机、空压机等	运行中
高温		回转窑、分解炉及熟料冷却	回转窑、冷却机	运行检修过程中
电磁辐射	电离	X 荧光分析装置等	X 荧光分析仪	分析检测过程中
	非电离	电气电磁辐射、微波	各类化验设备、电气设备	分析检测、运行过程中

第三节　余热发电区域危险有害因素辨识与分析

一、锅炉设备及其系统

在生产过程中,余热锅炉承压部件一旦发生爆漏等故障,就可能导致人身伤亡或给设备造成重大损失。锅炉设备在发电生产中占有非常重要的地位。锅炉设备可能造成的人身、设备事故主要如下。

1．承压部件爆漏事故

余热锅炉的过热器、省煤器、受热面管道及汽水管道等易发生爆破及爆管事故，其主要原因包括：①锅炉废气含尘量大，受热面冲刷磨损严重，致使管壁变薄；②受热面及汽水管道受高温烟气、蒸汽的腐蚀；③升温升压过快受热面或联箱受热不均，出现过高热应力导致裂纹；④锅炉及管道系统膨胀不畅损坏以及管路系统水击损坏；⑤在设计、制造及安装过程中存在缺陷，如锅炉承压部件材质选择不当或强度不足等先天性缺陷，制造及安装过程中因错用钢材、制造焊接加工工艺存在问题等；⑥运行过程中管理不到位，如给水质量不好（水处理方式不正确，除氧不尽，化学监督不严，未按规定排污等）导致管壁结垢，使其局部过热、腐蚀；⑦超压运行、炉水循环局部受阻、停滞和倒流，受热面局部管道结垢过热等因素导致承压部件爆破及爆管；⑧锅炉安全附件（如安全阀、压力表等）不齐全，或安全附件损坏不动作，也会引发爆破及爆管事故。

2．缺水事故

主要原因：①锅炉管道发生爆管事故；②锅炉定排阀泄漏或忘记关闭；③锅炉给水泵故障造成压力突然降低，流量下降；④水位变送器由于管路冷凝水中混有气泡或管路杂质堵塞造成中控水位显示失真；⑤锅炉自动给水调节系统失灵，蒸汽流量或给水流量显示不正确或偏差，造成缺水事故；⑥安全门动作出现虚假水位，判断错误，造成补水量偏小。

3．满水事故

主要原因：①锅炉热负荷增加太快；②司炉人员监视不当，调整不及时或水位计显示不正确而造成误操作；③给水自动调节器失灵或卡涩，不正常开大或全开，给水压力过高或调节阀漏流量过大；④高低水位报警装置失效，司炉人员调整不及时。

4．炉内积灰

主要原因：①除灰装置不正常；②烟气流速低或炉管渗漏；③烟气分配、炉管布置不合理；④篦冷机排烟含尘量过大。

5．锅炉本体及螺旋鳍片管磨损

主要原因：①锅炉材质有缺陷；②耐磨材料质量有欠缺；③设计不合理；④风速过大；⑤烟气颗粒浓度含量高；⑥焊接缺陷。

6．耐火材料脱落

主要原因：①耐火材料材质有缺陷；②安装质量太差；③锅炉设计不合理。

7．中毒和窒息

锅炉检修过程中，作业人员在较小的空间作业，若通风不良或废烟气排放不干净，则容易造成人员中毒和窒息事故。

8．触电

锅炉检修试验时，会因安全组织措施或安全技术措施不完备而造成触电事故。

二、汽轮发电机组及其系统

汽轮发电机组及其系统的安全运行与设计、制造、安装、调试有关。投产后，运行人员在机组启动、停机或运行中操作不当，或缺乏应有的熟练程度，或对设备异常处理不当，或在检修中留下事故隐患，以及对机组的缺陷不能及时消除，就不可避免地在运行中暴露出来，从而造成事故发生。汽轮发电机组及其系统可能发生的事故主要有以下几类。

1．汽轮机组的火灾危险性

（1）汽轮机组为保安和轴承润滑需要，必须由汽轮机油系统供给大量的汽轮机油，且汽轮机油系统管路长、分布广，与高温蒸汽管路纵横交错敷设，管路阀门多、法兰多，油易泄漏，遇有明火或较高的外界温度，汽轮机油易被燃着而发生火灾。

(2)汽轮发电机组周围,特别是机头部位敷设有较为集中的电力电缆、控制电缆、保护电缆,油系统着火后,会引燃电缆,使火灾事故进一步扩大。

(3)汽轮发电机组大轴在高速旋转时,轴径与轴承箱密封面间可能会发生渗漏油,遇到高温或明火会发生火灾。

2. 汽轮机超速

(1)调速系统有缺陷,如调速系统动态特性不良,速度变动率过大,调速汽阀不能正常关闭或漏汽量过大,调速系统迟缓率过大,调节部件或传动机构卡涩,调整不当等。

(2)汽轮机超速保护系统故障。

(3)运行操作、调整不当。如油质管理不善,超速试验时操作不当,造成转速飞升。

3. 大轴弯曲

(1)摩擦振动大,不采取措施引起大轴永久弯曲。

(2)停机后在汽缸温度较高时,冷水、冷汽进入汽缸,引起高温状态下的转子接触到冷水、冷汽,局部骤然冷却,出现很大的上下温差而产生热变形,造成大轴弯曲。转子金属温度越高,越容易造成大轴弯曲。

(3)转子的原材料存在过大的内应力,在较高的温度下经过一段时间运转后,内应力逐渐得到释放,从而使转子产生弯曲变形。

4. 汽轮机轴系断裂

断轴的重大事故常伴随超速事故的发生,主要原因是轴系稳定性裕度不足,振动愈振愈剧,直至大轴断裂;也有因为轴系的扭振频率与电网的频率重合或者与输电系统次同步谐振频率重合,因共振而引起的断裂。上述两种断裂的原因比较多见,电厂中因转子原始缺陷引发的断裂也时有发生。

5. 轴瓦烧损事故

主要原因:①发生水击或机组过负荷;②主蒸汽温度下降时处理不当;③轴承断油;④机组强烈振动;⑤轴瓦本身缺陷;⑥润滑油中夹带有机械杂质,损伤钨金面,引起轴承损坏;⑦油温控制不当,轴承油膜被破坏,都会导致轴瓦钨金损坏;⑧油系统切换、误操作造成断油。

6. 承压设备及管道爆破、泄漏

主要原因:①设计方面的缺陷,如设计采用不合理结构、强度计算错误、用材不当等导致容器先天性缺陷;②制造方面的缺陷,如制造单位无资质,缺乏制造相关的设备及监测仪器,导致产品不合格;③使用管理方面的缺陷,如设备的安全阀、压力表、温度计、液压计以及异常报警装置等安全辅助设施不能正常投入运行,运行人员不能即时监视、调整设备的运行参数和不能及时发现设备的异常情况,则容易造成超温、超压,压力设备的热工保护和压力设备的安全阀不能正常动作,异常情况下不能切除运行的压力设备或释放压力设备的内部压力,导致设备超压;④安装、维修、改造及定期检验过程中质量不符合规定要求,导致容器爆破;⑤高温、高压的蒸汽通过管道送入汽轮机,汽轮机由于多种原因会出现蒸汽泄漏,管道、阀门、法兰由于安装、检修、材质不合要求,也会发生蒸汽泄漏,或设备、管道保温损坏,运行人员操作不当等,很易造成高温蒸汽射溢,灼烫伤人,引发事故。

7. 汽轮机叶片损坏

主要原因:①外来的机械杂质随蒸汽进入汽轮机内打伤叶片;②汽缸内部固定零部件脱落,造成叶片严重损伤;③腐蚀或锈蚀损伤;④水蚀、水击损伤;⑤叶片本身存在的缺陷;⑥机组过负荷运行,使叶片的工作应力增大,尤其是最后几级叶片,蒸汽流量增加,各级焓降也增加,使其工作应力增加很多而严重超负荷;⑦停机后由于主汽门不严密,使汽水漏入汽缸,时间一长,使通流部分锈蚀而损坏。

8. 汽轮机水冲击

主要原因：①汽轮机启动时，汽封供汽系统暖管不充分或排水不畅，使汽水混合物被送入汽封；②汽轮机启动过程中暖管不充分或疏水排泄不畅，主蒸汽管道或锅炉过热器疏水系统不完善，可能把积水带入汽轮机内；③运行人员误操作或给水自动调节失灵造成锅炉满水；④机组停机时，降温速度过快；⑤停机后，忽视对凝汽器水位的监督，发生凝汽器满水，倒入汽缸。

9. 发电机轴承振动

主要原因：①如果轴承选取不当，则会因为轴承稳定性太差而转子极小的不平衡量也可能引起机组较大的振动，或者油膜形成不好而极易诱发油膜振动；②安装和检修对机组振动的影响也非常大，根据对现场机组振动的经验，现场很多机组的振动过大都是由于安装和检修不当引起的；③轴承自身特性对机组振动的影响主要包括轴瓦紧力、顶隙和连接刚度等几个方面，轴瓦紧力和顶隙主要影响轴承的稳定性，如果轴承的稳定性太差，在外界因素的影响下容易使机组振动超标，轴承的连接情况主要对轴承刚度产生影响，若轴承刚度不够，在同样大小的激振力下引起的振动较大，所以必须将轴承各连接螺栓拧紧。

10. 发电机损坏

主要原因：①发电机定子绕组绝缘击穿，造成匝间短路、相间短路或接地短路，甚至烧坏铁芯，造成发电机损坏，另外，匝间短路还容易造成火灾事故；②当发电机出口断路器非全相运行或发电机出口处两相短路，造成发电机不对称运行，定子绕组中负序电流大烧坏转子，转子匝间短路引起发电机振动等也会导致发电机损坏；③在安装或检修时工作不慎，在发电机内遗留金属异物，导致定转子绕组甚至铁芯严重受损；④严重的匝间短路会引起轴电压及大轴磁化；⑤非同期并列事故造成发电机损坏。

三、化学水处理设备及其系统

1. 水质不良

水处理系统的正常运行对于余热发电系统的安全运行具有重要意义。进入锅炉的水质不达标导致锅炉事故的情况是屡见不鲜的。

水质不良（即水质不达标），对热力设备主要会产生三大危害，即设备结垢、腐蚀和积盐。

(1)锅炉经常处于水质不佳状态下运行，会导致热力设备的结垢。热力设备的结垢一般发生在热负荷较高的部位。当传热面管结有铁垢时，还会引起垢下腐蚀，使锅炉热效率降低。

(2)热力设备因水质不良会引起腐蚀。腐蚀主要表现为三种情况：①金属构件破损。锅炉的省煤器、传热面、对流管束及锅筒等构件会因水质不良而引起腐蚀。结果这些金属构件变薄和凹陷，甚至穿孔。更为严重的腐蚀会使金属内部结构遭到破坏。被腐蚀的金属强度显著降低。因此严重影响锅炉安全运行，缩短锅炉使用年限，造成经济上的损失。②增加锅炉水中的结垢成分。金属的腐蚀产物(主要是铁的氧化物)，被锅水带到锅炉受热面后，容易与其他杂质生成水垢。当水垢含铁时，传热效果更差。③产生垢下腐蚀。含有高价铁的水垢，容易引起与水垢接触的金属铁的腐蚀。铁的腐蚀产物又容易重新结成水垢。这是一种恶性循环，它会导致锅炉构件迅速损坏。

腐蚀不仅缩短设备本身的使用期限，而且由于金属腐蚀产生物转入水中，使水中杂质增多，从而加剧热负荷高的受热面上结垢的过程、进一步促进腐蚀而形成恶性循环。腐蚀产物如被带至汽轮机中沉积下来，则将严重影响汽轮机的安全、经济运行。

(3)热力设备因水质不佳，会造成积盐。汽轮机内积盐会降低热效率、影响汽轮机出力。当积盐严重时，还会使汽轮机推力轴瓦负荷增大、隔板变形弯曲、汽轮机振动，造成事故停机。

总之，热力设备的结垢、腐蚀、积盐都会降低设备的使用年限，减少其年利用小时数，同时增加检修的工作量和检修费用。

2. 监测仪表监控失常

监测仪表是余热发电系统运行中水质监督的重要手段,监测化学除盐水、给水、炉水、蒸汽、凝结水等水质品质,监测仪表若准确率低,特别是当水质不合格时,将导致操作人员的误判断,使不合格水进入热力设备,造成危害,因此必须引起高度重视。

3. 中毒窒息

化学水处理系统中,化学药品如氨水具有毒性,酸碱等具有腐蚀性,一旦系统的设备管线、阀门泄漏,作业人员误接触或吸入后对人体危害很大,易发生中毒和窒息等事故。

4. 化学灼伤

在化学车间,水处理的过程中要用到酸、碱等具有较强腐蚀性的溶液,在涉及酸、碱的操作过程中,有的员工违章操作或注意力不集中,很容易造成灼伤事故。

余热发电区域主要危险有害因素分布如表 6-2 所示。

表 6-2　余热发电区域主要危险有害因素分布表

序号	主要危险有害因素		主要存在场所
1	物体打击		锅炉、汽轮机厂房、上下交叉作业的检修场所等
2	车辆伤害		化学药品、润滑油的储运,其他与生产检修相关的运输过程等
3	机械伤害		有转动机械存在的场所
4	起重伤害		有起重设备的场所,如汽轮机厂房、水泵房等
5	触电		有电气设施、设备的所有生产作业场所,包括汽轮机、热工、化学水、发电机、厂用电等系统或场所
6	淹溺		化学水储水罐等
7	灼烫		锅炉、化学水、汽轮机、高温烟气、汽水管道、锅炉停炉炉内作业、电焊作业、气焊作业、气割作业等作业场所
8	火灾		点火柴油库、电气开关室、变配电室、电缆等场所
9	高处坠落		锅炉、除盐水箱等高于 2 m 的平台
10	锅炉爆炸		锅炉系统、汽包
11	容器爆炸		与锅炉相关的压力容器,如蒸汽集汽罐、过热器等
12	中毒和窒息		加药间、化验室等
13	粉尘		水泥窑烟气通过余热锅炉,运行、检修中人员接触粉尘
14	噪声与振动		空压机房、汽轮机给水泵、汽轮发电机组等
15	高温		锅炉、汽轮机热力设备系统等
16	电磁辐射	电离辐射	锅炉等探伤检测
		非电离辐射	高压电气电磁辐射
17	毒物		化学水处理系统

第四节　脱硝系统危险有害因素辨识与分析

一、触电

脱硝工艺系统采用电气控制。氨水罐区有就地控制柜、PLC 控制柜以及电气线路,若控制柜漏电或电气线路漏电,有可能造成触电事故。

二、灼烫

脱硝系统采用19％～25％的氨水作为还原剂,氨水储存在氨水罐里面,如果卸氨水时因为软管破裂等原因,或氨水罐因腐蚀等原因导致氨水泄漏,若作业人员接触到氨水,则作业人员有可能受到氨水化学腐蚀的危害。

三、机械伤害

在对脱硝系统卸氨泵等的检修过程中,若在检修时,机械装置突然被人随意启动;不具备操作机械素质的人员上岗或其他人乱动机械设备,有可能会发生机械伤害事故。

四、高处坠落

氨水罐顶距地面超过2 m,在对氨水罐的检修过程中,如违章作业、防护不当、梯子或平台打滑或其他不符合规范要求的缺陷,检修人员存在高处坠落的危险。

五、中毒和窒息

氨水中挥发产生氨气,氨气有毒且能使人窒息。若氨水泄漏,氨气大量挥发,脱硝作业区的工作人员吸入氨气,有可能发生中毒和窒息事故。

脱硝系统主要危险有害因素分布如表6-3所示。

表6-3 脱硝系统主要危险有害因素分布表

序号	主要危险有害因素	存在部位
1	触电	氨区、电线电缆及用电设备处
2	灼烫	氨区、蒸汽吹灰器附近
3	机械伤害	脱硝装置系统
4	高处坠落	脱硝装置系统
5	中毒和窒息	氨区、脱硝系统、公用及辅助工程

第五节 公用及辅助工程危险有害因素辨识与分析

一、电气设备及其系统

1. 触电

引起触电事故的主要原因,除了设备缺陷、设计不周等技术因素外,大部分是由于违章指挥、违章操作引起的,常见的有:

(1)电线、电气设施的绝缘或外壳损坏、设备漏电,一些设备由于绝缘老化、接地失灵、线头裸露等原因。

(2)违反用电安全操作规程进行操作,不填写工作票或不执行监护制度,线路或电器设备工作完毕,未办理工作票终结手续,就对停电设备恢复送电。

(3)线路检修时不装设或未按规定装设接地线,不使用或使用不合格绝缘工具和电气设备。

(4)设备安全防护装置缺乏或损坏、被拆除,操作人员疏忽大意,身体进入带电危险部位。

(5)在带电设备附近进行作业不符合安全距离或无监护措施。

(6)跨越安全围栏或超越安全警戒线,工作人员走错间隔误碰带电设备,以及在带电设备附近使用钢卷尺等进行测量或携带金属超高物体在带电设备下行走。

（7）在检修电器故障工作时,未按规定切断电源或未在电源开关处挂上明显的作业标志(如严禁合闸等),电器开关被其他人误合闸或随意合闸,导致事故发生。检修照明电压超过36 V 或12 V,导致检修人员触电。

（8）工作人员擅自扩大工作范围。

（9）使用电动工具金属外壳不接地,不戴绝缘手套。

（10）在电缆沟、隧道、夹层或金属容器内工作不使用安全电压行灯照明。

（11）在潮湿地区、金属容器内工作不穿绝缘鞋,无绝缘垫,无监护人。

（12）移动使用的配电箱、板及所用导线不符合要求,未使用漏电保护器。

（13）标志缺陷(如裸露带电部分附近的警告牌、刀闸的开合警告牌不明显),就可能导致作业人员疏忽大意,进而发生触电,误合刀闸等人身或设备事故。

（14）电气作业的安全管理工作存在漏洞。

（15）企业的防雷措施不到位或防雷措施失效,造成人员触电。

2. 火灾

（1）电气设备短路、绝缘老化、破损、静电火花等引起火灾。

（2）电气设备设施超负荷运行,引起电气设备、设施或电缆火灾。

（3）开关设备及其他电气设备短路起火,引燃电缆发生火灾。

（4）控制室、调度室、通信室等未按规程要求接地或接地不良,当过电压时,引起室内电气设备绝缘击穿,产生电弧或火花,引起火灾。

（5）违章作业。

二、仪表及自动化控制系统

1. 计算机控制系统失灵

计算机集中控制系统失灵(如死机,黑屏,CRT 信息显示不变化,操作键盘、鼠标不起作用等),主要是控制器损坏或I/O组件损坏,且未采取冗余配置,不可靠的备用紧急操作手段,或操作员站及某些硬/软件操作按钮配置不能满足设备不同工况运行操作需要,特别是不能满足设备紧急故障处理的需要,会导致设备失控,造成设备损坏或人身伤亡事故。

2. 检测元部件故障

压力、温度、流量等无指示/指最大值/指最小值/指示值不变化。主要是一次检测元部件、变送器损坏,错误信息会误导运行人员,导致对设备运行工况误判断、造成人为误操作、设备保护拒动/误动、自动调节失控等,这些均会危及设备安全运行。

3. 自动调节系统失控故障

自动调节失灵指调整门突然开大/关小、等幅或发散性振荡、自动调节无动作等。主要是调节用一次检测元部件或调节器断线、短路、损坏等,或执行机构卡涩、拉杆销子脱落、拉杆弯曲变形等故障,导致调节信号异常,使得调整门突然开大、关小或自动调节无动作。设备自动调节失灵,危及设备的安全运行,可能造成设备损坏。

4. 电源系统失电故障

电源故障指中控室计算机控制系统失去工作电源、现场调节闸阀动力配电盘失去动力电源等。主要是由于电源回路断线、过负荷熔断器熔断、电源回路短路、开关跳闸引起的。电源故障会造成设备失控,可能造成设备的损坏。

5. 接地系统故障

接地系统故障影响自动化工作的稳定性,会出现调整门突然开大或突然关小误调节动作;或扰乱各种保护、顺序控制逻辑判断运算,出现意想不到的突发动作,危害设备安全运行,造成设备的损坏。

三、给排水及消防系统

1. 机械伤害

水泵等转动机械缺乏必要的防护罩或防护栏杆,工作人员巡检与操作时可能发生机械伤害。

2. 淹溺

设备、设施和阀门大量漏水可能导致水泵房被水淹没,造成设备停产运行、损坏、人员伤亡等。

系统中存在工业排污水池、冷却塔集水池等,这些场所周围若未设置护栏、封盖或这些防护设施不符合要求,容易发生淹溺。

3. 爆炸、窒息

消防系统中拥有大量的移动式灭火器,如果平时维护管理不当,造成锈蚀、腐蚀等,导致使用中压力排泄不畅而发生爆炸,引起人身伤亡事故。

4. 其他

给水系统存在各类电动泵类,如不小心将发生人员触电事故。

四、压缩空气系统

1. 机械伤害

空压机运转过程中,若其转动部分安全装置(如防护罩等)损坏、不健全或被拆除,作业人员作业或巡回检查时,存在工作服衣角、裤脚被卷入机械设备中,发生机械伤害事故,也有可能直接接触转动设备而受伤,也有不按操作规程操作、不按规定正确穿戴劳动防护用品而发生绞伤事故。

2. 容器爆炸

在生产作业过程中使用的空压机缓冲罐、储气罐等压力容器,由于设计制造安装缺陷,安全阀、压力表的失效,容器的腐蚀损坏、操作人员的失误等易造成压力容器物理爆炸。

3. 噪声

空压机在运转过程中会产生机械噪声。如果工作人员长期在噪声环境中工作,不采取防护措施,会造成听力损伤,甚至其他神经系统、分泌系统的损害。

五、总降变电站

1. 触电危险

总降变电站现场的高、低压电气设备,电缆和线路等,在生产运行中,若电气设备、电线电缆质量不好或安装、维修不当,会出现漏电现象;保护线断开或接地电阻超过规定值而触及带电体;在检修中,不慎触及带电体或巡视时过分靠近带电部分;未按安全规程作业,保护失灵等情况,均可能发生人体触电事故。

2. 火灾危险

主变压器采用油浸式,充满了大量矿物绝缘油,闪点 140 ℃,并易蒸发、燃烧,同空气混合能构成爆炸混合物,因此,火灾危险性较大。

总降变电站动力及照明线路、电缆、电气设备等,因产品质量不良、施工不当使绝缘破坏;长期过负荷绝缘老化或因外部影响,可能引发电气设备、电线、电缆过热而发生火灾。电容器长期过压、过负荷或环境温度过高,三相不平衡等原因,可能导致电容器变形,"鼓肚"击穿放电而引起火灾。

3. 雷电危险

雷电侵入供电系统或电气设备,而防雷设施失效时,可能带来多方面危害,如毁坏变压器、开关、绝缘子等电气设备,且可能导致火灾或爆炸事故,如绝缘破坏、高压窜入低压线路或设备,可能导致人员触电、设备损坏事故;如防雷接地电阻值不合要求,可能在雷击点及其建筑金属部分产生过高的对地电压,造成人员直接触电或跨步电压触电事故。

4. 静电危险

可能产生静电危害的设备,如无防静电接地,静电荷将聚集,一旦有放电条件,静电荷通过放电点瞬间放电形成火花,而引起火灾事故。

5. 户外高压电气污闪放电危险

户外绝缘子在常年的挂网运行中会受到工业污秽或飞尘等污染,使污层电导增大,绝缘电阻降低,泄漏电流增加,会产生局部放电;或在大雾、细雨和融雪天气,空气湿度很大,绝缘子表面污垢吸潮,一些溶于水的物质发生分解,使表面电阻大大降低,从而放电电压下降,造成正常工作电压下的局部放电,最终发展成为污闪。

6. 误操作危险

电站运行人员漠视倒闸操作相关规章制度,如跳项、漏项、失去监护、擅自使用万用钥匙、强行解锁等,轻则造成设备损坏、供电中断、电量损失,重则引起电网事故和人身伤亡事故。在操作、核对、检查不认真,忽略操作中的危险因素,如操作设备前不认真检查设备情况,对潜在的设备缺陷不能及时发现,给后续操作留下隐患。

防误闭锁装置是防止电气误操作事故的强制性技术措施,运行人员遇到五防锁打不开,不分析原因就盲目解锁,不按规定使用解锁钥匙,甚至将锁砸坏,使防误闭锁装置未能完全发挥作用造成误操作。

六、机修车间及化验室

1. 机械伤害

在维修过程中涉及很多机械设备,由于缺乏良好的防护设施,维修人员没有按照要求正确佩戴必需的劳动防护用品时,可能造成机械伤害事故。

2. 物体打击

生产过程中设备种类较多,在对设备进行维修时,存在工具、物件等掉落打击人体的事故。

3. 火灾

在机修过程中用到润滑油、柴油和绝缘油等,由于管理不善,易引起火灾。

4. 中毒

在检修焊接过程中若未安装引风装置、引风装置故障或设计排气量不足而造成厂房内焊接烟尘、有害气体浓度超标,极易造成作业人员急性中毒。在焊接过程中要产生大量的电焊烟尘,其主要成分是铁、硅、锰,长期接触易产生焊工尘肺、锰中毒和焊工金属热。化验室内有化学药品也可能导致中毒事故。

5. 化学灼伤

化验室使用的化学药品,如硫酸、盐酸、氢氧化钠、硫化钠、氨水及过硫酸铵,若操作不慎,导致化学品泄漏,可引起作业人员化学灼伤事故。

七、特种设备

1. 起重伤害

原料磨、辊压机、高温风机、循环风机等大型设备检修、维护时多处使用起重机械。起重伤害事故发生的原因,包括起重设备提升控制系统失灵、操作人员违章操作、钢丝绳断裂或其他人员进入警戒区等。

发生起重伤害的主要原因是:①被吊物吊挂不牢固,造成被吊物坠落。②起重机械铃、闸、限位等安全装置不完善。③司机技术不熟练,起重机在吊运中发生碰撞,吊物脱落。④挂吊人员及吊车操作人员违章操作、联系信号不清等。⑤吊具、索具磨损断裂以及吊物吊耳损坏都易导致吊物坠落等。⑥摘挂钩时配合不好夹伤人。⑦歪拉斜拽,吊件摆动伤人。

2. 压力容器爆炸

在生产过程和检修过程中使用的压缩空气储罐、氧气瓶、乙炔瓶等均为压力容器。在生产过程和检修过程中使用不当会造成压力容器爆炸。造成压力容器爆炸的主要原因为:①压力容器没有进行定期检验,其压力承受能力在不确定状态。②违章对压力容器进行检修或改造,造成压力容器耐压程度降低。③压力容器在使用或维护不当、受到撞击的情况下导致其内部压力超过其承受能力而造成爆炸。④安全阀失效、压力表损坏造成超压运行,压力容器腐蚀、破损后造成强度降低,遇高温(如日晒)、高热导致压力增高。

3. 压力管道爆炸

管道超压或因制造、材质、运行等原因造成管道超压膨胀等问题而引起管道爆炸。

4. 电梯故障

电梯在安装、运行、检修过程中可能出现各种事故导致电梯故障。主要有以下原因:①电梯钢索由于过载而断裂,轿厢坠落。②安装、维护中电梯竖井无防护措施,又无警示标志而导致人员失足跌落。③突然停电或线路故障断电而发生事故。④零部件损坏,电梯设备带病运行。⑤电梯工无证上岗,事故情况下误操作。

八、公共部分

1. 高处坠落

厂房高,使用的固定式钢直梯、钢斜梯、钢平台较多,设备在正常运行巡检和设备维修时,如作业人员身体健康状况异常、注意力不集中、违章操作等都可能发生高处坠落事故。

2. 机械伤害

在安装、调试、运行、维修等过程中都涉及很多机械设备,某些设备的快速移动部件、外露传动部件、摆动部件、啮合部件等缺乏良好的防护设施,各工种人员没有按照要求正确佩戴必需的劳动防护用品时,可能造成机械伤害事故。

3. 物体打击

设备种类较多,管线布置错综复杂,层次较多,因而在对设备进行巡检过程中及在设备维修时,存在工具、物件等掉落打击人体的事故。

4. 火灾

生产过程中易发生火灾危险的物质主要有原煤、煤粉、润滑油、柴油、绝缘油等。造成火灾的主要因素有油管道、法兰等漏油喷洒到未保温或保温不良的热体上,引起火灾;未按要求配备消防器材或消防器材失效;煤粉积粉产生的自燃引发火灾;柴油罐和管道泄漏引起火灾。

5. 中毒

在检修焊接生产过程中若未安装引风装置、引风装置故障或设计排气量不足而造成厂房内焊接烟尘、有害气体浓度超标,极易造成作业人员急性中毒。在焊接过程中要产生大量的电焊烟尘,其主要成分是铁、硅、锰,长期接触易产生焊工尘肺、锰中毒和焊工金属热。化验室内有化学药品也可能导致中毒事故。

九、作业环境

1. 粉尘

水泥熟料生产过程中对人体的有害因素主要是粉尘,粉尘产生于物料的输送、破碎、卸车、烧成、粉磨等生产过程中,煤磨收尘器和窑尾袋收尘器的粉尘也较大。粉尘主要有原料粉尘、煤粉尘等。在生产过程中,作业工人长时间吸入粉尘,能引起肺部组织纤维化为主的病变、硬化、丧失正常的呼吸功能从而导致尘肺病。尘肺病是无法痊愈的职业病,治疗只能减少并发症、延缓病情发展,不能使肺组织的病变消失。

粉尘对人的危害性主要有以下几个方面:

(1)粉尘易引起呼吸道感染疾病,经鼻、咽、喉、气管、支气管以至肺泡内,形成尘(矽)肺,长期生活在一定浓度的粉尘中会使人慢性致残以至死亡。

(2)引起心血管病患者的病情恶化,死亡率增加。粉尘既影响作业人员的身体健康(长期工作易得尘肺病),又不利于安全文明生产。

(3)含有游离二氧化硅的粉尘进入人的肺内后,在二氧化硅的毒作用下,引起肺巨噬细胞崩解坏死,导致肺组织纤维化,形成胶原纤维结节,使肺组织弹性丧失,硬度增大,造成通气障碍,影响肺的呼吸活动,即人吸入游离二氧化硅的粉尘可引起矽肺。矽肺是尘肺中进展最快、危害最重的一种。粉尘中含有游离二氧化硅的量越高,对人体危害越大。

(4)水泥生产粉尘排放除有组织排放废气源外,无组织排放废气源存在于水泥生产每一个工序和环节,无组织排放影响因素较多,其排放量大小取决于生产工艺、除尘设备和生产管理水平。归纳起来,水泥厂无组织粉尘排放源有原料堆场的风蚀扬尘、装卸扬尘和运输中洒落扬尘等。装卸扬尘是原料在堆场的卸车以及由堆场到各个作业点(工序)的装卸车产生的。运输中洒落扬尘是原料在各个作业点(工序)之间运输、传送带输送过程中洒落等造成的。

2. 毒物

生产过程中产生有毒、腐蚀物质的作业场所有回转窑窑尾、煤粉制备过程和煤磨检修、窑尾、窑头锅炉烟气净化系统、化学水处理系统、总降变电站及化验室等,这些工作场所经常会产生有毒气体,如硫化氢、六氟化硫、高温烟气(CO、SO_2、氮氧化物)、氨气等。毒气通过呼吸道侵入人体,对人体造成急性或慢性损害。因此,应加强这些部位的防毒措施。

3. 噪声与振动

噪声为水泥生产中的一大危害。一般情况下,有噪声发生,就伴随振动的发生。其对人体的危害,主要有以下几个方面。

(1)听力和听觉器官的损伤:人的听觉器官的适应性是有一定限度的,长期在强噪声的作用下,听力逐渐减弱,引起听觉疲劳。若长年累月在强烈噪声的反复作用下,内耳器官发生了器质性病变,成为永久性听阈位移,亦称噪声性耳聋。

(2)引起心血管系统的病症和神经衰弱:噪声可以使交感神经紧张,表现为心跳加快,心律不齐,血压波动,心电图阳性率增高。噪声引起神经衰弱症候群,如头痛、头晕、失眠、多梦、乏力、记忆力衰退、心悸、恶心等。神经衰弱的阳性率随噪声声级的增高而增高。

(3)对消化系统的影响:引起胃功能紊乱、食欲不振、消化不良。

(4)对视觉功能的影响:由于神经系统互相作用的结果,能引起视网膜轴体细胞光受性降低,视力清晰度降低。

(5)降低工作效率,影响安全生产:噪声易使人烦躁不安与疲乏,注意力分散,导致工作效率降低。当噪声级超过生产中的音响警报信号的声级时,遮蔽音响警报信号,易造成事故。

(6)高声级强噪声损害建筑物和仪器设备:160 dB(A)以上的高声级强噪声可引起建筑物的玻璃震碎、墙壁震裂、屋瓦震落、烟囱倒塌等。

《工作场所有害因素职业接触限值 第 2 部分:物理因素》(GBZ 2.2—2007)规定了职业噪声接触限值:每周工作 5 d,每天工作 8 h,稳态噪声限值为 85 dB(A),非稳态噪声等效声级的限值为 85 dB(A)。详见表 6-4 和表 6-5。

表 6-4 工作场所噪声职业接触限值

接触时间	接触限值[dB(A)]	备注
5 d/w,=8 h/d	85	非稳态噪声计算 8 h 等效声级
5 d/w,≠8 h/d	85	计算 8 h 等效声级
≠5 d/w	85	计算 40 h 等效声级

表 6-5 工作场所脉冲噪声职业接触限值

工作日接触脉冲次数 n(次)	声压级峰值[dB(A)]
$n \leqslant 100$	140
$100 < n \leqslant 1000$	130
$1000 < n \leqslant 10000$	120

水泥企业主要噪声源有破碎机、堆取料机、磨机、胶带输送机、辊压机、水泥磨、煤磨、水泥散装机、风机、空压机、循环水泵站等机械设备。有些机械设备在生产运行过程中会产生很大噪声,如破碎机、风机等机械设备运行中产生的噪声值在 100 dB 以上,声级超过了国家规定的声级标准。机械噪声的控制,包括设计和工艺、控制噪声源、控制噪声传播途径和增强接受者防护措施。

4. 高温

生产过程中热源较多,如熟料生产线上的回转窑烧成区、熟料破碎、冷却、窑尾分解炉及各种磨机区域等均属高温作业区域。

根据《工作场所有害因素职业接触限值 第 2 部分:物理因素》(GBZ 2.2—2007)的规定,高温作业指在生产劳动过程中,工作地点平均 WBGT 指数≥25 ℃的作业(WBGT 指数又称湿球黑球温度,是综合评价人体接触作业环境热负荷的一个基本参量,单位为℃)。因此,高温危害也是主要有害因素之一。

(1)高温是普遍存在的职业卫生问题。工作人员在高温的环境下从事重体力劳动作业,精神高度紧张,体力消耗非常大,易产生疲劳。在这种情况下,工人的生理和心理方面会发生一系列变化,容易引发烫伤事故,应引起足够的重视。

(2)在生产及检修过程中,尤其是在进磨、窑检修期间,为保证生产人员在持续接触热环境后能够使生理机能得到恢复,必须有一定的脱离热环境的时间,因此应合理安排工人的作业班次,减少高温接触时间,并保证有足够的休息时间。工作人员进入磨检修时要穿戴好防护用品,尽量减少接触时间,外部做好通风降温措施。

(3)GBZ 2.2—2007 规定了接触高温作业时间的限值:接触时间率 100%,体力劳动强度为Ⅳ级,WBGT 指数限值为 25 ℃;劳动强度分级每下降一级,WBGT 指数限值增加 1~2 ℃;接触时间率每减少 25%,WBGT 限值指数增加 1~2 ℃。本地区室外通风设计温度≥30 ℃的地区,WBGT 指数相应增加 1 ℃。见表 6-6。

表 6-6 工作场所不同体力劳动强度 WBGT 限值(℃)

接触时间率	体力劳动强度			
	Ⅰ	Ⅱ	Ⅲ	Ⅳ
100%	30	28	26	25
75%	31	29	28	26
50%	32	30	29	28
25%	33	32	31	30

(4)车间作业地点夏季空气温度,应按车间内外温差计算。其室内外温差的限度,应根据实际出现的该地区夏季通风室外计算温度确定。见表 6-7。

表 6-7 车间内工作地点的夏季空气温度规定

夏季通风室外计算温度(℃)	22 及以下	23	24	25	26	27	28	29～32	33 及以上
工作地点与室外温差(℃)	10	9	8	7	6	5	4	3	2

5. 电磁辐射

(1)非电离辐射:在回转窑附近设置有窑红外扫描型筒体测温装置,该装置产生红外辐射,如防护不当,有可能对人体产生辐射伤害。

(2)电离辐射:化验室内有 X 线荧光分析装置,X 射线会产生辐射,很有可能对人体造成辐射损伤。X 射线辐射能够穿透细胞、破坏 DNA,甚至诱发某些癌细胞。X 射线会破坏细胞内部结构,对遗传分子产生难以修复的终生性破坏,X 射线还会破坏红细胞,可能诱发白血病等血液疾病。

十、储运系统

1. 火灾、爆炸

熟料烧成点火使用 0# 柴油,柴油遇明火、高热或与氧化剂接触,有引起燃烧爆炸的危险。引起火灾爆炸的原因有:

(1)油枪、油罐和油管路、阀门、法兰泄漏渗油,遇明火或保温不良的高温管道可能引起火灾或爆炸。油罐区的电气设备未采用防爆型设备,在电气设备故障或表面温度过高时可能引起火灾或爆炸。

(2)油管道排污时忘记关排污门,将油大量排出,可能引起火灾、爆炸。

(3)油泵的轴封盘根温度过高或电动机轴承损坏、温度过高,引起油品燃烧发生火灾。

(4)燃油设备检修时,有油流出来,在管道沟内的蒸发油气散不出来,遇明火发生燃烧或爆炸。

(5)油罐、油管道、汽车卸油等若接地不合格或防雷、防静电措施不到位,由静电、雷电、撞击、摩擦、电器设备等产生火花,可能引起油系统着火。

(6)工作失误,没有严格执行安全工作规程、燃油系统防火措施和有关明火作业制度,引起着火或爆炸。防火堤油污、雨水排放管未设置隔断阀等安全设施设置缺陷,在燃油大量泄漏的情况下均可能发生火灾、爆炸事故。

另外,原煤堆棚在进行煤的卸运、储存、堆取、配制等过程中,原煤由于缓慢氧化和产生热量不断的积累,在超过一定限度后,就会引起自燃,造成火灾。

2. 窒息

生料均化库、煤粉仓储存的物料颗粒极细,在生产、检修过程中,如果人员防护措施不当,可能造成人员掉入仓中,发生窒息死亡事故。水泥库、生料均化库清库过程中被物料压住造成窒息事故。

3. 坍塌

原燃料及成品堆放高度、存放时间等不合理或堆取料方式不当会造成物料坍塌、人员伤亡。

4. 车辆伤害

生产用的原燃料大部分是汽车运输进厂。厂内搬运采用叉车,原料投料采用装载机。运输车辆频繁出入厂区,容易发生道路交通事故,车辆在装卸物料过程中,也容易发生各类事故。常见的车辆伤害事故有:①车辆行驶中发生挤压、撞车或倾覆等造成的人身伤害。②车辆运行中碰撞建筑物、构筑物、堆积物引起建筑物倒塌、物体飞溅下落和挤压地面而产生物体飞溅等造成的人身伤害。

发生撞车、翻车、辗轧等事故的原因主要是缺乏安全知识教育,无证驾驶作业人员精力不集中、麻痹大意,身体有疾患或心理不适,作业条件不符合安全要求,气温过高或过低,影响驾驶人员的判断和反应能力,以及运输设备和运输工具缺陷等。造成车辆伤害的主要原因有:①车况不良,车辆安全装置不齐全,转向失灵,缺少制动、喇叭和车灯信号等。②司机技术水平低或状态不佳,现场人员麻痹大意。③非司机驾车、酒后驾车、超速行驶等违章行为。④倒车镜位置不准。⑤道路不畅,有施工或危险路段没有警示灯。⑥疲劳驾驶。

十一、有限空间作业

有限空间是指封闭或者部分封闭,与外界相对隔离,出入口较为狭窄,作业人员不能长时间在内工作,自然通风不良,易造成有毒有害、易燃易爆物质积聚或者氧含量不足的空间。

在作业过程中主要的有限空间有套筒窑窑体、回转窑窑体等。其主要危险因素如下。

1. 中毒和窒息

大多有限空间需要定期进入进行维护、清理和检修。与这些设备连接的有许多管道、阀门,倘若安全措施不落实,阀门内漏,置换、通风不彻底,氧浓度不合格,有毒有害物质和窒息性气体滞留在有限空间内,可致使作业人员中毒或窒息。

2. 物体打击

许多有限空间入口处往往设有作业平台,作业人员在作业过程中,由于其安全意识不强,监护人监护不到位,在传递工具或打开井盖等过程中发生物体打击伤害。

3. 高处坠落、机械伤害

有限空间内作业条件比较复杂,在作业过程中由于作业人员的误操作、安全附件不齐全以及风力、高温等环境因素的影响,极易造成高处坠落、机械伤害等事故。

4. 触电

作业人员进入有限空间作业,往往需要进行焊接补漏等工作,在使用电气工器具作业过程中,由于空间内空气湿度大电源线漏电、未使用漏电保护器或漏电保护器选型不当以及焊把线绝缘损坏等,易造成作业人员触电伤害。

第六节 筑炉检修作业安全防护体系

一、总则

1. 为贯彻"安全第一、预防为主、综合治理"的方针,加强回转窑系统耐火材料检修作业(以下简称"筑炉检修作业")安全管理工作,有效防范生产安全事故发生,保障检修作业人员的安全和健康,促进公司持续安全发展。

2. 依据国家《安全生产法》《职业病防治法》等相关法律法规及标准规范要求,结合筑炉检修实际情况,制定相关安全管理规定。

3. 筑炉检修作业是水泥企业检修作业的重要环节,也是事故多发环节,为了筑炉检修现场安全管理工作更加有序、有效、长久的落实,也为了加强水泥企业在检修过程中与相关方进行沟通与协调,把"共建安全防护体系,促进安全文明施工;齐抓筑炉施工质量,确保大窑稳定运行"落到实处。

4. 筑炉检修包括大修、中修、抢修等。

二、筑炉检修作业的安全风险

1. 筑炉检修作业通常涉及高温、粉尘、有毒有害物质和有限空间作业、高空作业、交叉作业、不确定因素的落物伤害、打击等风险因素。

2. 筑炉检修作业的施工人员往往不熟悉水泥企业的工艺、设备和涉及的危险因素及其变化情况。

3. 筑炉检修作业双方未健全安全管理体系、未建立完善的安全生产规章制度、未制定规范有效的检修安全技术方案、未进行安全教育培训和现场安全交底、未进行施工人员能力培训或不具备相关检修技能等，是安全管理的风险因素。

三、筑炉检修作业的安全责任

筑炉检修作业的安全责任，由水泥企业对筑炉检修作业安全环境、施工场所负主体责任，应当对检修过程实施全面管理；相关方对其施工现场的施工安全负责，对筑炉检修方案及作业过程承担安全管理责任；对作业前的安全环境及作业过程中的安全环境变化情况，双方应共同检查与签字确认，并对检查确认情况负责。

水泥企业和相关方应明确具体负责检修作业的部门（项目部）和检修作业安全负责人，并应明确检修作业安全责任，应签订"筑炉检修安全管理协议"，并在窑头平台上悬挂"安全防护体系责任牌"，注明水泥企业与相关方的安全责任人、安全监护人、联系电话、办理危险作业审批、停电范围等信息。明确双方筑炉检修的安全管理职责和应当采取的安全措施。

四、筑炉检修作业的安全防范与应急管理

相关方依据国家《安全生产法》《职业病防治法》等相关法律法规及标准规范要求，制定（或修订）落实筑炉检修作业的《安全卫生管理制度》《安全生产责任制管理制度》《安全隐患排查治理制度》《安全生产检查制度》《安全警示标志管理制度》《安全生产工作例会制度》《安全生产技术交底制度》《安全生产资金保障制度》《安全生产教育培训制度》《班前安全活动制度》等制度，制定与落实规范有效的检修安全技术方案，开展安全教育培训和现场安全交底，开展施工人员检修技能培训，确保筑炉检修作业的安全。

为了共同创建安全、和谐的作业环境，筑炉检修作业应先进行安全审批与防范措施检查确认，再进行安全教育培训与现场安全交底，最后安全施工。

双方应安排并指定专人负责筑炉检修作业的安全管理工作，抓好安全教育培训和检修作业现场的安全监管，规范检修作业安全行为，杜绝违章指挥和违章作业。

相关方应合理设定施工作业区域，拉警戒线和挂警示牌，防止闲杂人员进入；水泥企业应对下游区域（窑内）采取安全防护隔离措施，废料排放点和材料吊运通道应设定作业范围，拉警戒线和挂警示牌，必要时安排专人监护；水泥企业与相关方应共同确认上下游安全措施落实情况，确保上下游和周边作业人员的安全。

水泥企业和相关方应共同编制生产安全事故应急救援预案，并每年共同组织开展应急救援预案的培训和演练。水泥企业应按照应急救援预案中的应急救援物资清单进行足额、规范储备和检查确认，在发生事故时，应第一时间启动应急救援预案开展事故救援。

五、筑炉检修作业的安全环境管理

（一）外部作业安全环境管理

1. 进窑天桥及天桥护栏等安全设施应完好牢固，并设置于窑头平台上。

2. 水泥企业应在三次风管壳体上方焊接防护栏杆,窑筒体上方设置钢丝拉绳,便于作业人员安全带的系挂。

3. 相关方应严格执行水泥企业临时用电管理制度,对检修作业用电进行专人管理,确保检修作业用电安全。

4. 筑炉检修作业前,筑炉作业项目负责人应当申请办理篦冷机、煤粉输送风机、窑主传的停电手续,预热器各层溜管闸阀按规范要求锁死,打开所需人孔门;检修作业结束前,不得提前安排关闭人孔门。

5. 水泥企业应指定专人负责窑辅传慢转窑,转窑前事先通知有影响范围内的作业组人员暂停作业,全面确认设备内部无检修人员、相关材料和工器具已撤离到安全区域,方可转窑。

6. 特殊部位需进行交叉作业的,应制定和落实有效的防范措施,经相关方项目经理和水泥企业领导审批与现场确认签字,确保安全的情况下组织开展交叉作业。

7. 水泥企业与相关方共同对筑炉检修作业场所的外部作业安全环境进行检查、确认,确保满足外部作业安全环境要求。

(二)内部作业安全环境管理

1. 预热器系统及窑头罩大斜坡等内部存在结皮及积料危及筑炉检修作业的,由水泥企业在筑炉检修作业前组织检查与清除到位,相关方进入检修前做好确认工作。

2. 作业场所应按要求具备足够的通风条件,采取必要的防尘措施,满足施工人员内部作业安全环境要求。

3. 筑炉检修作业需使用的脚手架、防护架搭设应由水泥企业负责,搭设的脚手架、防护架应符合相关标准要求,脚手架的层高不得超过 1.5 m,立杆间距不得大于 1.0 m,便于作业人员上下。对分解炉及窑尾烟室检修应搭设双层防护层,上、下间距不得大于 0.70 m,且满铺竹笆板并绑扎牢固,防护架应覆盖有效的密封装置,以防灰尘影响。

4. 水泥企业和相关方凡进入系统内部均应进行投球检查确认,排除堵料隐患,并把作业处上一级翻板阀锁死,同时切断空气炮电源、气源。

5. 进入内部检修作业前(包括搭架子、清结皮等),水泥企业应对分解炉、伞顶、窑尾烟室、旋风筒、窑头罩等处的平顶、斜坡、弯管、侧面等部位壳体进行开门(或开孔)检查,检查各部位是否有空鼓、裂纹等现象,存在危险及时组织处理消除,相关方应做好确认工作。

6. 筑炉检修作业时,原则上作业点上方严禁安排其他检修作业,预热器系统不得安排清结皮作业,特殊情况应制定落实有效的防范措施,并经相关方和水泥企业双方现场签字确认后,方可进行。

7. 水泥企业与相关方共同对筑炉检修作业场所的内部作业安全环境进行检查、确认,确保满足内部作业安全环境要求。

(三)抢修作业安全环境管理

1. 抢修作业应做好外部和内部作业安全环境管理所要求的各项安全防范工作。

2. 抢修作业前,应先确定窑系统的施工位置和工作量,确定窑头进窑还是窑尾进窑,制定和落实抢修作业的安全技术方案。

3. 耐火材料应急挖、修补前,应组织开展安全防范措施的落实和确认工作,水泥企业必须打开相关的人孔门和检修门,预热器筒内物料应全部排空且所有翻板阀进行锁死和检查,同时将窑内物料倒空,抢修作业时,高温部位必要时须采取强制通风,确保窑内温度符合要求。

4. 从窑头进窑时,进窑带护栏的简易过桥或爬梯、脚手架应搭设牢固、可靠;应对窑皮进行检查,拆除松动的窑皮,在有窑皮范围内挖补作业的,水泥企业应搭设牢固、可靠的防护架,同时应确保窑内通风及窑尾风机抽风正常；窑尾进窑抢修时，水泥企业应在窑尾烟室搭设双层防护层，同时锁死各级翻板阀，并切断空气炮电源、气源，以防预热器结料流入窑内伤人。

5. 抢修作业过程中水泥企业分厂（或生产安全处）负责人和相关方现场项目负责人应在现场共同监护。

6. 水泥企业与相关方共同对抢修作业现场的内外部作业安全环境进行检查、确认，确保满足抢修作业安全环境要求。

六、筑炉检修作业人员安全管理

相关方从事检修作业的人员，应确保熟悉作业安全环境、作业内容、安全作业规程和安全防护措施、作业中存在的危险有害因素、安全风险告知及应急处置措施；在危险源部位检修的作业人员应进行安全教育培训，正确掌握劳动防护用品的使用方法；检修作业人员应具有从事水泥企业检修作业相关经验和技能。特种作业人员应取得特种作业人员操作证，并持证上岗。

水泥企业应对相关方的检修作业人员进行相关技能和证件的核实与监管，确保检修作业人员符合安全管理要求。

检修作业前，水泥企业应对进入厂区的相关方所有人员开展入厂安全教育；相关方应对检修作业人员和现场监护人员等开展检修安全教育和培训，应将检修安全技术方案的相关要求交代到位、安排到位、准备与落实到位；在检修作业现场应将安全作业的相关防范措施和应急处置措施等安全技术交底到位。

水泥企业和相关方指派的现场安全负责人和监护人员应具有责任心强、业务水平高、熟悉作业现场、具备基本救护技能和作业现场应急处置能力，并应相对固定。

七、筑炉检修作业的安全监管

水泥企业在制定检修计划时，应当充分考虑检修组织、风险分析、方案编制、教育培训的时间周期，合理安排检修时间、工程量。相关方应当科学安排检修进度，不得随意压缩施工手册约定的检修工期和合同中明确的安全投入费用，避免因压缩工期、压缩成本而加大安全风险。

相关方应根据检修任务要求，结合风险分析结果，制定检修安全技术方案。检修安全技术方案中应重点明确安全防范措施，以消除或降低作业风险。方案中还应明确检修项目负责人和安全管理人员，水泥企业应对检修安全技术方案进行审核与确认。

检修作业前，水泥企业要组织对检修作业场所、设备、设施、生产工艺流程和作业内容开展危险有害因素辨识，严格实施作业前风险分析。相关方应派专人参与风险分析。风险分析的内容要涵盖可能存在的危害因素、作业环境特点、检修作业过程、步骤、所使用的工具和设备以及作业人员情况等。经双方签字确认防范到位无危险后，方可开展筑炉检修作业。

存在交叉作业的场所和项目，应严格执行交叉作业安全管理要求，办理交叉作业审批和做好安全防范措施，现场采取可靠的隔离防护措施，作业前排定交叉作业计划和现场安全交底，作业过程加强交叉作业人员之间的统一协调指挥，同一检修单位的交叉作业由检修作业单位统一协调指挥，不同检修单位的交叉作业由水泥企业统一协调指挥。

检修作业中存在大型吊装、危险区域动火、高处危险作业、有限空间作业和临时用电等作业时，应按照安全生产管理制度的相关规定办理相应的危险作业审批、临时用电审批、停送电手续等，水泥企业各级审批人员应到作业现场进行确认防范措施落实情况和作业安全环境情况，具备安全作业条件后，方可同意审批。严禁未办理相应审批手续和未现场签字确认的作业，严禁随意降低作业危险等级，严禁作业票证缺项，严禁更改作业票证日期和时间，严禁代替他人签字。

当作业现场出现异常情况可能危及人员安全时，应立即停止作业，迅速撤离作业场所。异常情况排除后,应重新开展相关危险作业审批,否则不得恢复作业。应禁止无关人员进入检修作业区域,严控检修作业现场人员的数量。

相关方应根据《安全标志及其使用导则》(GB 2894)的规定,在检修作业现场设立醒目的安全警示标志,确保消防通道畅通,确保通信和照明设施、劳动防护用品、应急救援器材满足检修作业安全管理要求,确保设备设施和工器具符合相关标准要求。

现场作业人员和监护人员应严格按照检修安全技术方案和作业安全规程作业。监护人员在作业过程中不得离开监护岗位,如确需离开作业现场时,应由具备相应能力的管理人员代替监护,否则作业活动必须中止。

在检修作业中,水泥企业安全管理人员和相关方项目负责人应加强对检修作业现场的安全监管,及时制止和纠正作业过程中的"三违"(违章指挥、违章作业、违反劳动纪律)行为,及时排查、治理与消除作业过程的各项安全隐患。

相关方在检修作业过程中不得随意拆除和损坏现场各类平台、楼梯等安全防护设施,如因作业需要必须拆除的,应履行安全设施拆除审批手续,经水泥企业同意后方可拆除。

相关方要做到文明施工、规范施工,施工完毕后必须对作业现场的剩余施工材料、工器具进行清场,做到人走场清,同时对损坏的各类安全防护设施、割除的孔洞等损坏点进行恢复到位,并由水泥企业验收符合要求后,方可撤场。

双方应建立筑炉检修作业的安全管理档案,相关方应及时提供营业执照,主要负责人、相关管理人员证书及检修作业人员的保险、证件、教育培训、日常监管记录等的相关复印件,水泥企业应进行审核与规范存档(作业人员变更时,应及时进行保险、证件的变更审核与教育培训);水泥企业应组织对检修作业过程开展安全督查,及时将安全督查通报发相关方落实整改,并及时将日常安全督查与安全监管记录规范存档,确保符合相关方检修作业的安全管理要求。

第七节　CKK(水泥窑协同处置生活垃圾)安全管理

一、CKK 技术介绍

1. 发展水泥窑协同处置生活垃圾技术的意义

利用水泥窑处理生活垃圾技术是鉴于我国垃圾处理现状而开发,我国城市生活垃圾日益增多,占用耕地,众多城市陷入垃圾包围之中。协同处置技术是一种全新的生活垃圾处理系统,利用水泥工业新型干法窑和汽化焚烧炉相结合的技术,将垃圾处理和水泥熟料烧成两个系统进行了有机的融合,实现了城市生活垃圾的无害化、资源化和100%减容化处理。

2. 水泥窑协同处置生活垃圾技术特点

(1)对垃圾适应性好。系统内设置一系列破碎、均化、计量、喂入设备,生活垃圾通过密闭垃圾车送入,不需分选,对生活垃圾的适应性很强。

(2)资源化程度高,节能减排效果好。垃圾焚烧产生的热量可替代部分水泥窑燃料,减少燃料燃烧产生的二氧化碳排放;相比填埋处理方式,避免了甲烷和二氧化碳排放问题;炉渣可替代部分水泥原料,游离态铁、铝等金属可分别回收,资源化程度高。

(3)处理流程简洁。利用水泥窑优势,不需要设置尾气净化系统,简化了处理流程,且已基本实现装备国产化。

(4)采用汽化技术,实现了与水泥工艺的有机结合。针对中国生活垃圾现状,采用汽化炉技术,汽化时空气消耗量小,产生废气量少,对水泥生产影响小,能源利用率高。

(5)环保排放受控。利用水泥窑特有的高温、碱性环境有效处理焚烧过程产生的二噁英,排放指标优于欧盟发达国家水准。

3. 水泥窑协同处置生活垃圾工艺流程(图 6-2)

生活垃圾用密封运输车运送进厂,称重后卸入垃圾坑,通过破碎、搅拌进行均化,再喂入汽化炉内焚烧。汽化炉内垃圾与蓄热介质流化砂接触,一部分垃圾燃烧,产生热量保持蓄热介质的温度,使垃圾可以持续汽化;另一部分垃圾汽化,生成可燃气体送到水泥窑系统中无害化燃烧。汽化炉内的不燃物灰渣从炉底排出,分离出铁、铝金属后,最终剩下的灰渣用作水泥生产的原料。垃圾坑渗出的垃圾渗滤液经过滤后,送到汽化炉内高温氧化,完全分解有机成分,实现无害化。

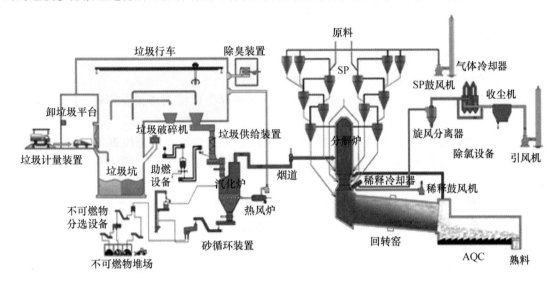

图 6-2　水泥窑协同处置生活垃圾工艺流程图

二、CKK 操作规程

(一)协同作业安全操作规程

1. 单窑协同作业安全操作规程

(1)箅冷机除臭引风机须保持连续开启状态,引风机挡板须全开。

(2)除臭系统应保持完好,需用时可随时开机。

(3)夜间无垃圾车作业时,应保持垃圾坑内气体流通,打开一扇卸料门,保持垃圾坑负压状态,且无异味逸出,适度开启卷帘门。

(4)窑尾高温风机及除臭引风机跳停时,立即开启除臭系统,同时保持引风机挡板全开。

2. 双窑协同作业安全操作规程

(1)除臭风管与两条窑箅冷机风管并联运行,确保系统完好,需要时,可同时运行。

(2)除臭系统应保持完好,需用时可随时开机。

(3)夜间无垃圾车作业时,应保持垃圾坑内气体流通,打开一扇卸料门,保持垃圾坑负压状态,且无异味逸出,适度开启卷帘门。

(4)与 CKK 协同处置窑跳停时,如垃圾坑出现正压,须立即开启除臭系统,保持引风机挡板全开。

(5)当两条窑同时跳停时,需立即开启除臭系统,同时保持引风机挡板全开。

3. 长时间停窑作业安全操作规程

(1)窑长时间停机前,尽量降低垃圾库存;须保持垃圾坑排水栅栏溢水顺畅,将垃圾坑底部渗滤液液位降到最低。

(2)与窑系统衔接,按规范停运 CKK 系统。

(3)窑停期间,须保持除臭系统正常运行,每天早、晚各检测一次垃圾坑内平台和卸料大厅可燃性气体浓度,如检测气体浓度超标(一氧化碳≥24 ppm、甲烷≥5%、硫化氢≥4.3%等),立即打开卸料门和卷帘门,通自然风。

(4)窑恢复生产后,首先开启窑除臭引风机,打开卸料门和卷帘门通自然风,加大垃圾坑内部气体流通。

(5)检测垃圾坑、污水坑内部可燃气体浓度合格后(一氧化碳<24 ppm、甲烷<5%、硫化氢<4.3%等),方可开启 CKK 系统。

(二)有限空间作业安全操作规程

1. 垃圾坑内部作业安全操作规程

(1)严禁夜间(18:00—次日 8:00,有时差的地区根据时差范围调整相应时间)进入垃圾坑内作业。

(2)进入垃圾坑作业前必须提前制定作业安全预案、办理危险作业分级审批。未经审批、未进行安全预案学习与掌握、安全防范措施未落实确认到位,禁止入内。

(3)坚持"先通风、再检测、后作业"的原则。

(4)窑正常运行状态下,进入垃圾坑作业,要提前两小时打开卸料门和卷帘门,加大通风,并确认窑除臭引风机处于正常开启状态;单窑协同须开启除臭系统;两条窑协同,如垃圾坑负压不足,开启除臭系统。

(5)窑停机期间,进入垃圾坑作业,须确认除臭系统运行正常,打开卸料门和卷帘门,加大通风,行车必须停止作业,办理停送电手续。

(6)进入垃圾坑检测或作业必须穿防化服、佩戴正压式呼吸器,并确保防护用品完好有效。

(7)须对垃圾坑内气体浓度和环境温度进行检测,检测指标:氧含量应保持在 19.5%~23.5%、硫化氢<6.58 ppm、一氧化碳<24 ppm、氨<39.5 ppm、甲烷<5%,环境温度<45 ℃。任何一项不符合要求不得入内作业。

(8)作业过程中,分厂领导和 CKK 专门指定监护人员到垃圾坑平台区域进行专门指挥与监护,作业人员需随身携带防爆对讲机,保持与监护人员沟通。同时,作业人员需随身携带便携式检测仪,对有毒有害气体进行实时检测,出现任何一项检测指标不符合要求,须立即停止作业、撤离人员。

(9)作业过程中若需启动行车,必须办理交叉作业申请单,启动前应先响铃 30 秒,得到作业人员许可后方可启动。

(10)在垃圾坑内部作业时,应轮换或间歇性作业,每次进入垃圾坑内作业时间不得超过 30 分钟,如若发现头痛、咳嗽、眼角膜刺痛、四肢乏力等不适症状,应立即撤出。

(11)涉及临边清料作业时,须严格执行高空安全操作规程相关要求,系好安全带,并高挂低用。

(12)若需动火作业,须提前办理动火申请审批手续,作业现场配置灭火器和消防水袋。如作业点在垃圾坑上方,作业前必须将下方垃圾用水打潮,下方易燃易爆气体浓度低于标准值,并在动火作业过程中,持续喷淋与加强通风。

(13)进入垃圾储存区域(垃圾坑底部)作业,须专门制定作业安全预案和办理专门的危险作业分级审批手续,公司领导要到现场进行全程监管。各项防范措施落实到位和垃圾坑底部空间气体浓度符合要求后,用木质软爬梯从卸料门挂放到底部,进入储存区域,若需在垃圾堆上行走,应铺设托板,防止垃圾下陷,不需要行车配合时,要将行车远离作业区域后,对行车办理停电手续。作业人员需随身携带防爆对讲机,保持与监护人员沟通,需系好安全带和安全绳,防止作业人员上下垃圾坑时发生坠落伤害,同时,作业人员需随身携带便携式检测仪,对有毒有害气体进行实时检测,出现任何一项检测指标不符合要求,须立即停止作业、撤离人员。

2. 污水坑作业安全操作规程

(1)严禁夜间(18:00—次日 8:00,有时差的地区根据时差范围调整相应时间)进入污水坑区域作业。

(2)进入污水坑作业前必须提前制定作业安全预案、办理危险作业申请及审批;未经审批、未掌握安全预案,禁止进入污水坑内部作业。

(3)坚持"先通风、再检测、后作业"的原则。

(4)作业前两小时,必须确保污水坑与垃圾坑相连的格网畅通,并用鼓风机往污水坑内送风,同时将压缩空气送入污水坑底部。

(5)进入污水坑检测或作业,应配置低压防爆照明,穿防护服,佩戴正压式呼吸器、安全带及安全绳,并确保防护用品完好有效。

(6)作业前必须对坑内气体浓度和环境温度进行检测,检测指标:氧含量应保持在19.5%～23.5%、硫化氢<6.58 ppm、一氧化碳<24 ppm、氨<39.5 ppm、甲烷<5%,环境温度<45 ℃。任何一项不符合要求不得进入污水坑内作业。

(7)作业过程中,公司领导、分厂领导、CKK 专门指定监护人员到现场进行指挥与监护,作业人员需随身携带防爆通信工具,如对讲机,保持与监护人员沟通。同时,作业人员需随身携带便携式检测仪,对有毒有害气体进行实时检测,出现任何一项检测指标不符合要求,须立即停止作业、撤离人员。

(8)在污水坑内部作业时,应轮换或间歇性作业,每次进入污水坑作业时间不得超过 30 分钟,如若发现头痛、咳嗽、眼角膜刺痛、四肢乏力等不适症状,应立即撤出。

(9)若需动火作业,必须提前办理动火申请审批手续,易燃易爆气体浓度低于标准值,作业现场配置灭火器和消防水袋。

3. 汽化炉内部作业安全操作规程

(1)严禁夜间(18:00—次日 8:00,有时差的地区根据时差范围调整相应时间)进入汽化炉内部作业。

(2)进入汽化炉内部作业前必须提前制定作业安全预案、办理危险作业申请及审批;未经审批、未掌握安全预案,禁止进入内部作业。

(3)汽化炉内部作业须办理上下游设备停送电手续,开关打至检修位置,同时关闭强制风机入口挡板并断电。

(4)进入汽化炉内部检测或作业,应配置低压防爆照明,穿防护服,佩戴正压式呼吸器或防毒面具、安全带及安全绳,并确保防护用品完好有效。

(5)坚持"先通风、再检测、后作业"的原则。

(6)作业前,必须对汽化炉内部进行通风。

(7)作业前必须对汽化炉气体浓度和环境温度进行检测,检测指标:氧含量应保持在19.5%～23.5%、硫化氢<6.58 ppm、一氧化碳<24 ppm、氨<39.5 ppm、甲烷<5%,环境温度<45 ℃。任何一项不符合要求不得进入汽化炉及风管内部作业。

(8)窑系统运行时,进入汽化炉内部作业前及过程中必须对入分解炉闸板办理停送电审批手续,开关打至检修位置,闸板完全关闭、风管沿程检修门全部打开。

(9)作业过程中,公司分厂领导现场监护,作业人员需随身携带通信工具,保持与监护人员沟通。同时,作业人员需随身携带便携式检测仪,对有毒有害气体进行实时检测,出现任何一项检测指标不符合要求,须立即停止作业、撤离人员。

(10)汽化炉内部应采取轮换或间歇性作业,如若发现头痛、咳嗽、眼角膜刺痛、四肢乏力等不适症状,应立即撤出。

(11)高空作业必须有效系扣安全带。

(12)若需动火作业,须提前办理动火申请审批手续,作业现场配置灭火器和消防水袋。

4. 烟气风管内部作业安全操作规程

(1)严禁夜间(18:00—次日 8:00,有时差的地区根据时差范围调整相应时间)进入烟气风管内部作业。

(2)进入烟气风管内部作业前必须提前制定作业安全预案、办理危险作业申请及审批;未经审批、未掌握安全预案,禁止进入内部作业。

(3)烟气风管内部作业须办理上下游设备停送电审批手续,开关打至检修位置。

(4)进入烟气风管内部检测或作业,应配置低压防爆照明,穿防护服,佩戴正压式呼吸器或防毒面具、安全带及安全绳,并确保防护用品完好有效。

(5)坚持"先通风、再检测、后作业"的原则。

(6)作业前,必须对烟气风管内部进行通风。

(7)作业前必须对烟气风管内气体浓度和环境温度进行检测,检测指标:氧含量应保持在 19.5%～23.5%、硫化氢<6.58 ppm、一氧化碳<24 ppm、氨<39.5 ppm、甲烷<5%,环境温度<45 ℃。任何一项不符合要求不得进入烟气风管内部作业。

(8)作业过程中,公司分厂领导现场监护,作业人员需佩戴即时通信工具,保持与监护人员沟通。同时,作业人员需随身携带便携式检测仪,对有毒有害气体进行实时检测,出现任何一项检测指标不符合要求,须立即停止作业、撤离人员。

(9)烟气风管内部应采取轮换或间歇性作业,每次进入作业时间不得超过 30 分钟,如若发现头痛、咳嗽、眼角膜刺痛、四肢乏力等不适症状,应立即撤出。

(10)若需动火作业,须提前办理动火申请审批手续,作业现场配置灭火器和消防水袋。

5. 板喂机内部作业安全操作规程

(1)严禁夜间(18:00—次日 8:00,有时差的地区根据时差范围调整相应时间)进入板喂机内部作业。

(2)进入板喂机内部作业前必须提前制定作业安全预案、办理危险作业申请及审批;未经审批、未掌握安全预案,禁止进入内部作业。

(3)板喂机内部作业须办理行车和下游设备停送电审批手续,开关打至检修位置。

(4)进入板喂机内部检测或作业,应配置低压防爆照明,穿防护服,佩戴正压式呼吸器、安全带及安全绳,并确保防护用品完好有效。

(5)坚持"先通风、再检测、后作业"的原则。

(6)作业前,必须对板喂机内部进行通风。

(7)作业前必须对板喂机内气体浓度和环境温度进行检测,检测指标:氧含量应保持在 19.5%～23.5%、硫化氢<6.58 ppm、一氧化碳<24 ppm、氨<39.5 ppm 、甲烷<5%,环境温度<45 ℃。任何一项不符合要求不得进入板喂机内部作业。

(8)作业过程中,公司二级部门工段长或以上管理人员现场监护,作业人员需佩戴即时通信工具,保持与监护人员沟通。同时,作业人员需随身携带便携式检测仪,对有毒有害气体进行实时检测,出现任何一项检测指标不符合要求,须立即停止作业、撤离人员。

(9)板喂机内部应采取轮换或间歇性作业,每次进入作业时间不得超过 30 分钟,如若发现头痛、咳嗽、眼角膜刺痛、四肢乏力等不适症状,应立即撤出。

(10)若需动火作业,动火作业内容未包含于危险作业分级审批中,须提前办理动火申请审批手续,作业现场配置灭火器和消防水袋。

6. 破碎机内部作业安全操作规程

(1)严禁夜间(18:00—次日 8:00,有时差的地区根据时差范围调整相应时间)进入破碎机内部作业。

(2)进入破碎机内部作业前必须提前制定作业安全预案、办理危险作业申请及审批;未经审批、未掌握安全预案,禁止进入内部作业。

(3)破碎机内部作业须办理行车和上下游设备停送电审批手续,开关打至检修位置。

(4)进入破碎机内部检测或作业,应配置低压防爆照明,穿戴防护服,佩戴安全带及安全绳,并确保防护用品完好有效。

(5)坚持"先通风、再检测、后作业"的原则。

(6)作业前,应将破碎机检修门打开通风。

(7)作业前必须对破碎机内部气体浓度和环境温度,检测指标:氧含量应保持在 19.5%～23.5%、硫化氢<6.58 ppm、一氧化碳<24 ppm、氨<39.5 ppm、甲烷<5%,环境温度<45 ℃。任何一项不符合要求不得进入内部作业。

(8)作业过程中,公司二级部门工段长或以上人员现场监护,作业人员需随身携带通信工具,保持与监护人员沟通。同时,作业人员需随身携带便携式检测仪,对有毒有害气体进行实时检测,出现任何一项检测指标不符合要求,须立即停止作业、撤离人员。

(9)在破碎机内部作业时,应轮换或间歇性作业,每次连续作业时间不得超过 20 分钟,如若发现头痛、咳嗽、眼角膜刺痛、四肢乏力等不适症状,应立即撤出。

(10)涉及临边清料作业时,存在高空作业须有效系扣安全带。

(11)若需破碎机堆焊动火作业,须提前办理动火申请审批手续,作业现场配置灭火器和消防水袋。破碎机溜子下方垃圾用水打潮,严禁使用行车翻动该部位垃圾,防止着火,并在动火作业过程中,持续喷淋。

(三)设备安全操作规程

1. 破碎机安全操作规程

(1)日常检查、维护、保养作业

① 必须正确穿戴劳保用品,破碎机运转中严禁打扫旋转部位卫生,定期检查电机尾罩螺栓、刀轴旋转部位、底盘固定螺栓松动情况。

② 如确需对旋转部位进行检查、维护作业时破碎机必须停机,办理停送电手续,制定并落实安全防范措施。

(2)破碎机及下料溜槽清堵作业

① 破碎机及下料溜槽清堵作业前,必须办理危险作业分级审批手续,制定并落实防范措施。

② 作业前必须对破碎机及上游板喂机、给料辊办理停电手续,未办理停电手续,严禁开门清料。

③ 必须规范穿戴劳动防护用品和佩戴防毒面具。

④ 严禁人员进入破碎机内部清堵作业。

⑤ 如需点动,必须办理设备送电手续,现场确认无滞留人员和工器具,具备开机条件方可点动,设专人指挥,且管理人员必须在现场全过程监控。

2. 板喂机安全操作规程

(1)日常检查、维护、保养作业

① 必须正确穿戴劳保用品,设备运转中严禁打扫旋转部位卫生。

② 如确需对旋转部位进行检查、维护作业时板喂机、给料辊必须停机,办理停送电手续,制定并落实防范措施。

(2)板喂机头部清堵作业

① 板喂机头部清堵作业前,必须办理危险作业分级审批手续,制定并落实防范措施。

② 作业前必须对破碎机及板喂机、给料辊办理停电手续,未办理停电手续,严禁开门清料。

③ 必须规范穿戴劳动防护用品和佩戴防毒面具。

④ 头部清料作业过程中严禁身体探入板喂机内部,需专人监护,且管理人员必须现场全程监督、指挥。

⑤ 清堵过程中防止大锤或钢钎掉入破碎机。

(3)板喂机内部检修、清料作业

① 板喂机内部清料、给料辊清料及检修作业前,必须办理危险作业分级审批,制定并落实防范措施。

② 作业前必须对破碎机及板喂机、给料辊、行车办理停电手续。

③ 进入板喂机内部作业前,必须提前开门通风 1 小时以上。

④ 进入板喂机内部作业前,需对板喂机内部有毒有害气体进行检测,检测指标:氧含量应保持在 $19.5\%\sim23.5\%$、硫化氢 <6.58 ppm、一氧化碳 <24 ppm、氨 <39.5 ppm、甲烷 $<5\%$,环境温度 <45 ℃。任何一项不符合要求不得进入内部作业。

⑤ 进入板喂机内部作业时,必须规范穿戴劳动防护用品,必须佩戴防毒面具、穿防化服。

⑥ 进入板喂机内部作业应设专人在板喂机检修门外进行监护。

⑦ 在板喂机内部作业时,应轮换或间歇性作业,每次进入作业时间不得超过 30 分钟,如若发现头痛、咳嗽、眼角膜刺痛、四肢乏力等不适症状,应立即撤出。

⑧ 内部动火作业,必须提前办理动火申请审批手续,破碎机下料口处垃圾清空和用水打潮,现场配备消防水袋和灭火器。

⑨ 板喂机头部下料口及给料辊检修清料作业时,存在高空作业必须有效系扣安全带。

3. 行车安全操作规程

(1)行车日常检查、维护、检修作业

① 进入垃圾坑内作业严格遵守与落实垃圾坑内部作业安全操作规程,办理危险作业分级审批手续。

② 作业前必须办理行车停电手续,拍下操作台急停控制按钮。

③ 涉及行车临边检查维护项目时,存在高空作业必须有效系扣安全带。

④ 若需在内部动火作业,必须提前办理动火申请审批手续,行车移至停车位置,下方存在油污及垃圾要及时清除,如行车故障在垃圾坑作业上方时,必须将下方垃圾用水打潮和加强通风,并在动火作业过程中采取连续喷淋措施。

(2)抓料、投料作业

① 必须熟悉行车的工作原理和安全连锁保护装置、操作方法及保养规则,持证上岗。

② 行车导电部位和裸导线的外壳保护罩不完整,升降抱闸不灵,各限位开关失效,无信号时,未经修复不得使用。

③ 行车抓料、投料作业前,应先响铃 30 秒,确认行车上无人员滞留方可启动,操作时要逐挡

加速,不允许跳挡及野蛮操作。

④ 严禁用抓斗运送人员,行车抓料时,严禁超载运行。

⑤ 行车带料运行时,抓斗要离运行线路上最高障碍物一定距离。

⑥ 行车操作严格遵守"十不吊"原则。

⑦ 车停止使用时要开到指定停车位置,抓斗张开平放至作业平台,把所有控制手柄打到零位,切断主电源。

(3)抓斗油缸补油、抓斗检修作业

① 进入垃圾坑内作业严格遵守与落实垃圾坑内部作业安全操作规程。

② 抓斗检修作业前,必须办理危险作业分级审批手续,拍下急停开关。

③ 抓斗检修作业前,将抓斗放置检修平台,抓斗下放前,应确保抓斗上无垃圾残余(抓斗故障除外),下放过程中要有专人进行指挥,防止抓斗碰撞墙体及厂房管道,指挥人员严禁站在抓斗下放区域正下方指挥。

④ 抓斗检修动火作业时,应设置灭火器,落实其他防火措施后方可进行。

⑤ 抓斗检修时,存在高空作业必须有效系扣安全带。

4. 振动筛安全操作规程

(1)日常检查、维护、清料作业

① 作业前,必须办理停电手续,须排查作业区域安全风险,落实防护措施,开展安全交底。

② 振动筛清料、检查维护作业前,必须对上游不燃物链斗机和下游磁选机等设备办理停电手续。

③ 振动筛清料、检查维护作业前,应正确穿戴劳保用品,戴好全面式防尘口罩、防护手套,扎紧袖口,防止烫伤。

④ 作业过程中要正确使用工器具。

⑤ 上、下振动筛箱体注意防摔。

(2)振动筛膨胀节帆布、筛网、电机检修和更换作业

① 检修作业前,必须办理停电手续,须排查作业区域安全风险,落实防护措施,开展安全交底。

② 振动筛检修作业前,必须对上游不燃物链斗机和下游磁选机等设备办理停送电手续。

③ 振动筛检修作业前,应正确穿戴劳保用品,戴好防尘口罩、防护手套,扎紧袖口,防止烫伤。

④ 作业过程中要正确使用工器具。

⑤ 进行筛网检修和更换时,必须站在筛网有钢板支承件上方,不可踩在筛网的悬空部位。

⑥ 检修作业中,存在高空作业必须有效系扣安全带。

5. 磁选机安全操作规程

(1)日常检查、维护、清料作业

① 进行磁选机日常检查、维护、清料作业前,事先必须办理停电手续,设备运转中严禁打扫旋转部位卫生,定期检查减速机地脚螺栓松动、传动链磨损情况。

② 磁选机清料、检查维护作业前,必须确保上游振动筛、磁选机停机,且办理停电手续后,方可讲行。

③ 磁选机清料、检查维护作业前,应正确穿戴劳保用品,戴好防尘口罩、防护手套,扎紧袖口,防止烫伤。

④ 作业过程中要注意正确使用工器具,禁止手持铁器接近磁选机。

（2）磁选机磁辊更换、导料板调整、传动链更换等检修作业

① 进行磁选机检修作业前，须排查作业区域安全风险，落实防护措施，开展安全交底。

② 磁选机检修作业前，必须确保上游振动筛、磁选机停机，且办理停送电手续后，方可进行。

③ 磁选机检修作业前，应正确穿戴劳保用品，戴好防尘口罩、防护手套，扎紧袖口，防止烫伤。

④ 作业过程中要注意正确使用工器具，禁止手持铁器接近磁选机。

6. 垃圾喂料螺旋输送机安全操作规程

（1）日常检查、维护、保养作业

① 必须正确穿戴劳保用品，设备运转中严禁打扫旋转部位卫生，定期检查电机、减速机地脚螺栓松动情况。

② 如确需对旋转部位进行检查、维护作业时，螺旋输送机必须停机，办理停送电手续，制定并落实防范措施。

（2）喂料螺旋输送机内部叶片堆焊、清料作业

① 螺旋输送机内部清料、堆焊检修作业前，必须办理危险作业分级审批和停送电审批手续，制定并落实防范措施。

② 作业前必须关闭汽化炉上密闭门，折翼挡板、板喂机、解碎机、上密闭门断电开关打至检修位置，办理停电手续。

③ 进入螺旋输送机内部作业前，必须提前开门通风 2 小时以上。

④ 进入螺旋输送机内部作业前，需对输送机内部有毒有害气体进行检测，检测指标：氧含量应保持在 $19.5\% \sim 23.5\%$、硫化氢 <6.58 ppm、一氧化碳 <24 ppm、氨 <39.5 ppm、甲烷 $<5\%$，环境温度 $<45\ ℃$。任何一项不符合要求不得进入内部作业。

⑤ 进入螺旋输送机内部作业时，必须规范穿戴劳动防护用品，必须佩戴防毒面具、穿防化服。

⑥ 进入螺旋输送机内部作业必须设专人在输送机检修门外进行监护。

⑦ 螺旋输送机内部作业时，应轮换或间歇性作业，每次连续作业时间不得超过 30 分钟，如若发现头痛、咳嗽、眼角膜刺痛、四肢乏力等不适症状，应立即撤出。

⑧ 螺旋输送机内部动火作业，必须提前办理动火申请审批手续，确认输送机内部物料已排空，现场配备消防水袋和灭火器。

7. 不燃物螺旋输送机安全操作规程

（1）日常检查、维护、保养作业

① 必须正确穿戴劳保用品，设备运转中严禁打扫旋转部位卫生，定期检查电机、减速机地脚螺栓松动情况。

② 如确需对旋转部位进行检查、维护作业时，螺旋输送机必须停机，办理停电手续，制定并落实防范措施。

（2）螺旋输送机尾部下料口割铁丝作业

① 作业前，事先必须办理停电手续，须排查作业区域安全风险，落实防护措施，开展安全交底。

② 作业前，必须对上下游设备办理停电审批手续。

③ 作业前，应正确穿戴劳保用品，戴好防尘口罩、防护手套，扎紧袖口，防止烫伤。

④ 动火作业过程中，应正确使用工器具，现场配备灭火器。

⑤ 如需点动，必须办理设备送电手续，现场确认无滞留人员和工器具，具备开机条件方可点

动,设专人指挥,且管理人员必须现场全过程监督。

(3)螺旋输送机内部清料、叶片堆焊、输送轴更换等检修作业

① 作业前,必须办理危险作业分级审批手续,制定并落实防范措施。

② 作业前必须关闭汽化炉下密闭门,不燃物螺旋输送机、不燃物链斗机、下密闭门断电开关打至检修。

③ 进入输送机内部作业前,必须在地坑通风口处增设排气扇进行通风。

④ 进入不燃物螺旋输送机内部作业时,必须规范穿戴劳动防护用品,佩戴防尘口罩。

⑤ 不燃物螺旋输送机检修作业原则上两人以上,采取轮换作业。

⑥ 螺旋输送机内部动火作业,现场配备消防水袋和灭火器。

8. 解碎机安全操作规程

(1)日常检查、维护、保养作业

① 必须正确穿戴劳保用品,设备运转中严禁打扫旋转部位卫生,定期检查电机、减速机地脚螺栓松动情况。

② 如确需对旋转部位进行检查、维护作业时,解碎机必须停机,办理停送电手续,制定并落实防范措施。

(2)解碎机内部叶片堆焊、清料作业

① 严禁汽化炉运行过程中开门检查、清料作业。

② 解碎机内部清料、堆焊检修作业前,必须办理危险作业分级审批手续,制定并落实防范措施。

③ 作业前必须关闭汽化炉上密闭门,喂料螺旋输送机、上密闭门断电开关打至检修。

④ 进入解碎机内部作业前,必须提前开门通风2小时以上。

⑤ 进入解碎机内部作业前,需对解碎机内部有毒有害气体进行检测,检测指标:氧含量应保持在 19.5%～23.5%、硫化氢<6.58 ppm、一氧化碳<24 ppm、氨<39.5 ppm、甲烷<5%,环境温度<45 ℃。任何一项不符合要求不得进入内部作业。

⑥ 进入解碎机内部作业,必须规范穿戴劳动防护用品,必须佩戴防毒面具、穿防化服。

⑦ 进入解碎机内部作业必须设专人在解碎机检修门外进行监护。

⑧ 在解碎机内部作业时,应轮换或间歇性作业,如若发现头痛、咳嗽、眼角膜刺痛、四肢乏力等不适症状,应立即撤出。

⑨ 解碎机内部动火作业,必须提前办理动火申请手续,确认喂料螺旋输送机内部及密闭门上方物料已排空,现场配备消防水袋和灭火器。

9. 折翼挡板安全操作规程

(1)日常检查、维护、保养作业

① 必须正确穿戴劳保用品,设备运转中严禁打扫旋转部位卫生,定期检查挡板液压杆固定螺栓松动情况。

② 如确需对旋转部位进行检查、维护作业时,挡板必须打至全开位置,办理停电手续,制定并落实防范措施。

(2)折翼挡板内部固定螺栓更换、清料作业

① 折翼挡板内部清料、检修作业前,必须办理危险作业分级审批手续,制定并落实防范措施。

② 作业前必须将双折翼挡板打至全开限位,并采取固定措施,同时对喂料螺旋输送机、入炉板喂机、双折翼挡板断电开关打至检修,办理停电手续。

③ 进入折翼挡板内部作业前,必须提前开门通风 2 小时以上。

④ 进入折翼挡板内部作业前,需对折翼挡板内部有毒有害气体进行检测,检测指标:氧含量应保持在 19.5％～23.5％、硫化氢＜6.58 ppm、一氧化碳＜24 ppm、氨＜39.5 ppm、甲烷＜5％,环境温度＜45 ℃。任何一项不符合要求不得进入内部作业。

⑤ 进入折翼挡板内部作业,必须规范穿戴劳动防护用品,必须佩戴防毒面具、穿防化服。

⑥ 进入折翼挡板内部作业,存在高空作业必须有效系扣安全带,检修门外设专人监护。

⑦ 在折翼挡板内部作业时,应轮换或间歇性作业,每次连续作业时间不得超过 30 分钟,如若发现头痛、咳嗽、眼角膜刺痛、四肢无力等不适症状,应立即撤出。

⑧ 折翼挡板内部动火作业,必须提前办理动火申请手续,确认喂料螺旋输送机内部物料已排空,现场配备消防水袋和灭火器,其他防火措施落实到位。

10. 链斗机安全操作规程

(1)日常检查、维护、保养作业

① 必须正确穿戴劳保用品,设备运转中严禁打扫旋转部位卫生,定期检查电机、减速机地脚螺栓松动情况。

② 如确需对旋转部位进行检查、维护作业时,链斗机必须停机,并办理停电手续,制定并落实防范措施。

(2)链斗机下料口清堵、卡阻割孔检查及尾部积料清理作业

① 作业前,须排查作业区域安全风险,落实防护措施,开展安全交底。

② 作业前,必须确保链斗机及上游设备停机,且办理停电手续后方可进行。

③ 作业前,应正确穿戴劳保用品,戴好防尘口罩、防护手套,扎紧袖口,防止烫伤。

④ 如需点动,必须办理设备送电手续,现场确认无滞留人员和工器具,具备开机条件方可点动,设专人指挥,且管理人员必须现场全过程监督。

⑤ 动火作业过程中,应正确使用工器具,现场配备灭火器。

(3)链斗机料斗、链条及其固定螺栓更换等检修作业

① 链斗机料斗、链条及其固定螺栓更换等检修作业前,必须办理危险作业分级审批手续,制定并落实防范措施。

② 必须确保链斗机及上游设备停机,且办理停电手续后方可进行。

③ 进行点动作业,必须办理设备点动申请,确保无人滞留方可点动,且管理人员必须现场全程监督。

④ 作业过程中,必须规范穿戴劳动防护用品,必须佩戴防尘口罩。

⑤ 动火作业过程中应正确使用工器具,现场配备灭火器。

11. 强制风机安全操作规程

(1)日常检查、维护、保养作业

① 必须正确穿戴劳保用品,设备运转中严禁打扫旋转部位卫生,定期检查地脚螺栓和紧固螺栓有无松动,机内有无杂物。

② 如确需对旋转部位进行检查、维护作业时,强制风机必须停机,并办理停电手续,制定并落实防范措施。

(2)叶轮清灰、油站过滤器清洗、电机保养等检修作业

① 强制风机检修作业前,须排查作业区域安全风险,落实防护措施,开展安全交底。

② 必须确保强制风机、风机油站停机、叶轮停止转动,且办理停电手续后方可进行。

③ 叶轮清灰过程中,原则上应两人以上作业,作业过程中防止工器具伤人。

④ 油站过滤器清洗作业前,应先释放内部油压。

⑤ 电机吊装作业过程中,严格执行吊装作业安全规程。

⑥ 作业过程中,必须规范穿戴劳动防护用品,必须佩戴防尘口罩。

⑦ 动火作业过程中,应正确使用工器具,现场配备灭火器。

12. 液压站安全操作规程

(1)日常检查、维护、保养作业

① 必须正确穿戴劳保用品,严禁在液压站附近抽烟、电焊、切割动火,定期检查液压站各阀门、油管路、箱体有无渗油。

② 如需对油泵旋转部位维护、保养,液压站必须停机,并办理停电手续,制定并落实防范措施。

③ 液压站加油时做好跑、冒、滴、漏的处理工作,加完油后,立即盖好,严禁无故打开。

(2)液压站油过滤器清洗等检修作业

① 液压站检修作业前,必须办理危险作业分级审批手续,制定并落实防范措施。

② 必须确保液压站停机,油过滤器无残余压力,且办理停电手续后方可进行。

13. 袋收尘安全操作规程

(1)日常检查、维护、保养作业

① 必须正确穿戴劳保用品,设备运转中严禁打扫旋转部位卫生,定期检查袋收尘压缩空气有无漏气等。

② 如确需对旋转部位进行检查、维护作业时,袋收尘必须停机,并办理停电手续,制定并落实防范措施。

(2)袋收尘灰斗清灰、滤袋更换等检修作业

① 袋收尘检修作业前,必须办理危险作业分级审批手续,制定并落实防范措施。

② 袋收尘检修作业前,必须确保袋收尘风机及下游排风机停机,且办理停电手续后方可进行。

③ 袋收尘换袋作业前,先停止压缩空气,并关闭气室气源,拔掉脉冲线圈。

④ 袋收尘换袋作业前,先将顶部盖板打开通风,待内部温度下降至常温后方可进行作业,作业时正确穿戴劳保用品,戴好防尘口罩。

⑤ 上方平台作业时,严禁向下方抛掷物品,下方必须设置安全警戒绳。

⑥ 检修结束要确保袋收尘内无人、无工具及杂物,方可关闭盖板、封门。

14. 回转阀安全操作规程

日常检查、维护、保养作业

① 必须正确穿戴劳保用品,定期检查阀体紧固螺栓有无松动,链条张紧是否合适,链条润滑是否充足,安全销是否完好,叶片与腔体内壁是否摩擦。

② 回转阀发生卡塞、堵塞时,回转阀必须停机,并办理停电手续,制定并落实防范措施。

③ 特殊情况下必须采取制动措施将回转阀锁死,确认上下游无物料,并在专人监护下实施。

15. 空气炮安全操作规程

(1)日常检查、维护、保养作业

① 在空气炮工作时,绝对禁止人员进行空气炮检修。

② 日常检查、设备卫生清理应避免耳朵贴近快速释放阀,以免冲击气流损伤耳膜。

③ 未经许可不得擅自更改自动控制箱的循环喷爆程序及编组参数。

④ 日常汽化炉出口风管清料作业时,应关闭附近空气炮进气阀,打开排气阀和过滤器水阀,

排空储气罐内的压缩气体,方可进行清料作业。

(2)空气炮检修作业

① 进行空气炮检修作业前,必须办理停电手续,并对相关空气炮进行断电并拆除电磁阀。

② 作业前应关闭空气炮进气阀,打开排气阀和过滤器水阀,排空储气罐内的压缩气体,方可进行作业。

16. 斗式提升机(简称斗提)安全操作规程

(1)日常检查、维护、保养作业

① 必须正确穿戴劳保用品,设备运转中严禁打扫旋转部位卫生,定期检查电机、减速机地脚螺栓松动情况。

② 如确需对旋转部位进行检查、维护作业时斗式提升机必须停机,办理停电手续,制定并落实防范措施。

(2)检修作业

① 检修作业前,要将料斗内物料排空(故障停机除外)。

② 检修作业前,必须在确认斗提停机后,对其进行断电并将现场控制开关打至检修位置,办理停电手续。

③ 更换链条式料斗作业前,须将链条用钢管固定牢靠。

④ 如须点动,必须办理设备送电手续,现场确认无滞留人员和工器具,具备开机条件方可点动,设专人指挥,且管理人员必须现场全过程监督。

⑤ 斗提在试机、启动及点动时,必须将防护罩恢复,要确保易熔塞、逆止器完好;严禁人员站在头部驱动位置和尾轮配重处,防止液耦(即液力耦合器)爆炸和尾轮配重伤人。

⑥ 打开检修人孔门前,必须将料斗物料放空,作业时必须用工器具(钢管或葫芦)将链条或料斗固定,防止反转。

⑦ 斗提链条更换时,料斗必须对称割除,并在对称板链间插钢管固定,防止斗提失重倒转。

⑧ 斗提内壁积料应从上往下清理,尾部积料清理时必须与上游联系确认。

⑨ 尾轮修复、减速机解体及板链安装时应在起重人员的统一指挥下进行吊装,板链对接时一侧安装完毕,再安装另一侧。

⑩ 斗提上方平台作业时,严禁向下方抛掷物品,下方必须设置安全警戒绳。

⑪ 夜间检修,确保现场照明充足,遇大风大雨等恶劣天气,严禁在斗提顶部平台作业。

⑫ 检修结束开机前,要确认现场已检修完毕,设备内部无人、无遗留工器具,底部无积料;将安全防护装置恢复,固定牢靠;确认各人孔门、检修门已关闭后,方可开机。

17. 热风炉安全操作规程

(1)进入热风炉系统作业前必须穿戴好劳保用品,进入热风炉内部作业时必须佩戴防毒面具等防护用品。

(2)在进行热风炉点火升温前,需对喷油管进行清洗,点火时先将至分解炉出口阀门保持一定开度,开启热风炉稀释风机和燃烧风机,操作人员处于安全位置、调整油泵供油量为较低值时进行点火升温,防止点火期间瞬时轻油剧烈燃烧产生正压伤人。

(3)热风炉点火升温期间,中控操作时密切关注火焰燃烧情况,逐渐加大用油量,保持炉内通风,出现火焰熄灭时,及时停止油泵,关闭油泵出口阀门,关闭进油手动阀。

(4)进入热风炉内部检查作业前,必须办理危险作业分级审批手续,需对炉内进行通风冷却,探明温度是否正常,进入炉内作业必须使用低压照明设备,配备专人监控,同时先观察炉内耐火材料状况正常情况下,方可进入内部作业。

(5)升温不得过快,尤其是首次烘炉以免炉膛垮落,严格控制出炉温度,防止温度过高炉膛爆裂。

(6)热风炉运行时严禁触摸热风炉壳体及管道,防止烫伤。

18. 活塞阀安全操作规程

(1)日常检查、维护、保养作业

① 必须正确穿戴劳保用品,窑系统压力波动时严禁在活塞阀区域作业,旁路运行过程中定期检查活塞阀有无漏风等。

② 如需对活塞阀漏风治理,人员应站在侧面,并与窑操做好沟通,防止正压伤人。

(2)活塞阀清料作业

① 作业前,必须排查作业区域安全风险,落实防护措施,开展安全交底。

② 作业前与窑操做好沟通,窑系统压力波动严禁作业。

③ 作业前与 CKK 操作员做好沟通,关闭旁路引风机、稀释风机挡板。

④ 作业前应关闭活塞阀区域周边空气炮进气源,释放储气罐内残余压力,人员正确穿戴高温服,衣服袖口、裤管口扎紧,防止烫伤。

⑤ 作业过程中正确使用工器具,每次开一个门清料,清料时人站在侧面。

⑥ 清料作业后,做好密封,防止漏风,恢复空气炮正常工作。

19. 柴油罐安全操作规程

(1)作业人员正确穿戴劳保用品,严禁酒后上岗。

(2)严禁在储油罐及油管附近吸烟、切割和动火作业,如有需要必须上报分厂做好安全监控和相应防范。

(3)罐体、阀门、管道连接不得存有泄漏现象,油罐地坑内如有积水积油应及时清理干净。

(4)电气和照明设备必须保证接地良好,并使用防爆防燃标准要求的电气装置,库房外必须长期有符合安全要求的消防器材备用。

(5)油罐加油时做好"跑冒滴漏"的防范工作,加油完毕后立即封盖严实,不得无故开启。

(6)油泵工作时,巡检人员加强巡检频次,防止输油管路出现泄漏现象。

(7)责任工段在正常生产时,负责检查区域内的安全状况,库房门钥匙由专人负责保管。

(8)油泵开启严格按"设备安全操作规程"执行。

(9)进行油位测量应使用非金属物体,防止摩擦产生静电火花。

20. 污泥泵安全操作规程

(1)进入现场必须正确穿戴劳动防护用品。

(2)每班检查污泥泵工作压力,针对压力情况,建立正确的物料配方以防止堵塞进料口、泵及管道。

(3)污泥泵配有一个闸板阀,闸板阀需要定时清洗。需要配专人每 2 小时打开水阀进行一次冲洗。

(4)每月对其耐磨部件及切割部件进行检查,对磨损严重的部件及时更换。

(5)严禁设备内部进入硬质金属。

21. 消防系统安全操作规程

(1)手提式干粉灭火器:提取灭火器上下颠倒两次到灭火现场,拔掉保险栓,一手握住喷嘴对准火焰根部,一手按下压把即可。灭火时应一次性扑灭。室外使用时应站在火源的上风口,由近及远,左右横扫,向前推进,不让火焰回蹿。

(2)手提式 1211 灭火器:先拔掉保险销,然后一手开启压把,一手握喇叭喷桶的手柄,紧握开启压把即可喷出。

(3)推车式干粉灭火器:需两人操作,一人去下喷枪,并展开软管,然后用手握住扳机;另一人拔出开启机构的保险销,并迅速开启灭火器的开启机构。

(4)泡沫灭火器:灭火时,将泡沫灭火器倒置,泡沫即可喷出,覆盖着火物而达到灭火目的。适用于扑灭桶装油品、管线、地面火灾。不适用于电气设备和精密金属制品的火灾。

(5)四氯化碳灭火器:灭火时,将机身倒置,喷嘴向下,旋开手柄,即可喷向火焰使其熄灭。适用于扑灭电气设备和贵重仪器设备火灾。四氯化碳毒性大,在室外使用者要站在上风口,在室内灭火后要及时通风。

(6)二氧化碳灭火器:灭火时,只需扳动开关,二氧化碳即以气流状态喷射到着火物上,隔绝空气,使火焰熄灭。适用于精密仪器、电气设备以及油品化验室等场所的小面积火灾。使用时,必须注意手不要握住喷管或喷嘴,防止冻伤。同时,二氧化碳有毒,应尽量避免吸入。

(7)消火栓:将水带的一端与水枪连接,另一端接口与消火栓接口连接,按逆时针方向旋转消火栓手轮,对准着火点进行喷水灭火。

22. 其他风机安全操作规程

(1)日常检查、维护、保养作业

必须正确穿戴劳保用品,设备运转中严禁打扫旋转部位卫生,定期检查地脚螺栓和紧固螺栓有无松动,机内有无杂物,风机吸入口、叶轮、主轴是否附着粉尘、腐蚀、开裂、变形等。

(2)风机叶轮清灰、电机保养等检修作业

① 风机检修作业前,须排查作业区域安全风险,落实防护措施,开展安全交底。

② 必须确保风机停机、叶轮停止转动,且办理停电手续后方可进行。

③ 叶轮清灰过程中,应固定转动部位,原则上应两人以上作业,作业过程中防止工器具伤人。

④ 电机吊装作业过程中,严格执行吊装作业安全规程。

⑤ 作业过程中,必须规范穿戴劳动防护用品,必须佩戴防尘口罩。

⑥ 动火作业过程中,应正确使用工器具,现场配备灭火器。

23. 除氯系统安全操作规程

(1)巡检或清理结皮、堵料时,必须正确穿戴劳动防护用品。

(2)冷却器在运行中物料、气流温度很高,巡检时要防止热气流或壳体烫伤。

(3)冷却器清料时,必须与中控保持密切联系,系统要维持一定的负压,清扫中人应站在清扫孔侧面。

(4)清扫预热器应两人以上进行,一人控制气源阀门,一人清扫,防止正压伤人,清扫后应随即关闭好清扫孔。

(5)清理堵料时,系统要保持足够的负压,关闭空气炮的进口气源,将气罐内气体释放,并挂上"禁止合闸"牌。

(6)在冷却器清堵前应通知分厂领导、值班长及安全员到现场,做好安全监督。

第八节　水泥窑协同处置固废危废安全管理

一、固废危废处置技术介绍

(一)发展水泥窑协同处置工业固废危废技术的意义

水泥窑协同处置工业固废危废技术,旨在解决因工业固废危废迅速激增导致的社会民生问题。该技术包括无机污泥、浆渣类废物、固态废物、废液和飞灰五大处置系统,充分利用了水泥窑高温煅烧的特点,可处置各类别和形态的工业固废危废,废物处理彻底、无灰渣排放、资源化利用程度高,对重金属固化效果好,是目前最经济、最环保、最彻底的处置方式。

(二)环保工艺技术特点

水泥窑协同处置工业固废危废(图 6-3),对于固态、半固态的废弃物,经过破碎后与废液充分混合,达到合适黏度后被泵送至窑尾焚烧处置;对于低水分固态废物,经破碎后,通过皮带输送机输送至分解炉高温带直接焚烧处置;对于工业废液,经调配、过滤后通过输送泵喷入窑头处置;对于少量的飞灰类废弃物,泵入专用储存仓内储存,计量后经喷射进入窑头焚烧。废物中有害物质在水泥窑内分解并吸收固化,废物处置后废气经水泥窑尾废气处理系统净化后排出。

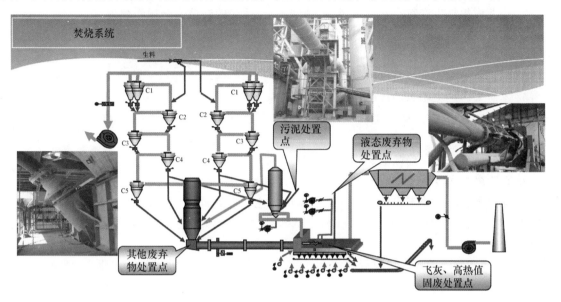

图 6-3　水泥窑协同处置工业固废危废工艺流程图

(三)环保技术优势

1. 利用水泥窑协同处置技术与先进水泥生产工艺有机结合,处理固废种类多,可同时处置 16 大类、280 小类不同危险废物。

2. 利用水泥窑稳定的高温环境完全降解焚烧产生的二噁英,有害物质分解并吸收固化,实现无害化处理。

3. 各生产环节由中央控制系统中控室集中控制,系统运行稳定,自动化程度高。

4. 厂房和储存库采用全密封结构,臭气被抽至炉内燃烧,使厂房和存储库始终处于负压状态,避免了臭气的扩散。

5. 利用水泥窑协同处置时,废物中的重金属通过高温煅烧,与水泥熟料形成混合结晶体固化,避免重金属污染。

6. 当水泥窑协同处置工业固废危废时,污水过滤后喷射到炉内进行高温氧化处理,完全分解有机成分,实现零排放。

二、水泥窑协同处置固废危废安全规程

本规程规定了水泥窑协同处置危险废物的安全技术要求,包括术语和定义、基本规定、危险废物准入评估、废物接收管理、运输和储存管理、预处理管理、投料管理、应急处置等。

本规程适用于水泥窑协同处置危险废物过程中的安全管理。

(一)术语和定义

1. 水泥窑协同处置:将满足或经过预处理后满足入窑要求的危险废物投入水泥窑,在进行水泥熟料生产的同时实现对废物的无害化处置过程。

2. 危险废物:列入国家危险废物名录或者根据国家规定的危险废物鉴别标准和鉴别方法认定的具有腐蚀性、毒性、易燃性、反应性和感染性等一种或一种以上危险特性,以及不排除具有以上危险特性的废弃物。

(二)基本规定

1. 协同处置企业应设立安全管理机构,建立健全各项安全管理制度。

2. 企业应根据生产特点和岗位风险,编制齐全、适用的岗位安全操作规程。

3. 应对操作人员进行安全管理制度和安全操作规程的培训,并经考核合格后方可上岗作业。

4. 与生产无关人员严禁进入生产操作现场。

5. 不应采用国家明令淘汰的技术工艺和设备。

6. 应结合生产实际,确定危险场所,设置安全警示标志或告知牌,并严格管理其区域内的作业。

7. 作业过程中应正确佩戴、使用劳动防护用品。

8. 危险废物从接收到最终处置的全过程应可追溯,危险废物收集、储存和运输应符合规定。

9. 新建、改建、扩建工程项目的安全设施应与主体工程同时设计、同时施工、同时投入生产和使用。在布置预处理危险废物车间时,建设单位、施工单位应同步设计相应的事故防范、应急和救援设施。

10. 人流和物流的出入口设置应符合规定,实现人流和物流分离,同时方便危险废物运输车进出。

11. 厂房安全出口的数目设置应符合规定。车间内应设应急疏散通道;疏散通道及主要通道处应设置应急照明。

12. 工厂应配备必要的急救器材及药品。

13. 产生生产性粉尘、有毒有害物质的厂房内均应设置通风、除尘、除臭设施,并应保持其完好性。

14. 储存及处理、处置车间或场所应采用防爆型电气设备,设置防雷措施,并配置消防设施。

15. 预处理车间及储存设施应设置带标识的隔离设施。

16. 危险废物卸料、转运作业区应根据相关标准要求设置车辆作业告知牌和安全警示标志。

17. 危险废物物流的出入口以及接收、储存、转运和处置场所等应设置安全警示标志。

(三)危险废物准入评估

1. 在接收危险废物之前,应进行废物准入评估,确保在企业资质范围内处置废物并满足要求。

2. 准入评估时,应对拟处置废物的来源、产生过程进行调查分析,在此基础上,制定取样分析方案对废物进行安全风险分析,并制定相应的管控措施。

3. 应根据准入评估结果,确定废物是否可以接收。

4. 严禁为混合不同种类的废物发放同一准入许可。

5. 首次处置某种危险废物,应进行安全风险分析,制定安全风险控制措施,并宜采用少量废物进行工厂试烧。

(四)废物接收管理

1. 应核对危险废物运输车辆车牌号、运载物料、承运单位等信息,拒绝接收不符合规定的废物入厂。

2. 进入生产区域运输危险废物的车辆应检查车辆防火帽、接地线、车载灭火器、烟感报警器（特指厢式货车）。

3. 司机应服从指挥，按指定路线行驶，下车后过磅。

4. 车辆卸载后，应及时处理洒落的废物。

5. 未经密封包装的危险废物垃圾，卸料空间宜采用密封的建筑物或构筑物，并宜配置通风、降尘或气体收集、净化系统。

（五）厂内运输和储存管理

1. 厂内运输

（1）危险废物在厂内输送过程中应有防扬尘、防异味发散、防泄漏等措施。对于有挥发性或化工恶臭的危险废物，应在密封条件下进行输送。输送管道应有防爆措施。

（2）自行运输危险废物的企业，应根据拟处置危险废物的种类、数量、成分与分布地点配置密闭的桶、罐、储槽等容器，对危险废物进行分类收集、包装和运输。其收集、包装和运输应符合相关规定。

（3）厂内运输危险废物的车辆，应按危险废物特性进行分类运输，并应设置危险废物安全警示标志。

2. 储存

（1）对于有挥发性或恶臭的危险废物，应在密闭、负压状态储存。

（2）危险废物储存容器应满足以下要求：不应与所储存的废物满足相容性要求；满足相应的强度要求；应保证完好无损并应粘贴危险废物专用标志。

（3）储存设施应满足下列要求：危险废物储存设施的设计、安全防护、污染防治等应满足相关要求；保证危险废物不与水泥生产原料、燃料和产品混合储存；卸料扬尘点均应设置收尘、净化装置；设置相应的消防警报设备和灭火装置；储存设施中的电子设备应接地；危险废物储存设施应设置防爆通信设备并保持完好；储存设施内抽取的空气应导入水泥窑高温区焚烧处理，或经过其他处理措施后排放；密封液储池，宜设置废气监测、报警装置，并经尾气净化后排放；储存设施应采取抗震、防火、换气、废气净化等措施；储存危险废物应建造专用的危险废物储存设施，并符合相关消防规范的要求。

（4）危险废物的储存应根据其特性，进行分类储存。

（5）危险废物储存区应设置安全警示标志和应急疏散通道。

（6）常温常压下不水解、不挥发的危险废物可在储存设施内分别堆放，其他类危险废物应装入容器内储存。

（六）预处理管理

1. 应根据危险废物特性及入窑要求，确定预处理工艺流程和预处理设施。

2. 预处理系统消防设施设置应符合规定，应配备防爆通信设备并保持通畅完好。

3. 破碎、混合搅拌等预处理设施应进行密闭，宜设置防爆装置、防爆阀接口等。有挥发性或恶臭的危险废物预处理，还应在负压条件下进行。排出气体应导入水泥窑高温区焚烧或进入净化系统。

4. 收尘设备应根据危险废物的特性设置防爆、防燃、防静电设施。

5. 危险废物预处理及处置环节，应设置监控、报警、监测及事故应急设施；作业场所附近应设置应设置应急冲洗和喷淋设施。

6. 抓斗起重机控制室应有换气装置，朝向储坑的一面应有密闭、安全防护的观察窗。

(七)投料管理

1. 设置在烧成系统上的投料点应保持负压操作。

2. 危险废物输送装置和投加口应保持密闭,废物投加口应具有防回火功能。

(八)应急处置

1. 应制定危险废物专项应急预案,定期进行培训与应急演练。

2. 应根据需要配备应急救援人员和装备。

三、水泥窑协同处置固废危废安全操作规程

(一)有限空间作业安全操作规程

1. 危废储坑内作业通用安全操作规程

(1)严禁夜间进入储坑进行任何作业,储坑入口门应上锁。若所有风机停机应立即对坑内用电设备断电,防止爆炸事故发生。

(2)进入储坑作业前必须提前制定作业安全预案、办理危险作业申请及审批。未经审批、未进行安全预案学习并掌握安全防范知识,禁止进入储坑内部作业。

(3)进入储坑内作业前两小时,须打开卸料门进行通风,并确认储坑至水泥窑篦冷机除臭引风机处于正常开启并保持稳定运行。严格落实"先通风、再检测、后作业"的安全规定。

(4)危废储坑内各种气体控制限值:二氧化碳≤50 ppm、硫化氢≤10 ppm、氢气≤35 ppm、氰化氢≤20 ppm、氨气≤35 ppm、一氧化碳≤35 ppm、甲醛≤5 ppm、二氧化氮≤10 ppm、氯气≤10 ppm、臭氧≤2 ppm、氯化氢≤35 ppm、可燃气≤$LEL25\%$,以上气体若有超标,需加大储坑内至水泥窑篦冷机除臭风机抽风量,确保各项指标在控制范围内。任何一种气体指标不符合要求不得进入储坑内作业。

(5)进入储坑作业必须穿戴防化服、正压式呼吸器或防毒面具(入坑检测必须佩戴正压式呼吸器,检测合格后可佩戴防毒面具,进入垃圾池底部作业必须佩戴正压式呼吸器),并确保防护用品完好有效。作业过程中作业人员随身携带便携式检测仪,对储坑有毒有害气体进行实时检测,出现任何一项不符合要求,必须立即停止作业、撤离人员。

(6)作业过程中需佩戴即时通信工具,如对讲机,方便及时与监护人员进行沟通,降低安全风险。必须提前通知各级管理人员,并设专人在外进行监护,若发现储坑内部人员有急性中毒迹象时,应及时汇报,采取科学救援措施,严禁盲目施救。

(7)作业过程中若需启动行车,必须先响铃30秒,并与内部人员做好沟通,确保行车运行轨迹前方人员撤离后方可启动。

(8)在储坑内部作业时,应轮换或间歇性作业,每次连续作业时间不得超过30分钟,如若发现头痛、咳嗽、眼角膜刺痛、四肢乏力等不适症状,应立即撤出。

2. 日常储坑平台、料斗边缘卫生清理作业安全操作规程

(1)必须严格落实通用作业安全规程要求。

(2)涉及临边清料作业时,须严格执行高空安全操作规程相关要求,必须系好安全带。

(3)严禁在抓斗投料过程中清理料斗边缘积料。

3. 行车检修作业安全操作规程

(1)必须严格落实通用作业安全规程要求。

(2)若需在内部动火作业,必须提前办理动火申请手续,在行车动火作业原则上应将行车移至停车位置,将下方油污及垃圾及时清除干净,作业现场配置灭火器。如行车故障只能在垃圾坑上方作业时,必须将下方垃圾用水打潮,并在动火作业过程中,持续进行喷淋,并应采取防焊渣和火花飞溅的措施。

(3)作业前必须严格办理相应行车停电手续,拍下操作台急停控制按钮。

(4)涉及行车临边作业时,需严格执行高空安全操作规程相关要求,必须系好安全带。

4.混合器内部作业安全操作规程

(1)严禁夜间进入混合器进行任何作业。

(2)进入混合器作业前必须提前制定作业安全预案、办理危险作业申请及审批;未经审批、未掌握安全预案,禁止进入混合器内部作业。

(3)作业前两小时,严格落实"先通风、再检测、后作业"安全规定。作业过程中必须保证鼓风机运行、送入混合器内部的压缩空气持续供气,若鼓风机停机或压缩空气停止供气,应立即停止作业并撤离。

(4)进入混合器检测或作业,应配置低压防爆照明,佩戴正压式呼吸器、穿防护服,并确保防护用品完好有效。检测时需使用两台检测仪进行检测对比,防止错误。具体检测指标:温度 $\leq 45\ ℃$、氧含量应保持在 $19.5\% \sim 23.5\%$、H_2S 浓度 $\leq 6.58\ ppm$、CH_4 浓度 $\leq 5\%$、$CO \leq 24\ ppm$、氯气 $\leq 10\ ppm$。任何一项不符合要求不得进入混合器内作业。作业过程中作业人员随身携带检测仪,对混合器内有毒有害气体进行实时检测,出现任何一项不符合要求,必须立即停止作业、撤离人员。

(5)作业人员根据工作情况,需佩戴即时通信工具,如对讲机,方便及时与监护人员进行沟通,降低安全风险。必须提前通知各级管理人员,并设专人在外进行监护,若发现垃圾坑内部人员有急性中毒迹象时,应及时汇报,采取科学救援措施,严禁盲目施救。

(6)在混合器内部作业时,应轮换或间歇性作业,每次连续作业时间不得超过 30 分钟,如若发现头痛、咳嗽、眼角膜刺痛、四肢乏力等不适症状,应立即撤出。

(二)岗位安全操作规程

1.电工安全操作规程

(1)工作前必须正确穿戴好劳动防护用品,随身携带好电工工具及测电笔。

(2)按时对设备进行巡检,认真做好运行记录,对巡检过程中发现的缺陷和隐患,及时汇报有关领导,并积极主动地进行处理,不得拖延时间,不得隐瞒真相。

(3)保持设备的清洁卫生和工作环境卫生,服从领导安排,认真完成各项生产任务。

(4)在巡检过程中,严禁跨越运转中的设备。

(5)巡视配电装置,进出电气室,应随手关门。

(6)要定期对辖区内电气设备认真巡检,做好相应的记录。

(7)当班电器设备检修时,必须做好安全措施与技术措施,应严格执行停送电手续。

2.焊工安全操作规程

(1)操作前应检查电焊机安全装置、焊割炬及工作场所,符合安全要求方可开始作业,操作时,必须正确佩戴劳动防护用品。

(2)电焊前应检查焊机的电源线的绝缘是否良好,焊机、导线、焊钳等接点应采用螺栓或螺母拧接牢固,焊机应避雨雪、潮湿,放置在干燥处。

(3)参照设备说明书正确使用和操作各种设备和工器具。不准使用有缺陷的焊接工具和设备。

(4)在与维修工协同工作时必须遵守维修安全规程中的有关规定,如挂警示牌、做好登高作业的安全防护措施等。

(5)凡有液体压力和气体压力及带电的设备和容器,在一般情况下禁止焊接,对于存有残余油脂或可燃液体、可燃气体的容器,应先采取清洗措施,清洗干净后方可焊接,密封容器不可焊接。

（6）禁止在储有易燃易爆物品的房间和场地进行焊、割,在可燃物品附近进行焊、割时,必须确保有 10 m 以上的安全距离,并有切实可行的防火措施。

（7）焊接中突然停电,应立即关好电焊机;焊条头不得乱扔,应放在指定的安全地点。

（8）焊接或气割的工作场地,应尽量改善通风条件以排除有害气体、灰尘和烟雾,露天焊接和切割要防止火星飞溅引起火灾。

（9）在金属容器内进行工作时,应设有监护人员,除防止触电外,还要尽量保持容器内通风良好,焊工应穿着干燥的工作服及胶鞋,当容器窄小时,应在绝缘垫上操作,严禁使用泄漏乙炔气的割炬及输气管,防止混合气遇明火爆炸。

（10）焊接过程中,确保氧气瓶等易燃易爆物品与其他明火距离不小于 10 m,确难达到的,必须增设隔离防护,氧气瓶中的氧气不允许全部用完,至少应留 $1\sim2$ kg/cm² 剩余压力。

（11）当焊接或切割工作结束后,要仔细检查工作场地周围,确认没有起火危险后,方可离开。

3. 润滑安全操作规程

（1）上班前必须正确穿戴劳保用品,禁止酒后上班;检查作业现场是否有不安全因素,例如:地脚螺栓、连接轴螺栓是否松动,电源线有无裸露;高空作业时准备好安全带并拉好警戒线;进入设备内部必须办理危险作业审批;禁火区域作业必须办理动火证。

（2）现场作业严禁靠栏杆;点检时,严禁触摸运转部位及带电按钮;设备补加油保持注油点的清洁,作业完毕保持现场卫生;三人以上配合,使用低压照明,室外留专人监护;设备换油时与现场岗位工取得联系,办理停送电手续,挂好警示牌;皮带张紧滚筒加封入式干脂工作前,应将该设备断电,现场开关打至检修位,系好安全带,作业时必须有专人在旁监护;设备稀油更换前,必须在停机状态下进行,加新油前应将油腔清洗干净;给运转设备加油时,注意设备运行的特点,谨慎小心作业;高空作业时,加放油时严禁洒泼,须系好安全带,借助楼梯作业时,应两人以上作业,扶稳楼梯;进入高温设备内部或其他危险区域,必须采取安全防范措施,确认后进行操作。

（3）设备出现异常情况时,按设备判断处理程序进行处理,及时排除故障,对自己不能排除的,应当立即通知所属领导,请相关人员来排除故障;设备发生故障,操作没反应时应当立即停止操作,开关打到检修位,向分管领导汇报处理。

（4）现场作业正确摆放工器具及油品,设备更换油时办理好相关手续;进入现场,要上下观望,禁止穿越警戒线,交叉作业时做好互相沟通协调。

（5）大型稀油站出现油位突然下降时,应当第一时间赶到现场,联系巡检工找出原因,并上报分管领导,严禁盲目操作;严禁违章作业,违反劳动纪律,违章指挥,消极怠工;凡有危险的转动部位严禁触摸,必须安装防护装置;严禁随意调整现场按钮,发现问题应及时处理,不得怠工。

4. 叉车安全操作规程

（1）经培训并持有叉车驾驶执照的司机方可驾驶叉车。

（2）使用前首先要检查各控制和报警装置,如发现损坏或有缺陷时应在修理后操作。

（3）搬运时负荷不应超过规定值,货叉须全部插入货物下面,并使货物均匀地放在叉子上,不许用单个叉尖挑物。

（4）在潮湿或光滑的路面上转向必须减速。

（5）装货行驶时,应把货物尽量放低,门架后倾。

（6）在坡度大于 1/10 的坡道上行驶时,上坡应向前行驶,下坡应倒退行驶,上下坡切忌转向,叉车下坡时,请勿进行装卸作业。

(7)行驶时应注意行人、障碍物和坑洼路面,并注意叉车上方的间隙。

(8)货叉不准站人,车上不准载人。

(9)叉车作业时,货叉下严禁站人。

(10)不准从司机座以外的位置上操纵车辆和属具。

(11)不要搬动未固定或松散堆垛的货物。

(12)起升高大于 3 m 时,叉车应注意上方货物下坠,必要时,须采取防护措施。

(13)高升程叉车工作时尽量使门架后倾,装卸作业应在最小范围内做前后倾。

(14)补加燃油时,发动机应熄火,在检查电瓶或油箱液位时,不要点火。

(15)离车时,将货叉下降着地并将挡位手柄放在空挡,使发动机熄火或断开电源。在坡道停车时,将停车制动装置拉好。

(16)不准交叉作业。

(17)使用叉车作业结束后必须停放到指定位置,禁止随意停放。

5. 中控岗位安全操作规程

(1)中控室人员应掌握工艺流程及工艺各设备的参数、工作原理、性能特点、检测点,中控操作人员与中控窑操作员保持联络状态,互相配合完成生产。

(2)中控室每次启动设备前必须联系现场相关人员确认,经确认无异常情况后方可启动,并保持与巡检工密切联系,及时了解现场设备运行情况,确保人身和设备的安全。

(3)中控操作人员必须在取得中控窑操同意及保证烧成系统平稳运行的前提下方可投料。

(4)中控室人员每天定时记录生产报表和监测报表,努力提高操作技能、优化操作参数并及时反映车间内的生产运行情况。

(5)根据生产运行参数及管理人员的指令,开启自动控制设备,以满足工艺要求,没有授权不得随意开停自控设备。

(6)发现某些机电设备出现异常情况时,中控值班人员有责任及时将情况通知现场有关人员。

(7)操作人员不允许执行非权利范围的操作,避免损坏整个系统。

(8)计算机在正常工作时是连续运行的,没有特殊情况不允许随意关机。

(9)非工作人员不得随意进入中央控制室。

(10)保证室内良好安静的环境,请勿堆放杂物,保持室内卫生。

6. 化验室岗位安全操作规程

(1)防止中毒。部分化学药品误入口腔或吸入呼吸道,易引起药物中毒,操作时应特别注意。易引起中毒的剧毒药品有氰化钾(KCN)、三氧化二砷(As_2O_3)、二氧化汞(HgO_2)、重铬酸钾($K_2Cr_2O_7$)、氟化钾(KF)、氟化钠(NaF)、氟化铵(NH_4F)等。常见的有毒气体有硫酸烟、卤素蒸气、盐酸蒸气、氨、硝酸和氮的氧化物、硫化氢、一氧化碳、汞蒸气等。有些易挥发的液体,如乙醚、汽油、苯等,其蒸气若吸入过多,会使人头疼昏迷,甚至失去知觉。因此,为避免中毒事故的发生,必须严格做到以下几点:

① 一切试剂、药品瓶要有标签。剧毒药品必须制定严格的保管、领用制度,并认真遵守。此类药品应设专柜存放并加锁,由专人负责保管。毒性药品洒落时,应立即全部收拾起来,并把洒落过毒物的桌子或地板洗净。

② 严禁试剂入口。使用移液管时应用橡皮球操作,不得用嘴。如须以鼻鉴别试剂或反应放出的气味时,应将容器离开面部适当距离,以手轻轻煽动,稍闻其味即可。

③ 所有可能产生有毒气体的操作,都必须在通风橱内进行。

④ 严禁食具和仪器互相代用。凡使用有毒药品工作后要仔细洗手和漱口。

⑤ 有毒的废液应尽量作无毒处理后,再排入地下深处或倒入下水道,盛皿要洗干净,并立即洗手。

⑥ 水银洒落在地下时,应尽量清除干净,然后在残迹处撒上硫黄粉,以消除汞滴。

⑦ 取有毒试样时应站在上风处,利用球胆取气分析时,要保证球胆不漏气,用完后要放在室外排空。

⑧ 发生中毒事故后,必须立即采取急救措施。如果是由于吸入煤气或其他毒性气体、蒸气,应立即把中毒者迁移到新鲜空气处,如果中毒是由于吞入毒物,最有效的办法是借呕吐排出胃中的毒物,同时立即将中毒事故情况通知医务所,救护得愈早愈快,危险性愈小。

(2)防止燃烧和爆炸。挥发性有机药品应存放在通风良好的处所或冰箱中,易燃药品不可放在酒精灯、电炉或其他火源附近。室温过高时,启用易挥发物时应首先冷却,且不可将瓶口对着自己或他人的脸部。实验过程中,对于易挥发及易燃有机溶剂,如必须用加热方式排除时,应在水浴锅或电热板上缓慢进行,严禁直接用火焰或电炉加热。身上或手上沾有易燃物时,不得靠近火源,应立即清洗干净。落有氧化剂溶液滴的衣服,稍微加热即可着火,应注意及时清除。高温物体,如灼热的坩埚、瓷盘或燃烧管等,要放在不会引发火灾的安全地方。严禁氧化剂与可燃物一同研磨。不能在纸上称量过氧化钠。在工作中不要使用成分不明的物质,防止反应时产生危险的产物。爆炸类药品应放在低温处保管,移动或起用时不得剧烈振动。易发生爆炸的操作,无关人员不得在室内,并加强安全防范措施,避免可能发生的伤害。装有挥发性物质或受热分解会放出气体的药品(如 PCI5)的瓶子最好不用石蜡封瓶塞,如瓶口因用蜡封住而打不开时,不能把瓶子放在火上烘烤。分析中,有时需要对加热处理的溶液在隔绝 CO_2 的情况下冷却,冷却时不能把容器塞紧,以防冷却时爆炸,可以在塞子上装有碱石灰管。化验室应备有灭火器,分析室内严禁吸烟。

(3)防止化学药品的腐蚀、灼烧、烫伤。取用腐蚀类、刺激性药品时,最好戴上橡皮手套和防护眼镜。以防药品洒出或沾到身上,用移液管吸液时必须用橡皮球操作。稀释硫酸时,必须在烧杯等耐热容器内进行,将酸缓缓倒入水中并不断搅拌,以免骤然发热使酸溅出,伤害皮肤、眼睛或衣服。用浓硫酸做加热浴的操作(如测定熔点),眼睛要离开一定距离,火焰不得超过石棉网的石棉芯,搅拌时要小心均匀。取下正在沸腾的水或溶液时,须先用烧杯夹子摇动后才能取下使用,以防使用时突然沸腾溅出伤人。使用酒精灯或喷灯时如有酒精洒出,应先将洒出的酒精擦干净,然后再用火柴点燃,不能把灯拿到别的火源上去引火。开启氨水、盐酸、硝酸等药瓶封口时,应先盖上湿布,用水浸湿后,再开动瓶塞,以防溅出。在压碎或研磨苛性碱和其他危险物质时,要注意防范小碎片溅散,以免烧伤眼睛、皮肤等。在使用强碱熔样时,应防止坩埚沾水,以免发生爆炸。若不慎烧伤、灼伤时,应按下列方法临时处理:火烫伤使皮肤发红时,可用酒精棉花涂擦或浸在冷水里,至不觉疼痛为止。起泡时应用红汞或高锰酸钾溶液(4%)涂抹,不要弄破水泡。眼睛或皮肤被酸灼伤时,应立即用干净纱布把皮肤上的酸抹去后用水洗净,再用 2% 的碳酸氢钠溶液冲洗。若被碱烧伤时,用水冲洗后再用 2% 的醋酸或硼酸溶液冲洗。氢氟酸对皮肤、指甲的伤害力很强,若沾在手上则应立即用水或碳酸氢钠溶液冲洗,再用甘油和氧化镁混合药剂(2:1)涂抹后包扎好。被溴烧伤处用氨水酒精混合液(1:10)涂抹。应当注意的是,不同的化学物质溅到皮肤上后呈现的颜色和情况也不一样,一般规律是:硝酸呈褐黄色;硫酸呈棕褐色或黑色;强碱呈白色;氢氟酸开始不明显,也无不适之感,当稍有疼痛时,说明已到严重程度,不但能腐蚀皮肤、组织和器官,还可腐蚀至骨骼。酸性物质烧伤具有自限性,腐蚀作用只在当时,经冲洗等处理后,一般不再加重。而碱性化学物质则不同,初期可能不严重,但会逐渐发展,损害渐渐向周围和组织深部蔓延。

(4)防止玻璃器皿割伤。使用玻璃仪器前应认真检查,不要使用有裂纹的仪器。装配或拆卸仪器时,要防备玻璃管和其他部分的损坏,以避免受到严重的割伤。切割玻璃管(棒)及塞子钻孔时,要用布包住或戴上手套,以防玻璃管破碎后割伤手部。用酒精灯或喷灯加热烧杯和烧瓶时,下部应垫石棉网,以免受热不均匀,发生炸裂。也不能使其过热。细口瓶或容量瓶受热易炸裂,不能直接在火焰上加热,也不可装入过热溶液。

(5)使用煤气设备的安全注意事项。煤气灯及煤气管道要经常检查。若在实验室内闻到煤气的气味,要立即停止使用,及时检查处理。在未完全排除室内的煤气前,不要点火,也不要启动电器开关。点煤气灯前,必须先闭风,后点火,再开煤气,最后调节风量。停用时要先关闭风,后关闭煤气,不按次序就会有发生爆炸和火灾的危险。由于煤气开关或导管零件装配不紧,造成煤气侵入空气中而着火时,应立即关闭通向漏气处的开关或气阀,迅速用湿抹布或石棉纸等物扑灭火焰,在未修好之前,不准使用煤气。使用煤气灯时要注意防止内燃,下班前要详细检查是否完全熄灭,以免发生意外。因发生故障临时停止煤气供应时,要立即关闭一切仪器上的煤气开关、分开关和总开关,防止恢复供气时因忘记关闭开关而使实验室内充满煤气。

(6)使用电器设备的安全注意事项。在使用动力设备前,应首先认真检查开关、马达和机械设备各部分的安装是否妥当。注意电线的干燥度。遵守使用电器仪器的规程。离开房间,要切断电器加温仪器的电流。在更换保险丝时,要按负荷量选用合格保险丝,不得任意加大或以铜丝代替。实验室内不准有裸露的电源线头,并不得用其接通电灯、仪器或电动机,以防止火灾。严禁用铁柄毛刷清扫或用湿布擦拭电器开关。凡电器动力设备发生过热现象,应立即停止运转。供电突然中断时,要关闭一切加温和其他电器仪器供电恢复后,再按规定重新工作。凡使用110 V以上电源装置、仪器的金属部分必须安装地线。实验室所有电器设备不得私自拆动及随便修理。发生触电事故时,要立即用不导电的物体把触电者从电线上挪开,同时采取措施切断电源,把触电者转移到新鲜空气处进行人工呼吸,并迅速通知医务部门。

(7)防火与灭火。实验室内应备有适用于各种情况的灭火器材。如加热试样或实验过程中起火时,应立即先用湿抹布或石棉布熄灭明火并拔去电源插头,关闭煤气阀、总开关。易燃液体和固体(有机物)着火时不能用水去浇,除小范围可用湿抹布覆盖外,要立即用灭火沙、泡沫灭火器或干粉灭火器扑灭,精密仪器则应用四氯化碳(CCl_4)灭火。电线着火时应立即关闭总开关,切断电源后再用四氯化碳灭火器熄灭着火的电线,并及时通知值班电工。不能用水或泡沫灭火器扑灭燃烧的电线。

(三)设备设施安全操作规程

1. 废液入罐安全操作规程

(1)车辆进入废液装卸区,应严格遵守厂区安全规定,卸车入罐时应听从现场指定人员的指挥,车辆与管道接口之间要保持安全距离,并且不准堵塞安全通道。

(2)卸车过程中,车辆的发动机必须熄火,并切断电源。

(3)卸车过程中,驾驶员负责监督卸车,卸车完毕,必须对现场进行检查,防止出现影响车辆启动及伤害人员的不安全因素出现。

(4)卸车过程中需移动车辆时,必须有指定人员在车下监护才能移动车辆起步慢行。

(5)卸车时应严格穿戴规定的防护用具,避免造成人身伤害。

(6)卸车过程中,若不慎将废液溅到身体或眼睛内,应立即用清水反复清洗,如情形严重,应立即送往医院治疗。

(7)卸车过程中,各管道要连接牢靠,防止泄漏抛洒,造成人身伤害及环境污染。

(8)驾驶员和现场卸车人员对所运输的废液,应该充分了解其化学和物理性能,防止发生意外伤害。

2. 废液喷枪操作规程

(1)工作前必须正确穿戴好劳动防护用品,准备好材料、工器具。

(2)做好交接班的检查工作,了解上一班喷枪使用情况。

(3)不断检查喷枪雾化燃烧情况,备好喷枪的备件,以便换下清洗。

(4)及时清除干净喷嘴的结焦废物,保证喷枪的正常工作状态。

(5)经常检查喷枪的角度,以防止意外的发生。

(6)经常检查喷枪管道,以防废液泄漏事故。

(7)处理的情况要认真记录在工作日志上。

(8)水泥窑止料后,中控室应立即停止废液喷射操作。

3. 废液水泵操作规程

(1)卧式离心泵

① 根据进水量的变化及工艺运行情况,应调节水量,保证处理效果;水泵在运行中,必须严格执行巡回检查制度,应注意观察各种仪表显示是否正常稳定,轴承升温不得超过环境温度35 ℃,最高温度最高不得超过 75 ℃,应检查水泵填料压盖处是否发热,滴水是否正常,水泵机组不得有异常的噪声或震动,水池水位应保持良好状态,操作人员应保持泵站的清洁卫生,各种器具应摆放整齐,应及时清除叶轮、闸阀、管道的堵塞物,泵房的提升水池应每年至少清洗一次,同时对有空气搅拌装置的进行检修。

② 水泵启动和运行时,操作人员不得接触转动部位;当泵房突然断电或设备发生重大事故时,应打开事故排放闸阀,将进水口处闸阀全部关闭,并及时向主管部门报告,不得擅自接通电源或修理设备。清洗泵房提升水池时,应根据实际情况,事先制订操作规程;操作人员在水泵开启至运行稳定后,方可离开;严禁频繁启动水泵;水泵在运行中发现下列情况时,应立即停机:水泵发生断轴故障,突然发生异常声响,轴承温度过高,压力表、电流表的显示值过低或过高,机房管线、闸阀发生大量漏水,电机发生严重故障。

③ 水泵的日常保养应符合本规程中的有关规定。应至少半年检查、调整、更换水泵进出口闸阀填料一次;应定期检查提升水池水标尺或液位计及其转换装置;备用水泵应每月至少进行一次试运转。环境温度低于 0 ℃时,必须放掉泵壳内的存水。

(2)潜水排污泵

① 开机前检查泵站内是否有较大的固态杂质,如有则需要及时清除以避免泵的损坏;若排污泵或控制箱检修过,在启动之前还应检查电源电压与电机铭牌上标注的电源电压是否一致;若长时间运行且发现提水能力明显下降,则需要对泵进行清理,清理后的开机需试运行并观察其运行效果;检查油箱内是否有足够的油,有无漏油现象;检查其密封装置是否完好。

② 使用时应注意油腔内是否有油,叶轮转动是否正常,电源装置是否安全、可靠、正常,电压频率应符合规定,严禁将泵的电缆当作吊线使用,以防发生意外。用 500 V 兆欧表定期测量电泵电动机相间和相对地间绝缘电阻,其值不许小于 2 MΩ,否则应拆机检修,同时检查电源接地是否牢固可靠。

4. 飞灰输送装置操作规程

(1)工作前必须正确穿戴好劳动防护用品,准备好材料、工器具。

(2)罗茨风机

① 开机前应确认机罩内无人、无杂物,正常开机时应注意出口排空阀、挡板是否按程序

打开。

② 检查冷却水阀门是否打开,在天气寒冷时要防止管道冻裂。

③ 启动风机前现场打开排空阀,当风机运转平稳后打开相应管道阀门,再现场关闭排空阀。检查泄压阀是否漏气及泄压阀工作状态是否处于正常压力范围。

④ 使用前检查隔音板的门是否关闭好,风机地脚螺栓固定是否牢固,有无异常震动。

⑤ 使用前检查齿轮箱内的润滑油油量、油质是否正常。

⑥ 检查周边有无杂物。

(3)两极旋转供料器

① 工作前必须正确穿戴好劳动防护用品。

② 确认各配置是否全部连接完毕,齿轮传动马达是否按厂家使用说明书将润滑油油位补充到标准水平;链条、链罩是否已安装;旋转方向是否正确。载荷试运转中,要进一步检查各部位密封是否漏气、漏油、温度是否升高,轴承有无振动或杂音,减速机电机温度是否升高等。如无异常情况可投入正常运转使用。

③ 日常要经常检查旋转供料器运转中有无杂音或振动;密封压盖有无气体泄漏现象;各部位温升是否正常;链条的松紧程度;各注油部位定时注油。

④ 检修时要分解旋转供料器;清洗检查各零部件;更换填料密封的填料或密封卷和油封;清洗检查轴承或更换;调整间隙;各部位注油;齿轮传动马达的维修须依照制造厂家的使用说明书实施。

(4)遇到不能解决的问题时应当第一时间联系巡检工找出原因,并上报分管领导,严禁盲目操作;严禁违章作业、违反劳动纪律,违章指挥,消极怠工;发现问题应及时处理,不得怠工。

5. 沾染物投加作业安全操作规程

(1)作业前规范穿戴劳动防护用品,使用检测合格的耐高温防护服及其他劳动防护用品。检查现场喷淋装置完好性。

(2)打开预留孔前,与中控保持联系,维持系统稳定运行,每次只能开启一个预留孔。

(3)沾染物投加前,清除周围易燃物体,设置隔离警戒区域,作业现场配置灭火器。

(4)沾染物投加过程保持在预留孔侧面作业,严禁向孔内观望。

(5)作业结束后关闭预留孔,清理杂物,保持现场整洁。

6. 半固定式泡沫灭火器安全操作规程

(1)打开泡沫液箱体上的加液盖,用手摇泵或自吸泵把泡沫液灌入箱体内,灌到规定的泡沫液储量后,盖上加液盖。

(2)把装置移动至合适位置,接好水带,一根连接 DN65 消火栓和混合器的进口端,另一根连接泡沫枪和混合器的出口端。

(3)拿起泡沫枪,将水带拉至适宜的长度,打开供水消火栓,供水压力范围为 0.4～0.8 MPa。

(4)将泡沫枪口对准火源进行喷射灭火。

(5)灭火结束后,关闭消火栓。

(6)每次使用后,应将水带上的泡沫混合液冲洗干净,将干净的水带晒(晾)干后,折叠好放入水带箱内,泡沫枪放在原位上。

(7)填充泡沫液,原泡沫箱内剩余的泡沫液可以继续使用,补填同厂家、同牌号的泡沫液至规定的储量。

(8)选用的泡沫液的混合比应与混合器上混合比相符,否则会影响发泡效果,降低灭火性能。

(9)移动该装置时,应先用脚提起车架后端万向轮上的刹车板,需定位固定该装置时,用脚踩下刹车板。

(10)该装置不适用于扑救电器火灾,对于醇类、酮类、酯类等极性溶剂火灾,应采用抗溶性泡沫液。

(11)若环境温度低于 1.7 ℃,应采用防冻型泡沫液。

(12)采用氟蛋白等普通泡沫液时,应在泡沫液保质期内使用,保质期为 2 年。

(13)不同牌号不同生产厂家的泡沫液不得混杂使用,否则会造成泡沫液固化或凝胶现象而使泡沫液失效。

7. 高空作业安全操作规程

(1)凡在坠落高于基准面 2 m 及以上的高处进行的作业,都应视作高空作业。凡能在地面上预先做好工作,都应在地面上完成,尽量减少高处作业。

(2)高空作业均应先搭设脚手架,使用高空作业车、升降平台或采取其他防止坠落措施,方可进行。

(3)在没有脚手架或没有栏杆的脚手架上工作,高度超过 1.5 m 时,应使用安全带,采取可靠的安全措施。

(4)安全带的挂钩或绳子应挂在结实牢靠的构件上,或专为挂安全带用的钢丝绳上,并不准低挂高用。禁止挂在移动或不牢固的物件上。

(5)高处作业人员应衣着灵便,穿软底鞋,并正确佩戴个人防护用具。

(6)高处作业应一律使用工具袋。较大的应用绳拴在牢固的构件上,工件、边角余料放置在牢靠的地方或用铁丝扣牢并有防止坠落的措施,不准随便乱放,以防从高处坠落发生事故。

(7)在进行高处作业时,除有关人员外,不准他人在工作地点的下面通行或逗留,工作地点下面应有围栏或装设其他保护装置,防止落物伤人。

(8)不准将工具及材料上下传递、应用绳系牢后往上或往下吊送,以免打伤下方工作人员或击毁脚手架。

(9)上下层同时进行工作时,中间应搭设严密牢固的防护隔板、罩棚或其他隔离设施。

(10)高处作业区周围的孔洞、沟道等应设盖板、安全网或围栏并有固定措施,同时应设有安全标志。

(11)因作业需要,临时拆除或变动安全防护设施时,应经作业负责人同意,并采取相应的可靠措施,作业后应立即恢复。

8. 辅材库房安全操作规程

(1)材料、工具、零部件设备要分类摆放整齐、稳固,高度要适当。精密工具、量具应妥善放置。

(2)搬运有刃口、毛刺或涂油的工具及零件,要戴手套,货物应放置稳当,不准露出货架。

(3)工具、零部件不准放在电器开关附近或压在电线上。

(4)不准在光滑或涂油的零部件上行走。所用梯凳,不准有油垢,放置要牢固。

(5)夜间搬运零件、工具时,应有充分照明,道路畅通。应根据物件重量和体力强弱进行搬运,以防发生事故。

(6)两人一起搬运物件,应互相配合,步调一致。零部件在用叉车运输时,应放置平稳、牢固、高度适当。

(7)加热后的零件必须冷却后再进行点数、运输和存放。必须运输热物件时,须用适当容器,并装设"热活"标志,以防烫伤。库内应通风良好。

(8)货物堆放距屋顶、墙壁、灯具不得少于 50 cm,距屋柱或货垛之间不得少于 20 cm。

(9)采用起重机械作室内搬运时,应遵守相应的起重机械安全操作规程,并应与起重工、挂钩工、行车工密切配合。

(10)易燃易爆物品及危险化学品应分类隔离放置,严禁串库或混库,并应配置足量有效的消防工具,各类物资标识应明确。

(11)危险化学品应按化学性质进行标示,并有专人保管,库房通风要良好,容器应确保不发生泄漏及挥发不安全因素。

(12)物资库房所用照明灯具均需防爆,电线需走暗线或用金属穿线管,严禁在库房吸烟和使用明火,并要有明确的"禁止烟火"标识牌。

9. 空气炮操作规程

(1)作业前准备时,关闭气源并挂上"请勿打开气源"警示牌。关闭每一台空气炮的进气阀,排空每台空气炮储气罐内的压缩气体。断开控制箱的电源,并挂上"请勿合闸"牌。

(2)开机前确认各人孔门关闭正常,气源压力正常,确认设备内部及空气炮无人作业。确认每台空气炮气压在 0.5 MPa 以上,确认每台空气炮的管路、阀门连接可靠,无松动现象。

(3)巡检作业时,应避免头部贴近快速释放阀,以免冲击气流损伤耳膜。未经许可不得擅自更改自动控制箱的循环喷爆程序及编组参数,严禁随意实施手动喷爆。

(4)设备出现异常情况时,按设备故障判断处理程序进行处理,自己不能排除故障时应当立即通知相关领导,请有关人员前来排除故障。严禁设备带压维修。

(5)作业人员注意相互配合。高处作业严禁上下抛物。

10. 电动葫芦安全操作规程

(1)专人操作,专人负责挂钩和指挥。

(2)使用前应先检查安全性能,不得超载使用和斜拉起吊,使用时人与物应保持一定距离。

(3)吊运区域附近严禁站人。

(4)吊运的重物必须升起,并高于重物运行线路最高障碍物 0.5 m 时,校正重物张紧的绳子,工作中禁止用手直接拉所吊之物。

(5)操作人员应谨慎操作,工作时严禁闲谈,切实做到"五好""十不吊"。五好:思想集中好、上下联系好、扎紧提放好、统一指挥好、机器检查好。十不吊:斜拉不吊、超载不吊、散装物装得太满或捆扎不牢不吊、指挥信号不明不吊、吊物边缘锋利无防护措施不吊、吊物上面站人不吊、埋在地下的构件不吊、6 级以上强风无防护措施不吊、安全装置失灵不吊、光线阴暗看不清不吊。

(6)不允许吊着重物在空中长时间停留,特殊情况需暂停留时,操作人员和指挥人员不得随意离开工作岗位,并禁止一切人员在吊物下站立或从吊物下通过。

(7)不允许电动葫芦碰撞运行轨道的终点挡块,以免引起机械损坏。

(8)注意相线脱落或手电门误操作(同时操作两相反运动方向的按钮)。

(9)起吊和行走操作切换时应待平衡后再切换,每小时点动次数不得超过 360 次。

(10)发生电气故障须专业人员修理,切断电源并挂牌示警。

(11)在吊运中,如发现不正常现象或听到不正常响声时,应将吊物稳妥降落,并立即停车检查,排除故障,未找出原因不能开车。

(12)停止操作,离开前应切断电源,同时开关处于上锁状态,并将葫芦放在规定的停放点。

11. 除铁器操作规程

(1)操作人员必须按规定穿戴劳保用品;清扫工作现场时,严禁用水冲洗电气设备、电缆、照明、信号线路以及设备传动部件,不得用水淋浇励磁体降温;工作现场应保持整齐清洁,地面做到"四无",设备做到"五不漏"。

(2)除铁器在运转中发生故障,必须停机处理。任何检修或维护必须严格执行"停送电"制度。

(3)无论卸铁胶带运转与否,都禁止在胶带上站、行、卧。

(4)卸铁胶带机所有外露的转动部分必须设置安全可靠的防护罩或网,在摘除防护罩的情况下不准开机运行,特殊情况必须有详细严格的监督预防措施。

(5)励磁体上、卸铁胶带内或电磁铁壳的积尘、杂物要及时清理,严禁积尘摩擦设备运转部件造成高温或埋没励磁线圈影响散热,配电控制柜内的积尘应定时清理,柜体密封应可靠,防止柜内煤尘积聚。

(6)开车前应检查悬吊钢丝绳的卡子是否牢固、齐全,钢丝绳是否有断丝、除铁器紧固螺栓是否松动、是否有刮卡皮带现象,如发现问题应处理后方可开车;检查驱动装置的紧固件是否牢固齐全,减速机油位是否合适,传动链条松紧是否合适、润滑是否良好;检查除铁器的悬挂位置是否合适,高度是否适宜;检查磁体上是否有较大铁器吸附,影响下方设备运转的杂物必须取下;检查控制柜上的开关、按钮、信号、仪表灯是否正常,柜门应关闭严密。

(7)启动时人员不要站在其正前方向,以免其吸附的铁器伤人;运转中应注意其运行是否平稳,是否有异常杂音,输送皮带运转期间,一般不停除铁器;运转密切注意励磁体的温度和风扇运转情况,当超过 100 ℃时必须停机检查;输送皮带停车后,将其吸起的铁器全部卸净后再停除铁器,除铁器停车期间应检查其运转部位是否缺油,应及时维护和保养;严禁站在除铁器下卸铁器。

12. 气动隔膜泵操作规程

(1)正确穿戴劳动防护用品,严禁酒后、疲劳上岗。

(2)保证流体中所含的最大颗粒不超过气动隔膜泵的最大安全通过颗粒直径标准。

(3)进气压力不要超过泵的最高允许使用压力,高于额定压力的压缩空气可能导致人身伤害、财产损失及损坏泵的性能。

(4)保证泵的管道系统能承受所达到的最高输出压力,保证驱动气路系统的清洁和正常工作条件。

(5)静电火花可能引起爆炸导致人身伤亡事故和财产损失,根据需要使用足够大截面积的导线,把泵上的接地螺钉妥善可靠接地。

(6)紧固好泵及各连接管接头,防止因震动撞击摩擦产生静电火花,使用抗静电软管。

(7)要周期性地检查和测试接地系统的可靠性,要求接地电阻小于 100 Ω。

(8)保持良好的排气和通风,远离易燃易爆物品和热源。

(9)泵的排气中可能含有固体物,不要将排气口对着工作区或人,以免造成人身伤害。

(10)当隔膜失效时,输送的物料会从排气消声器中喷出。

(11)当输送易燃和有毒的流体时,请将排气口接到远离工作区的安全地方。

(12)流体的高压可能会导致严重的人身伤亡和财产损失,不要在泵加压时,对泵及料管系统进行任何维修工作,如要维修时,先切断泵的进气,打开旁通的泄压机构,使管路系统泄压,慢慢松开连接的各管道接头。

(13)确保所有接触输送体的部件不会被输送的流体腐蚀损坏。

(14)确保所有的操作人员熟悉操作使用和掌握泵的安全使用注意事项,配给必需的防护用品。

(15)正确使用启动隔膜泵,不允许长时间空运转。

13. 皮带输送机安全操作规程

(1)正确穿戴劳动防护用品,严禁酒后、疲劳上岗。

(2)对设备进行全面检查,排除障碍物,做好开机前的准备工作,确认胶带输送机头、尾轮部位无人,方可开机。

(3)启动前检查开关是否处于良好状态,先进行空载运行。

(4)停机后胶带输送机必须处于空负荷状态,尽量避免负荷停车。

(5)设备运转时,要随时检查电机、减速机、头尾轮、清扫器的情况,检查设备润滑情况,减速机声音是否正常,运转中各部位温度是否正常。

(6)操作中严格遵守一看、二不、三勤的操作原则。一看:看有无其他杂物及下料口是否畅通。二不:皮带不跑偏,不掉料。三勤:勤检查,勤润滑,勤清扫。

(7)胶带输送机启动不起来或打滑时,严禁用手拉、脚蹬等办法处理设备运转部位,在运转时严禁打扫、接触运转部位,不准坐在胶带输送机上乘凉、休息、闲谈。

(8)禁止在栏杆上乘凉,不得从没有安全装置的皮带架下通过,所有安全防护罩和安全栏杆必须保持牢固可靠。

(9)停机检修时,必须通知电气值班人员切断电源,并将转换开关置于"OFF"(关)位置。

14. 板式喂料机操作规程

(1)进入现场必须正确穿戴劳动防护用品。

(2)每次启动前,应做好常规安全检查,注意运行机构的工作状况与各轴承部位的润滑情况,输送链张紧情况及是否有应更换的部件。

(3)禁止大块物料从料仓高处直接冲撞输送槽板。

(4)向料仓供料时,一般不允许将仓内物料卸空。

(5)机器停车时,应先停止供料;启动时,先空载启动,后向给料机供料。

(6)运行中注意观察机器运转部分有无异常情况,如发现受料口或排料口堵料或卡料,应迅速做出处理。

15. 双齿辊破碎机安全操作规程

(1)进入现场必须正确穿戴劳动防护用品。

(2)注意检查各部件螺栓紧固情况,如发现有松动应立即紧固。

(3)开机前必须检查内部有无杂物、工具,人孔门关闭是否完好。

(4)设备开机运行检查是否振动,温度是否正常,润滑是否畅通。

(5)定期检查出料口情况,如发现有堵料情况时,应该及时进行清理。

(6)注意定期检查内部磨损部件及刀头磨损情况,对磨损部件更换及刀头进行补焊。

(7)在开齿辊破碎机检修门前必须确认设备已完全停机并与中控保持好联系,切断电源将现场检修开关打至"检修"位置,挂"禁止合闸"牌。

(8)清料过程中要有专人监护,并与中控保持通信畅通,清料中注意防止大锤或钢钎掉入齿辊破碎机,伤及齿辊破碎机或将人带入齿辊破碎机。

(9)清理结束后,及时关好大门、拧紧螺栓,并报告中控具备开机条件。

16. 回转式剪切破碎机安全操作规程

(1)进入现场必须正确穿戴劳动防护用品。

(2)每次启动前,应做好常规安全检查,注意运行机构的工作状况与各轴承部位的干油润滑情况。

(3)每月对破碎机刀片磨损程度进行检查,一旦发现磨损刀片必须补焊(修复)以使刀口锋利;若没有及时补焊,刀轴的固定部件因扭曲可能损坏。

(4)补焊刀片时,需将破碎机内料排空,停电后,将破碎机转子拉出机体进行补焊。

(5)避免不可破碎物料进入设备。若一旦有不可破碎物进入设备,破碎机刀轴会反转,反转次数达到设定值后设备会停机。

(6)不可破碎物进入破碎机调停后,需停电,打开破碎机侧面排料门,用撬杠等工具将不可破碎物料就地排出。

17. 桥式起重机安全操作规程

(1)进入现场必须正确穿戴劳动防护用品。

(2)操作前应先打铃,操作员应具有良好的视力和听力、身体健康,必须受过特种设备操作的学习和训练,并经安全技术部门考试合格者才能上岗。

(3)采用自动控制时,操作员不得离开控制台,发现异常情况,及时停车。

(4)起重机工作时禁止进行检查、加油和修理,禁止有人停留在行车上。

(5)起重机工作完毕,必须切断总电源。在因检查或修理而停止工作时,应切断电源、去掉保险器,并悬挂"正在检修,禁止操作"的警告牌。

(6)检修工具及备件必须储存在专门的柜子内,禁止散放在大车或小车上。

(7)检修时必须采用电压在 36 V 以下的携带式照明灯。

(8)禁止用抓斗运送或起升人员。

(9)起重机在污泥池内运行时,抓斗离污泥 1 m 以上,避免抓斗刮碰污泥而旋转;起重机出污泥池运行,抓斗底面至少高于运行路线上的最高障碍物 0.5 m。

(10)操作员工作前不可饮酒,作业时要精神集中、头脑清醒。

(11)工作停歇时,不得将起重物悬在空中停留。设备停止运行时,抓斗机必须停在入料仓上方约 50 cm 处,确保抓斗为张开状态,抓斗轻挨料仓,并将电源切断。

(12)抓料时要保证平稳起步,做到慢速均匀,不要急刹车。

(13)抓料时,抓斗必须沿垂直方向运行,不得用抓斗来拖拉料,严禁斜拉歪吊。

(14)应时刻注意"制动器"是否处于良好状态,当发现失灵时,严禁继续操作,应切断电源进行检查处理,及时向有关领导汇报。

(15)钢丝绳有严重磨损时禁止继续使用。

(16)严禁攀登运行中的行车,在运行中,任何人发出停车信号都必须停车。

18. 柱塞泵安全操作规程

(1)进入现场必须正确穿戴劳动防护用品。

(2)每班检查液压油站工作压力,针对压力情况,与行车工沟通,建立正确的物料配方以防止堵塞进料口、泵及管道。

(3)柱塞泵配有一个闸板阀,闸板阀需要定时清洗,应配专人每 2 小时打开水阀进行一次冲洗。

(4)每月对其耐磨部件及切割部件进行检查,对磨损严重的部件及时更换。

19. 液压站安全操作规程

(1)巡检时必须正确穿戴劳动防护用品,严禁在工作场所吸烟,巡检时要认真仔细,发现问题和安全隐患应及时报告或处理。

(2)巡检时不得接触设备运转部位,不得用工具和身体部位接触运转中的设备。

(3)设备运转时严禁打开机壳检查运转部件。

(4)严禁非岗位人员进行操作设备。

(5)现场处理设备故障时,将转换开关置于本地位置,并按下急停开关。对液压部件检修时,需将所有出油、回油阀门关闭,并将系统压力泄至零,方可作业。

（6）需要定时检查液压连接处，一旦发现泄漏必须扭紧连接接头。

（7）启动液压站前，要检查液压泵吸入阀是否打开，若没有打开，严禁启动液压站。

（8）定期检查系统润滑、冷却设施，设备检修完毕，应及时恢复润滑、冷却设施。

（9）配备的消防器材应放置在指定的安全地点，定期检查灭火器材、消防设施的完好情况。

20. 通用车辆安全操作规程

（1）上班前应正确穿戴劳保用品，明确作业环境。驾驶车辆必须持证上岗；严禁酒后驾驶。

（2）做好出车前的"一班三检"工作；禁止无关人员作业；必须按要求检查刹车制动等保护系统；确定油位是否正常，开车前严格检查挡位状况，防止误启动；按照交通规则，确认开车周围环境和有无行人。

（3）发动机启动后、停机前必须急速运转5分钟；不得超载行驶、超速行驶，不开英雄车、赌气车，不带故障出车；车辆驾驶中保持精力集中，不得闲聊打闹、接打电话；车辆下坡时严禁空挡或熄火滑行，不得坡道停车。

（4）中途故障停车要靠边并做好明显标识，自行处理不了的故障应及时汇报汽修人员前来处理。

（5）工作完毕、车辆有序停放，填写交接班记录，做好车辆的卫生清洁工作。

（6）如果行车时遇雷电、强风雨或其他无保障等特殊情况，应及时停车，将车辆开至安全地带，向有关人员汇报。

21. 电力室安全操作规程

（1）需持证上岗，并具有电力室维护和操作必须具备的电工技能。

（2）电力室门必须放置两只以上的干粉灭火器（变压器室一只）；电力室各种安全用具齐全，停电后悬挂"有人作业、请勿送电"警示牌。

（3）电力室是重要场所，非电仪工作人员严禁入内；安装有电收尘的电力室环润工段抄表人员可以进行专检；严禁在电力室内嬉戏打闹，禁止在电力室内及周边区域吸烟或动火；电力室窗户必须关闭，门上锁，用于通风的门窗，需张贴标识；电力室通风、排水设施必须齐全，通风良好；高温期间每周进行一次安全检查（电缆、插件温度）；电力室每周进行一次卫生清扫，工段定期检查；定期对电力室应急、消防设施进行检查；定期做好电力室"五防一通"的检查工作。

第九节　清库作业管理规程

一、总则

为加强公司清库作业安全管理，明确清库作业安全管理流程和管理要求，健全清库作业监督与保障机制，规范开展清库作业，确保清库作业安全，特制定本规程。

二、清库作业定义

1. 清库作业是为解决库内物料结块、粘库，保障储存库出料顺畅而采用一定方法进行的清理作业。按清理部位分为库壁挂料清理和库内底部堆积物料清理；按清库方式分为人工清库、机器人清库、混合清库三种方式。

2. 水泥工厂筒型储存库清库类别有水泥库、熟料库、生料库、均化库、石膏库、石灰石库、粉煤灰库、原料库、配料库、原煤库、煤粉库、矿渣粉库。

三、清库作业管理流程

1. 清库作业必须优先采用全过程机器清库方式，严禁采用人工清理库壁挂料作业，确需人工进入库内底部清理块料的,必须依据国家《水泥工厂筒型储存库人工清库安全规程》等相关安全规定进行安全评估,经区域安全生产专业组现场确认,上级单位(股份公司)审核同意与备案后,方可人工进库清理(除进库更换充气箱、斜槽帆布、处理减压锥作业)。

2. 子公司要检查与确认库内结料情况和清库作业安全风险情况,结合本单位实际,联系确定符合要求的清库作业单位。

3. 子公司要全面审核清库单位的相关资质材料,包括清库作业单位的营业执照、相关资质证书、单位负责人证书、安全管理人员证书、作业人员数量、作业人员特种作业证件、年龄与工作经验、足额保险、作业人员禁忌情况(体检报告)等,相关资质必须符合国家法律法规和公司相关规定。

4. 子公司与清库单位签订清库外包合同(包括安全管理协议),明确双方责任,清库作业单位应制定《清库作业方案》和符合《生产经营单位安全生产事故应急救援预案编制导则》(AQ/T 9002—2016)要求的《清库作业应急救援预案》,报子公司主管部门备案。

5. 子公司要成立清库工作小组,明确各方工作职责和应急响应程序,确定安全监护人员,落实清库作业各阶段的安全管理工作要求,对过程中存在的异常情况组织研讨和处置。

6. 清库作业前,各子公司要对清库作业人员开展安全教育培训,要督促清库单位对清库人员和监护人员开展清库操作、安全防护、应急救援、用电安全等教育培训。

7. 清库作业前,子公司要督促清库单位办理清库危险作业分级审批和相关设备停送电手续,做好能量隔离措施、落实风险评估、设置警示标志、配备通信和应急器材,配置专职监护人员在现场监护,不得擅自离开,督促清库作业人员佩戴符合要求的劳动防护用品。

8. 人工进入库内清理积料为有限空间危险作业,必须严格按照《危险作业分级审批管理制度》要求,每天规范办理危险作业分级审批。

9. 清库作业按照先清理库壁挂料,再清理库内底部堆积物料的顺序,库壁挂料清理完毕,必须组织开展阶段性验收,确保库壁挂料清理干净,才能开展库内底部堆积物料清理工作。

10. 清库作业过程要按照国家《水泥工厂筒型储存库人工清库安全规程》和本单位《清库作业安全操作规程》《清库作业安全管理制度》《清库作业方案》《清库作业应急救援预案》等要求,规范开展清库作业工作。

11. 清库作业结束,督促清库作业单位及时恢复清库作业中对库体开孔及设备设施损坏等情况,按照清库作业合同和清库作业安全管理协议约定,组织开展清库作业验收。

四、清库作业管理要求

1. 清库作业人员年龄必须在21~50周岁范围内,且作业人员要具有3年以上水泥工厂或高空作业工作经验。

2. 清库作业前,应测量库内温度和氧气浓度。当库内环境温度超过35 ℃时,应采取局部降温和综合防暑措施,并应减少作业时间;当库内空气中氧含量低于19.5%时,必须采取通风换气措施,保证库内空气中氧含量在19.5%~23.5%范围内。在原煤、煤粉储存库清库前和清库中,应测量库内一氧化碳和硫化氢气体浓度。当库内空气中一氧化碳气体浓度高于24 ppm或硫化氢气体浓度高于6.6 ppm时,禁止清库作业。

3. 按照国家《水泥工厂筒型储存库人工清库安全规程》要求,清理库内底部堆积物料时,先将库内立脚处的松软物料清理干净,铺好长木板或跳板后,站在木板或跳板上进行清库作业;并要按照自上而下、由库壁向中心的清料顺序逐层清理,每个作业层面高度不得超过0.5 m;清理后的物料应通过库底卸料口放出,放料时库内清库人员必须撤到库外。

4. 按照国家《水泥工厂筒型储存库人工清库安全规程》要求,进入库内清理库内堆积物料的每1名清库人员,须在库顶配有2名监护人员,原则上进入库内清库作业人员不得超过2人。

5. 筒型储存库人工清库作业前,未上报股份公司审核同意(水泥库、生料库、粉煤灰库、火山灰库未经区域安全生产专业组检查确认),已开展清库作业的,将对该单位和相关责任人进行通报与考核;清库全过程采用机器人清库,无需人工进入库内清理作业的,清库作业前只需报股份公司安全生产环保部备案。

6. 清库作业必须在白天进行,禁止在夜间及大风、大雪、暴雨等恶劣天气条件下开展清库。清理原煤、煤粉储存库时,在所设置的警戒区域内严禁吸烟、点火或动火作业,禁止将易燃易爆物品带进原煤、煤粉储存库内。

7. 清库作业过程中,子公司相关部门工段以上管理人员要在清库作业现场进行全过程监管与统一指挥,子公司主要负责人(主要负责人不在公司时,可委托授权分管清库部门公司领导或分管生产公司领导)每天要到清库作业现场开展安全防范措施落实情况的检查与确认。

8. 清库作业人员每次入库连续作业时间不得超过1小时;清理原煤、煤粉储存库时,每次入库连续作业时间不得超过30分钟。

9. 子公司要定期开展清库作业过程的安全监管与督查,发现违章、违规、隐患等不符合要求的,必须立即停止清库作业,待整改完成后才能开展清库作业,违反清库合同和清库安全管理协议条款的,按条款规定进行考核与处理。清库人员从库顶人孔门进出储存库时应使用救援三脚架,救援三脚架在库顶人孔上方展开,并安装牢固,符合承载力要求,不得出现焊接损坏、化学腐蚀、机械损伤等情况。

10. 当发生事故时,现场监护人员或监管人员要立即报告子公司清库工作小组负责人,立即启动相关应急救援预案,开展救援工作。如在清库过程中发生物料坍塌,人员被掩埋事故后,现场监护或监管人员要立即大声呼叫,利用通信工具通知应急救援指挥部,立即启动清库作业坍塌掩埋事故应急救援预案,必要时拨打"119""110""120"电话协助救援,立即对现场开展警戒、清点人员、确定人员掩埋位置,召集应急救援队伍和应急救援装备物资,全力以赴开展救援工作。救助完毕要保护好事故现场,并积极配合开展事故调查,对于失职人员按照公司相关制度规定进行处理。

第十节 班组安全管理

一、班组会议管理

(一)总则

为健全公司班组安全活动管理体系,加强公司班组安全会议管理,规范班组安全会议内容,明确各级管理人员参加班组安全会议要求,建立班组安全会议管理考核机制。

(二)管理要求

1. 各班组要定期组织召开周班组安全例会,班组安全例会周期不超过8天;常白班(或无交接班期间)作业前要组织召开班前会;存在交接班作业的,只需召开交接班会,由交班班组长组织交班和接班人员召开交接班会。

2. 岗位人员必须参加周班组安全例会、班前会或交接班会,规范做好各项防范措施;存在交接班作业的,严格履行交接班制度,认真记录本岗位当班过程中各类生产运行、安全问题及隐患情况等,对接班人员进行全面交接与提醒。

3. 班组长要认真规范组织召开周班组安全例会、班前会或交接班会,传达安全文件精神及安全注意事项,布置班组安全工作,及时处理与防范岗位安全隐患,做好交接与提醒工作,接班人做好工作进度情况验证工作。

4. 各工段要加强班组安全管理,每周工段管理人员要分工至少参加一次各班组的周安全例会、班前会或交接班会,每月要组织召开工段安全例会和开展班组安全培训。

5. 各部门(分厂)要加强工段、班组安全管理,每月部门管理人员要分工至少参加两次各工段、班组的安全例会、班前会或交接班会,每月要组织召开部门安全例会和开展工段、班组安全培训,每月要组织工段负责人检查验证各工段、班组的安全例会。

6. 子公司班子成员每月至少参加一次基层班组安全例会或班前会或交接班会,了解班组安全生产与检维修作业情况,布置与落实各项安全防范措施和管理要求。

7. 安全管理部门要加强对各部门、工段、班组安全会议工作的监管,每月要组织检查验证各部门、工段、班组安全会议召开与落实情况,对未按要求组织召开与参加班组会议的人员纳入考核。

(三)会议内容

1. 班组安全例会内容:①组织学习国家、上级主管部门和本公司的相关通知、通报及相关会议精神等。②组织学习相关事故案例,吸取事故教训。③学习公司相关安全操作规程、规章制度。④参加班组开展的各类安全教育培训。⑤参加相关应急预案的培训与模拟演练。⑥参加危险作业安全操作技能的模拟训练。⑦参与五型班组管理及辅助智能巡检系统。⑧组织学习国家、省市等安全监管部门相关安全文件精神。⑨总结上周安全工作开展情况,分析安全工作不足,并布置下期安全工作重点。⑩参会人员针对学习内容发言与表态。⑪参会领导总结与提要求,并亲自记录要求内容与签字。⑫如实记录会议内容和参会人员的发言,所有参会人员在记录簿上签字。

2. 班前会内容:①传达学习公司有关安全工作的文件、规定及事故案例。②总结上班安全工作开展情况,分析安全工作不足。③布置工作任务的同时要布置落实安全防范措施与安全注意事项。④检查本班员工精神状态及劳动防护用品穿戴情况和工器具是否完好。⑤对员工掌握安全操作规程、岗位应知应会、停送电、危险作业审批及事故应急预案情况进行提问或抽查。⑥参会的工段、部门、公司领导结合班前会情况,补充落实安全防范措施与提出要求,并亲自记录要求内容与签字。

3. 交接班会内容

(1)交班内容规定:①班组长提前总结当班工作任务完成情况,组织本班人员汇总本班工作,说明本班的设备及安全设施运行状况,对遗留的安全问题提出防范措施,准备好交接内容。②交班人主动向接班人介绍生产情况、设备运行情况、检维修作业情况、现场安全问题与隐患情况及有关通知要求。③有以下情况应拒绝交班并汇报主管领导:接班人班前饮酒或精神异常;交班内容中存在的问题尚未弄清;接班负责人未按时到岗。④交班人必须实事求是交清班中全部情况,不得遗漏、隐瞒。⑤本班内有条件解决的问题,不得遗留交班。

(2)接班内容规定:①接班人员要提前到岗,穿戴好劳动防护用品,了解岗位情况。②与交班人对口交接、岗位交接,由双方人员在交接班记录上签认。③接班条件不符合要求时,如确因设备问题,难以在短时间内处理好,经接班人同意,双方确认后,交班人方可离岗。④接班要坚持"五不接"工作原则,即:运行记录未填写全不接、安全装置(设施)不齐全可靠不接、工器具不齐全不接、遗留问题(隐患)说不清不接、现场未清理又没有正当理由不接。⑤参会的工段、部门、公司领导结合实际情况,补充落实安全防范措施与提要求,并亲自记录要求内容与签字。

(3)其他有关规定:①严禁脱岗交接班。②交接班中双方发生争议,由双方班组长协商解决或报上级处理。③交接班中遇有操作未完成或突发情况,应暂停交接,两班共同处理完毕或告一段落再正式交接。④班组应规范交接班内容,并保存交接班记录。⑤吊机工、装载机工等特殊岗位运行作业时,在岗位进行交接班与记录签字,由当班班组长负责对特殊岗位人员传达学习相关会议精神与通知要求,布置工作和布置安全防范措施与安全注意事项,班组长在岗位交接班记录本上记录与签字。

(四)考核标准

1. 子公司领导、部门管理人员、工段管理人员、班组长及岗位人员未按规定参加或召开班组周安全例会、班前会或交接班会的(或无签字的或班组长未到特殊岗位传达与记录签字的,除特殊原因外),相关责任人每次考核扣 10 分(百分制考核,下同)。

2. 班组长及以上管理人员主持班组会议时,未对岗位人员开展安全教育的,在班前会或交接班会上未对每项工作落实安全防范措施的(或无记录内容的),每次考核扣 10 分。

3. 子公司领导、部门管理人员、工段管理人员参加班组会议时,未提出安全工作管理要求的(或无记录内容的),相关责任人每次考核扣 10 分。

4. 班组长(或项目负责人)未在作业现场做好安全交底工作的(或无交底记录的),相关责任人每次考核扣 20 分。

5. 未严格按照交接班制度要求做好交接班工作,班组存在安全问题未进行交接、提醒及做好防范措施的(或上一班未发现的),相关责任人每次考核扣 10 分。

6. 每月未组织召开本部门(或本工段)安全例会或开展班组安全培训的(或无培训档案的),部门(或工段)相关负责人或计划培训授课人每次考核扣 10 分。

7. 安全管理部门和各部门每月未检查验证公司和本部门各工段、班组的安全例会召开与落实情况的,相关责任人每次考核扣 10 分;没有将组织召开与参加班组会议不到位人员纳入考核的(或无检查验证及考核记录的),相关责任人每次考核扣 10 分。如存在弄虚作假,一经查实,对相关责任人进行严厉问责和通报批评。

二、班组长岗位职责(以粉磨站制成运行班长为例)

(一)职责范围

负责当班期间安全环保、生产运行、工艺质量、人员组织、培训教育、劳动纪律等管理工作,负责组织召开交接班会议和班组各类会议,及时发现、汇报处理当班期间发生的各项安全生产问题和隐患,确保生产作业计划的落实和安全环保受控。

(二)工作区域

自熟料库底、原材料库(堆场)至水泥库顶,包括原材料输送系统、配料系统、辊压机和水泥磨系统、水泥入库系统及附属设备等作业区域、工作场所。

(三)具体职责

1. 安全管理

(1)认真执行公司《安全生产责任制》等相关规章制度和操作规程,落实好班组安全生产目标责任制,并督促本班组成员认真执行相关要求。

(2)代表班组与工段签订《安全生产职业健康目标责任书》,与班组每个成员签订《安全生产职业健康目标责任书》,确保班组实现全年安全生产目标和指标。

(3)组织本班组成员参与安全生产责任制、安全操作规程、四不伤害防护卡等安全规章制度的修订、评审,提出改进建议。

(4)按照《班组安全管理指导意见》要求,主持召开班前会、交接班会、班组安全例会,总结阶段性安全管理工作,布置安全管理要求,交接现场运行隐患和安全注意事项,带领本班组成员进行安全宣誓,并做好相关记录。

(5)组织对本班组新进、转岗人员的岗位安全再教育及日常安全实操培训,签订师徒协议或指定带班师傅签订师徒协议,并如实记录安全生产教育培训情况,保证班组成员具备必要的安全生产知识和安全操作技能。

(6)接受公司组织的各项安全培训,组织本班组人员参与公司组织的安全生产月、11·9消防周等活动,提高岗位人员安全技能。

(7)传达学习上级各类安全管理文件,学习事故案例、安全检查通报,分析原因、总结教训,举一反三拟定相关防范措施,结合岗位特点提出改进安全生产管理的建议。

(8)组织本班组成员认真梳理、辨识本岗位及作业场所中存在的危险有害因素,参与危险有害因素管控措施的制定,并监督落实。

(9)当班期间组织排查生产现场工艺、设备等存在的安全隐患,对责任范围内的安全设备设施进行经常性的维护、保养,组织员工参与安全隐患"随手曝"活动,记录并跟踪隐患整改,及时消除事故隐患。

(10)检查岗位上的灭火器、消火栓、储气罐等消防器材及特种设备安全附件的完好性,并做好检查记录。

(11)负责对本班组范围内劳动防护用品、职业卫生防护用品进行经常性的维护、保养,确保防护用品有效;督促本班组成员认真佩戴劳动防护用品、职业卫生防护用品,配合公司做好岗位职业危害因素的检测。

(12)负责监督、检查当班期间班组成员及相关方作业人员的安全行为,及时制止违章作业。有权拒绝违章指挥、强令冒险作业、违反操作规程的行为,有权对本单位安全生产存在的问题提出批评、检举、控告。

(13)组织本班组员工学习事故应急预案,参加机械伤害、高处坠落、火灾等事故应急演练和有限空间作业等典型检维修作业的模拟操作,提高班组人员安全应急处理能力。

(14)设备运行巡检时,发现隐患及时汇报,并做好相应安全防护措施;发现直接危及人身安全的紧急情况时,有权停止作业或采取可能的应急措施后组织人员紧急撤离。

(15)负责公司安全管理制度、安全操作规程在本班组内的贯彻执行。在开展设备巡检、维护保养、卫生保洁时,严格执行岗位安全操作规程、开展设备检修、故障处理前,组织开好工具箱会议,分析作业过程危险有害因素,制定防范措施并监督落实。

(16)检修时进入设备内检查或处理问题时,必须严格按照有限空间管理规定,办理危险作业审批,并严格执行能量隔离挂牌上锁程序,确认各项安全防范措施落实到位后,检修人员才可进入设备内,同时必须有专人在设备入口处做安全监护。

(17)组织参加公司安全文化建设和岗位安全达标等活动,落实上级下达的反"三违"和安全技术措施;负责本班组范围内的安全标准化建设、实施工作。

(18)及时、如实汇报班中发生的各类生产安全事故(含险肇事故),配合开展事故调查处理。

2. 环保管理

(1)负责本工序环保设备运行管理,确保环保设备相对于主机设备运转率达到100%。

(2)检查袋收尘等环保设备运行状况,及时处理环保设备运行中出现的故障,确保环保设备完好率100%,督促并检查各岗位环保设备设施运行台账的规范记录。

(3)监督原材料入库各转运环节的规范操作,特别是粉煤灰、矿粉等汽运原材料入库过程中的无组织排放管理,杜绝无组织扬尘。

(4)在每班工作结束后,做好本工序现场卫生及设备保洁,确保现场整洁、有序、物流顺畅、标识规范,并做好交接班。

（5）对本班产生的废油、废收尘袋等固废危废回收到公司指定地点，并做好交接记录。

3. 生产管理

（1）落实处室、工段的生产组织指令，组织和指挥本班组的生产运行，负责本班组各项工作的安排和落实，完成处室、工段下达的工作任务。

（2）负责物流通道、物料及主机设备巡检，组织班中工艺、设备故障处理和检维修，发现设备隐患时要及时汇报处理，必要时可立即安排停机检查。

（3）负责水泥磨、辊压机等主机设备的操作、检查以及设备的维护和保养工作，参与检维修计划的编制和实施，负责组织检维修后的验收，做好记录，保证生产运行稳定。

（4）严格执行工艺管理规程和设备安全操作规程，督促本班组人员自觉遵守岗位工艺纪律，检查本班组各项工艺、设备巡检记录是否正确填写，遇到可能造成主机设备停机等异常情况，应立即上报，协调解决。

（5）严格遵守公司质量管理制度，参与原材料进厂外观验收，负责本班组原材料、水泥出入库的监督，配料秤、助磨剂掺入等设备的检查维护和故障处理，发现出入库错误、漏库以及过程质量指标异常等情况，应立即上报，并配合有关人员及时采取措施，确保出厂产品质量稳定。

（6）围绕优化指标、提高生产组织效率，组织班组成员积极提出合理化建议，实施小改革，解决制约生产工艺的卡、堵等瓶颈问题，降低生产成本，优化经济技术指标。

4. 人员管理

（1）负责班组成员的日常考勤、考核和劳动纪律管理，每月组织班组考核会议，提出并落实班组成员的奖惩意见，充分调动班组成员的工作积极性。

（2）加强与员工沟通，关心员工，掌握班组成员的思想动态和精神状态，了解并及时向工段、处室反映员工的心理波动，帮助解决员工工作及生活中遇到的实际困难。

（3）根据生产需要，优化劳动组合，对本班组作业人员工作内容进行调整和安排；对表现优异的班组成员提出评先评优的建议和意见。

（4）完成处室、工段安排的其他工作。

三、班组（作业组）安全责任联保制度

1. 班组联保制度是为了保障员工安全健康，强化安全意识，进一步加强公司安全管理和班组安全文化建设，杜绝习惯性违章，做到"四不伤害"。

2. 班组长在安排当天工作任务时，必须有针对性地布置安全工作及注意事项，不得遗漏任何一个对象或作业环节。

3. 班组成员在形成事实的互保对象或两人及以上配合作业时，履行互保职责。

4. 作业过程中发生"三违"现象，同班组或相同作业组其他成员未及时发现、提醒并制止，负连带责任并给予处罚；若作业过程中发生伤害事故，视伤害严重程度，扩大至所在工段、分厂处室甚至公司，连带责任予以考核处罚。

5. 班组（作业组）成员在生产过程中应杜绝习惯性违章，切实做到"四不伤害"，即：不伤害自己，不伤害他人，不被他人伤害，保护他人不被伤害。

6. 班组成员在作业中应正确操作，严格落实安全措施，做到互相提醒、互相照顾、互相监督、互相保证，纠正违章行为。

（1）互相提醒：发现对方有不安全的行为或存在不安全的因素时，要及时提醒并制止，正确使用工器具；严格遵守规章制度、操作规程，工作中要做到"呼唤应答"。

（2）互相照顾：作业组要根据工作任务、操作对象，合理分工，互相关心、互相帮助、互创条件，杜绝习惯性违章，切实做到"四不伤害"。

（3）互相监督：严格按照设备的操作规程作业，发现对方违章作业，要立即制止，严格执行劳动防护用品穿戴标准，严格执行安全生产规章制度，严格落实安全防范措施，做到互相监督。

四、班组长安全生产责任制

1. 遵守国家安全生产法规、公司安全管理制度，掌握岗位安全操作规程，具备必要的安全生产知识，了解事故应急处理措施，知悉自身在安全生产方面的权利和义务，积极参加安全培训。

2. 经常教育和检查本班组成员正确使用机器设备、电气设备、工器具、原材料、安全装置、个人防护用品等，注意机器设备处于良好状态，消除一切可能引起伤害事故的不安全因素。

3. 对本班组涉及工段重大危险及其他较危险的作业，要规范办理危险作业申请，对班组成员作业前进行安全交底，认真落实安全防范措施，安排专人监控，严禁违章指挥和违章操作。

4. 检查工作地点、作业场所的安全卫生情况，保持物品合理放置，实行安全文明生产，负责班组日常安全隐患的排查、整改、记录和上报工作。

5. 对本班组成员进行安全操作方法的指导，督促成员严格遵守安全操作规程，遵章守纪，制止"三违"现象。

6. 负责对新调入本班组的成员、改变工种的成员进行三级安全教育，按标准要求考核上岗作业。

7. 有权拒绝上级不符合劳动保护、安全生产的指令和意见。

8. 及时组织本班组每周的安全活动，提高员工安全意识和自我保护技能。

9. 正确分析判断和处理各种事故苗头，发现险情或事故发生后第一时间做好先期处置、隔离和疏散措施，立即报告，保护好现场，并协助事故调查组的调查和处理，落实整改措施。

10. 积极参加各种安全活动，履行岗位工作职责，防范生产安全事故发生。

附　录

附录一　岗位危险因素辨识及防范

为切实加强水泥企业安全生产基础管理,提高岗位危险因素辨识及防范能力,提高本质安全管理水平,有效防范各类事故的发生,依据国家、行业法规、标准和技术规范,针对易发生生产安全事故的生产作业场所、环节、部位和作业行为,研讨编制了《岗位危险因素辨识及防范指导手册》(附件一)。各单位可依据本制度开展危险因素辨识,登记建档,实施有效防范措施,定期进行隐患排查和安全风险评估,加强日常管控,提高人员风险意识及事故防范能力,制定落实管控措施。

为了将水泥企业安全生产过程中存在的隐患进行充分排查,从人的因素、物的因素、环境因素和管理因素四个方面对生产过程中存在的危险有害因素进行全面辨识,制定了《岗位危险有害因素辨识及防范措施(煤磨巡检岗位)》(附件二),从而消除和减少事故。

附件一　岗位危险因素辨识及防范指导手册

(一)采矿工序岗位危险因素辨识及防范指导手册

序号	场所/环节	危险因素及潜在风险	事故类型	主要防范措施
1	穿孔作业现场	布置炮孔人员在边坡、裂隙等区域过于靠近高架头,造成摔伤	高处坠落	布置钻机孔位时,要仔细观察边坡、高架头区域地质情况,防止垮塌造成跌落
		穿孔位置下方有铲装设备进行铲装作业,造成架头垮塌,造成设备损坏和人员伤亡	机械伤害、物体打击、坍塌、高处坠落	严禁交叉作业;穿孔时钻机与前排抵抗线保持安全距离(大于3 m);中班夜间作业禁止穿前排孔
		钻机操作不当,造成钻杆断裂伤人	机械伤害、物体打击	严格执行钻机安全操作规程;工程机械穿孔平台作业时清除表体浮渣,减少钻机卡钻概率
		作业间歇机械设备未停放在安全位置,造成设备损坏及人员伤害	机械伤害、物体打击	严格按照操作规程规定停放至远离高架头及边缘区域的安全地带;做好停放后的各项驻车制动工作
		穿前排孔作业,易造成坍塌	坍塌、高处坠落	钻孔作业必须检查穿孔现场作业环境;夜间禁止前排孔穿孔作业
		边坡采准穿孔未落实专人安全监控	坍塌、高处坠落、放炮	在操作员可视范围内安排专人监控,紧急情况下可立即通知
		地质复杂区域移动穿孔设备时未仔细检查作业现场,设备在溶洞、裂隙上方碾压造成塌陷	机械伤害、物体打击、坍塌	针对复杂地质环境,要了解地质资料及现场实际环境,确保设备安全

续表

序号	场所/环节	危险因素及潜在风险	事故类型	主要防范措施
1	穿孔作业现场	雨雾天气、夜间移动穿孔设备,指挥不当造成设备跌落事故	机械伤害、物体打击、坍塌、高处坠落	严格按照操作规程确定路线安全方可移动设备
		作业现场光线较差,作业现场无安全防护措施,造成人员伤害	灼烫、机械伤害、物体打击、坍塌、雷击、高处坠落、放炮、火灾	确保钻机照明设备正常;杜绝钻机中班在边坡及前排等作业条件危险的特殊区域作业;护孔作业人员应定时检查钻机周边安全情况
		雷电天气,操作人员上下设备易造成雷击事故	雷击、高处坠落、火灾	根据天气预报合理安排穿孔作业,学习防雷电常识避免雷击事故发生
2	爆破作业现场	爆破作业时将雷管、炸药混装、混放	放炮	严令禁止雷管炸药混放;安排安全员现场监控
		雷管、炸药等火工材料没有分开存放,受到设备碾压,引起爆炸,造成伤害	放炮	严令禁止雷管炸药混放;爆破作业现场设置警戒标识,禁止爆破外的任何车辆设备进入;爆破车辆作业时安排专人指挥操作
		雷雨天气进行爆破作业,雷击引爆,造成伤害	坍塌、雷击、高处坠落、放炮、火灾	实施爆破作业前要依据天气预报安排爆破任务,杜绝雷雨、大雾等恶劣天气实施爆破作业;作业过程中遇雷雨应立即停止爆破作业,所有人员撤离至安全地带
		爆破安全警戒人员职责履行不到位,造成非工作人员进入现场	物体打击、坍塌、高处坠落、放炮、火灾	警戒人员严格按照爆破预备会分工执行各自警戒任务;警戒范围一定要确保"到边到拐",不留任何盲点;警戒人员听从现场安全人员统一指挥
		爆破信号传递不准确、误传,出现人员进入警戒现场	坍塌、高处坠落、放炮	警戒人员采用对讲机联系;现场安全员统一指挥警戒人员;特殊地段(通信受阻)增派警戒人员,确保安全受控
		炸药、雷管装卸、搬运不当,装卸火工品时不能做到轻拿轻放,受到外力冲击,引起爆炸,造成伤害	灼烫、坍塌、雷击、高处坠落、放炮、火灾	严格执行火工品领用规定,做好轻拿轻放;安排安全员现场监控;雷管、炸药必须分开装卸存放
		非爆破工填装雷管、炸药,不按操作规程操作,发生雷管爆炸,造成伤害	灼烫、坍塌、雷击、高处坠落、放炮、火灾	严禁非爆破人员参与爆破作业;安排安全员现场监控
		爆破技术参数不合理,造成飞石伤害	物体打击	做好爆破设计评审工作,优化孔网参数;遇前排抵抗线薄弱的特殊炮孔,要立即汇报现场技术人员,合理制定控制装药等预防措施
		现场爆破工装药遇到溶洞、裂隙等异常地质情况未控制单孔装药量,造成爆破飞石、震动事故	物体打击、坍塌、高处坠落、放炮	通过爆破设计评审、爆破班预备会及时了解穿孔区域地质、穿孔过程异常情况,针对异常孔需由技术人员指导装药
		出现盲炮,未由专业人员进行处理,未解除警戒前,进入爆破作业现场,造成伤害	物体打击、坍塌、放炮	严格按照《盲炮处理流程》进行作业;未解除警戒,严禁其他人员进入现场
		装药现场无警戒标识或警戒标识不醒目,缺少安全警示标志	物体打击、坍塌、放炮	爆破现场设立警示标识,并固定牢靠;定期对警示标识牌进行检查,出现模糊立即重新布置

序号	场所/环节	危险因素及潜在风险	事故类型	主要防范措施
2	爆破作业现场	作业人员在作业现场打手机、吸烟等,引爆雷管,引起爆炸	放炮	严禁手机、打火机等禁令物品进入炮地;安排安全员现场监控
		爆破警戒、起爆人员自身安全距离不足,未进入避炮掩体造成伤害	物体打击、放炮	爆破作业起爆前,所有人员需撤离警戒范围以外,起爆人员应进入避炮棚及其他掩体内
		炸药车信号不明倒车碰撞伤人	机械伤害	做好炸药车各项车况安全检查;炸药车现场作业时必须安排专人指挥监控
		炸药车泄漏油料遇明火引起火灾导致设备损坏和烧伤人员	灼烫、机械伤害、火灾	炸药车使用前必须做好车辆各项车况安全检查;做好各项定期维护保养工作
		人员过早进入现场,爆破时产生有毒有害气体伤害人体健康	灼烫	起爆15分钟后进入炮地检查;炮地检查人员佩戴口罩,做好自身防护

(二)铲装工序岗位危险因素辨识及防范指导手册

序号	场所/环节	危险因素及潜在风险	事故类型	主要防范措施
1	铲装作业现场	同一作业面穿孔及铲装上下交叉作业,上方工作面落物,造成下方人员伤害	机械伤害、物体打击、坍塌、高处坠落	严禁交叉作业;穿孔时钻机与前排抵抗线保持安全距离(大于3 m),中班禁止穿前排孔
		铲装作业时,铲斗从矿车驾驶室上方通过	物体打击、坍塌、高处坠落	严格按操作规程操作;规范作业,加强检查、考核力度
		高架头作业,无安全防护措施,造成人员伤害	物体打击、坍塌、高处坠落	台段高度做好优化;组织反铲及时清除高架头悬浮大块等危险物体;杜绝中班高架头下方作业
		正铲、装载机操作人员操作失误或接听手机,造成人员伤害	机械伤害、车辆伤害、物体打击、坍塌、高处坠落	严格执行操作规程;严禁开机中接听手机
		人员进入铲装设备作业半径内,被机械履带及轮胎碾压或碰撞	机械伤害、车辆伤害、物体打击	铲装作业时,禁止人员进入设备作业半径内,禁止人员靠近设备
		铲装设备运行检查不到位,发生转向、制动系统故障,导致事故发生	机械伤害、车辆伤害、物体打击	做好设备"一班三检",确保车辆不带病运行;定期组织车辆专项检查,对查处的隐患及时督促整改
		液压系统油管检查、更换不及时,突然爆裂造成泄压等自燃事故	机械伤害、车辆伤害	按照周期检查液压油管,及时更换,确保完好
		检查液压油缸,压力油射出造成人身伤害	机械伤害、车辆伤害、物体打击	拆卸前释放油缸压力,拆卸前清除管路液压油
		设备运行过程中添加冷却液,被高温水烫伤	灼烫、车辆伤害、物体打击	待水温下降再添加,用湿布包扎水箱盖,缓慢开启水箱盖
		冬季设备添加燃油,结冰上冻易使人摔倒造成伤害	车辆伤害	正确穿戴劳保用品,做好防滑防摔,确保自身安全

续表

序号	场所/环节	危险因素及潜在风险	事故类型	主要防范措施
1	铲装作业现场	雷电天气停机时,设备停放位置不当,不符合安全要求	机械伤害、车辆伤害、高处坠落	严格按照操作规程规定停放至远离高架头及边缘区域的安全地带,做好驻车制动工作
		暴雨恶劣天气进行铲装作业,造成人员伤害	机械伤害、车辆伤害、物体打击、坍塌、高处坠落、触电、火灾	严格执行《恶劣天气下矿山应急预案》规定;突发情况应立即停止铲装作业,并撤离至安全地带
		高温天气疲劳作业,致人员中暑	机械伤害、车辆伤害、物体打击、高处坠落	确保设备空调完好性,操作员配带好防暑降温物品;加强操作员精神状态监控;合理安排作业时间
		采场实施爆破作业时,撤离距离不足,易造成设备、操作人员被砸事故	物体打击、坍塌、高处坠落、放炮	遇到爆破作业时,严格按照爆破作业规定及警戒人员指挥,撤至安全范围
		非作业人员误入作业区通行被落石或坠物砸伤	物体打击、坍塌、高处坠落、放炮	矿区设立警示标志,严禁非作业人员进入现场;加大现场检查力度,发现闲杂人员要立即汇报当班调度人员予以驱离

(三)运输工序岗位危险因素辨识及防范指导手册

序号	场所/环节	危险因素及潜在风险	事故类型	主要防范措施
1	运输作业现场	暴雨或大雾天气运输视线不好造成车辆相撞,致使人员伤亡、设备损坏	机械伤害、物体打击、高处坠落、车辆伤害	遇雨雾天气影响视线,前后车距应>50 m;暴雨、大雾天气停止作业
		运输道路设计不合理,弯道太急或坡度太大,导致翻车事故	机械伤害、物体打击、高处坠落、侧滑、车辆伤害	严格按道路安全设计标准,坡度、转弯半径满足车辆安全行驶要求;驾驶车辆必须降低车速
		当班作业超速、疲劳驾驶,造成人员伤害和设备损坏	高处坠落、车辆伤害	控制好车速,遇弯道、岔路、重车下山减速慢行;督促驾驶员注意日常休息,保证上班期间体力充沛;利用班前会对员工精神状态进行检查
		车辆"三检"不到位,发生转向、制动系统故障,导致事故发生	机械伤害、高处坠落、轮胎爆炸伤人、侧滑、车辆伤害	做好车辆"一班三检",确保车辆不带病运行;定期组织车辆专项检查,对查处的隐患及时督促整改
		没有采取措施,坡道停车,导致车辆滑动碰撞伤人或设备损坏	机械伤害、物体打击、侧滑、车辆伤害	减少在坡道上停车,如遇故障在坡道停车时,拉紧手刹,用三脚架或较大石块掩住车轮,防止溜车
		车辆维护不到位,引起车辆故障,造成人员伤害及设备损坏	机械伤害、物体打击、车辆伤害	驾驶员做好车辆日常维护及周期性保养,工段定期检查确认,确保车辆安全稳定运行
		道路危险路段缺少警示标识,造成人员伤亡或设备损坏	机械伤害、物体打击、侧滑、坍塌、车辆伤害	根据具体情况(弯道、坡道、交叉路口、危险路段)设置安全警示标志
		雨雪天气没有采取防滑措施,造成人员伤害或设备损坏	机械伤害、高处坠落、侧滑、车辆伤害	雨雪天气路面打滑,减速慢行;提前对路面撒工业盐,预防结冰

续表

序号	场所/环节	危险因素及潜在风险	事故类型	主要防范措施
1	运输作业现场	矿车速度不符合要求:空车车距小于30 m、重车车距小于50 m	机械伤害、车辆伤害	加强对矿产车速的日常检查,督促驾驶员保持规定车距,控制好车速
		驾驶矿车接听手机	机械伤害、高处坠落、侧滑、车辆伤害	驾驶过程中严禁接打电话,如需接打电话,在不影响后方车辆行驶前提下靠边停车
		驾驶员随意超车,铲装、卸料区域抢装、抢卸,造成碰擦事故	机械伤害、物体打击、车辆伤害	严格按照规定驾驶车辆,规范操作、遵守相关制度,避免发生碰擦事故
		驾驶员操作失误或无证人员驾驶,造成人员伤害或设备损坏	机械伤害、物体打击、车辆伤害	持证上岗;严禁疲劳驾驶、超速驾驶;通过培训,提高驾驶人员操作技能
		装卸过程中,抢装抢卸或信号不明倒车碰撞	机械伤害、车辆伤害	严禁抢装、抢卸;看清信号,不盲目倒车
		卸料过程中,不按规范倒车,造成人员伤害或设备损坏	机械伤害、侧滑、车辆伤害	应通过倒车镜判断下料口距离,严禁用轮胎撞击下料口挡板停车;倒车过程中,待车辆停稳后方可卸料
		检修车辆时,车厢顶起,未采取第二防范支撑,造成人员伤害或设备损坏	机械伤害、物体打击、高处坠落、车辆伤害	车厢顶起时,插好车厢保险销
		拆装轮胎无安全防护措施,工器具脱落弹出伤人	机械伤害、物体打击、车辆伤害	千斤顶支撑牢固,做好第二支撑;工器具放置在适当位置
		轮胎充气无压力检测,发生爆炸伤人	机械伤害、轮胎爆炸伤人、车辆伤害	充气时用压力表检测气压;充气时附近严禁站人
		矿车运输途中产生的大量粉尘对人体健康的伤害	车辆伤害	每班安排洒水车进行道路洒水降尘
		润滑油搬运过程中润滑油桶砸伤搬运人员	物体打击	润滑油搬运时正确穿戴劳保用品,小心谨慎注意防滑
		保养设备时向冷却水箱中加水,设备预冷时间不够,水箱中的高温水沸腾喷射,造成人员烫伤	灼烫、车辆伤害	待设备充分冷却,方可打开水箱盖
		运输车辆产生的噪声对人体耳部的伤害	车辆伤害	联系环保部门对矿车驾驶室内噪声进行检测,保证噪声控制在标准范围;若噪声超标需进行整改处理
		清理空气滤芯,压缩空气伤人;拆卸损坏部位,物件滑落伤人	机械伤害、物体打击	严禁将压缩空气管口对向人;拆卸损坏部件小心谨慎

(四)破碎工序岗位危险因素辨识及防范指导手册

序号	场所/环节	危险因素及潜在风险	事故类型	主要防范措施
1	破碎机作业现场	破碎机转子压死,进入仓内清料、清堵,物料坍塌,大块滑落,造成人员伤害	窒息、物体打击	破碎机转子压死,进入破碎机仓内清堵时,必须首先清除黏附在壁板上的物料,方可进入;对破碎腔内的大块要进行检查,对可能发生滑落的要用吊葫芦拉紧
		检修未断电的设备	触电、机械伤害、物体打击	严禁运转设备带电检修;必须将设备现场开关打至"O"(关)位,现场有专人监护
		破碎机检修未严格执行停送电制度,停送电未执行审批、停电未挂警示牌	触电、机械伤害、物体打击	进入破碎机内部作业必须办理停送电手续(断电、挂牌);规范办理危险作业审批手续
		破碎机进料口(龙口)物料、石块架空,清堵时,造成人员伤害	窒息、物体打击	铲装设备严禁大块(直径1.5 m)装上车;如遇大块架空时,严禁使用顶杆方式进行处理;严禁使用短撬杠处理大块;必须系牢安全带
		破碎机旋转设备防护罩缺失,人员巡检时,造成伤害	机械伤害	旋转部位必须做到"轮有罩、轴有套",危险部位用隔离网隔离,并悬挂安全警示牌;缺少时严禁靠近和进行恢复,必须做好整改修复
		使用不合格的工器具	触电、机械伤害	严禁使用不符合安全规定的工器具
		破碎机腔体密封差,引起飞石四溅,造成人员伤害	物体打击	做好破碎机腔体的密封;破碎机运转时严禁打开各仓门
		破碎机检修,吊装作业现场未设置安全警戒线,未落实专人指挥	窒息、物体打击	破碎机检修作业时,对吊装工器具质量进行检查确认;吊装现场拉好安全警戒线,并设专人进行指挥
		进入破碎机内部更换锤头、衬板等检修作业时,造成人员伤害	高处坠落、机械伤害、物体打击	进入破碎机内部更换锤头、衬板搬运时,参检人员必须相互配合;必须专人进行监护,破碎机盖用枕木垫好,防止意外下滑
		破碎下料仓检修,未设置安全警示牌,易造成意外事故	高处坠落、机械伤害、物体打击	进入破碎机及下料仓维修作业,下料口应设置警示牌或明显标识,杜绝意外倒料
		设备收尘效果不好,扬尘大,造成粉尘伤害	窒息	做好收尘器的维护及保养工作,必要时可以采取喷水降尘;正确穿戴防尘口罩等劳保用品
2	堆料输送现场	皮带机巡检、维护作业时,易造成人员伤害	机械伤害	皮带机巡检时,员工工作服必须做到"三紧",防止衣物及手套卷入皮带机内;维护作业时必须办理停送电手续
		堆料机开机巡检时,易造成皮带机机械伤害、高处坠落伤害	高处坠落、机械伤害、物体打击	堆料机开机巡检时必须抓牢扶手,防止晃动造成坠落、跌倒伤害;光线不足严禁进行巡检作业;处理故障必须办理停电手续
		皮带机运行时清理物料	机械伤害	必须办理停电手续;严禁单独进行清料
		更换皮带、托辊等检修作业,造成人员伤害	机械伤害	更换皮带、托辊等检修作业时必须规范使用工器具;及时办理停电申请单,并断电后悬挂"有人作业、禁止合闸"安全警示牌;必须两人以上进行作业

（五）原料工序岗位危险因素辨识及防范指导手册

序号	场所/环节	危险因素及潜在风险	事故类型	主要防范措施
1	原料堆场	堆料、取料作业同时进行	坍塌、机械伤害、车辆伤害	在同一作业区，采用人工或者汽车、铲车装卸作业时，堆料、取料作业严禁同时进行
		人员易接近的堆、取料设备或运动件外露的输送设备未设置防护网、急停装置等隔离防护装置	机械伤害	取料机刮板开敞运动外缘应设置隔离防护装置或急停装置
		巡检取料机刮板或耙齿时，易被刮板和耙车伤害	机械伤害	巡检取料机刮板或耙齿时注意力要高度集中，注意观察其运动位置和方向，及时避让；严禁接触运转中的刮板或耙车
		清理取料机下料入口时，易引起滑落，人员伤害	坍塌	严格办理停送电；规范穿戴劳保用品；作业时确保现场有人监控，清理下料口积料时注意力要高度集中，选择安全地点站稳，规范有序清理下料口，必要时系上安全带
		巡检堆料机设备时，易出现堆料机上方物料、设备和杂物高处坠落，造成人员伤害	高处坠落	进入现场注意观察周围物品摆放情况和现场作业人员情况，防止物品坠落伤人；巡检时注意上方及周围环境，各平台及设备要防护到位；高处禁止堆放杂物，避免坠物伤人
		巡检堆料机电器设备时，易造成触电伤害	触电	保证电器设备接地线及各类保护完好，无线路裸露；巡检人员严禁私自操作电器设备或线路，不是工作范围内的检查勿动
		堆料机运行时进行设备润滑，易造成机械伤害	机械伤害	注意观察运转部位形成距离，过程聚精会神，避免疲劳作业；停机加油润滑或在设备运转部位防护到位的情况下加油；延伸加油点，避免接触到运转部位
		堆料机停机时，未确认，擅自进行维护和检修，易造成机械伤害	机械伤害	检修前检查确认到位；检修维护必须断电；确认堆料机已办理停电并挂牌；需通知工段并做好安全防范措施，严禁单独作业
2	原料输送调配站作业现场	进入配料库内进行清堵、清料作业，易造成物料坍塌、人员窒息	坍塌、窒息	按照清料操作规程自上而下规范清料，做好清料时的人员监控；作业前先将仓内物料拉空，加仓部位在上部时，防止物料坍塌
		皮带机、板喂机停机时，未确认，擅自进行维护和检修，易造成伤害	机械伤害	维护和检修前，必须办理停送电，严禁设备运转作业；检查确认到位，并断电后方可作业
		清理输送皮带机、喂料皮带机现场积料和巡检时，易造成皮带机机械伤害	机械伤害	严禁设备运转时清料作业
		更换皮带、挡皮、托辊时，易造成机械伤害、工器具伤害	机械伤害	作业时办理停电手续；保证工器具完好，规范作业；现场专人监控，协调一致，防止违章
		配料站下料口堵，清堵时，易造成物料和大块坍塌，飞石伤害	坍塌	为确保作业安全，安排两人共同作业；选定安全位置自上而下清料，戴好防护面罩
		清理皮带机、板喂机下料口积料时，易造成人员伤害	坍塌	正确使用劳动工具，避免蛮干、违章作业；作业时停机，断电或有专人在现场进行监护
		配料站库顶巡检作业，易造成高处跌落伤害	高处坠落	严禁翻越护栏作业，必须作业时，应佩戴安全带并有专人监护，严禁单独作业；高处巡检时要集中注意力；高空作业必须系好安全带；保持作业面整洁，护栏高度、质量符合标准

续表

序号	场所/环节	危险因素及潜在风险	事故类型	主要防范措施
3	联合储库作业现场	联合储库行车操作、检修作业,易造成人员高处坠落伤害	高处坠落	制定详细作业安全措施,按要求停机,必须有专人监控;必要时办理危险作业等级审批;定期检查行车设备完好性,定期维护,保持各保护装置有效;高空作业必须系安全带
		行车电气故障处理,易造成触电伤害	触电	办理停送电手续,实行挂牌作业,严禁带电操作或无证操作
		行车检查、维修时,易造成机械碰撞伤害	机械伤害	将检修行车停放在检修作业区,通知作业行车注意保持操作距离;检查维修时保持注意力集中,对设备进行断电
		行车更换钢丝绳、抓斗时,易造成高处坠落,工器具、钢丝绳断丝刺伤等伤害	高处坠落、机械伤害	严禁高空更换钢丝绳时不采取防护措施;作业时精力集中,规范穿戴劳保用品和佩戴安全带,现场设专人监控指挥
		进入库内清除库壁结料作业未系好安全带、安全绳,未确认爬梯牢固可靠,未保持足够照明	高处坠落、物体打击	应系好安全带、安全绳;应确认爬梯牢固可靠;应保持足够照明;应选好安全绳固定点
		进入库内清除库壁结料作业监护人员脱离岗位,外部人员不掌握库内情况	窒息、高处坠落、物体打击	设置专人安全监护
4	带式输送机	带式输送机头部与尾部未设置防护罩或隔离栏及安全连锁装置;人员经常通过部位无跨越通道	机械伤害	带式输送机头部与尾部应设置防护罩或隔离栏及安全连锁装置;人员经常通过部位应设置跨越通道
5	窑尾电收尘作业现场	检修进入电收尘内部作业时,易造成高温烫伤、高处坠落、CO中毒、触电、中暑、窒息等伤害	灼烫、高处坠落、中毒、触电、窒息	正确佩戴好劳动防护用品;规范办理停电手续及危险作业审批手续,必须切断高压电源,现场再进行确认,并做好二次接地,释放所有电场内静电电压,并在断开处放置绝缘板,确认设备转换开关转至"OFF"位置,并悬挂"禁止合闸"牌;检查内部时,情况不明不得入内,确认窑尾排风机是否抽风,挡板是否全开位置,只有在CO气体和NO_x气体降为正常范围内方可入内,谨防中毒;要确认电收尘器内是否冷却,不可贸然进入,有无松动、脱焊物件,检查电收尘内部作业必须实行轮换制作业;3人以上进行配合,室外要有专人监护,与室内人员保持密切联系;内部作业要使用低压照明,随身携带防暑降温药品、饮用水;内部作业系好安全带,行走时手要抓牢,避免上下交叉作业
		雷暴雨天气巡检和维修作业易造雷击、触电伤害	触电	雷暴雨天气禁止巡检和维修作业
		巡检和检修振打、变压器等设备,易造成机械伤害、触电、灼烫等	机械伤害、触电、灼烫	设备传动部位防护设施安全有效且严禁触摸;正确佩戴劳动防护用品;设备检修必须断电
		巡检和检修拉链机时,易造成机械伤害	机械伤害	正确佩戴劳动防护用品;设备检修必须断电;正确使用工器具

续表

序号	场所/环节	危险因素及潜在风险	事故类型	主要防范措施
5	窑尾电收尘作业现场	检查和清理电收尘灰斗积料时,易造成粉尘/物料坍塌、灼烫、窒息、高处坠落伤害	物料坍塌、灼烫、窒息、高处坠落	正确佩戴劳动防护用品(手套、防尘口罩)检修作业;规范办理停电手续和及危险作业审批手续;检查灰斗要确认内部积料、温度情况,要保持良好通风,必须3人以上进行配合,室外要有专人监护,保持密切联系;各作业小组必须避免交叉作业;正确使用工器具,物体及检修材料传递必须采用可靠方式,不得上抛下甩,防止坠落伤人
6	原料磨作业现场	进入窑尾电收尘、原料磨机检修作业未配置一氧化碳、氧气浓度检测设备或未进行通风换气	高处坠落、机械伤害、触电、物体打击、中毒和窒息	进入磨机、选粉机、收尘器等设备内部检修作业,应配置温度和一氧化碳、氧气浓度检测设备;有电压不超过12 V的照明灯具;同时做好通风换气和人员监护
		进入窑尾电收尘内检查和检修作业,易造成窒息、触电、灼烫等伤害	窒息、触电、灼烫	严格办理停送电及危险作业审批手续,办理停电(包括大型风机),并进行接地放电;保持通风,穿戴防护用品;使用低压照明,制定详细作业计划及安全防范措施,每个作业组不少于两人,严禁单独作业
		设备及旋转装置的旋转部位未设置防护栏、防护网、防护罩、护盖等防护装置	机械伤害	球磨机旋转筒体两侧应悬挂"禁止穿越"的警示牌;设备传动装置的旋转部件外露部分应配置防护罩或防护网等安全防护装置,露出的轴承应加护盖
		进入增湿塔内部清堵作业,易造成物料坍塌掩埋、窒息、触电、灼烫等伤害	坍塌、窒息、触电、灼烫	严格办理停送电手续;严格劳保穿戴,必要时穿戴防护服;作业试行轮换制,做好信息沟通,安全防护措施要到位;注意上方积料,制定清料安全预案,穿戴防护用品;使用低压照明,注意周围环境
		进入选粉机、喂料阀内部清堵作业,易造成机械伤害、窒息、触电、灼烫等	机械伤害、窒息、触电、灼烫	保持良好通风及照明,按要求穿戴劳保用品;信息传递畅通,全程有人监管;防止疲劳作业,实行轮换作业;办理停电(包括上下游设备停电);保持系统负压;使用低压照明
		进入磨内检查和维修作业,易造成机械伤害、窒息、触电、灼烫等	机械伤害、窒息、触电、灼烫	磨内作业必须对七大设备办理停电,联系中控,控制好负压;清理上方物料,注意上方及四周环境,规范作业,正确使用工器具;磨内必须使用安全照明,保持通风;严格办理停送电及危险作业审批手续;制定详细作业计划及安全防范措施,每个作业组不少于两人,严禁单独作业;确保磨内无有害气体
		巡检和检修磨机、皮带机、拉链机等传动设备,易造成机械伤害	机械	严格落实操作规程;信息传递到位;现场防范措施采取得当;规范穿戴劳保用品
		巡检和检修电收尘、主电机等电气设备,易造成触电伤害	触电	严格执行停送电手续及放电流程;严禁接触运转部位;维修时必须规范作业
		巡检和检修空压机、稀油站、氮气囊等设备,易造成机械(压力气体、油品)伤害	机械伤害	严格办理停送电;检修前做好泄压工作,关闭压力气体源,防止带压工作;严禁接触带电设备或带电操作,保持电气保护装置完好;规范作业,穿戴防护用品
		设备运行中进行润滑时,易造成机械、触电等伤害	机械伤害、触电	注意与运转部位保持安全距离,严禁在设备运转时作业,避免疲劳作业;对设备防护到位或延伸加油口

(六)烧成工序岗位危险因素辨识及防范指导手册

序号	场所/环节	危险因素及潜在风险	事故类型	主要防范措施
1	生料均化作业现场	进入生料库、均化库内检修、清料作业时,易造成物料坍塌、掩埋、窒息、触电等伤害	坍塌、窒息、触电	上部搭设有效防护架,进入前做好检查确认;人员之间交替轮流作业,严格遵守从上至下清理原则,上游设备断电,内部作业使用安全低压照明
		巡检和检修库底罗茨风机传动风机时,易造成机械伤害	机械伤害	严禁触碰传动部位,检修时正确办理停电手续,规范作业
		处理斜槽堵料时,易造成粉尘伤害	窒息	规范佩戴劳动防护用品
		因库内温度高、通风差,易造成人员中暑	中毒、窒息	两人以上轮流作业,随身携带防暑降温药品、饮用水
		筒型储存库人工清库作业外包给不具备资质的承包方,且作业前未进行风险分析	中毒、窒息、高处坠落、物体打击	水泥工厂筒型储存库人工清库作业承包方应具备高空作业工程专业承包资质;清库作业前应进行风险分析
		进入库内清除库壁结料作业未系好安全带、安全绳,未确认爬梯牢固可靠,未保持足够照明	中毒、窒息、高处坠落、物体打击	应系好安全带、安全绳;应确认爬梯牢固可靠;应保持足够照明;应选好安全绳固定点
		进入库内清除库壁结料作业监护人员脱离岗位,外部人员不掌握库内情况	中毒、窒息、高处坠落、物体打击	设置专人安全监护
2	预热器作业现场	结皮清理过程中违章作业,脚手架搭设不规范,未采取可靠防坠落措施	机械伤害、高处坠落	预热器结皮清理前,应关闭循环吹堵风和空气炮,站位适当;应选择合理避让空间,确认风管接头牢固,安全可靠,确认是否负压状态后,接到指令方可作业;作业点必须要确认有防坠落设施
		检修进入旋风筒、分解炉、风管内部作业时,易造成物料坍塌掩埋、窒息、触电等伤害	坍塌、窒息、触电	上部搭设有效防护架,进入前做好检查确认;人员之间交替轮流作业,上游设备断电、内部作业使用安全低压照明
		清理窑尾烟室积料时,易造成高温烫伤等伤害	灼烫	与中控保持密切联系、稳定系统负压,作业时佩戴好劳动防护用品;配备应急喷淋洗眼装置
		清理预热器堵料时,易造成高温物料坍塌、烫伤等伤害	坍塌、灼烫	办理危险作业审批手续,专人监护指挥;正确规范佩戴好劳动防护用品,人站侧面上风、保持安全有效距离,作业前选择好应急逃生路线;配备应急喷淋洗眼装置
		预热器、入窑斗提巡检和检修时,易造成高处跌落	高处坠落	巡检通道畅通无阻、安全设施齐全有效;高空作业检修时,两人以上配合,正确佩戴劳动防护,安全带有效系挂
		清堵作业平台未设置逃生通道	灼烫、高处坠落	清堵作业平台应设置逃生通道且保持畅通;作业区域应保证照明充足
		窑尾烟室、预热器、分解炉检查时误操作	灼烫、高处坠落	应戴好头盔、面罩、隔热防护服;中控操作应保持系统负压状态,严禁开启空气炮;从观察孔侧身观察,严禁正对观察孔

序号	场所/环节	危险因素及潜在风险	事故类型	主要防范措施
2	预热器作业现场	预热器清堵作业违章操作	灼烫、物体打击、起重伤害、高处坠落	应执行危险作业分级审批制度,制定预热器清堵方案和应急预案,并专人监护;预热器系统多级筒堵塞时,清堵作业应自下而上逐级进行,严禁多处同时作业;清堵作业时除作业点外,系统所有的孔和门应关闭并锁紧;操作前应关闭现场压缩空气阀门和空气炮,关闭并锁紧上级的翻板阀;在底层入口应设置警戒区域、悬挂警示牌;配备氨水脱硝的,作业前应停用脱硝设备;操作前应对易燃物进行隔离;作业人员应穿戴防火隔热服,选择上风向正确站位,明确逃生路线;应侧身对着捅料孔,严禁正面对着捅料门;作业前应先将水枪插入清料门,后注水及压缩空气,清料后应先停压缩空气,再抽水枪;煤粉制备系统直接采用窑头或窑尾废气作为烘干热源时,应先停止煤粉制备系统运行,并关闭通往煤磨的热风阀
		各级翻板阀检查,违章作业	灼烫、物体打击	作业人员应正确穿戴劳动防护用品并系好安全带,严格按照操作规程作业;中控操作应保持系统微负压状态;应确保重锤安装牢固;平台护栏应符合要求
3	回转窑作业现场	点火、给煤过程中违反操作规程,发生爆燃、回火	灼烫	应先送风后送煤;应关闭看火门,远离窑口;给煤时应缓慢加煤
		窑头看火未使用防火面罩	灼烫	操作人员应使用防护面罩、看火镜片,中控操作应保持系统微负压
		检修进入窑内作业时,易造成耐火材料、窑皮垮落伤人,易造成灼烫、窒息等伤害;未使用安全行灯,未采取有效能量隔离,无人监护	灼烫、窒息	上部松脱窑皮、积料提前清理彻底;窑内温度降低至合适时作业,窑内作业必须正确佩戴劳动防护用品,与其他作业间保持密切联系,两人以上轮流作业且安排专人监护;进窑前应确认空气炮、预热器翻板阀等危险能可靠隔离
		清理燃烧器积料时,易造成正压烫伤或清理杆碰伤	灼烫、物体打击	与中控保持密切联系,稳定系统负压;作业时佩戴好劳动防护用品、作业人员之间配合到位
		巡检和检修窑尾、窑头高温风机,窑中主传,窑头罗茨风机等传动设备,易造成机械伤害、触电、烫伤	机械伤害、灼烫、触电	设备传动部位防护设施安全有效且严禁触摸;正确佩戴劳动防护用品,设备检修必须断电
		巡检和检修熟料拉链机时,易造成机械伤害、烫伤、高空跌落等	机械伤害、灼烫、高处坠落	设备传动部位防护设施安全有效且严禁触摸;正确佩戴劳动防护用品;高空区域安全设施有效,检修设备必须断电
		清理窑头、窑尾、窑门积料时,易造成烫伤、粉尘伤害	灼烫、窒息	与中控保持密切联系,防止正压烫伤;正确佩戴劳动防护用品
4	篦冷机作业现场	进入篦冷机内部作业时,易造成高处积料或耐火材料垮落伤害、高温灼烫、窒息伤害	灼烫、窒息	做好预热器投球确认、锁死预热器四五级筒翻板阀,办理危险作业审批手续,专人监护、指挥,顶部积料、松脱耐火材料提前清理彻底,人员之间交替轮流作业;正确佩戴劳动防护用品

序号	场所/环节	危险因素及潜在风险	事故类型	主要防范措施
4	篦冷机作业现场	进入篦冷机空气室内部作业时,易造成高处积料烫伤、窒息伤害	灼烫、窒息	系统停机时处理,预热器四五级筒翻板阀锁死,上部积料提前清理彻底;正确佩戴劳动防护用品
		清理篦冷机大块或"雪人"时,易造成系统正压伤害	灼烫	与中控联系好,维持系统稳定负压,关闭空气炮气源,排除余气,断电,大型风机办理强制停机手续;正确佩戴劳动防护用品
		清理破碎机大块时,易造成高温正压和工器具碰擦伤害	机械伤害	系统停机时处理,预热器四五级筒翻板阀锁死;正确佩戴劳动防护用品;作业人员之间配合到位,工器具正确使用
		巡检篦冷机风机、篦床传动液压缸等部位,易造成机械伤害	机械伤害	设备传动部位严禁触摸
5	窑头电收尘作业现场	检修进入电收尘内部作业时,易造成高温烫伤、高处坠落、触电、中暑、窒息等伤害	灼烫、高处坠落、触电、窒息	正确佩戴好劳动防护用品;规范办理停电手续及危险作业审批手续,必须切断高压电源,现场再进行确认,并做好二次接地,释放所有电场内静电电压,并在断开处放置绝缘板,确认设备转换开关转至"OFF"位置,并悬挂"禁止合闸"牌;检查内部时,情况不明不得入内,要确认电收尘器内是否冷却,有无松动、脱焊物件,检查电收尘内部作业必须要实行轮换制作业;3人以上进行配合,室外要有专人监护,与室内人员保持密切联系,内部作业要使用低压照明;随身携带防暑降温药品、饮用水;内部作业系好安全带,行走时手要抓牢,避免上下交叉作业
		雷暴雨天气巡检和维修作业易造成雷击、触电伤害	触电	雷暴雨天气禁止巡检和维修作业
		巡检和检修振打、变压器等设备,易造成机械伤害、触电、烫伤等	机械伤害、触电、灼烫	设备传动部位防护设施安全有效且严禁触摸;正确佩戴劳动防护用品;设备检修必须断电
		巡检和检修拉链机时,易造成机械伤害	机械伤害	正确佩戴劳动防护用品;设备检修必须断电;正确使用工器具
		检查和清理电收尘灰斗积料时,易造成粉尘/物料坍塌、烫伤、窒息、高处坠落伤害	坍塌、灼烫、窒息、高处坠落	正确佩戴劳动防护用品(手套、防尘口罩);规范办理停电手续和危险作业审批手续;检查灰斗要确认内部积料、温度情况,要保持良好通风;必须3人以上进行配合,室外要有专人监护,保持密切联系;各作业小组必须避免交叉作业,正确使用工器具,物体及检修材料传递必须采用可靠方式,不得上抛下甩,防止坠落伤人
6	煤粉制备系统	系统设备缺少防爆阀或防爆阀缺陷	火灾、爆炸	煤粉制备系统的煤磨、收尘器等处应设置防爆阀,防爆阀应布置在需要保护的设备附近且便于检查和维修的管道上;防爆阀的布置应避免爆炸后的喷出物向电气控制室的门、窗、电缆桥架,且不应喷向车间内其他电气设备、楼道口、主要通道、附近锅炉及管道;对防爆阀应定期进行检查,确保完好
		煤磨进出口未设置温度检测装置,或煤粉仓、收尘器未设置温度和一氧化碳监测及自动报警装置	火灾、爆炸	煤磨进出口应设置温度检测装置,煤粉仓、收尘器应设置温度和一氧化碳监测及自动报警装置;检查报警装置应定期检查、校验,确保完好、准确

续表

序号	场所/环节	危险因素及潜在风险	事故类型	主要防范措施
6	煤粉制备系统	煤粉制备车间未设置干粉灭火器装置和消防给水装置	火灾、爆炸	煤粉制备车间应设置干粉灭火器装置和消防给水装置,且应定期检查,确保完好
		煤粉制备系统所有设备、管道未可靠接地或煤粉仓、煤粉秤、煤粉收尘器及煤粉管道等易燃易爆的设备、容器、管道未采取消除静电的措施	火灾、爆炸	煤粉制备系统所有设备、管道应可靠接地;煤粉仓、煤粉秤、煤粉收尘器及煤粉管道等易燃易爆的设备、容器、管道应采取消除静电的措施;应定期检测接地电阻是否符合要求
		煤磨系统收尘器未设置防燃、防爆、防雷、防静电及结露措施,或未设置温度、一氧化碳监测,或未设置气体灭火装置	火灾、爆炸	煤粉制备系收尘设备应选用煤磨专用的袋式收尘器,应有防燃、防爆、防雷、防静电及结露措施;收尘器应设置温度、一氧化碳监测及气体灭火装置,灰斗部位应设置温度监测及自动报警装置;煤磨收尘器进口应设置失电自动关闭的气动快速截止阀门,并应与收尘器下部灰斗的温度报警装置信号可靠连锁
		煤粉仓等系统设备和管道封闭不严,煤粉泄漏或进入新鲜空气	火灾、爆炸	对煤粉制备系统设备和管道应进行密封,严防跑冒滴漏
		操作人员不熟悉系统工艺、参数特点和安全要求,不能及时准确判断系统可能发生煤粉自燃及火灾信号	火灾、爆炸	应对系统操作人员进行岗位生产技能和安全操作规程的培训和考核,合格后方可上岗操作
		检修时吊装衬板、钢球等作业时,存在物件坠落伤人等危险	高处坠落	地面拉设有效警戒,被吊物件必须捆扎牢固;专人指挥负责吊装作业
		进入磨机检修作业未配置一氧化碳、氧气浓度检测设备或未进行通风换气	高处坠落、机械伤害、触电、物体打击、中毒和窒息	进入磨机、选粉机、收尘器等设备内部检修作业,应配置温度和一氧化碳、氧气浓度检测设备;使用电压不超过 12 V 的照明灯具;同时做好通风换气和人员监护
		进入磨内拆装衬板、隔舱板等检修作业,存在高温窒息、衬板等物件挤、碰、砸伤,触电等危险	机械伤害、触电	人员之间间歇轮流作业,专人安全监护,注意观察磨内环境,作业人员之间相互配合到位;相关设备断电且磨内配置安全低压照明
		开关磨门、紧固衬板螺栓时,存在高处坠落、滑倒碰伤等危险	高处坠落	安全绳(带)规范系挂,专人监护;工器具规范使用
		原煤喂料输送皮带高速旋转设备巡检、检修作业,存在机械伤害危险	机械伤害	严格遵守安全操作规程作业;设备旋转部位严禁触摸、穿越,设备检修必须断电
		磨房高处巡检、检修作业时,存在高处坠落等危险	高处坠落	严格遵守高处作业安全规程,安全绳(带)规范系挂,专人指挥,专人安全监护
		主电机、主减速机等设备巡检、检修作业时,存在触电、机械伤害危险	触电、机械伤害	设备旋转部位禁止触摸;设备检修必须断电
		选粉机、高压风机等设备巡检、检修作业时,存在触电、机械伤害危险	触电、机械伤害	设备旋转部位禁止触摸;设备检修必须断电
		空压机,稀油站,压力、旋转设备巡检、检修作业时,存在高压气体和机械伤害危险	机械伤害	设备旋转部位禁止触摸;设备检修必须断电;压力容器必须泄压

序号	场所/环节	危险因素及潜在风险	事故类型	主要防范措施
7	煤取料机作业现场	原煤堆场未设置消火栓等防火设施	火灾	堆场区域应设置消火栓
		煤堆料机区域积煤,易造成燃烧、火灾	火灾	对积煤及时清理,清理时严禁火源
		巡检原煤取料机刮板或耙齿时,易被刮板或耙车伤害	机械伤害	保持安全距离,必要时停机检查
		清理取料机下料入口时,易发生滑落,造成人员伤害	滑落	熟悉现场环境;两人以上进行并安排专人监护;系好安全绳(带),配置安全低压照明,自上向下清理;上下游设备断电
		巡检堆料机设备时,易出现堆料机上方物料、设备和杂物高处坠落,造成人员伤害	高处坠落、物体打击	熟悉现场作业环境;堆料机下方严禁人员久留;上方积料及时清理
		巡检堆料机电设备时,易造成触电伤害	触电	设备旋转部位严禁触碰、穿越
		堆料机停机时未确认,擅自进行维护和检修,易造成机械伤害	机械伤害	严格确认到位,断电维护、检修
		煤堆料机区域积煤自燃,易造成火灾或人员一氧化碳中毒伤害	火灾、中毒	积煤及时清理;正确佩戴劳保用品,如防毒面具
		堆料机运行时进行设备润滑,易造成机械伤害	机械伤害	润滑部位安全防护设施齐全有效;两人以上共同作业,做好安全监护
8	带式输送机	带式输送机头部与尾部未设置防护罩或隔离栏及安全连锁装置,人员经常流通部位未设置跨越通道	机械伤害	带式输送机头部与尾部应设置防护罩或隔离栏及安全连锁装置;人员经常经过部位应设置跨越通道
9	柴油罐	柴油罐现场易造成燃油爆燃,致使人员受伤	火灾、爆炸	罐区严禁烟火;做好柴油罐日常检查维护、防止泄漏;做好防高温隔离措施;罐应有效接地;装卸油过程中应采取静电消散措施;罐区应设置灭火器及消防应急沙池;罐区上方严禁架设电气线路
10	脱硝系统	脱硝系统氨水储罐无专人管理,未设置氨气浓度报警系统、防泄漏装置和防静电系统	灼烫、中毒、窒息、爆炸	应对脱硝系统采取专人看护,单独储存;应设置氨气浓度报警系统、防泄漏装置和防静电系统;应配置紧急喷淋装置和应急药品等应急物资
		氨水到货后取样及卸货时易造成摔伤、灼烫、窒息等伤害	灼烫、窒息	正确穿戴氨水防护用品(手套、防毒面具)进行取样及卸货;设置好警戒区域;制作专用取样监测平台;专人现场安全监护,严禁无关人员靠近
		氨水管道泄漏处理时易造成灼烫、窒息等伤害	灼烫、窒息	区域内严禁烟火;做好氨水系统日常检查维护、防止泄漏;氨水罐内作业必须待系统停机时进行;佩戴好劳动防护用品;了解掌握应急处理方案及救护措施
		氨水储罐和使用现场,易造成灼烫、窒息等伤害	灼烫、窒息	区域内严禁烟火;做好氨水系统日常检查维护、防止泄漏;氨水罐内作业必须待系统停机时进行;佩戴好劳动防护用品;了解掌握应急处理方案及救护措施

（七）发电工序岗位危险因素辨识及防范指导手册

序号	场所/环节	危险因素及潜在风险	事故类型	主要防范措施
1	锅炉作业现场	锅炉压力容器各安全部件失效，易造成爆炸伤害	爆炸	定期检查锅炉安全部件并建档，发现异常的压力、温度立即确认校验，对损坏的测温、测压元件及时更换，失效安全阀更换前必须甩炉，降温降压；安全阀、压力表不得随意拆卸、改变出厂和校验整定值
		对振打装置进行检查更换时，易造成锤头砸伤	机械伤害	建立振打维护管理制度，拟定操作规程及安全注意事项，做好岗位人员维护技能和故障判断的培训，现场悬挂安全警示"当心机械伤人"；需在线检查维护的，必须办理设备维护作业申请，现场按下急停按钮，并断开电源，保持与中控联系，两人以上作业
		进入锅炉内部进行检修作业时，易造成触电、通风不良窒息、中毒及烫伤	窒息、中毒、烫伤、触电	进入锅炉内部检修前必须对锅炉降温降压，根据温度压力下降趋势，从低温段依次开启人孔门，通风冷却至常温，办理设备内部危险作业申请，告知参检人员内部作业危害因素及防范措施，配备低压照明，保证锅炉内部光线充足，正确穿戴口罩、风镜、防烫服等劳保用品，人孔门处设专人监护
		检修时开启人孔门时热风烫伤，人孔门砸伤	机械伤害	开启人孔门前，联系中控，确认内部负压或正压，正确穿戴劳保用品，携带工具规范摆放，入口门螺栓不可一次性拆去，保留至少两根对称螺栓，松动人孔门，在人力可以制动的情况下，拆去最后两根螺栓，缓慢打开人孔门，开门时，人体及面部侧身对人孔门，作业必须两人以上配合
		窑系统在线运行时处理锅炉爆管易造成中毒、热风烫伤及中暑	中毒、灼烫、中暑	针对余热锅炉运行状况，建立《锅炉爆管在线检查及处理安全防范预案》；施工前，必须稳定窑系统工况，对系统大型风机进行强制停机；进入锅炉内部作业时，窑不得大幅度增减产量及用风
		汽轮机启动、停运，锅炉负荷升降调整时易造成人员蒸汽烫伤	灼烫	执行《汽轮机、锅炉启动安全操作规程》，上岗人员必须正确穿戴劳保用品，严禁新进员工单独作业；中控对汽轮机、锅炉操作前，与现场保持信息畅通，未经现场确认，严禁盲目操作；现场巡检人员操作设备、各管道阀门时，必须告知中控，确认控制稳定系统工况，暖管暖机正常，方可操作；所有热力管道阀门开启、关闭必须缓慢
		巡检每班核对水位或水位计失真操作时，水位计受热不均炸裂伤人	爆炸	水位计冲洗时，要戴好防护手套，脸部不要正对水位计，动作要缓慢，以免玻璃忽冷忽热碎裂伤人；水位计汽水侧二次门装有防止玻璃管爆裂时汽水喷出伤人的保险钢球，在操作此类阀门时应缓慢操作，切不可一次将门开得过大，否则会导致保险钢球动作保护，堵住汽水通路，使水位计无法工作，根据设计要求，水位计汽水侧二次门须全开，否则保险钢球不能动作，起不到保护作用；发生水位计轻微泄漏时，立即关闭一次阀告知中控，联系维修人员更换；水位计发生大量泄漏，有蒸汽漏出时，巡检人员立即撤离到安全距离，通知中控甩炉，实施降温泄压操作，不得单独处理

续表

序号	场所/环节	危险因素及潜在风险	事故类型	主要防范措施
1	锅炉作业现场	对汽水阀门进行更换时高压水、汽溅伤、烫伤	烫伤	运行中,所有汽水阀门一次阀严禁在线更换,必须停机降温降压,确认排出介质,方可更换;对管道内介质、温度、压力不清楚的阀门严禁更换;阀门泄漏需要更换时,应先判明泄漏部位及原因,一般情况下分内泄漏和外泄漏两种,外部渗漏按其外部结构分为填料处泄漏和阀盖、阀体渗漏以及密封面或衬里材料渗漏,巡检人员未正确判断,不得随意处理;检修期间,汽水阀门更换时,确认系统完全停机,检查确认管道、阀门内的压力降至零,确认介质放净,确认温度方可检修
		定期排污时阀门泄漏蒸汽伤人	烫伤	正确佩戴劳保用品及工器具;逐台锅炉、逐个联箱、逐路排污管排污;系统工况异常,汽包水位波动大禁止排污;排污时,操作人侧身缓慢开、关阀门,冬季必须暖管充分再排污;地面排污箱处设专人监护,上下信息畅通;遇有系统异常或故障时,停止排污,未经中控操作员允许,严禁排污
		上下楼梯不注意,跌倒摔伤	摔伤	各楼梯口增加安全警示牌,及时提醒上下楼梯人员;利用班前会,宣贯上下楼梯安全注意事项,必须抓紧扶牢栏杆;定期检查楼梯栏杆,及时维护加固
		锅炉各平台为钢架网状结构,工器具及相关物品随意摆放易造成高空坠物伤人	物体打击	锅炉检修、振打维护时,锅炉底部设置警戒线,警示他人禁止进入;作业过程中,工器具、材料规范摆放,螺栓螺帽采用集中存放;严禁上下抛物
2	汽轮机作业现场	发电机停运后测量绝缘情况时残留负荷造成人员触电	触电	按照电气检修规程规范使用兆欧表;检测绝缘时做好现场监护,杜绝触摸被测物体;绝缘测量结束后要对被测设备完全放电
		发电机集电环擦拭、碳刷更换时触电	触电	严禁在设备旋转部位作业;严禁带电作业;必须确认发电机完全停机、断电后,方可作业
		发电机出线间电缆接头检修、检查、更换触电	触电	执行《停送电管理办法》,作业人员办理停电手续,断开高压柜,摇出小车,悬挂"有人作业"警示牌;确认发电机完全停机
		汽轮机保护失灵,导致汽轮机飞车事故发生	机械伤害	汽轮机保护定期检查测试,发生异常,立即停机处理,确保各保护完好率100%;严格执行公司《DCS强解管理办法》,不得随意解除设备保护;发电正常运行中 ETS 保护严禁切除
		汽轮机厂房各地坑内水泵绝缘损坏,造成人员触电伤害	触电	电气设备外壳可靠接地;水泵供电线路配置漏电保护装置;地坑水泵定期检查更换
		发电机励磁系统检修,造成触电;检查清扫励磁回路所属设备;励磁回路预防性试验触电	触电	励磁系统检修必须由专业人员开展;检修前必须停机断电,并办理停电手续并挂牌;检修时要先验电、放电,确认安全后方可作业;预防性试验结束前要对励磁系统接地放电
		汽轮机本体巡检高温高压管道烫伤,机械绞伤	机械伤害、烫伤	上岗后正确穿戴劳保用品,夏季严禁衣袖卷起;执行汽轮机岗位安全操作规程;严禁清理擦拭设备旋转部位油污积灰;高温高压管道泄漏等故障时,必须打闸停机,降温降压后,方可组织处理

续表

序号	场所/环节	危险因素及潜在风险	事故类型	主要防范措施
2	汽轮机作业现场	油系统泄漏易造成人员滑倒摔伤及火灾事故	摔伤、火灾	发生油系统泄漏,必须打闸停机;润滑油泄漏时,控制漏油点,组织清理地面油污;发生油箱及管道起火时,立即停机,打开事故油箱阀门,泄空主油箱,控制火灾
		汽轮机凝汽器设备内部检修检查时易造成高空摔伤,设备内部通风不畅导致窒息	窒息、摔伤	确认汽轮机完全停机,办理停电手续;打开凝汽器检修门进行通风,夏季,人孔门处增加轴流风机,加强内部空气对流;凝汽器内部作业,必须使用 36 V 以下低压照明,光线充足;检修作业时,入口门处设专人监护
		汽轮机静止部分、转子部分、保安系统、调速系统、盘车装置检修时起重设备使用不当触电、砸伤	触电、机械伤害	起重设备操作装置使用 36 V 低压电源;起重设备专人操作;起吊过程中遵循"十不吊"原则
3	冷却塔作业现场	停机检修清理冷却塔底部淤泥时,高压水枪使用不当伤人	机械伤害	使用高压水枪必须遵守《高压水枪操作规程》;操作人正确穿戴劳保用品;水枪启动前,检查各管道接口牢固可靠;使用高压水枪两人操作,水枪口严禁对人,不得嬉戏打闹
		冷却塔喷淋效果检查、水质取样、日常巡检时易造成滑倒摔伤及跌入池内发生淹溺	摔伤、淹溺	规范冷却塔水质管理,定时、定量、定点加药,按时监测浓缩倍率,及时调整加药量及排污量;根据季节变化及原水水质,合理控制调整药剂,保证喷淋水效果;拟定冷却塔检修安全操作规程,规范检修安全防范措施;定期检查维护巡检通道及安全设施,及时更换锈蚀栏杆楼梯
		填料、分水器、通风窗百叶更换发生砸伤、高空跌落	物体打击、高处坠落	填料、分水器、通风窗百叶更换时,必须佩戴安全绳、安全带;材料传递时,捆扎牢固;更换前放空管道、喷嘴内积水,顶部人孔门设专人监护;进入冷却塔内部检查前,风扇断电
4	药品使用作业现场	易燃药品检查时发生火灾、烧伤	火灾、灼烫	规范化学药品使用管理办法,悬挂禁止烟火标志;药品存放点远离明火、高温点
		化水车间内管道泄漏,造成人员酸碱烧伤	灼烫	化水车间内操作时,必须佩戴防毒口罩、防酸碱胶皮手套;确认生活水源正常,发生泄漏及时用清水冲洗稀释;酸碱泵开机前,检查确认泵进出口管道、阀门完好,周边无人作业;配备应急喷淋洗眼装置
		化学药品使用、检查时药品腐蚀,空气污染,易使人中毒	中毒、灼烫	加强化学药品使用、库存区域通风,必要时增加轴流风机;定期检查化学药品容器,发现腐蚀泄漏、变形立即组织更换;进入药品库存、使用区域,必须正确穿戴劳保用品
		现场巡检人员添加吗啉、联氨、磷酸三钠、盐酸、烧碱时配合失误,造成中毒及烧伤	中毒、灼烫	规范化学药品使用管理,建立各种化学药品化学性质告知并上墙;现场巡检人员根据添加药品化学性质,正确穿戴劳动防护用品,必须佩戴防毒口罩、胶皮手套;加药点保证照明充足,室内通风良好;加药时操作人站在上方或上风口;配备应急喷淋洗眼装置

序号	场所/环节	危险因素及潜在风险	事故类型	主要防范措施
5	输送设备作业现场	水泵检修、解体检查时触电、碰伤	触电、机械伤害	水泵检修或故障处理时,必须执行《停送电管理办法》,申请办理停电手续,现场开关打至"检修"位置;泵解体前,必须了解结构,不得冒险蛮干
		切换水泵盘轴时绞伤,高温高压水泄漏烫伤	机械伤害、烫伤	定期开展备用泵检查切换,切换前,工艺牵头,机械、电气润滑配合检查确认;备用泵启动前,检查进出口压力、泵体温度(热力泵必须暖机);长期停运泵必须排污,盘动有无卡滞;出现密封泄漏,严禁开机,待修复后方可投运
		巡检拉链机时翻越旋转部位,碰伤、跌倒	机械伤害	严禁翻越运转设备,禁止对旋转部位清理卫生;疏通巡检通道,增加过渡楼梯平台;进入现场,必须熟悉巡检环境,行走时注意力集中
		星型卸灰阀维护检查时烫伤	烫伤	关闭卸料器入口闸板阀,卸空降温,办理卸料器及上下游设备断电手续,现场开关打至"检修"位置;检修前,卸料器壳体温度降至常温方可施工
		电机、减速机更换油脂时不注意发生火灾烫伤	烫伤	建立电机、减速机润滑卡,定期补脂;润滑部位做好温度检测,发现高温时,立即采取降温、降负荷或停机,补加润滑油、脂时,现场严禁烟火,高温部位添加时,配备干粉灭火器
		泵体地脚螺栓紧固时工器具使用不当砸伤	机械伤害	正确穿戴劳保用品;螺栓紧固采用扭力扳手或梅花扳手,使用前确认有无缺陷;紧固时,扳手与螺栓必须配套,完全吻合,均匀用力,不可用力过猛

(八)粉磨工序岗位危险因素辨识及防范指导手册

序号	场所/环节	危险因素及潜在风险	事故类型	主要防范措施
1	装载机驾驶作业现场	装载机刹车、转向、灯光、喇叭、后视镜等有缺陷	车辆伤害	车辆刹车、转向、灯光、喇叭、后视镜等应配备完好;配备倒车警报装置、行车警示灯,在特定区域限制速度
		现场作业环境复杂、夜间照明不够存在交通事故风险	车辆伤害	合理规划行车路线,实行人车分流,增加现场照明
		驾驶员精神状况较差、技能不高,车辆有故障出车,导致交通事故	车辆伤害	注意休息,严格遵守操作规程;驾驶装载机前对车辆进行检查,车辆存在故障禁止使用
2	熟料、原材料输送作业现场	进入熟料库、辅材库内清库作业,存在物料垮塌伤人危险	坍塌、窒息	进入内部必须确认上方无积料,严禁两人以上进入清理,必须有专人监护,清理时停止下游设备,保持库内照明、通风良好,正确穿戴劳保用品、系好安全带,严格遵守清仓清库安全操作规程,严格执行危险作业分级、审批和监护管理办法
		熟料、辅材输送皮带高速旋转设备巡检、检修作业,存在机械伤害危险	机械伤害	检修和更换托辊、挡皮等作业时,必须办理停电手续,现场开关打到关闭状态;皮带运行时,严禁清理积料及接触运转部位;严禁跨越皮带
		破碎系统等设备巡检、检修作业,存在机械伤害危险	机械伤害	避免靠近设备,按照安全路线进行巡检;检修时,必须办理停电手续,现场开关打到关闭状态;检修场正确使用工器具,规范吊装作业;破碎机下料口进料要现场进行检查监护

序号	场所/环节	危险因素及潜在风险	事故类型	主要防范措施
2	熟料、原材料输送作业现场	熟料、辅材库下料口堵料,清堵作业时,存在工器具、皮带机、物料垮塌造成挤、碰、砸伤等危险	机械伤害	严格遵守清仓清堵安全操作规程,不得单独作业;正确穿戴好劳动防护用品;严禁在皮带等设备运行中进行作业;正确使用工器具;严禁在夜间进行清堵作业
		熟料、辅材库库顶巡检、检修作业时,存在高处坠落等危险	高处坠落	上、下楼梯必须抓牢扶手;不得在高处临边进行检维修作业;及时清理高处现场杂物;高处作业必须系好安全带
3	水泥磨作业现场	检修时吊装衬板、钢球等作业时,存在物件坠落伤人等危险	起重伤害	严禁无证操作电动葫芦;吊装前检查好电动葫芦钢丝绳、吊钩、限位器以及吊装钢丝绳必须是完好状态;严禁吊装时下方站人,必须专人指挥,严格执行"十不吊"规定
		进入磨内拆装衬板、隔舱板等检修作业,存在高温窒息,衬板等物件挤、碰、砸伤,触电等危险	窒息、机械伤害、触电	进入磨内必须办理停电手续;保持磨内照明、通风良好;正确规范使用电焊机、大锤、撬杠等工器具;严禁使用高压照明和损坏电动器具;必须专人指挥;内部检修作业设专人进行监护
		开关磨门、紧固衬板螺栓时,存在高处坠落、滑倒碰伤等危险	高处坠落	高处作业系好安全带,并挂靠牢固;规范使用扳手等工器具;紧固螺栓时用力要均匀、平稳;必须办理停电手续,现场开关打入关闭状态;不得单独作业,磨筒体上作业时注意防滑、防绊倒
		入磨喂料输送皮带高速旋转设备巡检、检修作业,存在机械伤害危险	机械伤害	检修和更换托辊、挡皮等作业时,必须办理停电手续,现场开关打入关闭状态;皮带运行时,严禁清理皮带下、滚筒上积料,严禁跨越皮带
		磨房高处巡检、检修作业时,存在高处坠落等危险	高处坠落	上、下楼梯必须抓牢扶手;不得在高处临边进行检维修作业;清理高处现场杂物;高处作业必须系好安全带;高空作业下方设安全警戒,检查高空物件安装焊接是否牢固
		主电机、主减速机等设备巡检、检修作业时,存在触电、机械伤害危险	触电、机械伤害	避免靠近设备,按照安全路线进行巡检作业;检修时,必须办理停电手续,现场开关打入关闭状态;进入设备内部检查检修作业,设专人监护
		选粉机、高压风机等设备巡检、检修作业时,存在触电、机械伤害危险	触电、机械伤害	避免靠近设备,按照安全路线进行巡检作业;检修时,必须办理停电手续,现场开关打入关闭状态
		空压机,稀油站,压力、旋转设备巡检、检修作业时,存在高压气体和机械伤害危险	触电、机械伤害	避免靠近设备,按照安全路线进行巡检作业;检修时,必须办理停电手续,现场开关打入关闭状态;检修时,必须先泄压
4	水泥入库作业现场	水泥库门洞未封闭,存在高空坠入风险	高处坠落、窒息	各量库孔、人孔门要及时关闭封堵;下料口处必须佩戴安全带,正确佩戴劳动防护用品,设专人监护
		斗提高速旋转设备巡检、检修作业,存在机械伤害危险	机械伤害	检修作业时,必须办理停电手续,现场开关打入检修状态;辅传设备开机检查时,做好上下信息联系,保障开机检查安全
		水泥库高处巡检、检修作业时,存在高处坠落等危险	高处坠落	上、下楼梯必须抓牢扶手;不得在高处临边进行检维修作业;清理高处现场杂物;高处作业必须系好安全带;库顶临边作业时,下方拉好安全警戒

(九)包装工序岗位危险因素辨识及防范指导手册

序号	场所/环节	危险因素及潜在风险	事故类型	主要防范措施
1	水泥出库输送现场	水泥库清库作业,存在物料垮塌伤人危险	坍塌、窒息	进入内部必须确认上方无积料,严禁两人以上进入清理,必须有专人监护,清理时停止下游设备,保持库内照明、通风良好,正确穿戴劳保用品、系好安全带,严格遵守清仓清库安全操作规程,严格执行危险作业分级、审批和监护管理办法
		水泥输送皮带高速旋转设备巡检、检修作业,存在机械伤害危险	机械伤害	检修和更换托辊、挡皮等作业时,必须办理停电手续,现场开关打入关闭状态;皮带运行时,严禁清理皮带下、滚筒上积料,接触运转部位;严禁跨越皮带
		水泥库下料口堵料,清堵作业时,存在工器具、皮带机、物料垮塌造成挤、碰、砸伤等危险	窒息	严格遵守清仓清堵安全操作规程,不得单独作业;清堵前,切断供气气源,排空库内气体;严禁在皮带等设备运行中进行作业;正确使用工器具及佩戴劳动防护用品;严禁在夜间进行清堵作业
2	袋装发运现场	水泥输送皮带高速旋转设备巡检、检修作业,存在机械伤害危险	机械伤害	检修和更换托辊、挡皮等作业时,必须办理停电手续,现场开关打入关闭状态;皮带运行时,严禁清理皮带下、滚筒上积料,接触运转部位;严禁跨越皮带
		栈台发运广场,存在车辆撞人危险	车辆伤害	正确行走巡检路线;有序指挥车辆装运;外来车辆进入厂区告知控制好车速、减速慢行;制定和执行公司发运管理制度,做好外来车辆安全教育和管理
		纸袋库内存在火灾风险	火灾	严禁烟火,杜绝吸烟;定期检查库房电路是否老化,使用防爆照明;配备相应消防器材,定期检查完好性
		包装机旋转设备,存在机械伤害危险	机械伤害	严禁疲劳操作;处理设备故障、破包和检修时,必须办理停电手续,现场开关打入关闭状态,包装机系统断气断料,并做好专人监护
3	汽散发运现场	发运时,驾驶员高处作业,存在高处坠落等危险	高处坠落	制定和执行公司发运管理制度,做好外来车辆安全教育和管理;上散装罐车顶部作业时要抓牢扶手,高处作业必须戴安全帽、系好安全带并挂靠在有效位置
		汽散库下料口、斜槽堵料,清堵作业时,存在工器具、物料垮塌造成挤、碰、砸伤等危险	坍塌、窒息	严格遵守清仓清堵安全操作规程,不得单独作业;正确使用工器具,佩戴好劳动防护用品;严禁在夜间进行清堵作业
		栈台发运广场,存在车辆撞人危险	车辆伤害	正确行走巡检路线;有序指挥车辆装运;外来车辆进入厂区告知控制好车速、减速慢行;制定和执行公司发运管理制度,做好外来车辆安全教育和管理
		检修发运散装头时,高处作业存在高处坠落等危险	高处坠落	对汽散散装头进行检查处理,做好防坠落措施;高处作业必须系好安全带,并挂靠在有效位置;必须办理停电手续,现场开关打入关闭状态,并做好专人监护
		汽散库库顶巡检、检修作业时,存在高处坠落等危险	高处坠落	上、下楼梯必须抓牢扶手;不得在高处临边进行检维修作业;清理高处现场杂物,高处作业必须系好安全带

(十)码头工序岗位危险因素辨识及防范指导手册

序号	场所/环节	危险因素及潜在风险	事故类型	主要防范措施
1	码头装卸输送现场	清料作业,存在塌料喷料伤人危险	坍塌、窒息	严格办理停送电手续,严格劳保用品穿戴,必要时穿戴防护服,作业试行轮换制,做好信息沟通,安全防护措施要到位,安排专人进行监护;注意上方积料,制定清料安全预案;使用低压照明,注意周围环境
		高处巡检、检修作业时,存在高处坠落等危险	高处坠落	上、下楼梯必须抓牢扶手;不得在高处临边进行检维修作业;清理高处现场杂物,现场拉好安全警戒;高处作业必须系好安全带
		输送运转设备,存在机械伤害、触电危险	机械伤害、触电	皮带开机前,必须先对生产线巡查,启动警铃提示;设备开机时,人员严禁进入非巡检现场和设备内部;处理收尘要断电断气;分隔轮卡死需停电清理;船只靠港利用高频提前告知船方靠港泊位情况,主场进行安全靠离港指挥
2	码头卸运现场	卸料机和门机卸料、清仓作业,高处临水作业,存在抓斗(吊钩)碰撞和物料坠落伤人危险。	物体打击、坍塌、高处坠落、起重伤害、淹溺	杜绝无证、疲劳作业,精心操作;每班做好检查和维护,确保机械设备、电器设备、钢丝绳、抓斗等完好,严禁设备带故障作业;夜间保证充足照明;清仓时,必须设立专人监督指挥;严格执行安全操作规程和"十不吊"规定;不得单独作业,正确穿戴劳保用品和救生衣
		卸料机和门机检修和更换钢丝绳时,存在高处坠物伤人和人员高处坠落危险	物体打击、高处坠落	检修时做好安全警戒,安排专人监护作业,杜绝无关人员进入现场;规范使用工器具,严禁高处乱扔物件和杂物;高处作业必须系好安全带,并挂靠在有效位置;夜间作业必须保证充足照明
		卸料机和门机高空润滑、卫生清理时,存在高处坠落危险	高处坠落	高处作业必须系好安全带,并挂靠在有效位置;上下楼梯抓紧扶手,严禁夜间作业;严格遵守安全操作规程,不得单独作业,正确穿戴劳保用品和救生衣;擦拭操作室机房玻璃,必须佩戴安全带
		异常天气存在移动设备移动脱轨	触电	雷雨天气、大风达到6级以上严禁作业,停在锚定位置,切断电源,拉好防风拉索,人员撤离回到安全区域
		卸料机和门机高速运转设备,存在机械伤人危险	机械伤害	卸料机和门机开机时,必须先观察好四周情况,启动警铃提示;设备开机时,人员严禁进入操作现场和机房内部
3	码头发运现场	装船机头部清理下料口,存在高处坠落、溺水危险	高处坠落、淹溺	高处作业必须系好安全带,并挂靠在有效位置,抓好现场安全护栏;夜间作业必须保证充足照明;严格遵守安全操作规程,不得单独作业,正确穿戴好劳保用品和救生衣
		检修设备和更换皮带时,存在高处坠物和高处坠落危险	高处坠落、机械伤害	检修时做好安全警戒,办理停电手续,安排专人监护作业,杜绝无关人员进入现场;规范使用工器具,严禁高处乱扔物件和杂物;高处作业必须系好安全带,并挂靠在有效位置;夜间作业必须保证充足照明

序号	场所/环节	危险因素及潜在风险	事故类型	主要防范措施
3	码头发运现场	检修装船机溜筒时,高处临水作业,存在高处坠落伤人等危险	高处坠落、淹溺、碰撞	检修时做好安全警戒,安排专人监护作业,杜绝无关人员进入现场;规范使用工器具,严禁高处乱扔物件和杂物;高处作业必须系好安全带,并挂靠在有效位置;邻靠码头沿口正确穿好救生衣;夜间作业必须保证充足照明,做好专人监护;船只靠港利用高频提前告知船方靠港泊位情况,主场进行安全靠离港指挥
		输送皮带高速旋转设备,巡检、检修作业,存在机械伤人危险	机械伤害	检修和更换托辊、挡皮等作业时,必须办理停电手续,现场开关打入关闭状态;皮带运行时,严禁清理皮带下、滚筒上积料;严禁跨越皮带
4	码头调度现场	船舶靠离时,拉、卸缆绳和做水尺时,存在坠落溺水危险	淹溺	船只靠港利用高频提前告知船方靠港泊位情况,主场进行安全靠离港指挥;高处作业必须系好安全带,并挂靠在有效位置;夜间作业必须保证充足照明;严格遵守安全操作规程,不得单独作业,正确穿戴劳保用品和救生衣
		码头平台,存在车辆撞人危险	车辆伤害、高处坠落	检修时做好安全警戒,安排专人监护作业,杜绝无关人员进入现场;规范使用工器具,严禁高处乱扔物件和杂物;高处作业必须系好安全带,并挂靠在有效位置;夜间作业必须保证充足照明;按规定路线行走,加强码头运输车辆车速及行驶道路安全管理
		雷电、大风、雨雪天气存在坠落、溺水、雷击危险	触电、淹溺	停止作业,检查移动设备防风保护是否投入使用,撤离码头,到安全区域进行躲避;雪天及时组织清理码头积雪;严寒天气码头平台积水及时清理,避免结冰;上冻天气要利用麻袋等防滑设施铺设安全通道

(十一)其他岗位危险因素辨识及防范指导手册

序号	场所/环节	危险因素及潜在风险	事故类型	主要防范措施
1	化验室	化学试剂购买与使用不符合公安机关等相关部门的要求	灼烫	化学试剂购买与使用应符合公安机关等相关部门的要求
		未配置灭火器、洗眼器、小药箱等安全应急物品	灼烫	配置灭火器、洗眼器、小药箱等安全应急物品;化验室内严禁存放食物
		皮带、运转设备上取样未在专用安全防护平台上进行	机械伤害	皮带、运转设备上取样在要在专用安全防护平台上进行
		船上取样未穿戴水上救生服	淹溺	船上取样或涉水作业必须穿戴水上救生服
		热工设备上取样未通知中控停止空气炮	灼烫	热工设备上取样要通知中控停止空气炮,并穿戴好安全防护用品
2	厂内专用机动车辆	厂内专用机动车辆无统一牌照和车辆编号,车辆刹车、转向、灯光、喇叭、后视镜等有缺陷,未安装倒车报警装置、行车警示灯,在特定区域未进行限速	车辆伤害	厂内专用机动车应统一牌照和车辆编号,技术资料、档案、台账齐全,无遗漏;车辆刹车、转向、灯光、喇叭、后视镜等完好;应安装倒车报警装置、行车警示灯,在特定区域进行限速

序号	场所/环节	危险因素及潜在风险	事故类型	主要防范措施
3	维修库房及作业	氧气、乙炔库未设置防倾倒装置;未设置有效安全距离,阳光暴晒或靠近明火	爆炸、火灾、中毒、窒息	库房内设置防倾倒装置;氧气库与乙炔库存放点远有效安全距离;严禁阳光暴晒,氧气、乙炔距离明火不得小于15 m;在库房明显位置张贴安全警示牌
		电焊机绝缘线路破损、淋雨受潮;电焊机无接地线	触电、灼烫	电焊机使用前认真做好线路绝缘检查,破损点及时进行绝缘包扎或更换电源线路;制作电焊机防雨罩,随时做好投用准备;确保接地线完好并规范接地点
		液压工具密封损坏、固定螺栓未紧固、液压油泄漏	物体打击	液压工具使用前确认密封完好;各部位连接螺栓确认紧固;油箱及压力阀无泄漏
		临时用电设备绝缘老化或破损	触电	使用前确认好线路绝缘情况,异常及时进行处理,严禁使用异常及绝缘破损老化设备
		电焊作业未使用防护面罩及焊工手套,火花溅伤;雷雨天室外电焊作业伤害;密闭、有限空间电焊作业;高压容器、易燃易爆容器电焊作业	灼烫、烫伤、触电、中毒、窒息、爆炸	电焊作业时必须使用焊工手套及防护面罩,正常穿戴劳动防护用品;雷雨天气禁止室外电焊作业;严禁在密闭空间进行电焊作业,有限空间电焊作业做好通风及设置专人监护;严禁在高压容器、易燃易爆容器电焊作业
		气割作业时未佩戴防护眼镜、焊工手套;氧气、乙炔瓶未按规定摆放;氧气、乙炔瓶阳光暴晒;氧气、乙炔瓶运输过程中混放;氧气、乙炔瓶口沾有油脂	烫伤、爆炸	气割作业时正确佩戴焊工手套及防护眼镜;氧气、乙炔瓶摆放距离不能小于10 m,严禁靠近明火;氧气、乙炔瓶做好防晒;氧气、乙炔运输过程中严禁混放;氧气、乙炔瓶口严禁沾有油脂
		高空作业未正确佩戴安全绳、安全带;高空作业脚手架搭设不符合规定;作业下方未设置警戒区域且无专人监护,人员作业下方行走;高空作业随手抛物;高处工具摆放不符合规定	高处坠落、坍塌、物体打击	高空作业正确佩戴安全绳、安全带;规范搭设脚手架;作业下方设置警戒区域且安排专人监护,作业下方严禁人员经过;高空作业时严禁随手抛物;高处物品及工具摆放应远离平台边缘并做好固定
		吊装作业违反"十不吊"	物体打击、高处坠物	指挥信号不明不准吊;斜牵斜挂不准吊;吊物重量不明或超负荷不吊;散物捆扎不牢或物料装得过满不吊;吊物上有人不吊;埋在地下物不吊;机械安全装置失灵或带病不吊;现场光线阴暗看不清吊物起落点不吊;棱刃物与钢丝绳直接接触无保护措施不吊;6级以上大风不吊
		手拉葫芦吊钩无防脱钩装置;手拉葫芦制动装置失灵;手拉葫芦链条磨损、重量不明超负荷吊装;钢丝绳索不符合规定	物体打击、高处坠落	使用手拉葫芦必须确保防脱钩装置完好;使用手拉葫芦前检查制动装置完好;确保葫芦链条无明显裂纹;吊装前确认物体重量,严禁超负荷吊装;钢丝绳符合吊装规定
4	润滑油品库	油品库现场,易造成燃油爆燃,造成人员伤害;库区无消防器材	火灾、爆炸	库区严禁烟火;做好油品库日常检查维护、防止泄漏;做好防高温隔离措施;库区应设置灭火器及消防应急沙池;库区上方严禁架设电气线路

序号	场所/环节	危险因素及潜在风险	事故类型	主要防范措施
5	停送电	未核实设备运行状态进行停电操作,使设备带负荷拉闸	触电、爆炸、灼烫	在设备停电前核实好设备运行状态,只有在设备停机时才能进行停电操作,严禁带负荷拉闸
		在设备进行停送电操作时,未核实设备工艺代号及设备名称,错误地进行停送电操作	触电	停电前确认所停设备的工艺代号及设备名称与停电单一致时方可进行停送电操作
		停电后未进行验电、放电(电容、电感、变压器等)	触电	停电操作结束后对所停设备进行验电,并做好储能设备放电工作
		在送电手续不完善的情况下执行送电操作,致使现场作业人员带电检修维护	触电、机械伤害	送电前确认各作业小组已全部填写送电申请单,电仪专业人员对交叉作业停电进行确认后方可进行送电操作
		未核实断路器状态的情况下进行送电操作,致使现场设备运转,并存在拉弧放电现象	爆炸、机械伤害、触电	送电前确认断路器处于分闸状态方可进行送电操作
		高低压柜送电时控制柜未推送到位	爆炸、触电	送电后检查高压柜小车及低压柜插件已完全推送到原始位置
6	配电室	线路及母排接头螺栓松动、接触不良造成设备高温着火	爆炸、火灾、中毒、窒息	确保电力室防火监控设施完整,利用检修机会定期对各螺栓进行紧固,并在接头处张贴示温蜡片,定期进行巡检
		非专业人员未经允许进入配电室;电力室内吸烟、进行气割作业及嬉戏打闹	爆炸、触电	严禁非专业人员在未经允许时进入电力室,在电力室内严禁吸烟及气割作业,必要时必须有专业人员在现场进行监护并做好相关防护措施,严禁在电力室嬉戏打闹
		变压器油品大量泄漏	爆炸、火灾	变压器室严禁进行动火作业;作业人员禁止吸烟;对于漏油的变压器要及时安装积油盒,定期进行清理
		电力室"五防一通"未到位	爆炸、火灾、触电	定期对电力室"五防一通"进行检查,对不合要求的及时进行整改完善
		电缆沟电缆接头长期浸泡水中	爆炸、火灾、触电	确保电缆沟排水设施工作正常,对电缆接头进行架空远离积水处,定期对电缆接头温度进行检查
7	电气作业	现场临时接线随意摆放,使用的电缆龟裂破损,线路接头裸露	触电	现场规范接线;严禁使用破损龟裂电缆;线路接头处绝缘包扎好
		未办理停电手续进行电气维修作业	触电	正确办理停送电手续,严禁搭便车后不停电作业
		高压柜母排检查时未放电、挂设接地线	触电	高压设备检修要按停电、验电、放电、挂设接地线步骤进行操作,严禁省略相关步骤
		未正确规范使用相关工具,使用有缺陷的工具	触电、物体打击	根据作业特点选用合适的工具,在使用过程中严格遵守使用标准,禁止使用有缺陷的工具
		带电作业	触电	在条件允许的情况下严禁带电作业,在必须要带电作业时,必须保证两人以上,并在作业前做好相应的绝缘防护措施
		电气设备内部作业时遗留工具及物品	爆炸、火灾	在电气设备内部作业前要及时点工具及随身携带物品,在进入设备内部时要清理干净随身物品尤其是金属物品,在检修结束后及时清点工具,做好检查,杜绝物品遗留在设备内部

附件二 岗位危险有害因素辨识及防范措施(煤磨巡检岗位)

水泥企业岗位危险有害因素辨识及防范措施

岗位:煤磨巡检　　　　　　　　　　　　　　编号:18

分类	危险有害因素分析	防范措施	伤害类别
人的因素	1. 未正确穿戴劳动防护用品	1. 正确穿戴好劳动防护用品	物体打击 高处坠落 机械伤害 中毒 窒息 其他爆炸 触电 火灾
	2. 班中注意力不集中、不遵守劳动纪律	2. 班前休息充分,不酒后上班,班中集中注意力,不玩手机	
	3. 接班不认真,不了解现场设备运行情况和存在问题,盲目上岗	3. 按照"八交四不接"原则,认真做好交接班	
	4. 没有办理停电手续,在皮带未停机状态下清理皮带下部积料、调整皮带跑偏等作业,被卷入皮带,造成人身伤害	4. 在清理皮带下部积料、调整皮带跑偏等作业时,必须停机并办理停电手续	
	5. 认为作业时间短,没有办理停电手续,私自停机更换皮带托辊、挡皮、清扫器等,误开机造成人身伤害	5. 更换皮带托辊、挡皮、清扫器时,正确办理设备停电手续	
	6. 清理分格轮堵料时,没有办理停电手续,在清理过程中分格轮误启动,造成人身伤害	6. 清理分格轮堵料时,正确办理设备停电手续,并有专人指挥和监护	
	7. 螺旋输送绞刀发生堵料时,没有办理停电手续,私自进行检查或者清理内部堵料,误开机造成人身伤害	7. 在清理螺旋输送绞刀堵料时,正确办理设备停电手续,并有专人指挥和监护	
	8. 在煤磨厂区、煤堆场、稀油站、电力设施等防火重点部位吸烟或使用明火造成火灾	8. 严禁在防火重点部位吸烟和使用明火	
	9. 在皮带机下料口发生堵料,清理堵料过程中发生物料垮塌、作业人员高处跌落等人身伤害事故	9. 清堵作业前办理好设备停电手续,探明下料口堵料情况,高处作业时办理登高作业申请单,系好安全带	
	10. 袋收尘灰斗发生煤粉堵塞自燃时,未探明灰斗内部情况,盲目打开灰斗检查门,使煤粉溢出并伴随火星,接触空气后燃烧造成火灾	10. 发现袋收尘灰斗堵塞自燃时立即通知中控停机,并汇报工段管理人员,同时通知中控室开启氮气灭火装置,对袋收尘灰斗内充氮气灭火,严禁私自打开灰斗检查门检查作业	
	11. 私自进行清仓作业,发生物料垮塌伤人事故	11. 办理危险作业审批手续,派专人指挥和监护,按照《水泥工厂筒型储存库人工清库安全规程》(AQ 2047)操作	
	12. 一个人对偏、高、远区域巡检时,现场环境观察不够,隐患发现不及时,造成滑跌或高处坠落等事故	12. 对偏、高、远区域巡检时,仔细检查现场四周环境设施,严禁在高处临边区域作业,现场巡检必须两人以上	
	13. 进入收尘器、煤磨、选粉机等受限空间内作业,没有按"先通风、再检测、后作业"的规定,没有设置监护人,盲目进入有限空间作业	13. 严格按照《工贸企业有限空间作业安全管理与监督暂行规定》要求,落实好通风、检测、监护及教育培训等工作	
	14. 私自拆除设备保护装置、防护栏、防护罩等安全防护设施,或者作业结束后,没有及时恢复设备保护装置及安全防护设施,造成设备或人身伤害事故	14. 不得擅自拆除设备保护装置、防护栏、防护罩等安全防护设施。因检修作业需要拆除的防护设施,在检修作业结束后立即恢复,并进行安全验收	
	15. 不会正确使用灭火器、正压式呼吸器等急救用品,发生事故时无法有效及时救援	15. 熟练掌握和正确使用现场配置的急救用品	

续表

分类	危险有害因素分析	防范措施	伤害类别
人的因素	16. 不熟悉系统工艺参数特点和安全要求,不能及时准确地判断系统可能发生煤粉自燃及火灾信号,造成火灾事故	16. 应对系统人员进行岗位生产技能和安全操作规程的培训和考核,合格后方可上岗	物体打击 高处坠落 机械伤害 中毒 窒息 其他爆炸 触电 火灾
	17. 开启转子秤时,未考虑秤体以及管道内残留的煤粉进入窑内和分解炉内后,系统通风不畅,煤粉不完全燃烧,发生爆燃	17. 煤磨系统设备开机前,岗位人员要全面检查现场设备设施和系统情况,存在异常和影响生产运行情况的,要及时处理到位,不具备开机条件的严禁开机运行	
	18. 设备运行过程中,私自进入防爆阀区域检查作业,发生系统异常爆炸时,防爆阀动作冲击人体,造成人身伤害事故	18. 严禁在设备运行过程中,进入防爆阀区域检查作业	
物的因素	1. 工器具和安全用具存在缺陷,带病使用	1. 作业前检查工具完好性,确保工具使用受控	机械伤害 高处坠落 其他爆炸 火灾
	2. 现场设备安全防护设施缺陷,安全警示标识不全,达不到安全防护和警示效果	2. 完善现场设备安全防护设施及安全警示标识	
	3. 煤磨房噪声、下料口部位粉尘等职业病危害因素	3. 消除或降低接触强度,减少接触时间,采取个体防护措施	
	4. 煤粉制备系统缺少防爆阀或防爆阀存在缺陷	4. 根据《水泥工厂设计规范》(GB 50295)及《水泥工厂职业安全卫生设计规范》(GB 50577),煤磨、选粉机、煤粉仓、收尘器等处应装设防爆阀。防爆阀的布置应避免爆炸后喷出物喷向电气控制室的门窗、电缆桥架,且不应喷向车间内其他电气设备、楼梯口、主要通道、附近锅炉及管道。防爆阀定期检查,确保完好	
	5. 煤磨进出口未设置温度监测装置,煤粉仓、收尘器未设置温度和一氧化碳监测及自动报警装置	5. 煤磨进出口应设温度监测装置,煤粉仓、收尘器应设温度和一氧化碳监测及自动报警装置,且应定期检查、校验确保完好准确	
	6. 煤磨房未设置干粉灭火装置和消防给水装置或相关装置失效	6. 煤磨房及煤粉仓旁应设置干粉灭火装置和消防给水装置,煤磨收尘器入口及煤粉仓应设气体灭火装置,消防设备应定期检查,确保完好,车间应设置"禁止烟火"警示标志	
	7. 煤粉制备系统所有设备和管道未可靠接地,煤粉管道等易燃易爆的设备、管道、容器未采取消除静电措施	7. 煤粉制备系统所有设备应可靠接地。煤粉仓、煤粉管道等部位应采取消除静电的措施,定期检测接地电阻是否符合要求	
	8. 煤磨系统收尘器未设置防燃、防爆、防雷、防静电及防结露措施	8. 煤磨系统收尘器应有防燃、防爆、防雷、防静电及防结露措施,收尘器进口应设置失电自动关闭的气动快速截止阀,并与收尘器下部灰斗温度报警装置信号可靠连锁	
	9. 煤粉仓等系统设备和管道封闭不严,煤粉泄漏或进入新鲜空气	9. 对煤粉制备系统和设备管道应实行密封,严防跑冒滴漏	
	10. 煤粉仓、窑头收尘顶部设备以及收尘壳体漏风或进雨水,导致受潮煤粉进入煤粉仓内,煤粉流动性变差,富集在仓壁造成局部高温	10. 对煤粉仓、窑头收尘顶部设备以及收尘壳体进行漏风防雨治理,在收尘顶部增设制作防雨棚,以防收尘内煤粉受潮后进入煤粉仓内,造成局部高温	
	11. 氮气灭火装置存在缺陷,煤粉仓发生煤粉自燃时,未得到有效灭火救援	11. 定期检查维护氮气灭火装置,确保设施完好	

续表

分类	危险有害因素分析	防范措施	伤害类别
环境因素	1. 现场照明不足,视线不良	1. 定期对现场照明检查,发现异常及时处理	高处坠落其他爆炸火灾
	2. 雷雨、冰雪、大风等恶劣天气进行室外巡检作业	2. 雷雨、冰雪、大风等恶劣天气严禁室外巡检作业	
	3. 巡检通道堆放杂物、积水积料,通行不畅,检修现场摆放混乱,影响人员安全撤离	3. 及时清理巡检通道上杂物、积水积料,确保巡检通道及安全出口畅通,保证人员安全通行	
	4. 煤磨房噪声、下料口部位粉尘等职业病危害因素	4. 消除或降低接触强度,减少接触时间,采取个体防护措施	
	5. 煤磨区域存在粉尘堆积,造成火灾事故	5. 整治现场跑冒滴漏,定期清扫区域内粉尘	
管理因素	1. 应急预案不到位,出现事故后处置不当。现场灭火器、正压式呼吸器配置不到位,影响救援	1. 定期参加各类安全培训和应急演练,完善现场应急救援物资配置	其他伤害火灾
	2. 安排岗位不达标人员上岗	2. 严格执行安全教育培训管理制度,确保员工岗位达标后再上岗	

附录二　安全生产职业健康目标责任书

为加强安全生产工作,全面落实安全生产与职业健康责任体系,强化安全生产与职业健康目标管理,确保实现年度目标任务,根据《安全生产法》《职业病防治法》及相关法律、法规有关规定,同时结合全年安全生产工作重点,股份公司与子公司班子成员、子公司与公司各分厂(部门)一把手,分厂(部门)与各工段一把手,工段与各班组长,班组长与每名员工签订了《安全生产职业健康目标责任书》(附件三~附件七,简称《安全健康责任书》),作为从股份公司到基层班子成员安全生产职业健康管理工作的考评奖惩依据。

(一)安全生产职业健康目标分解

1. 企业应根据所属基层单位和所有部门在安全生产中的职能以及可能面临的风险大小,将安全生产目标进行分解。原则上应包括所有的单位和职能部门,如安全环保部、办公室、水泥分厂、财务部、供销部、制造分厂等。各单位应逐级承接分解细化企业总的年度安全生产目标至工段、班组、每个人,实现所有的单位、所有的部门、所有的人员都有安全目标要求。

2. 为了保障年度安全生产目标与指标的完成,要针对各项目标,制定具体的实施计划和考核办法即《安全生产职业健康目标考核细则》(附件三~附件六,简称《考核细则》)。

(二)安全生产目标监测

上级主管部门应在目标实施计划的执行过程中,按照规定的检查周期和关节点,对目标实施计划的执行情况进行监测检查。根据监测的情况,按照考核办法进行考核,兑现奖惩。

附件三　水泥企业(公司级)安全生产职业健康目标责任书及考核细则

_____公司安全生产职业健康目标责任书

为全面贯彻落实党的十九大精神和党中央、国务院关于加强安全生产工作的重大决策部署,牢固树立"以人为本、安全发展、生命至上"的理念,始终坚持"安全第一、预防为主、综合治理"的安全工作方针,进一步加强安全生产工作,全面落实安全生产与职业健康责任体系,强化安全生产与职业健康目标管理,确保实现年度目标任务,根据《安全生产法》《职业病防治法》及相关法律、法规有关规定,同时结合集团和股份公司本年度安全生产工作重点,＿＿＿＿＿＿＿＿有限公司(以下简称股份公司)与＿＿＿＿＿＿＿＿公司班子成员签订《安全生产职业健康目标责任书》,作为股份公司评价子公司及班子成员安全生产职业健康管理工作的基本依据。

一、责任对象

明确主要负责人是企业安全生产职业健康第一责任人,对本单位的安全生产职业健康工作全面负责;建立健全"党政同责、一岗双责、齐抓共管"的安全生产职业健康责任体系。

二、责任目标

为加强安全生产与职业健康管理,深入开展事故隐患排查治理,强化岗位达标与专业达标,履行安全生产责任,严格落实《安全生产责任追究制度》,确保完成股份公司安全生产职业健康目标,经研究,确定以下安全生产职业健康目标与指标:

1. 工亡责任事故为"0";
2. 新增职业病病例为"0";
3. 较大及以上生产安全事故为"0";
4. 较大及以上火灾事故为"0";
5. 安全生产标准化达标。

三、主要职责

(一)严格按照《安全生产法》和《职业病防治法》,履行安全生产职业健康管理职责。

1. 建立、健全本单位安全生产职业健康责任制;
2. 组织制定本单位安全生产职业健康规章制度和操作规程;
3. 组织制定并实施本单位安全生产职业健康教育和培训计划;
4. 保证本单位安全生产投入的有效实施;
5. 督促、检查本单位的安全生产职业健康工作,及时消除生产安全事故隐患和职业病危害;
6. 组织制定并实施本单位的生产安全事故应急救援预案;
7. 及时、如实报告生产安全事故和职业病(疑似)病例。

(二)坚持"安全第一、预防为主、综合治理"方针,严格执行《企业安全生产责任体系五落实五到位规定》。

1. 必须落实"党政同责"要求,总经理、班子成员以及专职党组织(副)书记对本企业安全生产工作共同承担领导责任;必须落实安全生产"一岗双责",所有班子成员对分管范围内安全生产工作承担相应职责。

2. 必须落实安全生产组织领导机构,成立安全生产委员会,由总经理(主要负责人)担任主任,明确管理职责。

3. 必须落实安全管理力量,依法设置安全生产管理机构和岗位,配齐配强具备相应能力和资质的安全管理人员。

4. 必须做到安全责任到位、安全投入到位、安全培训到位、安全管理到位、应急救援到位。

5. 必须落实安全生产报告制度。

(三)切实做好本单位和本职责范围内的安全生产职业健康工作,促进安全生产职业健康形势稳定好转。

1. 认真贯彻落实《安全生产法》《职业病防治法》,以及属地安全生产条例等法律法规。依法安排参加"三项岗位人员"培训,合法持证率100%,不断提升安全管理水平。

2. 进一步强化安全生产责任落实。督促各级管理人员层层落实安全生产责任,层层分解落实,责任到人,与所属二级部门、工段班组签订《安全生产职业健康目标责任书》,将安全生产考核结果纳入干部业绩考核内容,建立安全生产绩效与业绩评定、职务晋升、奖励惩处的挂钩机制,严格落实安全生产"一票否决"制度。

3. 按照"党政同责"要求,每位党政班子成员要积极参加工段班组安全活动,督促与指导各工段班组安全活动的规范有效开展;每位党政班子成员要积极开展夜间"四不两直"检查和"三违"行为查处,纪委和工会要积极参与和监督公司安全管理工作。

4. 按照"隐患就是事故"的安全管理理念,全面推进隐患排查治理。全力推行事故隐患管理,制定事故隐患责任制,制定落实年度隐患排查方案,深入全面开展综合安全检查、专业安全检查、季节性安全检查、节假日安全检查、相关方安全检查等,及时制定与落实隐患治理方案,消除各类事故隐患。激励各级岗位人员主动参与消除、预防各类事故隐患,有效防范生产安全事故发生。

5. 建立健全公司安全生产制度管理体系,及时转化《"三违"行为管理规程指导意见》《班组安全会议管理规程指导意见》等安全规章制度,全面组织学习与严格执行。

6. 严格按照时限要求上报事故信息。一般及以上事故(包括员工和相关方在公司所有活动中造成的重伤、工亡事故),单位主要负责人接到报告后,须在1小时内上报;员工和相关方轻伤事故须在24小时内上报,严禁迟报、瞒报和谎报;并按照"四不放过"原则,查清事故原因,按照《安全生产责任追究制度》落实事故责任,吸取事故教训,制定并落实防范措施。

7. 结合当地政府"双重预防体系"管控要求,全面推进与创建开展"双重预防体系"建设与有效运行,积极组织开展危险源辨识与风险评价,明确管控措施、落实管控责任、开展隐患排查治理,建立自下而上、全员参与、规范有效的"双重预防体系",确保安全风险和隐患得到有效管控和排查治理。

8. 加强安全生产标准化(简称安标)体系建设,持续推进安全生产标准化达标与复评验收工作,具备条件的矿山积极开展一级安标创建,实现全面达标。

9. 加强生产安全事故、事件的舆情监测与管理,对监测到的各类安全生产舆情要妥善处置,有效应对,及时上报。

10. 加强安全生产职业健康宣传教育培训,组织开展"安全生产月"、《职业病防治法》宣传周、"11·9"消防日宣传月、《安全生产法》宣传周等安全宣传教育活动,积极开展安全文化示范企业建设活动。

11. 加强科技成果和信息技术运用,推进科技强安。积极推进《安全生产和职业健康预测预警系统》及手机APP系统推广与应用,落实各部门、工段、班组的有效运行,提升安全生产与职业健康管理水平。

12. 强化安全教育培训,定期开展安全操作技能培训与演练,全面组织岗位安全达标上岗活动,确保岗位人员合格上岗率100%。加大安全管理人员培养力度,积极鼓励各部门岗位人员报考注册安全工程师,提升安全管理水平,确保矿山合法配置注册安全工程师。

13. 规范开展安全生产费用提取与使用管理,将本单位的安全生产费用纳入财务预算管理,建立安全生产费用提取与使用台账。

14. 健全安全生产应急救援管理体系。规范制订(修订)本单位应急救援预案与备案工作,有效开展应急救援预案的演练与总结。

15. 强化职业健康管理,降低与消除岗位职业病危害因素,加强岗位职业病危害识别、评估与控制,持续改善作业环境,为员工配备符合国家、行业标准和集团、股份公司《劳动防护用品使用和发放管理办法》要求的个人劳动防护用品,每年及时组织开展新进、在职、离职人员的职业健康体检,规范建立员工职业健康档案。

16. 持续加强包装系统扬尘治理,加大对包装机、装车机、各转运点及输送设备的扬尘治理与日常检查维护,每年组织开展检测与优化完善,确保达到国家《工作场所有害因素职业接触限值》规定(即:时间加权平均浓度总尘限值 4 mg/m³、呼尘限值 1.5 mg/m³ 的要求),积极开展包装系统智能化、自动化改造,逐步推进与实施无人插袋、无人装车系统技改。

17. 加强相关方安全管理,及时签订《安全生产管理协议》,严格资质审查和入厂教育培训,将相关方安全纳入本单位统一管理,规范开展相关方的培训、检查、考核等监管工作。在筑炉检修时,要严格转化执行《建安公司与业主厂共建安全防护体系的指导意见》,确保相关方作业安全。

18. 充分发挥安全主管部门的安全管理职能,定期组织召开公司季度安委会、月度安全例会,开展公司安全生产职业健康教育培训、事故隐患排查治理及职业病危害治理,全面开展公司安全生产职业健康管理体系建设。

四、奖惩考核

(一)"一票否决"项

1. 新增职业病病例;

2. 发生工亡责任事故;

3. 发生较大及以上火灾事故;

4. 发生 3 人次重伤责任事故;

5. 发生瞒报生产安全事故(含相关方)或职业病(疑似)行为。

(二)奖惩方法

1. 季度内未发生轻伤及以上责任事故和相关方重伤及以上责任事故及"一票否决"项的单位,熟料生产基地公司按全体员工月度工资基数总额的 15%、粉磨站及他业等公司按全体员工月度工资基数总额的 10%,作为全体员工(包括所有班子成员)季度安全奖励发放额度(安全奖励费用单列),按照各部门岗位安全风险程度进行合理分配。

2. 年度内未发生轻伤及以上责任事故和相关方重伤及以上责任事故及"一票否决"项的单位,熟料生产基地公司按全体员工月度工资基数总额的 50%、粉磨站及他业等公司按全体员工月度工资基数总额的 30%,作为年度安全奖励发放额度(安全奖励费用单列),按照各部门岗位安全风险程度进行合理分配。

五、附则

1. 当年新投产公司和新并购企业及时签订《安全生产职业健康目标责任书》,自签订之日起执行。

2. 子公司班子成员因工作变动或其他原因不能履行本安全生产职业健康目标责任书的,本安全生产职业健康目标责任书对其继任者依然有效。子公司班子成员和中层及以下人员存在公司间调动的,按分段任职时间核算年度生产安全事故和"一票否决"项情况。

3. 如上年度责任制考核获得奖励,在本年度被查实上年度存在生产安全事故或"一票否决"项隐瞒不报的单位,上年度奖励金额必须全额扣回,原班子成员按上年度安全生产职业健康目标责任制规定处罚,扣回与处罚金额在本年度年终奖中扣除,并按照公司《安全生产责任追究制度》规定进行处理。

4. 如被查实本年度内存在生产安全事故或"一票否决"项隐瞒不报的公司,核发的季度奖励金额必须全额扣回,原班子成员和相关责任人按照公司《安全生产责任追究制度》等相关制度规定进行处理。

5. 本安全生产职业健康目标责任制执行之日起,各子公司不得再发放与安全生产相关的各项奖励。

6. 子公司全体员工不包括已退休、调离人员;子公司班子成员包括公司主要负责人、常务副总经理、副总经理、总经理助理、专职党委书记与副书记、总工程师与副总工程师、总会计师与副总会计师、总监、工会主席、纪委书记。

7. 列入股份公司"一票否决"项的公司和所有班子成员取消当年评先评优资格。

8.《安全生产职业健康目标考核细则》(简称《考核细则》)为本责任书的一部分。

9. 本责任书一式三份,安全生产环保部、人力资源部、子公司各持一份。

10. 本责任书由股份公司安委会办公室负责解释。

责任期限:_____年_____月_____日至_____年_____月_____日

股份公司领导:

子公司主要负责人:

签字日期:_____年_____月_____日

安全生产职业健康目标考核细则(海螺水泥)

序号	考核项目	考评分值	考核内容	考核标准	整改要求	考核得分	备注
1	一、目标责任制	5	按照股份公司《安全健康责任书》要求,分解制定各部门、工段、班组的《安全健康责任书》和《考核细则》,层层签订与责任落实到位(包括每位党群班子成员和岗位人员),每季度组织开展目标责任制执行情况的检查与考评,形成公司考评材料,制定落实整改计划;并将考评结果纳入领导干部年度业绩考评,作为兑现季度和年度安全奖励的依据	未分解制定的,不得分;目标制定不合理或松于上一级目标的,每项扣1分;层层签订《安全健康责任书》,缺1人扣1分(包括党委书记与副书记、纪委书记、总监与副总监、工会主席与副主席、班子成员、岗位人员);未在一季度内完成签订工作的,不得分;每半年未组织开展检查或考评的,不得分;缺少1个部门、工段、班组检查考评材料的,扣1分;未将考评结果纳入干部业绩考评,不得分;季度和上年度安全奖励兑现未依据考评结果的,不得分			
2	二、组织机构	5	依法建立安全生产管理机构,依法配强配足具备相应资质和能力的安全管理人员,超过100人的生产单位要配置专职安全管理人员,矿山分厂要配置专职安全管理人员,专职安全管理人员要积极考取注册安全工程师(简称注安)证,超过1000人的子公司要配置安全总监;及时建立、更新、上报公司《安全管理人员花名册》(包括公司主要负责人、安全环保处负责人、安全管理中层、安全主管、安全员);建立公司安全管理网络图	未单独成立"安全环保处"的,不得分;"安全环保处"不是公司主要负责人直管(专业分管领导分管)的,不得分;安全环保处的负责人、安全管理人员未专职配置,不得分;超过100人的二级生产部门未配置专职安全管理人员的,不得分;矿山未依法配齐专职安全管理人员的,不得分;矿山分厂安全管理系统无注安人员的,扣3分;公司专职安全管理人员中无注安人员的,扣2分;超过1000人的子公司未配置安全总监的,扣1分;未建立或更新或上报公司《安全管理人员花名册》的,不得分;未建立公司安全管理网络图或不符合公司安全管理架构的,扣1分			

续表

序号	考核项目	考评分值	考核内容	考核标准	整改要求	考核得分	备注
3	三、会议管理	5	定期召开公司安委会、专题会及月度安全例会，全面贯彻落实集团、股份公司安全会议精神，研究解决安全生产问题，布置安全工作重点，会议要有纪要、传达学习、管理要求、工作布置、责任人及期限，要及时落实与检查验证；二级部门和工段要每月召开安全例会，班组每周召开安全例会，每天开展班前会（或交接班会）；每位公司班子成员每月不少于1次、每位二级部门中层每半月不少于1次、每位工段管理人员每周不少于1次参加班组安全例会（或班前会、交接班会）	每季度未单独召开公司安委会或每月未单独召开安全例会的，不得分；公司主要负责人未参加安委会或安全例会的，每次扣2分；无会议记录或纪要的，每次扣1分；无上次会议布置工作和领导要求落实情况检查验证材料的，每次扣1分；有未完成项且未进行后期跟踪与责任落实考核的，每项扣1分；班子成员、二级部门中层、工段管理人员未按照要求参加班级会议的，缺少1人次扣1分；各级管理人员参加班组会议未布置与落实安全管理要求（或未记录、未签名）的，每缺少1人次扣1分			
4	四、制度管理	5	健全与修订公司安全生产职业健康管理制度、职业健康安全操作规程、安全生产责任制、"四不伤害"防护卡、危险源辨识与防范手册等规章制度，安全生产职责和安全管理内容要融入国家法律法规和集团、股份公司管理要求，要全覆盖；每季度对规章制度执行情况进行检查验证	规章制度不齐全的，不得分；内容不符合国家、集团、股份公司要求的，每处扣1分；"三违"行为等四个管理规程及其他相关制度转化、修订不到位的，每个扣2分；安全生产责任制每缺1个部门或岗位（包括公司主要负责人、党委书记与副书记、纪委书记、工会主席与副主席、总监与副总监、总工与副总工、总会计师与副会计师等相关岗位）的，扣1分；未定期开展规章制度执行情况检查验证的，每次扣1分；未发到相关岗位的，每个扣1分；岗位安全操作规程和危险源辨识与防范手册制定（修订）未通过岗位人员参与危险源辨识与研讨的，每个岗位扣1分			
5	五、权证管理	5	按照国家规定开展生产厂区、矿山、码头的安全验收、职业病危害验收和现状评价、消防验收、安标验收，以及矿山安全生产许可证、非营业性爆破作业单位许可证，及时办理与齐全有效；规范建立权证档案	有1项未办理或未按期复审的，不得分；未建立或更新"公司权证台账"的，不得分；台账内容不准确的，每项扣1分			
6		2	按照规定办理特种设备使用登记证、定期开展年检、建立安全技术档案；每月开展特种设备检查与维护，形成检查通报与维护台账	未建立特种设备管理台账，不得分；特种设备未办理使用登记证的，每台扣1分；特种设备及相关附件年检不在有效期或不合格的，每台扣2分；未定期开展检查与维护的，每台扣1分			
7	六、安全投入	2	制定安全生产费用管理制度，明确安全生产费用的预算和投入使用管理，制定年度安全生产费用预算和使用计划，按照规定提取和使用安全生产费用，专款专用，建立安全生产费用台账，每季度对安全费用提取与使用情况进行检查与验证	无安全生产费用管理制度的，不得分；未纳入财务预算管理的，不得分；未制定年度安全生产费用预算和使用计划的，不得分；未保证安全费用投入的，不得分；无安全费用台账的，不得分；台账不完整齐全的，每处扣1分；未定期开展检查与验证的，每缺1次扣1分			

序号	考核项目	考评分值	考核内容	考核标准	整改要求	考核得分	备注
8		5	制定公司与各部门年度安全培训计划；及时获取国家与地方政府相关法律法规、标准及其他要求，及时组织相关部门人员学习与融入；定期组织三项岗位人员（公司主要负责人、安全管理人员、特种作业人员）的外部培训、考证与复审工作；公司每位班子成员、二级部门中层、工段管理人员都要在相关层级上台安全授课，工段长、班组长要开展现场实践培训	公司与部门年度安全培训计划未制定的，不得分；国家与地方政府相关法律法规、标准及其他要求获取、学习、融入不及时的，每个扣1分；三项岗位人员未及时考证或审核的，每人扣2分；公司班子成员、二级部门中层、工段管理人员未上台安全授课的，每人扣1分；工段长、班组长未对岗位人员开展现场实践操作培训的，每人扣1分			
9	七、安全教育培训	5	公司主要负责人要参加入厂人员招聘与把关；对新进人员要开展三级安全教育，转岗（离岗3个月复岗）人员要开展二级安全教育，岗前三级安全教育时间不得少于24学时，矿山岗位三级安全教育时间不得少于72学时；在新工艺、新技术、新材料、新设备设施投入使用前，应对相关岗位人员开展专门的"四新"安全教育培训；岗位人员每年要接受安全和职业卫生再教育，再教育时间不得少于国家或地方政府规定学时且考核合格；每位班组长年度培训课时不少于24学时	公司主要负责人未参加入厂人员招聘与把关的，扣2分；新进人员三级安全教育、转复岗二级安全教育、"四新"教育未开展的，每人扣1分，安全教育时间不足的，每人扣1分；三级安全教育和转复岗安全教育材料未放入个人档案，每人扣1分；班组长和岗位人员的安全或职业卫生再教育未开展的，每人扣1分；年度班组长安全培训课时达不到24学时的，每人扣1分；再教育测试不合格未进行脱岗再教育合格上岗的，每人扣1分			
10		5	新进员工必须签订师徒协议，矿山岗位师徒协议期限不少于6个月，其他岗位师徒协议期限不少于3个月；独立上岗前必须进行定级考评，安全理论知识和现场实践安全操作技能必须全面掌握到位；每季度开展安全达标测试，对于不合格人员，必须脱岗安全再教育，合格上岗	签订师徒协议不符合要求的，每人扣1分；未经定级考评独立上岗的，每人扣1分；季度安全达标测试不合格或年中（终）检查测试不合格人员未进行脱岗再教育合格上岗的，每人扣1分			
11		2	积极组织开展"安全生产月"、《职业病防治法》宣传周、"11·9"消防日宣传月、《安全生产法》宣传周等安全宣传教育活动和安全文化示范企业等安全文化建设活动	未开展"安全生产月"、《职业病防治法》、"11·9"消防日、《安全生产法》等宣传活动或未进行活动总结与上报的，不得分，缺少1项扣1分			
12	八、作业安全管理	8	制定检修作业方案，每项检修项目要有危险分析和控制措施内容；作业前要对检修人员进行安全教育和施工现场安全技术交底；对相关设备办理停送电手续和能量隔离、上锁、挂牌；检修作业拆除安全设施后要采取临时安全措施，检修现场要进行警戒与警示；检修完毕要及时恢复安全装置与设施；检修结束要进行安全验收和试车；建立安全设施检维修台账；开展大型吊装、预热器清堵、清库、爆破、有限空间作业、危险区域动火作业等危险作业时，必须按照《危险作业分级审批管理规程》规定，规范办理危险作业审批手续，安排专人现场监护；临时用电必须按照《临时用电管理制度》规定，规范办理临时用电审批手续	未制定检修方案或未包含作业危险分析和控制措施的，每项扣1分；未对检修人员进行安全教育或施工现场安全技术交底的，每次扣1分；相关设备停送电不到位的，每次扣2分；检修完毕未及时恢复安全装置或设施的，每处扣1分；安全设施拆除后未采取临时安全措施的，每次扣1分；检修现场未警戒与警示的，每处扣1分；安全设施检维修无记录或未存档的，每台扣1分；检修结束未安全验收或试车的，每项扣1分；开展危险作业未办理危险作业审批或审批不到位或未在作业现场审批的，不得分，现场无专人监护的，每处扣2分；危险作业审批单中危险分析和控制措施不全的，每次扣1分；使用临时用电未申请办理临时用电审批手续的，每次扣1分			

序号	考核项目	考评分值	考核内容	考核标准	整改要求	考核得分	备注
13	九、相关方管理	5	清库作业必须按照公司《清库作业安全管理规程》执行，外委施工必须按照公司《外委施工安全管理规程》执行，相关方开展清库作业、高空作业、大型吊装作业、有限空间等危险作业，必须单独办理危险作业分级审批和停送电手续；需临时用电时，必须申请办理临时用电审批手续；脚手架搭设结束必须按标准验收，作业层脚手板必须满铺、牢固、稳定	相关方作业未按照制度执行的，每次扣2分；相关方危险作业未单独办理危险作业审批或停送电手续的，每次扣3分；脚手架使用前未验收合格的，每次扣2分；现场检查脚手架作业层未规范铺设脚手板的，每次扣2分；清库作业未经区域检查确认或未报股份公司备案的，扣2分；存在人工清理库壁料的，不得分；使用临时用电未申请办理临时用电审批手续的，每次扣1分			
14		5	对相关方开展资质审查、入厂安全教育、签订安全协议、每季度组织召开相关方安全会议，生产作业岗位的劳务人员要进行岗前三级安全教育和岗位安全操作规程及安全操作技能培训，合格后才能上岗，每天要对相关方作业进行安全监管，每月要开展相关方作业行为检查与考核，建立相关方档案	相关方资质审查不到位或入厂未开展安全教育或未规范签订安全协议的，每项扣2分；每季度未组织召开相关方安全会议的，每次扣1分；劳务人员未开展三级安全教育或未开展岗位安全操作规程与安全操作技能培训或存在不合格上岗的，每人扣2分；未定期对相关方开展检查与考核的，每次扣1分；未建立相关方档案或档案不全的，扣2分			
15	十、职业卫生管理	5	按照《劳动防护用品使用和发放管理办法》规定，足额发放个人劳动防护用品；每年开展现场职业危害检测，醒目位置进行公示；每年组织职业健康体检，及时复查与调整岗位禁忌证、职业病（疑似）人员，建立职业健康档案；加强现场职业卫生检查与监管，每月查处职业卫生违规行为（包括岗位人员和劳务人员、外委施工人员的劳动防护用品佩戴）；现场规范设置职业病危害警示标识	未按照股份公司下发的《劳动防护用品使用和发放管理办法》转化与执行的，不得分；每月有未足额发放的，不得分；未定期开展员工职业健康检查的，不得分；未对入厂人员或在岗人员或离职人员开展职业健康检查的，每人扣2分；无职业健康档案的，不得分；职业健康档案不全的，每人扣1分；禁忌病、疑似职业病、职业病人员未进行调整岗位或复查（鉴定）的，每人扣1分；发现疑似职业病或职业病人员未及时上报的，不得分；未对现场开展职业卫生督查的，不得分，缺少1次扣1分；未进行通报与考核的，每次扣1分；未落实整改与验证的，每次扣1分；职业病危害区域未规范、醒目设置职业卫生警示标识的，每处扣1分			
16	十一、隐患排查管理	8	生产现场所有设备设施、工业气瓶、变配电系统、食堂、后勤等应符合有关法律法规、安全标准规范要求；制定综合安全大检查标准，每月开展检查与整改验证；每季度开展矿山火工材料专项检查、电气保护设施专项检查、特种设备与工程车辆专项检查、建（构）筑物专项检查与整改验证、CKK与固废危废专项检查；及时开展季节性、节假日安全检查与整改验证工作；按照《防腐出新验收标准》对设备设施防腐出新和结构性防腐工程进行验收与报备；按照《建设项目专项安全预验收管理制度》要求，规范开展新、改、扩项目投产前的安全专项预验收工作；现场规范设置安全警示标识	现场设备设施或场所不符合相关要求（存在隐患）的，每处扣1分；未制定综合安全大检查标准的，扣2分；检查标准未包含重点领域的，每处扣1分；未定期开展综合安全大检查或整改验证的，每次扣1分；未定期开展矿山火工材料专项检查或电气保护设施专项检查或特种设备与工程车辆专项检查或建（构）筑物专项检查或CKK与固废危废专项检查或未整改验证的，每次扣1分；未开展季节性或节假日安全检查或整改验证的，每次扣1分；未对设备设施防腐出新或结构性防腐工程进行验收或验收不符合标准要求的，每次扣2分；新、改、扩项目投产前未开展安全专项预验收或未整改验证的，每项扣3分；生产作业危害区域未规范、醒目设置安全警示标识的，每处扣1分			

序号	考核项目	考评分值	考核内容	考核标准	整改要求	考核得分	备注
17	十一、隐患排查管理	8	每位公司班子成员和安环处负责人每月要开展"三违"行为检查(包括相关方人员)和夜间"四不两直"检查、落实、整改、验证工作;组织全员参与隐患排查治理与上报工作;积极应用集团公司安全生产职业健康预测预警系统,公司主要负责人、各班子成员、安环处负责人每月不少于两次登入预测预警系统进行督查与落实;安全生产预测预警手机 APP 中隐患、违章、作业信息要及时填报与落实	每位公司班子成员和安环处负责人未定期开展"三违"行为检查或夜间"四不两直"检查或整改验证的,每人次扣 1 分;未组织全员开展岗位隐患排查治理工作的,扣 3 分;未应用预测预警系统的,不得分;公司主要负责人、各班子成员、安环处负责人未定期登入预测预警系统进行督查与落实的,每人次扣 1 分;安全生产预测预警手机 APP 中隐患、违章、作业信息未填报或未规范填报的,每次扣 1 分;预警较多未及时落实消除报警的,每次扣 1 分			
18	十二、事故管理	5	对发生的各类生产安全事故(包括相关方事故)、事件按规定及时向上级单位和有关政府部门报告,并保护事故现场及有关证据;事故(包括相关方事故)要按照"四不放过"原则和《安全生产责任追究制度》进行处理,开展事故调查分析、召开研讨与学习反思会、制定事故处理通报、相关责任人进行追责问责、事故工段与班组其他人员连带责任与考核、落实与验证各项防范措施;加强对生产安全事故、事件的舆情监测与管理,对监测到的各类安全生产舆情要妥善处置,有效应对	事故(事件)未按规定及时上报的,不得分;未有效保护现场及有关证据的,不得分;报告的事故信息内容和形式与规定不相符的,每处扣 1 分;事故未按"四不放过"原则或《安全生产责任追究制度》处理的,每起扣 2 分;事故原因调查分析不清楚或事故责任人追责问责不到位或未对事故工段与班组其他人员进行连带问责考核或有关人员未受到教育或事故防范措施落实验证不到位的,每项扣 2 分;相关事故案例学习不到位的,每次扣 1 分;未对安全生产舆情监测与妥善处置的,不得分			
19	十三、应急管理	5	建立公司专兼职应急救援队伍,组织开展专兼职应急救援人员的培训与训练;制定公司生产安全事故应急救援预案,包括综合应急救援预案、专项应急救援预案及重点作业场所应急处置方案,及时修订公司应急救援预案(每 3 年至少修订 1 次),根据规定报备当地主管部门,通报有关应急协作单位;按规定组织开展应急预案演练(综合应急预案和专项应急预案每年 1 次、应急处置方案半年 1 次),规范应急物资储备,每月开展应急物资检查与维护、更新工作	未建立专兼职应急救援队伍的,不得分;未开展专门培训与训练或无培训、训练记录的,不得分;救援人员不清楚职能或不熟悉救援装备使用的,每人扣 1 分;未制定应急救援预案的,不得分;无重点作业场所应急处置方案或不全的,每个扣 1 分;未在重点作业岗位或场所公布应急处置方案的,每处扣 1 分;有关人员不熟悉应急救援预案或应急处置方案的,每人扣 1 分;未进行备案的,扣 2 分;未通报有关应急协作单位的,每个扣 1 分;未及时修订或未根据评审结果或实际情况变化修订的,每个扣 1 分;修订后未正式发布或组织培训的,每个扣 1 分;未进行应急演练或演练不全的,每个扣 1 分;无应急演练方案或演练档案的,每个扣 1 分;演练方案简单或缺乏执行性的,每个扣 1 分;每个班子成员未参加演练的(每年每人至少参加 1 次),每人扣 1 分;应急物资储备不齐或存在缺失、损坏、过期的,每个扣 1 分;未定期开展检查的,每次扣 1 分			

续表

序号	考核项目	考评分值	考核内容	考核标准	整改要求	考核得分	备注
20	十四、其他	5	贯彻落实集团、股份公司安全会议精神和布置的重点工作;传达学习与落实集团、股份公司各项通知、通报要求;认真落实集团安全巡察、安全大检查和股份公司年中、年终检查及"四不两直"等各项检查存在问题的整改与验证;组织开展与上报公司季度、上半年、年度的安全工作总结和工作计划及培训计划等	未按照集团、股份公司下发的通知、通报、纪要等要求,组织开展落实与执行或无检查验证材料或无公司领导审签或执行不到位无考核意见的,每项扣1分;集团安全巡察、安全大检查和股份公司年中、年终检查及"四不两直"等各项检查存在问题未整改到位或整改验证不到位或相关责任人无考核意见的;每项扣1分;未开展季度、上半年、年度的安全工作总结或工作计划或培训计划或每季度第一个月的3日前未及时上报的,每次扣1分			
	合计	100					
1	十五、奖惩管理	/	生产安全事故管理扣分标准,事故伤亡程度扣分按生产安全事故统计,迟报、瞒报按所有事故上报情况统计。生产安全事故是指:在生产经营单位生产经营活动(包括与生产经营有关的辅助活动,如食堂作业活动)中突然发生的,伤害人身安全和健康,或者损坏设备设施,或者造成经济损失的意外事件。非生产安全事故包括:上下班途中、食堂吃饭途中、中午休息途中、浴室洗澡或途中、到宿舍途中、参加文体等活动中受伤。重大交通事故是指一次造成死亡1至2人或者重伤3人(含)以上10人以下的交通事故	生产安全事故考核:发生工亡责任事故的,每人次扣50分;发生重伤事故每人次扣20分;发生轻伤事故每人次扣5分。厂区内交通事故、摔滑倒等非生产安全事故(除文体活动、健康原因造成的事故外)减半考核。相关方人员在厂区生产作业过程中发生工亡责任事故的,每人次扣50分,发生重伤事故每人次扣10分。单位车辆或厂区内发生重大及以上交通责任事故,本单位负事故全部或者主要责任的,每起扣20分。发生生产安全事故(包括相关方)迟报在24小时以上,每起迟报扣5分,生产安全事故受伤人员损失工作日达到105天的需进行重伤认定,超过10天未报认定情况的按事故迟报考核,未上报重伤认定情况的扣10分,隐瞒不报(不是本单位相关管理人员主动上报的),扣50分。未发生生产安全事故单位(厂内未发生生产和非生产安全事故、相关方重伤及以上事故的,不包括厂外交通事故和上下班途中交通事故),加5分			
2		/	新增职业病病例扣分标准	新增职业病病例的,每增1例扣50分			
3		/	安全生产标准化达标管理奖惩标准	生产厂区通过一级安标创建评审(有效期内)的,加2分;矿山通过一级安标创建评审(有效期内)的,加5分;安标未达标或过期的,扣10分			
4		/	按照国家《安全生产法》规定,配备注册安全工程师	注安配备2名及以上的,加1分;当年报考注安5人以上的,加1分(注安考试四门均通过60分的岗位人员视同持证)			

序号	考核项目	考评分值	考核内容	考核标准	整改要求	考核得分	备注
5	十五、奖惩管理	封顶5分	安全生产、职业卫生工作取得成效,获得国家、省政府"先进单位""先进个人""示范单位"等表彰	单位获得省级(或直辖市)主管部门表彰的,加2分;国家级主管部门表彰的,加4分。个人获得省级(或直辖市)主管部门表彰的,加1分;国家级主管部门表彰的,加2分			
6	十六、否决项	/	年度内重伤责任事故(包括生产类相关方)≤"3"、工亡责任事故(包括生产类相关方)为"0"、事故(含相关方)瞒报为"0"、(疑似)职业病瞒报为"0"、新增职业病为"0"、较大及以上火灾事故"0"	未完成其中任何一项的,定为股份公司"一票否决"单位;年度"一票否决"单位或年终安全考评得分70分以下的单位,取消年度评先评优资格(综合管理先进单位、优秀管理者)			
最终得分							

附件四 水泥企业(分厂、部门级)安全生产职业健康目标责任书及考核细则

制造分厂安全生产职业健康目标责任书

为全面贯彻落实党的十九大报告精神和党中央、国务院关于加强安全生产工作的重大决策部署,牢固树立"以人为本、安全发展、生命至上"的理念,始终坚持"安全第一、预防为主、综合治理"的安全工作方针,进一步加强安全生产工作,全面落实安全生产与职业健康责任体系,强化安全生产与职业健康目标管理,确保实现年度目标任务,根据《安全生产法》《职业病防治法》及相关法律、法规有关规定,建立"党政同责、一岗双责、齐抓共管"机制,全面落实安全生产责任制,落实集团、股份公司和_____本年度安全生产职业健康目标和重点工作,层层落实安全生产职业健康责任制,有效控制和减少各类事故发生及财产损失,确保员工生命和企业财产安全,同时,结合集团、股份公司本年度安全生产工作重点和_____公司(以下简称公司)实际,公司与制造分厂签订《安全生产职业健康目标责任书》,实行安全生产目标管理,作为公司评价制造分厂安全生产职业健康管理工作的基本依据。

一、目的

贯彻国家"安全第一、预防为主、综合治理"的方针和"管生产必须管安全""管业务必须管安全"的原则,牢固树立"底线"思维和"红线"意识,摆正安全与生产、发展的关系,按照《安全生产法》和《职业病防治法》的要求,真正把安全生产记在心上、抓在手上、落实在行动上,加强对安全生产工作的管理,保障员工生命和财产安全,构建和谐工厂,落实各部门的安全生产责任制,强化各级领导的安全生产责任意识,督促其认真履行安全生产工作职责,落实各项安全防范措施,防止生产安全事故,实现公司安全生产状况持续稳定好转。

二、责任目标

为加强安全生产与职业健康管理,深入开展事故隐患排查治理,强化岗位达标与专业达标,履行安全生产责任,严格落实股份公司和公司《安全生产责任追究制度》,确保完成公司安全生产职业健康目标,经公司安委会研究,确定以下安全生产职业健康考核目标及指标:

1. 轻伤及以上人身伤害事故为"0";

2. 火灾、爆炸事故为"0";

3. 新增职业病病例为"0";

4. 交通责任事故（本人负主要责任的）为"0"；

5. 危险化学品泄漏、中毒事故为"0"；

6. 相关方人员工亡责任事故为"0"；

7. 安全生产标准化全面达标；

8. "三项"岗位人员持证上岗率达100％；

9. 岗位员工安全培训率达100％，培训合格率达100％，每年接受再培训时间不得少于8学时；矿山等高危作业，每年安全再培训的时间不得少于20学时；

10. 职业危害因素告知率达100％，对从事接触职业病危害的作业人员的体检率达100％；岗位员工职业卫生培训率达100％，培训合格率达100％，每年接受再培训时间不得少于4学时；

11. 新进员工三级安全教育培训率达100％，转岗、复岗员工安全教育培训率达100％；

12. 全员交通安全培训率达100％，全员安全承诺书签订率达100％；

13. 公司每月至少组织一次安全综合大检查，全年安全隐患整改率达100％；

14. 公司每月至少组织一次消防安全专项检查，全年消防安全设施存在问题整改率达100％；

15. 每月危险源检查率达100％；

16. 配置注册安全工程师不少于2人；

17. 未遂事故（未发生健康损害、人身伤亡、重大财产损失与环境破坏的事故）上报数量≥240起；

18. 特种设备定期检验率达100％；

19. 外协单位《安全管理协议》签订率达100％，相关方安全告知率达100％，相关方安全教育培训率达100％。

三、制造分厂安全生产职业健康目标及指标

1. 轻伤及以上人身伤害事故"0"；

2. 火灾、爆炸事故为"0"；

3. 新增职业病病例为"0"；

4. 交通责任事故（本人负主要责任的）为"0"；

5. 危险化学品泄漏、中毒事故为"0"；

6. 相关方厂区内工亡事故为"0"；

7. 安全生产标准化全面达标；

8. "三项"岗位人员持证上岗率达100％；

9. 岗位员工安全培训率达100％，培训合格率达100％，每年安全再培训的时间不得少于8学时；

10. 职业危害因素告知率达100％，对从事接触职业病危害的作业人员的体检率达100％；岗位员工职业卫生培训率达100％，培训合格率达100％，每年接受再培训时间不得少于4学时；

11. 新进员工三级安全教育培训率达100％，转岗、复岗员工安全教育培训率达100％；

12. 全员交通安全培训率达100％，全员安全承诺书签订率达100％；

13. 每月至少组织两次安全综合大检查，全年安全隐患整改率达100％；

14. 全年消防安全设施存在问题整改率达100％；

15. 每月危险源检查率达100％；

16. 配置注册安全工程师不少于1人；

17. 未遂事故（未发生健康损害、人身伤亡、重大财产损失与环境破坏的事故）上报数量≥44 起；

18. 特种设备定期检验率达 100%；

19. 外协单位《安全管理协议》签订率达 100%，相关方安全告知率达 100%，相关方安全教育培训率达 100%。

四、制造分厂主要职责

1. 进一步强化安全生产责任落实。制定、下发工段、班组年度《安全生产职业健康目标责任书》和《考核细则》；按照安全生产责任制规定，督促各级管理人员层层落实安全生产责任，层层签订《安全生产职业健康目标责任书》，人员变动后，及时进行补签；每月对《安全健康责任书》目标完成情况进行监测、每季度对照《考核细则》，组织对各工段、班组开展检查考核，将安全生产考核结果纳入干部业绩考核内容，建立安全生产绩效与业绩评定、职务晋升、奖励惩处的挂钩机制，严格落实安全生产"一票否决"制度。

2. 健全、更新本部门安全生产职业健康管理网络机构，部门领导、安全、职业健康管理人员等相关管理人员必须取得相应的管理资格证书，落实全员安全生产责任制的责任人员、责任范围和考核标准等内容，并对责任制落实情况进行考核。

3. 做好特种作业及"三项岗位"人员的日常管理，确保持证率达 100%。

4. 按照《股份公司安全生产费用统计规范》要求，建立本部门安全生产费用使用台账，做好安全生产费用的分类使用、统计和自查工作。

5. 严格执行公司安全生产规章制度，全面组织学习与严格执行到位。

6. 每季度开展安全生产法律法规等其他要求管理制度的识别、获取、更新，保留获取记录，获取目录报安全环保处归口汇总；每年开展《岗位安全生产责任制》《岗位安全操作规程》《四不伤害防护卡》《危险源辨识》《岗位达标》等制度的更新和适应性评估工作，并将安全生产规章制度发放到相关工作岗位，并对员工进行培训和考核。

7. 强化安全教育培训，定期开展安全操作技能培训与演练，全面组织岗位安全达标上岗活动，确保岗位人员合格上岗率 100%。严格落实本年度安全、职业卫生培训计划，及时对培训效果进行评估和改进，建立安全生产员工个人教育培训档案；其中管理人员，初次安全培训时间不得少于 32 学时，每年再培训时间不得少于 12 学时；新进人员三级安全教育，岗前培训时间不得少于 24 学时，每年接受再培训时间不得少于 8 学时，明确师徒协议期限不少于 3 个月；转岗、复岗人员离岗 3 个月以上重新上岗需二级安全教育，岗前培训时间不得少于 24 学时；加大安全管理人员培养力度，鼓励部门人员报考注册安全工程师，提升安全管理人员的安全管理水平，完成部门配置注册安全工程师不少于 1 人的年度安全目标。

8. 加强检维修现场安全管理，规范执行《检维修作业准则》《能量隔离管理规程》《停送电管理办法》《危险作业分级审批管理规程》等制度，规范办理相关作业票。

9. 按照"党政同责"要求，每位班子成员要积极参加工段班组安全活动，督促与指导各工段班组安全活动的规范有效开展；每位班子成员要积极开展夜间"四不两直"检查和"三违"行为查处，安全管理人员要积极参与和监督公司安全管理工作。

10. 按照"隐患就是事故"的安全管理理念，全面推进隐患排查治理。全力推行事故隐患管理，落实事故隐患责任制，制定落实年度隐患排查治理方案，深入全面开展综合安全检查、专业安全检查、季节性安全检查、节假日安全检查、相关方安全检查等，每月开展煤磨、脱硝系统、柴油罐等中高度风险源的安全检查，及时落实隐患治理，消除各类事故隐患。激励各级岗位人员主动参与消除、预防各类事故隐患，有效防范生产安全事故发生。

11. 全力推行隐患"随手曝"和险肇事故管理,通过落实奖惩办法,激励各级员工主动参与发现、消除、预防各类隐患,有效防范生产安全事故发生。

12. 进一步落实"六项机制",强化安全生产风险管控工作,推进安全生产风险分级管控和隐患排查治理双重预防体系建设。贯彻落实《国务院安委会办公室关于实施遏制重特大事故工作指南构建双重预防机制的意见》(安委办〔2016〕11号)、《国家安全监管总局办公厅关于开展非煤矿山双重预防机制建设试点工作的通知》(安监总厅管一〔2017〕63号)等文件要求,按照非煤矿山双重预防机制创建进度及要求,全员亲自参与,坚持"横向到边,纵向到底"的原则,准确地辨识出存在的危险和有害因素,全面辨识安全风险并建立安全风险清单,制定并严格落实安全风险分级管控措施,建立安全风险公告制度,绘制安全风险四色分布图,积极组织开展隐患排查治理,并形成闭环管理,建立自下而上、全员参与、规范有效的"双重预防体系",确保安全风险和隐患得到有效管控和排查治理,确保公司本年度取得阶段性成果。

13. 强化职业健康管理,降低与消除岗位职业病危害因素,加强岗位职业病危害识别、评估与控制,持续改善作业环境,为员工配备符合国家、行业标准和集团、股份公司《劳动防护用品使用和发放管理办法》要求的个人劳动防护用品,每年组织部门相关人员按时参加职业健康体检,规范建立员工职业健康档案;并按照《工作场所职业病危害作业分级》(GBZ/T 229)的规定要求,做好噪声、粉尘等职业危害防治的培训教育,配备合格的职业健康防护用具和急救用品,将健康危害、检测结果、应急处置等上墙公示。

14. 加强安全生产职业健康宣传教育培训,组织开展"安全生产月"、《职业病防治法》宣传周、"11·9"消防日宣传周、《安全生产法》宣传周等安全宣传教育活动,积极开展安全文化示范企业建设活动。

15. 健全安全生产应急救援管理体系,每月开展应急救援物资的检查维护和保养,定期组织应急救援人员的培训训练,有效开展应急救援预案的演练与总结,并做好应急事件的处理和上报。

16. 严格按照时限要求上报事故信息。发生轻伤及以上事故(包括员工和相关方在公司所有活动中造成的轻伤、重伤、工亡事故),部门主要负责人接到报告后,必须立即上报,杜绝迟报、瞒报和谎报(超过30分钟算迟报、超过1小时算瞒报),并按照"四不放过"原则,查清事故原因,查明事故责任,按照股份公司和公司《安全生产责任追究制度》落实事故责任,吸取事故教训,制定并落实防范措施;并加强生产安全事故、事件的舆情管理,对发生的各类安全生产舆情要妥善处置,有效应对,及时上报。

17. 加强相关方安全管理,及时签订《安全生产管理协议》,严格资质审查和入厂教育培训,相关方的安全管理纳入到本部门的统一管理,规范开展相关方的培训、检查、考核等管理工作,考核不合格严禁上岗作业。

18. 加强科技成果和信息技术运用,推进科技强安。加强开展生产线领域"机械化换人、自动化减人"的实施。积极推进《安全生产和职业健康预测预警系统》及手机 APP 系统推广与应用,落实各部门、工段、班组的有效运行;并按时填报本市安全生产监管信息平台、国家安全生产监督管理总局生产事故隐患排查治理信息系统等;保证其内容的及时性、真实性、规范性,落实各系统的有效运行,提升安全与职业健康管理水平。

19. 加强安全生产标准化体系建设,持续推进安全生产标准化达标与复评验收工作,实现安全生产标准化全面达标。

20. 严格落实安全管理职责,定期组织召开月度安全例会,开展安全生产职业健康教育培训、安全隐患排查治理及职业病危害治理,全面开展安全生产职业健康管理体系建设。

五、奖惩考核

(一)"一票否决"项

1. 新增职业病病例;

2. 发生工亡责任事故;

3. 发生较大及以上火灾事故;

4. 发生3人次重伤责任事故;

5. 发生瞒报生产安全事故(含相关方)或职业病(疑似)行为。

(二)奖惩方法

1. 发生员工重伤以上的生产安全责任事故,发生轻伤事故未按照"四不放过"原则进行处理或隐瞒不报的,取消部门主要负责人、分管负责人及事故相关责任人参加当年各项先进评比表彰资格,并按照公司《安全生产责任追究制度》规定进行处理。

2. 季度、年度内未发生轻伤及以上责任事故和相关方重伤及以上责任事故及"一票否决",按照《安全生产职业健康目标考核与奖惩办法》分季度、年度进行考核兑现。

六、附则

1. 本责任书一式两份,责任单位、公司安委会各存一份。

2. 考核期限自_____年1月1日起至_____年12月31日止。

3. 各类事故、违章、违纪认定以公司和安全环保处发文为准。

4. 部门班子成员因工作变动或其他原因不能履行本责任书的,本责任书对其继任者依然有效。部门班子成员和主管、工段长及以下人员存在公司间调动的,按分段任职时间核算年度生产安全事故和"一票否决"项情况。

5. 如上年度责任制考核获得奖励,在本年度被查实,上年度存在生产安全事故或"一票否决"项隐瞒不报的单位,上年度奖励金额必须全额扣回,原部门班子成员按上年度安全生产职业健康目标责任制规定处罚,扣回与处罚金额在本年度年终奖中扣除,并按照公司《安全生产责任追究制度》规定进行处理。

6. 如被查实本年度内存在生产安全事故或"一票否决"项隐瞒不报的公司,核发的季度奖励金额必须全额扣回,原部门班子成员和相关责任人按照公司《安全生产责任追究制度》等相关制度规定进行处理。

7. 《安全生产职业健康目标考核细则》为本责任书的一部分。

8. 本责任书解释权属公司安全生产管理委员会。

公司安委会主任　　　　　　　　　　制造分厂主要负责人

签字:　　　　　　　　　　　　　　签字:

　　　年　　月　　日　　　　　　　　　年　　月　　日

安全生产职业健康目标考核细则(制造分厂)

检查时间:　　年　　月　　日

序号	考核项目	考评分值	考核内容	考核标准	整改要求	考核得分	备注
1	一、安全生产目标与指标	5	建立安全生产目标管理制度,明确目标与指标的制定、分解、实施、检查或监测、考核等环节内容	未参与该项制度修订的,不得分			

续表

序号	考核项目	考评分值	考核内容	考核标准	整改要求	考核得分	备注
2	一、安全生产目标与指标	5	按照安全生产目标管理制度的规定,制定、下发年度安全生产目标与指标	部门无年度安全生产目标与指标,不得分;安全生产目标与指标未以部门文件形式发布生效的,不得分;安全生产目标和指标制定程序和内容不符合制度要求的,每项扣2分			
3		10	根据公司和部门在安全生产中的职能,分解制定各部门、各工段、各班组的《安全健康责任书》和《考核细则》;《安全健康责任书》内容包含:安全责任目标、安全职责、奖惩考核办法等;股份公司《考核细则》内容须分解、融入各部门、工段、班组的《考核细则》中,内容要细化和翔实	无《安全健康责任书》的,不得分;无《考核细则》的,不得分;《安全健康责任书》中安全责任目标、安全职责、奖惩考核办法3项中,每缺1项扣2分;《考核细则》内容未分解和包含公司《考核细则》的,每缺1项扣2分			
4		10	按照安全生产责任制规定,层层签订《安全健康责任书》,人员变动后,及时进行补签	分厂主要负责人与各工段负责人、工段主要负责人与各班组成员签订《安全健康责任书》中,每缺少1人扣1分;职能部门负责人与班组负责人、班组负责人与班组成员签订《安全健康责任书》中,每缺少1人扣1分;无班组的职能部门与部门成员签订《安全健康责任书》中,每缺少1人扣1分			
5		10	每季度对《安全健康责任书》要求的目标完成情况和安全职责执行情况进行检查与考核,保存有关检查考核记录资料	无《安全健康责任书》内容实施情况的检查考核记录的,不得分;检查考核内容与《安全健康责任书》内容不符的,扣1分;检查资料不齐全的,扣1分;每季度至少开展1次,缺少1次扣2分			
6		10	每半年对照《考核细则》,组织对各部门、各工段、各班组开展检查考核,考核情况须经公司会议研讨审定,形成检查考核文件并加以保存	未每半年组织开展检查的(含无检查考核报告的),不得分;未按照《考核细则》开展检查考核的,不得分;工段、班组中缺少1个考核材料的,扣2分;检查考核资料保存不齐全的,扣2分			
7	二、组织机构和职责	10	建立设置安全管理机构、职业卫生管理机构,配备安全管理人员、职业卫生管理人员的管理制度	未参与该项制度修订的,不得分			
8		10	根据有关规定和公司实际,建立、健全从管理机构到基层班组的安全生产管理网络	未及时建立各部门安全生产管理网络,未及时根据实际情况进行调整,不得分			
9		10	定期召开部门安全例会,协调解决安全生产问题。会议纪要中应有工作要求并保存会议记录	每月未定期召开安全例会的,不得分;安全例会部门主要负责人未参加的,不得分;无会议记录的,每次扣2分;未跟踪上次会议工作要求的落实情况或未制订新的工作要求的,每次扣1分;有未完成项且无整改措施的,每项扣1分			

续表

序号	考核项目	考评分值	考核内容	考核标准	整改要求	考核得分	备注
10		10	建立针对安全生产责任制的制定、沟通、培训、评审、修订及考核等环节内容的管理制度	未参与该制度建立或修订,不得分			
11		10	建立、健全安全生产责任制,明确各岗位的责任人员、责任范围和考核标准等内容,建立相应的机制并对安全生产责任制落实情况进行考核	部门每缺少1个岗位责任制的,扣1分;未明确岗位责任人员或责任范围或考核标准的,每1个岗位扣1分;责任制内容与岗位工作实际不相符的,每1个岗位扣1分;未建立责任制监督考核机制的,不得分;没有对安全生产责任制落实情况进行考核的,每1个岗位扣1分			
12	二、组织机构和职责	10	对各级管理层进行安全生产责任制与权限的培训;各级管理人员应对管理范围内员工的不安全行为承担管理责任	安全生产责任制与权限培训未列入年度培训计划的,扣2分;无该培训的,不得分;无培训记录的,不得分;每缺少1人培训的,扣1分;抽查3人,被抽查人员对责任制不清楚的,每人扣1分;各级管理人员对员工不安全行为未采取有效措施的(包括教育培训、纠正、考核通报等),每次扣1分			
13		5	对安全生产责任制适宜性进行年度评审与更新	未对安全生产责任制进行年度适宜性评审的,不得分;无评审记录的,不得分;无修订记录的,不得分;修订记录每缺少1个岗位的,扣1分;相关人员未参与安全生产责任制修订或不符合实际情况的,每处扣1分			
14	三、权证办理和管理	15	分厂主要负责人、安全管理人员安全资格证、各类特种作业人员的资格证书是否在有效期	分厂主要负责人、安全管理人员、特种作业人员的资格证书,未取证或取证延期未复审的,每人扣10分			
15		8	按照规定办理特种设备使用登记,建立安全技术档案;定期进行经常性维护保养和自行检查,对其使用的特种设备的安全附件、安全保护装置进行定期校验、检修,并作出记录;制定特种设备事故应急专项预案	分厂特种设备因保养不到位造成检测不合格的,每台扣5分;保全处未按时年检造成设备不在检测有效期内的,每台扣2分;三大分厂未组织特种设备事故预案演练的,扣5分			
16	四、安全生产投入	5	建立员工工伤保险的管理制度	未参与员工工伤保险的管理制度建立或修订的,不得分			
17	五、安全法律法规与文件管理	5	建立识别、获取、评审、更新安全生产法律法规与其他要求的管理制度	未参与织建立识别、获取、评审、更新安全生产法律法规与其他要求的管理制度,不得分			
18		5	各职能部门和分厂应按制度要求定期识别和获取本部门适用的安全生产法律法规与其他要求,并向归口部门汇总	未定期识别和获取本部门适用的安全生产法律法规与其他要求的,不得分;未及时汇总各部门的,不得分;未分类汇总的,扣2分			

续表

序号	考核项目	考评分值	考核内容	考核标准	整改要求	考核得分	备注
19		5	应按照制度要求,每季度识别和获取适用的安全生产法律法规与其他要求,并发布其清单	未每季度识别和获取的,不得分;工作程序或结果不符合规定的,每次扣1分;无安全生产法律法规与其他要求清单的,不得分;每缺1个安全生产法律法规与其他要求文本或电子版的,扣1分			
20		5	及时将识别和获取的安全生产法律法规与其他要求融入企业安全生产管理制度中	未及时融入的,每项扣2分			
21		5	及时将适用的安全生产法律法规与其他要求传达给从业人员和相关方,并进行相关培训和考核	未及时传达给从业人员和相关方,并进行相关培训和考核的,不得分;无培训考核记录的,不得分;每缺少1项培训和考核,扣1分;抽查3人对相关要求不清楚的,每人扣1分			
22		5	建立文件的管理制度,明确安全管理文件的编制、发布、使用、评审、修订等环节内容	未参与建立文件的管理制度,不得分;未明确安全管理文件的编制、发布、使用、评审、修订等环节内容,每处扣1分			
23	五、安全法律法规与文件管理	10	按照相关规定建立和发布健全的安全生产规章制度,至少包含下列内容:安全生产职责、安全生产投入、文件和档案管理、风险管理、安全教育培训、特种作业人员管理、建设项目安全设施"三同时"管理、建设项目职业病防护设施"三同时"管理、设备设施安全管理、危险物品及重大危险源管理、作业安全管理、事故隐患排查治理、安全生产奖惩管理、相关方管理、变更管理、职业卫生管理、防护用品管理、应急管理、事故管理等	未参与建立和发布健全的包含规定内容的安全生产规章制度,不得分			
24		10	将安全生产规章制度发放到相关工作岗位,并对员工进行培训和考核	对安全生产规章制度无培训和考核记录的,不得分;每缺少1项培训和考核的,扣1分;部门1人未参加制度培训的,扣1分;抽查3人,抽查人员对相关内容不清楚的,每人扣1分			
25		10	根据生产特点开展岗位风险辨识,编制齐全、适用的岗位安全操作规程	未开展岗位风险辨识的,不得分;无岗位安全操作规程的,不得分;岗位安全操作规程不齐全、适用的,每缺1个扣1分;安全操作规程内容不全如未明确操作流程、风险辨识、安全要点、严禁事项、防护用品配备使用、应急处置措施等内容的,每个安全操作规程扣1分;岗位人员未参与本岗位安全操作规程的制定或讨论的,每个扣1分;无制定或讨论记录的,不得分			

续表

序号	考核项目	考评分值	考核内容	考核标准	整改要求	考核得分	备注
26		5	向员工下发岗位安全操作规程,并对员工进行培训和考核	未将岗位安全操作规程发放至岗位的,不得分;每缺1个岗位的,扣1分;无培训和考核记录等资料的,不得分;每缺1个培训和考核的,扣1分;抽查3人,抽查人员对相关内容不清楚的,每人扣1分			
27		10	编制的安全规程应完善、适用,在新技术、新材料、新工艺、新设备设施投产或投用前,组织编制新的操作规程,保证其适用性。员工要严格执行操作规程	岗位操作规程不适用或有错误的,每个扣1分;在新技术、新材料、新工艺、新设备设施投产或投用前,未组织编制新的操作规程,每项扣1分;现场发现违章操作、违章指挥的,每人次扣5分(可累加和超出考评分值扣分)			
28	五、安全法律法规与文件管理	10	每年至少一次对安全生产法律法规、标准规范、规章制度、操作规程的执行情况和适用情况进行检查、评估。当发生以下情况时,应及时进行检查评估:①当国家安全生产法律、法规、规程、标准废止、修订或新颁布时;②当企业归属、体制、规模发生重大变化时;③当生产设施新建、扩建、改建时;④当工艺、技术路线和装置设备发生变更时;⑤当上级安全监督部门提出相关整改意见时;⑥当安全检查、风险评价过程中发现涉及规章制度层面的问题时;⑦当分析重大事故和重复事故原因,发现制度性因素时;⑧其他相关事项	未进行检查的,不得分;未进行评估(含无评估报告)的,不得分;评估报告每缺少1个方面内容,扣1分;评估结果与实际不符的,扣2分			
29		10	根据评估情况、安全检查反馈的问题、生产安全事故案例、绩效评定结果等,组织相关管理人员、安全管理人员、技术人员、操作人员和工会代表等对安全生产管理规章制度和操作规程进行修订,确保其有效和适用	应组织修订而未组织的,不得分;该修订而未修订的,每项扣1分;文件规定与实际不符,无修订的计划和记录资料的,不得分;修订参与人员不全的,扣1分;现场不是最新有效版本或新旧版本并存的,每处扣1分			
30		10	建立安全生产档案的管理制度,明确各类安全生产档案的责任部门、保存周期、保存形式等要求	未参与该项制度修订的,不得分			
31		10	对下列主要安全生产资料实行档案管理:主要安全生产文件、事故、事件记录;风险评价信息;培训记录;标准化系统评价报告;事故调查报告;隐患排查治理记录、检查、整改记录;职业卫生检查与监护记录;安全生产会议记录;安全活动记录;法定检测记录;关键设备设施档案;应急演习信息;承包商和供应商信息;维护和校验记录;技术图纸等	各部门责任档案未实行档案管理的,不得分;档案管理不规范的,扣2分;每缺少1类档案,扣1分			

序号	考核项目	考评分值	考核内容	考核标准	整改要求	考核得分	备注
32	五、安全法律法规与文件管理	5	建立国际对标管理制度,明确国际对标主管部门、人员、职责等;将国际对标结果融入公司安全生产管理中	未参与该项制度制定或修订的,不得分			
33		10	建立安全教育培训的管理制度	未参与该项制度制定或修订的,不得分;未执行制度中内容的,每处扣1分			
34		10	定期识别安全教育培训需求,制定各类人员的培训计划	未定期识别需求的,扣1分;识别不充分的,扣1分;无年度、月度培训计划的,不得分;岗位培训计划针对性不强的,扣1分;培训计划中每缺1类人员培训的,扣1分;未以正式文件形式下发安全培训计划的,扣3分			
35		10	按计划进行安全教育培训,建立安全生产教育培训档案和员工个人教育培训档案,如实记录安全生产教育和培训的时间、内容、参加人员以及考核结果等情况。实施分级管理,并对培训效果进行评估和改进	未按计划进行培训的,每次扣1分;记录不完整齐全的,每缺1项1分;未进行效果评估的,每次扣1分;未根据评估作出改进的,每次扣1分;未实行档案管理的,不得分;未建立员工个人教育培训档案的,不得分;员工个人安全教育培训或安全教育培训档案资料不齐的,每人扣1分			
36	六、安全教育培训	10	对操作岗位人员进行安全教育和生产技能培训和考核,考核不合格的人员,不得上岗	未经培训考核合格就上岗的,每人次扣2分			
37		10	对新员工进行三级安全教育和转岗(离岗3个月复岗)人员进行二级安全教育。安全培训教育时间不得少于国家或地方政府规定学时。经考核合格后,方可上岗工作(岗前三级安全教育时间不得少于24学时,矿山岗位三级安全教育时间不得少于72学时)	未进行三级安全教育的,每人次扣1分,安全培训教育时间、内容达不到国家或地方政府规定的,每人次扣1分;三级安全教育和转岗(复岗)安全教育材料未放入个人档案,不得分;未经培训考核合格就上岗的,每人次扣2分。各二级部门无部门级安全教育培训讲义的,扣5分,每缺一个班组级教育培训讲义的,扣5分			
38		6	在新工艺、新技术、新材料、新设备设施投入使用前,应对有关操作岗位人员进行专门的安全教育和培训	在新工艺、新技术、新材料、新设备设施投入使用前,未对岗位操作人员进行专门的安全教育培训的,每人次扣2分			
39		10	新进员工三级安全培训教育合格后,必须签订师徒协议。督促各子公司对新进人员签订师徒协议时,矿山单位要严格按照国家安全监管总局《关于建立和完善非煤矿山师傅带徒弟制度 进一步提高职工安全素质的指导意见》的相关要求,明确师傅带徒弟的期限不少于6个月;其他单位师傅带徒弟的期限不少于3个月	未签订师徒协议或未按国家规定签订的,每人次扣2分			

序号	考核项目	考评分值	考核内容	考核标准	整改要求	考核得分	备注
40		10	使用被派遣劳动者和帮扶人员的，应当将被派遣劳动者和帮扶人员纳入本单位从业人员统一管理，对被派遣劳动者和帮扶人员进行岗位安全操作规程和安全操作技能的教育和培训	被派遣劳动者和帮扶人员未纳入本部门从业人员统一管理，每人次扣1分			
41		10	岗位人员每年应接受再培训，再培训时间不得少于国家或地方政府规定学时(公司主要负责人和安全管理人员每年再培训时间不得少于12学时；有非煤矿山、建筑施工等安全管理职能的主要负责人和安全管理人员每年再培训时间不得少于16学时；矿山、建筑施工相关岗位的新上岗从业人员每年接受再培训的时间不得少于20学时；公司每年应对有职业危害岗位人员进行在岗期间的职业卫生教育培训工作，职业卫生初次培训不少于8学时，每年再培训不少于4学时)	岗位人员每年再培训时间少于国家或地方政府规定学时的，每人次扣1分；抽查3名员工相关内容不清楚的，每人扣1分			
42	六、安全教育培训	10	从事特种作业的人员应取得特种作业操作资格证书，方可上岗作业，并定期复审，有特种设备的企业应有特种设备管理人员持证上岗	有特种作业(含特种设备操作和管理)但未配备特种作业人员的，每次扣2分；特种作业人员(含特种设备操作和管理)配备不合理的，每次扣1分；特种设备操作和管理人员未持证上岗的，每人次扣2分；证书过期未及时审核的，每人次扣2分；缺少特种作业人员(含特种设备操作和管理)档案资料的，每人次扣1分；安排无证人员从事特种作业的，不得分(在师傅带领下开展特种作业技能培训的除外)			
43		10	公司应对供应商、承包商等相关方的作业人员进行入厂安全教育培训，并保存安全教育培训记录。作业人员进入作业现场前，应由作业现场所在单位对其进行进入现场前的安全教育培训，保存安全教育培训记录	对相关方的作业人员未进行入厂安全教育培训，每人次扣1分，未保存安全教育培训记录，每次扣1分；作业人员进入作业现场前，作业现场所在单位未对其进行进入现场前的安全教育培训，每人次扣1分，未保存安全教育培训记录，每次扣1分；抽查3名人员相关内容不清楚时每人扣1分			
44		5	对接收中等职业学校、高等学校学生实习的，应当对实习学生进行三级安全教育，提供必要的劳动防护用品	未对实习学生进行三级安全教育，每人次扣2分；对实习学生未提供必要的劳动防护用品的，每人次扣1分			
45		5	对外来检查、参观、学习等人员进行有关安全规定、可能接触到的危害及应急知识等内容的安全教育和告知，提供相应劳保品并由专人带领	对外来检查、参观、学习等人未进行安全教育和危害告知的，每次扣2分；内容与实际不符的，扣1分；未提供相应劳保用品的，每次扣2分；无专人带领的，每次扣2分			

续表

序号	考核项目	考评分值	考核内容	考核标准	整改要求	考核得分	备注
46	六、安全教育培训	10	学习集团公司编制的《深挖事故镜子 点亮安全明灯》安全生产培训教材，部门负责人上台讲安全	未组织学习集团公司编制的《深挖事故镜子 点亮安全明灯》安全生产培训教材的，不得分；每缺少1个部工段、班组开展学习的，扣2分；各部门负责人未正式授课讲教材的，不得分。部门领取教材的人员教材保管不当丢失或教材中未见读书笔记的，每人次扣2分			
47	七、生产设备设施	6	新改扩工程应建立建设项目"三同时"的管理制度	未参与该项制度制定或修订的，不得分			
48		5	新建项目和大型技改项目试生产前，应向上级部门申报、开展安全预验收	各二级部门负责的新建项目和大型技改项目试生产前，未申报、开展安全预验收的，不得分			
49		20	公司的烧成等生产场所所有设备设施、工业气瓶、变配电系统等应符合有关法律法规、安全标准规范要求	对照安标规范现场检查，每发现1处不符合规定，扣2分			
50		10	按照股份公司《关于加强开展氨水检查的通知》（海股生〔2016〕146号）要求，对照《水泥工厂脱硝工程技术规范》和《氨水检查表》，每月组织开展氨水检查与整改验证	氨水隐患未按要求每月组织开展检查的，少1次扣2分；隐患未整改或整改不到位的，每项扣2分			
51		10	建立设备、设施的检修、维护、保养的管理制度	保全处牵头组织该制度修订，二级部门未参与该项制度修订的，不得分			
52		10	建立设备设施运行台账，制订检维修计划	无台账或检维修计划的，不得分；资料不齐全的，每次（项）扣1分			
53		15	按检维修计划定期对设备设施进行检修（记录）。安全设备设施不得随意拆除、挪用或弃置不用；确因检维修拆除的，应采取临时安全措施，检维修完毕后立即复原	未按计划检维修的，每项扣1分；未进行安全验收的，每项扣1分；检维修方案未包含作业危险分析和控制措施的，每项扣1分；未对检修人员进行安全教育和施工现场安全交底的，每次扣1分；失修每处扣1分；检修完毕未及时恢复安全装置的，每处扣2分；未经安全生产管理部门同意就拆除安全设备设施的，每处扣2分；安全设备设施确因检维修拆除未采取临时安全措施，每次扣2分；设备设施检维修记录归档不规范及时的，每处扣1分；检修完毕后未按程序试车的，每项扣1分			
54		5	建立新设备设施验收和旧设备设施拆除、报废的管理制度	未参与该项制度修订的，不得分			
55		5	按规定对新设备设施进行验收，确保使用质量合格、设计符合要求的设备设施	未参与组织验收的（含其安全设备设施），每项扣1分；使用不符合要求的，每项扣2分			

序号	考核项目	考评分值	考核内容	考核标准	整改要求	考核得分	备注
56	七、生产设备设施	10	设备的设计、制造、安装、使用、检测、维修、改造、拆除和报废，应符合有关法律法规、标准规范的要求。按规定对不符合要求的设备设施进行报废或拆除(记录)。拆除的生产设备设施涉及危险物品的，须制定危险物品处置方案和应急措施，并严格按规定组织实施	未按规定进行的，不得分;涉及危险物品生产设施的拆除，无危险物品处置方案和应急措施的，不得分;未执行作业许可的，扣1分;未进行作业前的安全、技术交底的，扣1分;资料保存不完整齐全的，每项扣1分			
57		5	建立特种设备(锅炉、压力容器、起重设备、安全附件及安全保护装置等)的管理制度	未参与该项制度修订的，不得分			
58		10	特种设备按规定使用、维护，定期检验，并将有关资料归档保存	未经检验合格或检验不合格就使用的，每台/套扣2分;安全装置不全或不能正常工作的，每处扣2分;检验周期超过规定时间的，每台/套扣2分;检验标签未张贴悬挂的，每台/套扣1分			
59	八、危险作业安全管理	10	建立至少包括下列危险作业的作业安全管理制度，明确责任部门、人员、许可范围、审批程序、许可签发人员等:①危险区域动火作业;②进入有限空间作业;③高处作业;④大型吊装作业;⑤预热器清堵作业;⑥箅冷机清大块作业;⑦水泥生产筒型库清库作业;⑧交叉作业;⑨高温作业;⑩其他危险作业	未参与该项制度修订的，不得分			
60		5	公司应对生产现场和生产过程、环境存在的风险和隐患进行辨识、评估分级，并制定相应的控制措施	无风险和隐患辨识、评估分级汇总资料的，不得分;辨识所涉及的范围，每少1处扣1分;每缺1类风险和隐患辨识、评估分级的，扣1分;缺少控制措施或针对性不强的，每类扣2分;现场岗位人员不清楚岗位有关风险及其控制措施的，每人次扣1分			
61		5	结合生产实际，确定具体的危险场所(纸袋库、油库、油罐、氨水罐、煤磨房、总降、炸药库、危险化学品库等)，设置危险标志牌或警告标志牌(内容应包含名称、地点、责任人员、事故模式、控制措施等)，并严格管理其区域内的作业	未确定具体的危险场所的，不得分;有1处危险标志牌或警告标志牌不符合要求的，扣1分;有1处作业不符合规定的，不得分			
62		10	生产现场应实行定置管理，规定工器具等物品定点管理，保持作业环境整洁有序	现场环境不整洁，每处扣1分;未开展定置管理，不得分			

序号	考核项目	考评分值	考核内容	考核标准	整改要求	考核得分	备注
63		10	起重设备、吊具等器具安全性能、安全系数应在安全允许范围内使用。应符合《起重机 钢丝绳 保养、维护、检验和报废》(GB/T 5972—2016)的等有关规定、标准	未在安全标准和系数允许范围内使用吊具的,不得分;未按规定保养和报废的,不得分;报废台账缺失的,扣2分;抽查管理人员1人、作业人员1人,被抽查人员不清楚吊具的安全性能和钢丝绳的报废标准的,每人次扣1分			
64		10	煤粉制备系统与油泵房、地上柴油罐、煤堆场、危险化学品、纸袋库、氨水罐等防火重点部位的消防设施配置数量应符合消防安全管理规定	未达到配置要求的,每处扣5分;供应处未能及时采购的,供应处不得分			
65		20	对动火作业、有限空间内作业、预热器清堵、筒型储库清库临时用电作业等危险性较高的作业活动实施作业许可管理,严格履行审批手续;吊装、预热器清堵、筒型储库清库等危险作业时,应安排专人进行现场安全管理;作业许可证应包含危害因素分析和安全措施等内容	未执行的,不得分;危险作业申请单中危险分析和控制措施不全的,每次扣5分;签字不全的,每次扣5分;未在现场签字确认的,每次扣5分;危险作业申请单未有效保存的,扣5分			
66	八、危险作业安全管理	20	设备检修作业时应实行停送电制度,并应进行能量隔离	未执行的,不得分;未挂牌就作业的,每处扣6分;操作牌污损的,每个扣1分;停电作业时未按制度要求进行能量隔离和上锁的,不得分			
67		20	进入有限空间检修,应严格坚持"先通风、再检测、后作业"的原则,有专人监护、执行有限空间作业审批制度;正确使用劳动防护用品;制定安全防范措施和事故应急预案。未经通风和检测合格,任何人员不得进入有限空间作业	未执行的,不得分;不符合要求的,每处扣1分			
68		15	健全完善公司现场安全警示标线标识。在存在较大危险因素的作业场所或有关设备上,设置符合《安全标志及其使用导则》规定的安全警示标志和安全色;消防设施、重要防火部位均设有明显的消防安全标志,并应符合消防安全标准的相关规定	有1处不符合规定的,每处扣2分			
69		10	在检维修、施工、吊装等作业现场设置警戒区域,应有明显的标志和防护措施	不符合要求的,每处扣2分			
70		10	加强检修作业管理,按股份公司《检维修行为准则指导意见》制定检维修作业行为准则。	未学习培训的(培训签到表、讲义、试卷、培训结果),不得分;每缺少1人培训的,扣2分;培训后未执行的,每处扣1分			

续表

序号	考核项目	考评分值	考核内容	考核标准	整改要求	考核得分	备注
71	八、危险作业安全管理	5	耐火材料检修管理,按照股份公司《建安公司与业主厂共建安全防护体系指导意见》规范开展与执行	未执行的,不得分;有1处未按指导意见执行的,扣1分			
72		5	建立有关承包商、供应商等相关方的管理制度	未参与该项制度修订的,不得分			
73		10	对承包商、供应商等相关方的资格预审、选择、服务前准备、作业过程监督、提供的产品、技术服务、表现评估、续用等进行管理,建立相关方的名录和档案	各责任部门的供应商、承包商以包代管的,不得分;未纳入部门统一安全管理的,不得分;未将安全绩效与续用挂钩的,不得分;名录或档案资料不全的,每1个扣1分			
74		5	公司生产经营项目、场所发包或者出租给其他单位的,应发包或者出租给具备相应资质的单位。公司应当与承包单位、承租单位签订专门的安全生产、职业卫生管理协议,或者在承包合同、租赁合同中约定各自的安全生产、职业卫生管理职责;公司对承包单位、承租单位的安全生产工作统一协调、管理,定期进行安全检查,发现安全问题的,应当及时督促整改	发包或出租给无相应资质的相关方的,不得分;未签订专门的安全生产、职业卫生管理协议或者合同中未约定各自的安全生产、职业卫生管理职责的,每项扣1分;未执行协议的,每项扣1分;未进行安全检查,扣1分;未整改到位的,每次扣1分			
75	九、隐患排查治理	10	部门领导和安全管理人员每月不少于两次的夜间"四不两直"安全检查,对存在的隐患和问题要严格按照"五落实"原则进行整改,对相关责任人进行问责	部门领导或安全管理人员未开展夜间"四不两直"安全检查的,不得分;未形成检查情况通报与下发落实的,每次扣5分;检查整改完成情况未进行验证的,每次扣5分			
76		10	开展安全隐患"随手曝"活动。制定隐患排查工作方案,发动广大员工积极参与隐患排查治理,及时发现并消除隐患,实行隐患排查、记录、监控、治理、销账、报告的闭环管理	未开展不得分;未制订该方案的,不得分;方案依据缺少或不正确的,每项扣1分;方案内容缺项的,每项扣1分;方案内容没有针对性的,每处扣1分;未实行隐患排查闭环管理的,不得分;未按公司方案开展的,扣2分			
77		10	每月开展两次安全综合检查、一次危险源专项检查、一次消防安全专项检查;采用综合检查、专业检查、季节性检查、节假日检查、日常检查及领导带班检查等方式进行隐患排查工作	各类检查缺少1次的,扣1分;缺少1项检查表的,扣1分;检查表针对性不强的,每个扣1分;检查表无人签字或签字不全的,每次扣1分			
78		10	对排查出的事故隐患,按照事故隐患的等级进行登记,建立事故隐患信息档案,并按照职责分工实施监控治理	无隐患汇总登记台账的,不得分;无隐患评估分级的,不得分;隐患登记档案资料不全的,扣1分。未按照职责分工实施监控治理的,不得分。每月5号前未将部门隐患台账(电子版、签字版)送安全环保处的,不得分;安全环保处无公司级汇总台账的,安全环保处不得分			

序号	考核项目	考评分值	考核内容	考核标准	整改要求	考核得分	备注
79	九、隐患排查治理	10	根据隐患排查的结果,制定隐患治理方案,对隐患进行治理。重大事故隐患治理方案内容应包括目标和任务、方法和措施、经费和物资、机构和人员、时限和要求。重大事故隐患在治理前应采取临时控制措施,并制定应急预案。隐患治理措施应包括工程技术措施、管理措施、教育措施、防护措施、应急措施等。对一般隐患下达隐患整改通知单,内容包括原因分析、整改措施、整改要求和整改期限等	未对隐患进行原因分析和采取针对性的整改措施的,每次扣1分;隐患治理工作未形成闭路循环的,每项扣1分;抽查作业人员3人,相关作业人员对方案内容不清楚的,每人次扣1分			
80		10	公司应对事故隐患排查治理情况进行如实记录、统计分析,及时向从业人员进行通报	各部门未进行如实记录、统计分析的,不得分;未及时向从业人员进行通报的,不得分			
81		10	公司应按照国家相关规定,建立隐患排查治理信息系统,并按照当地安全监管部门和有关部门的要求定期报送隐患排查治理情况	未执行当地安监局要求的,不得分;网上填报不符合要求的,扣4分			
82		10	建立危险源辨识的管理制度,明确辨识与评估的职责、方法、范围、流程、控制原则、回顾、持续改进以及全员参与本单位危险源辨识工作的要求	未参与该项制度修订的,不得分			
83		10	按相关规定对本单位的生产设备设施或场所以及进入工作场所的所有人员及常规、非常规的活动和状态进行危险源辨识	未进行辨识和评估的,不得分;无清单的,不得分;未按制度规定进行的,每处扣1分;相关人员参与危险源辨识评价工作不全的,扣2分;辨识和评估不充分、准确的,每处扣1分			
84		10	公司应根据风险评价结果及经营运行情况等,确定不可接受的风险,对其进行分级管理,制定并落实相应的控制措施	未对其进行分级管理的,扣2分;未制定并落实相应控制措施的,每项扣1分			
85	十、职业卫生管理	10	建立、健全符合国家法律法规要求的职业危害防治制度和操作规程	未参与该项制度修订的,不得分			
86		10	定期对职业危害场所进行检测(每年现场职业危害因素检测、每季度单位内部检测),在监测点设置标识牌予以告知,将检测结果公布、存入职业健康档案	有职业危害因素的部门未在监测点设置标识牌的,不得分;设置不全的,扣1分;结果未存档的,每次扣1分;抽查人员对公示结果不清的,每人次扣1分			
87		10	对可能发生急性职业危害的有毒、有害工作场所,应当设置报警装置,制定应急预案,配置现场急救用品和必要的泄险区	无报警装置的,不得分;缺少报警装置或维护检查保养不到位使其不能正常工作的,每处扣1分;无应急预案的,不得分;无急救用品、冲洗设备、应急撤离通道和必要的泄险区的,不得分			

序号	考核项目	考评分值	考核内容	考核标准	整改要求	考核得分	备注
88	十、职业卫生管理	10	对员工及相关方宣传和培训生产过程中的职业危害、预防和应急处理措施	职业卫生培训未列入年度培训计划的,不得分;未对员工及相关方宣传和培训生产过程中的职业危害、预防和应急处理措施的,不得分;无培训记录的,不得分;培训每缺少1人的,扣1分;抽查员工及相关方不清楚培训的,每人次扣1分			
89		10	对存在或者产生职业病危害的工作场所、作业岗位、设备、设施,应当按照《工作场所职业病危害警示标识》的规定要求,在醒目位置设置警示标识和警示说明;存在或产生高毒物品的作业岗位,应当按照《高毒物品作业岗位职业病危害告知规范》的规定要求,在醒目位置设置高毒物品告知卡,告知卡应当载明高毒物品的名称、理化特性、健康危害、防护措施及应急处理等告知内容与警示标识	对存在或者产生职业病危害的工作场所、作业岗位、设备、设施(三大分厂、质控处)的二级部门未设置标志的,不得分;缺少标志的,每处扣1分;标志内容(含职业危害的种类、后果、预防以及应急救治措施等)不全的,每处扣1分			
90	十一、应急管理	5	建立事故应急救援制度;按相关规定建立安全生产应急管理机构或指定专人负责安全生产应急管理工作	未参与该项制度修订的,不得分			
91		10	建立与本单位安全生产特点相适应的专兼职应急救援队伍或指定专兼职应急救援人员	未参与建立队伍或指定专兼职人员的,不得分;队伍或人员不能满足应急救援工作要求的,不得分			
92		10	定期组织专兼职应急救援队伍和人员进行训练	未按计划训练的,不得分;训练科目不全的,每项扣1分;救援人员不清楚职能或不熟悉救援装备使用的,每人次扣1分			
93		10	按《生产经营单位生产安全事故应急预案编制导则》和《生产安全事故应急预案管理办法》,结合公司实际制定生产安全事故应急预案,包括综合预案、专项应急预案和重点作业岗位应急处置方案	无应急预案的,不得分;应急预案的格式和内容不符合有关规定的,不得分;无重点作业岗位应急处置方案或措施的,不得分;未在重点作业岗位公布应急处置方案或措施的,每处扣1分;有关人员不熟悉应急预案和应急处置方案或措施的,每人次扣1分			
94		10	根据有关规定将应急预案报当地主管部门备案,并通报有关应急协作单位。定期评审应急预案(3年修订1次),并进行修订和完善	未进行备案的,不得分;未通报有关应急协作单位的,每个扣1分。未定期评审或无有关记录的,不得分;未及时修订的,不得分;未根据评审结果或实际情况的变化修订的,每缺1项扣1分;修订后未正式发布或培训的,扣1分			
95		10	按规定组织生产安全事故应急演练(综合应急预案每年1次、专项应急预案每年1次、应急处置方案半年1次)	未按计划进行演练的,不得分;无应急演练方案和记录的,不得分;演练方案简单或缺乏执行性的,扣1分;高层管理人员未参加演练的,每次扣1分			

序号	考核项目	考评分值	考核内容	考核标准	整改要求	考核得分	备注
96		10	建立事故的管理制度,明确报告、调查、统计与分析、回顾、书面报告样式和表格等内容	未参与该项制度修订的,不得分			
97		10	按规定及时向上级单位和有关政府部门报告事故,并保护事故现场及有关证据	未及时报告事故的,不得分;未有效保护现场及有关证据的,不得分;报告的事故信息内容和形式与规定不相符的,扣1分			
98	十二、事故管理	15	生产安全事故发生后应按照"四不放过"原则处理,内容包括:①事故原因调查分析情况,以调查分析研讨会纪要为准;②事故责任人处理情况,以事故处理通报为准;③有关人员(广大员工)受到教育情况,以公司各部门各级会议学习纪录为准;④事故防范措施制定与落实情况和"举一反三"的组织开展安全检查与整改情况,以防范措施落实情况、事故通报、检查整改等情况的核实、验证与考核情况通报为准	存在一起生产安全事故未按"四不放过"原则处理的,不得分;事故处理中存在"事故原因调查分析、事故责任人处理、有关人员(广大员工)受到教育、事故防范措施落实"四项中有1项未开展的,按事故未按"四不放过"原则处理定性,不得分;事故处理中有"四不放过"内容,但存在缺少1个工段、班组学习,缺少1项措施未整改验证到位,纪要有未按公司层面下发,公司相关领导未纳入考核等情况的,每项扣5分;未开展"举一反三"的安全检查整改与验证的,扣5分;有1项未整改到位的,扣2分			
99		10	注重肇因防堵,事故管理向"吓一跳"险肇事故延伸,将险肇事故按照事故模式进行管理,杜绝事故发生	未开展险肇事故管理的,不得分;险肇事故未按"四不放过"原则处理的,不得分;相关记录、档案不符合事故管理要求的,每项扣2分			
100		10	对本单位的事故及其他单位的有关事故进行回顾、学习	未进行回顾的,不得分;有关人员对原因和防范措施不清楚的,每人次扣1分			
101		10	对股份公司下发的相关安全管理制度学习、转化、执行与检查验证	未组织学习的,每次扣2分;未按制度要求进行转化的,每次扣5分;未按制度要求定期组织开展与检查验证的,每次扣5分			
102	十三、贯彻落实管理	10	对股份公司下发的相关安全管理通知学习、执行与检查验证	未组织学习的,每次扣2分;未按通知要求组织开展与检查验证的,每次扣5分			
103		10	对股份公司下发的相关安全管理通报学习、执行与检查验证	未组织学习的,每次扣2分;未按通报要求组织开展与检查验证的,每次扣5分			
104		10	集团、股份公司安委会布置的工作和专业部室布置的专业安全工作应贯彻落实执行到位	集团、股份公司安委会布置工作未传达学习和贯彻落实执行到位的,每项扣5分;专业部室布置的专业安全工作未按要求执行到位的,每项扣5分			

序号	考核项目	考评分值	考核内容	考核标准	整改要求	考核得分	备注
105	十四、其他	20	积极开展与上报部门月度、季度、上半年度、年度安全生产总结、工作计划、培训计划等	每月、季度第一个月的 3 日前完成与上报季度、上半年、年度安全生产总结与工作计划，未及时通报与落实验证的，每次扣 5 分；未及时上报的，每次扣 5 分			
106		10	安全检查评价存在问题按整改计划要求及时组织落实与整改；公司级安全检查问题及时组织落实整改	未按要求整改完成或整改不到位的，每项扣 2 分			
合计		1000					
1	十五、奖惩管理	/	生产安全事故管理扣分标准，事故伤亡程度扣分按生产安全事故统计，迟报、瞒报按所有事故上报情况统计。生产安全事故是指在生产经营单位生产经营活动（包括与生产经营有关的辅助活动，如食堂作业活动）中突然发生的，伤害人身安全和健康，或者损坏设备设施，或者造成经济损失的意外事件（非生产安全事故包括上下班途中、食堂吃饭途中、中午休息途中、浴室洗澡或途中、到宿舍途中、参加文体等活动中受伤）。重大交通事故是指一次造成死亡 1 至 2 人，或者重伤 3 人以上 10 人以下，或者财产损失 3 万元以上不足 6 万元的交通事故	发生工亡责任事故的，每起扣 500 分；发生重伤事故，每起扣 300 分；发生轻伤事故，每起扣 100 分；相关方人员在厂区生产作业过程中发生工亡责任事故的，每起扣 200 分；单位车辆或厂区内发生交通责任事故致人受伤的，本单位负事故全部或者主要责任的，每起扣 200 分。员工私家车在厂区内发生主要责任交通事故致使他人受到伤害的，每起扣 100 分；厂区围墙内的交通事故、摔滑倒等非生产安全事故（除文体活动、健康原因造成的事故外）减半考核。二级部门发生生产安全事故迟报在 4 小时以上、24 小时以内每起扣 5 分；24 小时以上，3 天以内扣 10 分；超过 3 天扣 500 分；事故受伤人员损失工作日达到 105 天的需进行重伤认定，超过 10 天上报认定情况的按事故迟报考核，未上报重伤认定情况的扣 100 分；生产安全事故隐瞒不报（不是本单位相关管理人员主动上报）的，扣 500 分			
2		/	新增职业病病例扣分标准	新增职业病病例的，每增 1 例扣 500 分			
3		/	安全生产标准化达标管理奖惩标准	生产厂区通过一级安标复审的，各部门加 30 分			
4		/	按照国家《安全生产法》规定，配备注册安全工程师	鼓励员工通过注安考试并取得资格证书的，加 20 分			
5		10	参加政府、集团、股份公司、子公司组织的安全专项活动	部门员工代表个人或公司参加政府、集团、股份公司组织的安全专项活动取得前三名的，部门加 10 分			

续表

序号	考核项目	考评分值	考核内容	考核标准	整改要求	考核得分	备注
6	十五、奖惩管理	50	安全生产工作取得成效,获得政府"先进单位""示范单位"等表彰	部门获得:市级主管部门表彰的,加20分;省级(或直辖市)主管部门表彰的,加30分;国家级主管部门表彰的,加50分。个人获得:市级主管部门表彰的,加5分;省级(或直辖市)主管部门表彰的,加10分;国家级主管部门表彰的,加20分(本年度内的表彰,并不重复奖励)			
7		50	公司分解到部门的目标	每项未完成扣10分			
8	十六、否决项	/	重伤责任事故为"0",事故瞒报为"0",新增职业病为"0",公司安全生产标准化达标	公司未完成其中任何一项,各二级部门扣300分			

被检查部门:

检查组:

附件五 水泥企业(工段级)安全生产职业健康目标责任书及考核细则

烧成工段安全生产职业健康目标责任书

为全面贯彻落实党的十九大报告精神和党中央、国务院关于加强安全生产工作的重大决策部署,牢固树立"以人为本、安全发展、生命至上"的理念,始终坚持"安全第一、预防为主、综合治理"的安全工作方针,进一步加强安全生产工作,全面落实安全生产与职业健康责任体系,强化安全生产与职业健康目标管理,确保实现年度目标任务,根据《安全生产法》《职业病防治法》及相关法律、法规有关规定,建立"党政同责、一岗双责、齐抓共管"机制,全面落实安全生产责任制,落实实现公司和分厂本年度安全生产职业健康目标和重点工作,层层落实安全生产职业健康责任制,有效控制和减少各类事故发生及财产损失,确保员工生命和企业财产安全,同时,结合公司和分厂本年度安全生产工作重点和_____公司制造分厂(以下简称分厂)实际,分厂与烧成工段签订《安全生产职业健康目标责任书》,实行安全生产目标管理,作为分厂评价烧成工段安全生产职业健康管理工作的基本依据。

一、目的

工段是企业安全生产中的重要环节,起着承上启下的重要作用,是能否实现安全生产职业健康目标的关键点。因此,必须将国家"安全第一、预防为主、综合治理"的方针和"管生产必须管安全"的原则贯彻到位,牢固树立"底线"思维和"红线"意识,摆正安全与生产、发展的关系。按照《安全生产法》和《职业病防治法》的要求,真正把安全生产记在心上、抓在手上、落实在行动上。加强对安全生产工作的管理,保障员工生命和财产安全、构建和谐工厂,落实各部门的安全生产责任制,强化各级领导的安全生产责任意识,督促其认真履行安全生产工作职责,落实各项安全防范措施,防止生产安全事故,实现公司安全生产状况持续稳定好转。

二、制造分厂安全生产职业健康目标

为加强安全生产与职业健康管理,深入开展事故隐患排查治理,强化岗位达标与专业达标,履行安全生产责任,严格落实股份公司和公司《安全生产责任追究制度》,确保完成分厂安全生产职业健康目标,经分厂研究,确定以下安全生产职业健康考核目标及指标。

1. 轻伤及以上人身伤害事故为"0";

2. 火灾、爆炸事故为"0";

3. 新增职业病病例为"0";

4. 交通责任事故(本人负主要责任的)为"0";

5. 危险化学品泄漏、中毒事故为"0";

6. 相关方厂区内工亡事故为"0";

7. 安全生产标准化全面达标;

8. "三项"岗位人员持证上岗率达100%;

9. 岗位员工安全培训率达100%,培训合格率达100%,每年安全再培训的时间不得少于8学时;

10. 职业危害因素告知率达100%,对从事接触职业病危害的作业人员的体检率达100%;岗位员工职业卫生培训率达100%,培训合格率达100%,每年接受再培训时间不得少于4学时;

11. 新进员工三级安全教育培训率达100%,转岗、复岗员工安全教育培训率达100%;

12. 全员交通安全培训率达100%,全员安全承诺书签订率达100%;

13. 每月至少组织两次安全综合大检查,全年安全隐患整改率达100%;

14. 全年消防安全设施存在问题整改率达100%;

15. 每月危险源检查率达100%;

16. 配置注册安全工程师不少于1人;

17. 未遂事故(未发生健康损害、人身伤亡、重大财产损失与环境破坏的事故)上报数量≥44起;

18. 特种设备定期检验率达100%;

19. 外协单位《安全管理协议》签订率达100%,相关方安全告知率达100%,相关方安全教育培训率达100%。

三、烧成工段安全生产职业健康目标

1. 轻伤及以上人身伤害事故为"0";

2. 清料灼烫事故为"0",火灾、爆炸事故为"0";

3. 新增职业病病例为"0";

4. 交通事故(本人原因造成的)为"0";

5. 中毒事故为"0";

6. 相关方厂区内工亡事故为"0";

7. 相关方安全技术交底、安全告知率达100%;

8. 工段员工安全培训合格率达100%,新进人员三级安全教育、岗前培训时间不得少于24学时,每年接受再培训时间不得少于20学时,明确师徒协议期限不少于6个月;转岗、复岗人员离岗3个月以上重新上岗需二级安全教育,岗前培训时间不得少于24学时,职业健康每年接受再培训时间不得少于4学时;

9. 工段每月至少组织四次安全综合大检查(设备设施、消防、交通等),存在隐患整改率达100%;

10. 每月组织开展工段安全活动不少于两次,班组安全活动不少于四次;

11. 工段区域内特种设备维护合格率达100%;

12. 参加特种作业人员培训取证、复审,持证率达100%;

13. 职业危害因素告知率达 100%,对从事接触职业病危害的作业人员的体检率达 100%;

14. 组织工段员工参加注册安全工程师考试;

15. 涉及危险作业区域(氨水、清燃烧器等)应急演练开展率达 100%;

16. 每年组织工段员工参与对《安全生产责任制》《安全操作规程》《四不伤害防护卡》等制度的修订;

17. 工段员工岗位达标率达 100%;

18. 规范办理检维修作业票;

19. 未遂事故(未发生健康损害、人身伤亡、重大财产损失与环境破坏的事故)上报数量≥16 起;

20. 全年消防安全设施存在问题整改率 100%;

21. 每月危险源检查率达 100%;

22. "三违"自查考核不少于 3 起/季度;

23. 工段隐患"随手曝"上报数量不得少于工段总人数 2 倍/季度。

四、主要安全职责

1. 制定、下发工段、班组年度《安全生产职业健康目标责任书》和《考核细则》;按照安全生产责任制规定,层层签订《安全健康责任书》,人员变动后,及时进行补签;每月对《安全健康责任书》目标完成情况、每季度对照《考核细则》,班组开展检查考核,将安全生产考核结果纳入工资业绩考核内容,严格落实安全生产"一票否决"制度。

2. 每月召开两次安全例会,明确安全生产责任制的责任人员、责任范围和考核标准等内容,并对责任制落实情况进行考核。

3. 开展法律法规培训,并将安全生产规章制度发放到相关工作岗位,对员工进行培训和考核。

4. 加强员工安全达标和专业达标管理,确保达标率 100%;定期识别安全教育培训需求,其中管理人员初次安全培训时间不得少于 32 学时,每年再培训时间不得少于 12 学时;新进人员三级安全教育岗前培训时间不得少于 24 学时,每年接受再培训时间不得少于 8 学时,明确师徒协议期限不少于 6 个月;转岗、复岗人员离岗 3 个月以上重新上岗需二级安全教育,岗前培训时间不得少于 24 学时;及时对培训效果进行评估和改进,建立安全生产员工个人教育培训档案。

5. 全力推行隐患"随手曝"和险肇事故管理,通过落实奖惩办法,激励各级员工主动参与发现、消除、预防各类隐患,有效防范生产安全事故发生。

6. 规范执行《检维修作业准则》《能量隔离》《停送电管理办法》《危险作业分级审批管理规程》等制度,规范办理相关作业票。做好特种作业人员的培训,确保持证率达 100%。

7. 强化职业健康管理,降低与消除岗位职业病危害因素,加强岗位职业病危害识别、评估与控制,持续改善作业环境,为员工配备符合国家、行业标准和集团、股份公司《劳动防护用品使用和发放管理办法》要求的个人劳动防护用品,每年组织部门相关人员按时参加职业健康体检,规范建立员工职业健康档案;并按照《工作场所职业病危害作业分级》的规定要求,做好噪声、粉尘等职业危害防治的培训教育,配备合格的职业健康防护用具和急救用品,将健康危害、检测结果、应急处置等上墙公示。

8. 严格按照时限要求上报事故信息。轻伤及以上事故(包括重伤、工亡的事故),发生事故后必须立即上报,杜绝迟报、瞒报和谎报。并按照"四不放过"原则,查清事故原因,查明事故责任,吸取事故教训,制定并落实防范措施。

9. 做好安全生产职业健康宣传教育培训,按照上级部门要求组织开展"安全生产月"、《职业病防治法》宣传周、"11·9"消防日宣传等安全宣传教育活动,积极主动推进开展安全文化示范企业等文化建设活动。

10. 定期组织工段员工开展应急救援演练与急救常识培训考核。

11. 加强相关方的安全管理,将相关方的安全管理纳入日常安全管理。

12. 按照公司《安全生产预测预警系统》管理办法,以周为单位进行系统填报,保证其内容的及时性、真实性、规范性,并深入到各工段、班组、岗位,确保全员覆盖。

13. 积极动员鼓励员工报考注册安全工程师。

五、奖惩考核

1. 发生员工重伤以上的生产安全责任事故,发生轻伤事故未按照"四不放过"原则进行处理或隐瞒不报的,取消工段年度安全奖励;取消工段主要负责人及事故相关责任人参加当年各项先进评比表彰资格,并根据责任大小给予行政处分。

2. 按照《关于下发〈××××年度安全生产职业健康目标管理实施计划及考核奖惩办法〉的通知》和《礼泉海螺安全生产责任追究制度》进行考核,完成目标责任,每月进行考评,季度进行考核兑现。

六、附则

1. 本责任书一式两份,责任单位、制造分厂各存一份。

2. 考核期限自_____年1月1日起至_____年12月31日止。

3. 各类事故、违章、违纪认定以正式发文为准。

4. 本责任书解释权属制造分厂。

制造分厂主要负责人　　　　　　　　　　　烧成工段主要负责人

签字:　　　　　　　　　　　　　　　　　　签字:

　　　年　　月　　日　　　　　　　　　　　　年　　月　　日

安全生产职业健康目标考核细则(工段级)

检查时间:　　年　　月　　日

序号	考核项目	考评分值	考核内容	考核标准	整改要求	考核得分	备注
1	一、安全生产目标与指标	10	参加上级部门组织的安全生产目标培训	未组织参加安全生产目标培训的,不得分;培训人员不全的,每缺1人扣1分			
2		10	制定、下发工段级年度安全生产目标与指标	工段无年度安全生产目标与指标的,不得分;安全生产目标与指标未以部门文件形式发布生效的,不得分;安全生产目标和指标制定程序和内容不符合制度要求的,每项扣2分			
3		20	分解制定各班组的《安全健康责任书》和《考核细则》;《安全健康责任书》内容包含安全责任目标、安全职责、奖惩考核办法等	无《安全健康责任书》的,不得分;无《考核细则》的,不得分;《安全健康责任书》中安全责任目标、安全职责、奖惩考核办法3项中,每缺1项扣2分;《考核细则》内容未分解和包含公司《考核细则》的,每缺1项扣2分			

序号	考核项目	考评分值	考核内容	考核标准	整改要求	考核得分	备注
4	一、安全生产目标与指标	20	按照安全生产责任制规定,层层签订《安全健康责任书》,人员变动后,及时进行补签	工段主要负责人与各班组成员签订《安全健康责任书》中,每缺1人扣1分;班组负责人与班组成员签订《安全健康责任书》中,每缺1人扣1分;无班组的职能部门与部门成员签订《安全健康责任书》中,每缺1人扣1分			
5		10	每季度对《安全健康责任书》要求的目标完成情况和安全职责执行情况进行检查与考核,保存有关检查考核记录资料	无《安全健康责任书》内容实施情况检查考核记录的,不得分;检查考核内容与《安全健康责任书》内容不符的,扣1分;检查资料不齐全的,扣1分;每季度至少开展1次,缺少1次扣2分			
6		10	每半年对照《考核细则》,组织对各班组开展检查考核,形成检查考核文件并加以保存	未每半年组织开展检查的(含无检查考核报告的),不得分;未按照《考核细则》开展检查考核的,不得分;工段、班组中缺少1个考核材料的,扣2分;检查考核资料保存不齐全的,扣2分			
7		10	建立、健全工段级安全生产管理网络	未建立到工段级安全管理网络图的,不得分;工段调整未及时报送上级部门的,不得分			
8		10	定期召开工段级安全例会,协调解决安全生产问题	工段每月未定期召开安全例会的,不得分;安全例会工段负责人未参加的,不得分;班组长未参加工段安全例会的,每人次扣1分;无会议记录的,每次扣2分;未跟踪上次会议工作要求落实情况或未制订新的工作要求的,每次扣1分;有未完成项且无整改措施的,每项扣1分			
9		10	参与建立针对安全生产责任制的制定、沟通、培训、评审、修订及考核等环节内容的管理制度	工段未参与该项制度修订的,不得分			
10	二、组织机构和职责	20	建立、健全安全生产责任制,明确工段级的责任人员、责任范围和考核标准等内容,建立相应的机制并对安全生产责任制落实情况进行考核	工段每缺少1个岗位责任制扣1分;未明确岗位责任人员或责任范围或考核标准的,每个岗位扣1分;责任制内容与岗位工作实际不相符的,每个岗位扣1分;未建立责任制监督考核机制的,不得分;没有对安全生产责任制落实情况进行考核的,每个岗位扣1分			
11		10	参加上级部门组织的安全生产责任制与权限的培训,管理人员应对管理范围内员工的不安全行为承担管理责任	无该培训的,不得分;无培训记录的,不得分;每缺少1人培训的,扣1分;被抽查人员对责任制不清楚的,每人扣1分;工段管理人员对员工不安全行为未采取有效措施的(包括教育培训、纠正、考核通报等),每次扣1分			
12		10	对安全生产责任制适宜性进行年度评审与更新	未进行年度适宜性评审的,不得分;没有评审记录的,不得分;无修订记录的,不得分;修订记录每缺少1个岗位扣1分;相关人员未参与安全生产责任制修订或不符合实际情况的,每处扣1分;更新后未及时向上级汇总的,扣2分			

续表

序号	考核项目	考评分值	考核内容	考核标准	整改要求	考核得分	备注
13	三、权证办理和管理	15	确保本工段各类特种作业人员的资格证书在有效期	各类特种作业人员资格证书过期失效的，扣10分/人；转岗至特种作业岗位的人员未取得特种作业证安排独立上岗的，扣10分/人			
14		10	建立特种设备维护保养台账	未建立特种设备维护保养台账，不得分；台账不齐全，每缺1项材料扣1分			
15	四、安全生产投入	10	根据安全生产费用的使用计划，分类填报	未根据安全生产费用的使用计划，分类填报，不得分；有超范围使用的，每次扣1分			
16	五、安全法律法规与文件管理	10	工段及时将适用的安全生产法律法规与其他要求传达给从业人员和相关方，并进行相关培训和考核	未培训考核的，不得分；无培训考核记录的，不得分；每缺1项培训和考核扣1分；抽查3人对相关要求不清楚的，每人扣1分			
17		10	将安全生产规章制度发放到相关工作岗位，并对员工进行培训和考核	各工段对制度无培训和考核记录的，不得分；每缺少1项培训和考核的，扣1分；工段每1人未参加制度培训的，扣1分；抽查3人，抽查人员对相关内容不清楚的，每人扣1分			
18		20	根据生产特点开展岗位风险辨识，参与岗位安全操作规程编制工作	工段未开展岗位风险辨识的，不得分；无岗位安全操作规程的，不得分；岗位安全操作规程不齐全、适用的，每缺1个扣1分；安全操作规程内容不全如未明确操作流程、风险辨识、安全要点、严禁事项、防护用品配备使用、应急处置措施等内容的，每个安全操作规程扣1分；岗位人员未参与本岗位安全操作规程的制定或讨论的，每个扣1分；无制定或讨论记录的，不得分			
19		10	向员工下发岗位安全操作规程，并对员工进行培训和考核	未发放至岗位的，不得分；每缺1个岗位扣1分；无培训和考核记录等资料的，不得分；每缺1次培训和考核扣1分；抽查3人，对相关内容不清楚的，每人扣1分			
20		10	编制的安全规程应完善、适用，在新技术、新材料、新工艺、新设备设施投产或投用前，组织编制新的操作规程，保证其适用性。员工要严格执行操作规程	岗位操作规程不适用或有错误的，每个扣1分；在新技术、新材料、新工艺、新设备设施投产或投用前，未组织编制新的操作规程，每项扣1分；现场发现违章操作、违章指挥的，每人次扣5分（可累加和超出考评分值扣分）			
21		10	参与上级部门组织的安全生产法律法规、标准规范、规章制度、操作规程的执行情况和适用情况的检查、评估	未参与检查、评估的，不得分；应参与而未参与的，每缺1人扣1分			

序号	考核项目	考评分值	考核内容	考核标准	整改要求	考核得分	备注
22	五、安全法律法规与文件管理	10	参与上级部门组织的安全生产管理规章制度和操作规程的修订,确保其有效和适用	未参与修订的,不得分;该修订而未修订的,每项扣1分;文件规定与实际不符、无修订的计划和记录资料的,不得分;修订参与人员不全的,扣1分;现场不是最新有效版本或新旧版本并存的,每处扣1分			
23		10	根据各单位职责,对下列主要安全生产资料实行档案管理:主要安全生产文件、事故、事件记录;风险评价信息;培训记录;标准化系统评价报告;事故调查报告;隐患排查治理记录、检查、整改记录;职业卫生检查与监护记录;安全生产会议记录;安全活动记录;关键设备设施档案;应急演练信息等	各工段责任档案未实行档案管理的,不得分;档案管理不规范的,扣2分;每缺少1类档案扣1分			
24	六、安全教育培训	10	定期收集上报安全教育培训需求	未定期识别需求的,扣1分;识别不充分的,扣1分;未定期上报培训需求的,扣1分;培训计划中每缺1类人员培训的,扣1分			
25		10	按计划进行安全教育培训,按照安全生产教育和培训的时间、内容、参加人员等要求,严格执行	未按计划进行培训的,每次扣1分;记录不完整齐全的,每缺1项扣1分;未进行效果评估的,每次扣1分;未根据评估作出改进的,每次扣1分;未实行档案管理的,不得分;未建立员工培训档案的,不得分;员工安全培训档案资料不齐全的,每人扣1分			
26		10	对操作岗位人员进行安全教育和生产技能培训和考核,考核不合格的人员,不得上岗	未经培训考核合格就上岗的,每人次扣2分			
27		10	对新员工进行三级安全教育和转岗(离岗3个月复岗)人员进行二级安全教育。安全培训教育时间不得少于国家或地方政府规定学时。经考核合格后,方可上岗工作	未进行三级安全教育的,每人次扣1分;安全培训教育时间、内容达不到国家或地方政府规定的,每人次扣1分;三级安全教育和转岗(复岗)安全教育材料未放入个人档案,不得分;未经培训考核合格就上岗的,每人次扣2分;每缺1个班组级教育培训讲义的,扣5分			
28		10	在新工艺、新技术、新材料、新设备设施投入使用前,应对有关操作岗位人员进行专门的安全教育和培训	在新工艺、新技术、新材料、新设备设施投入使用前,未对岗位操作人员进行专门的安全教育培训的,每人次扣2分			
29		10	新进员工三级安全培训教育合格后,必须签订师徒协议。督促各子公司对新进人员签订师徒协议时,矿山单位要严格按照国家安全监管总局《关于建立和完善非煤矿山师傅带徒弟制度 进一步提高职工安全素质的指导意见》的相关要求,明确师傅带徒弟的期限不少于6个月。其他单位师傅带徒弟的期限不少于3个月	未签订师徒协议或未按国家规定签订的(矿山岗位6个月以上,其他岗位3个月以上),每人次扣2分			

续表

序号	考核项目	考评分值	考核内容	考核标准	整改要求	考核得分	备注
30	六、安全教育培训	10	使用被派遣劳动者和帮扶人员的,应当其纳入本单位从业人员统一管理,对被派遣劳动者和帮扶人员进行岗位安全操作规程和安全操作技能的教育和培训	未对被派遣劳动者和帮扶人员进行岗位安全操作规程和安全操作技能教育和培训的,不得分;每缺1人扣1分;培训记录不齐全的,每缺1人扣1分			
31		10	岗位人员每年应接受再培训,再培训时间不得少于国家或地方政府规定学时	岗位人员每年再培训时间少于国家或地方政府规定学时的,每人次扣1分;抽查3名员工相关内容不清楚的,每人扣1分			
32		10	从事特种作业的人员应取得特种作业操作资格证书,方可上岗作业,并定期复审,有特种设备的企业应有特种设备管理人员持证上岗	有特种作业但未配备特种作业人员的,每次扣2分;特种作业人员配备不合理的,每次扣1分;特种设备操作人员未持证上岗的,每人次扣2分;证书过期未及时审核的,每人次扣2分;安排无证人员从事特种作业的,不得分(在师傅带领下开展特种作业技能培训的除外)			
33		10	作业人员进入作业现场前,应由作业现场所在单位对其进行进入现场前的安全教育培训,保存安全教育培训记录	作业人员进入作业现场前,作业现场所在单位未对其进行安全教育培训的,每人次扣1分;未保存安全教育培训记录,每人次扣1分;抽查3名人员相关内容不清楚的,每人扣1分			
34		10	对接收中等职业学校、高等学校学生实习的,应当对实习学生进行三级安全教育,提供必要的劳动防护用品	未对实习学生进行三级安全教育,每人次扣2分;对实习学生未提供必要的劳动防护用品的,每人次扣1分			
35		10	学习集团公司编制的《深挖事故镜子 点亮安全明灯》安全生产培训教材	未组织学习《深挖事故镜子 点亮安全明灯》安全生产培训教材的,不得分;每缺少1个班组开展学习的,扣2分;工段负责人未正式授课讲教材的,不得分。工段领取教材的人员教材保管不当丢失的或教材中未见读书笔记的,每人次扣2分			
36	七、生产设备设施	30	负责本单位生产场所所有设备设施、工业气瓶、变配电系统等应符合有关法律法规、安全标准规范要求	对照安标规范现场检查,每发现1处不符合规定,扣2分			
37		20	做好设备设施点巡检记录,制定检维修计划	未做好设备设施点巡检记录和制定检维修计划,不得分;巡检记录和维修计划不完善,每缺1项材料扣1分			

序号	考核项目	考评分值	考核内容	考核标准	整改要求	考核得分	备注
38	七、生产设备设施	20	按检维修计划定期对设备设施进行检修(记录)。安全设备设施不得随意拆除、挪用或弃置不用;确因检维修拆除的,应采取临时安全措施,检维修完毕后立即复原	未按计划检维修的,每项扣1分;未进行安全验收的,每项扣1分;未对检修人员进行安全教育和施工现场安全交底的,每次扣1分;失修每处扣1分;检修完毕未及时恢复安全装置的,每处扣2分;未经安全生产管理部门同意就拆除安全设备设施的,每处扣2分;安全设备设施确因检维修拆除未采取临时安全措施,每次扣2分;设备设施检维修记录归档不规范及时的,每处扣1分;检修完毕后未按程序试车的,每项扣1分			
39		10	参与新设备设施的验收	未参与新设备设施的验收,不得分			
40		10	做好设备设施拆除、报废手续	未做好设备设施拆除、报废手续,不得分			
41		10	安全装置不全或不能正常工作的,检验周期超过规定时间的,检验标签未张贴悬挂的,做好监控记录并及时上报上级部门	安全装置不全或不能正常工作的,检验周期超过规定时间的,检验标签未张贴悬挂的,未做好监控记录并及时上报上级部门的,每处扣1分			
42	八、危险作业安全管理	10	参与危险作业的作业安全管理制度的修订	未参与危险作业的作业安全管理制度的修订,不得分			
43		10	各单位应对生产现场和生产过程、环境存在的风险和隐患进行辨识、评估分级,并制定相应的控制措施	各工段无风险和隐患辨识、评估分级汇总资料的,不得分;辨识所涉及的范围,每少1处扣1分;每缺1类风险和隐患辨识、评估分级的,扣1分;缺少控制措施或针对性不强的,每类扣2分;现场岗位人员不清楚岗位有关风险及其控制措施的,每人次扣1分			
44		20	结合生产实际,确定具体的危险场所(纸袋库、油库、油罐、氨水罐、煤磨房、总降、炸药库、危险化学品库等),设置危险标志牌或警告标志牌(内容应包含名称、地点、责任人员、事故模式、控制措施等),并严格管理其区域内的作业	具体的危险场所有1处危险标志牌或警告标志牌不符合要求的,扣1分;有1处作业不符合规定的,不得分			
45		10	生产现场应实行定置管理,规定工器具等物品定点管理,保持作业环境整洁有序	现场环境不整洁,每处扣1分;未开展定置管理,不得分			
46		10	起重设备、吊具等器具安全性能、安全系数应在安全允许范围内使用。应符合《起重机 钢丝绳 保养、维护、检验和报废》(GB/T 5972)等有关规定、标准	未在安全标准和系数允许范围内使用吊具的,不得分;未按规定保养和报废的,不得分;报废台账缺失的,扣2分;抽查管理人员1人、作业人员1人,被抽查人员不清楚吊具的安全性能和钢丝绳的报废标准的,每人次扣1分			

续表

序号	考核项目	考评分值	考核内容	考核标准	整改要求	考核得分	备注
47		10	相关单位负责煤粉制备系统与油泵房、地上柴油罐、煤堆场、危险化学品、纸袋库、氨水罐等防火重点部位的消防设施配置应符合消防安全管理规定	未达到配置要求的,每处扣5分			
48		20	对动火作业、有限空间内作业、预热器清堵、水泥筒型储库清库、矿山爆破、临时用电作业等危险性较高的作业活动实施作业许可管理,严格履行审批手续;对吊装、预热器清堵、水泥筒型储库清库、矿山爆破等危险作业,应安排专人进行现场安全管理;作业许可证应包含危害因素分析和安全措施等内容	未执行的,不得分;危险作业申请单中危险分析和控制措施不全的,每次扣5分;签字不全的,每次扣5分;未在现场签字确认的,每次扣5分;危险作业申请单未有效保存的,扣5分。吊装、预热器清堵、水泥筒型储库清库、矿山爆破等危险作业时,无专人进行现场安全管理,每次扣5分			
49	八、危险作业安全管理	20	设备检修作业时应实行停送电制度,并应能量隔离	各工段未执行停送电管理办法的,不得分;未挂牌就作业的,每处扣6分;操作牌污损的,每个扣1分;停电作业时未按制度要求进行能量隔离和上锁的,不得分			
50		20	进入有限空间检修,应严格坚持"先通风、再检测、后作业"的原则,有专人监护,执行有限空间作业审批制度;正确使用劳动防护用品;制定安全防范措施和事故应急预案。未经通风和检测合格,任何人员不得进入有限空间作业	各工段未执行的,不得分;不符合要求的,每处扣1分			
51		20	健全完善公司现场安全警示标线标识。在存在较大危险因素的作业场所或有关设备上,设置符合《安全标志及其使用导则》规定的安全警示标志和安全色;消防设施、重要防火部位均设有明显的消防安全标志,并应符合消防安全标准的相关规定	各工段责任区内每发现1处不符合规定的,扣2分;未告知危险种类、后果及应急措施的,每处扣2分			
52		20	在检维修、施工、吊装等作业现场设置警戒区域,应有明显的标志和防护措施	不符合要求的,每处扣2分			
53		25	严格执行检维修作业行为准则	未学习培训的(无培训签到表、讲义、试卷、培训结果),不得分;每缺少1人培训的,扣2分;培训后未执行的,每处扣1分			
54	九、隐患排查治理	10	参与隐患排查治理管理制度的修订	未参与隐患排查治理管理制度的修订,不得分			
55		20	开展安全隐患"随手曝"活动。制定隐患排查工作方案,发动广大员工积极参与隐患排查治理,及时发现并消除隐患,实行隐患排查、记录、监控、治理、销账、报告的闭环管理	未开展安全隐患"随手曝"活动的,不得分;未实行隐患排查闭环管理的,不得分;未按公司方案开展的,扣2分			

续表

序号	考核项目	考评分值	考核内容	考核标准	整改要求	考核得分	备注
56		10	每月开展 4 次安全综合检查、1 次危险源专项检查、1 次消防安全专项检查;采用综合检查、专业检查、季节性检查、节假日检查、日常检查及领导带班检查等方式进行隐患排查工作	各类检查缺少 1 次的,扣 1 分;缺少 1 项检查表的,扣 1 分;检查表针对性不强的,每个扣 1 分;检查表无人签字或签字不全的,每次扣 1 分			
57		10	对排查出的事故隐患,按照事故隐患的等级进行登记,建立事故隐患信息档案,并按照职责分工实施监控治理	各工段无隐患汇总登记台账的,不得分;无隐患评估分级的,不得分;隐患登记档案资料不全的,扣 1 分;未按照职责分工实施监控治理的,不得分;每月 5 号前未将工段隐患台账(电子版、签字版)送上级部门的,不得分			
58	九、隐患排查治理	10	严格执行上级部门制定的隐患治理方案	隐患治理工作未形成闭路循环的,每项扣 1 分;抽查作业人员 3 人,相关作业人员对方案内容不清楚的,每人次扣 1 分			
59		10	对事故隐患排查治理情况进行如实记录、统计分析,及时向从业人员进行通报	各工段未进行如实记录、统计分析的,不得分;未及时向工段人员进行通报的,不得分			
60		10	按照上级要求,定期报送隐患排查治理情况	工段每月未上报一条隐患信息的,不得分			
61		10	按照危险源辨识的管理制度,全员参与本单位危险源辨识工作	工段未参与该项制度修订的,不得分			
62		10	按相关规定对本单位的生产设备设施或场所、进入工作场所的所有人员及常规、非常规的活动和状态进行危险源辨识	未进行辨识和评估的,不得分;无清单的,不得分;未按制度规定进行的,每处扣 1 分;相关人员参与危险源辨识评价工作不全的,扣 2 分;辨识和评估不充分、准确的,每处扣 1 分			
63		10	根据风险评价结果及经营运行情况等,确定不可接受的风险,对其进行分级管理,制定并落实相应的控制措施	未对其进行分级管理的,扣 2 分;未制定并落实相应控制措施的,每项扣 1 分			
64		10	参与职业危害防治操作规程的修订	未参与职业危害防治操作规程修订的,不得分			
65	十、职业卫生管理	10	为员工提供符合职业健康要求的工作环境和条件	未为员工提供符合职业健康要求的工作环境和条件的,不得分			
66		10	定期对职业危害场所检测结果进行公示,做好监测点标识牌申报、悬挂、维护	未定期对职业危害场所检测结果进行公示,未做好监测点标识牌申报、悬挂、维护的,不得分			

续表

序号	考核项目	考评分值	考核内容	考核标准	整改要求	考核得分	备注
67	十、职业卫生管理	10	对可能发生急性职业危害的有毒、有害工作场所,应当设置报警装置,制定应急预案,配置现场急救用品和必要的泄险区	制造分厂氨水罐区、水泥分厂水泵房加药室接触或存放化学药品处无报警装置的,不得分;缺少报警装置或维护检查保养不到位不能正常工作的,每处扣1分;无应急预案的,不得分;无急救用品、冲洗设备、应急撤离通道和必要的泄险区的,不得分			
68		10	对员工及相关方宣传和培训生产过程中的职业危害、预防和应急处理措施	工段职业卫生培训未列入年度培训计划的,不得分;未对员工及相关方宣传和培训生产过程中的职业危害、预防和应急处理措施的,不得分;无培训记录的,不得分;培训每缺少1人扣1分;抽查员工及相关方不清楚培训的,每人次扣1分			
69		10	对存在或者产生职业病危害的工作场所、作业岗位、设备、设施,应当按照《工作场所职业病危害警示标识》的规定要求,在醒目位置设置警示标识和警示说明;存在或产生高毒物品的作业岗位,应当按照《高毒物品作业岗位职业病危害告知规范》的规定要求,在醒目位置设置高毒物品告知卡,告知卡应当载明高毒物品的名称、理化特性、健康危害、防护措施及应急处理等告知内容与警示标识	对存在或者产生职业病危害的工作场所、作业岗位、设备、设施的工段未设置标志的,不得分;缺少标志的,每处扣1分;标志内容(含职业危害的种类、后果、预防以及应急救治措施等)不全的,每处扣1分			
70	十一、应急管理	10	按照上级要求,参与安全生产应急管理工作	未按照上级要求,参与安全生产应急管理工作的,不得分			
71		10	按照上级要求,参与专兼职应急救援队伍和人员训练	应急救援人员未按计划训练的,不得分;训练科目不全的,每项扣1分;救援人员不清楚职能或不熟悉救援装备使用的,每人次扣1分			
72		10	根据上级部门要求参与应急预案的修订完善工作	未根据上级部门要求参与应急预案的修订完善工作的,不得分			
73		10	根据上级要求,参与生产安全事故应急演练	各责任工段未按计划进行演练的,不得分;无应急演练方案和记录的,不得分;演练方案简单或缺乏执行性的,扣1分;高层管理人员未参加演练的,每次扣1分			
74	十二、事故管理	10	相关单位按规定及时向上级单位和有关政府部门报告事故,并保护事故现场及有关证据	未及时报告事故的,不得分;未有效保护现场及有关证据的,不得分;报告的事故信息内容和形式与规定不相符的,扣1分			

序号	考核项目	考评分值	考核内容	考核标准	整改要求	考核得分	备注
75	十二、事故管理	20	根据上级要求,落实事故处理"四不放过"原则	缺少工段、各班组学习事故的,扣5分;事故责任工段缺少1项措施未整改验证到位、工段管理人员未纳入考核等情况的,每项扣5分;未开展"举一反三"的安全检查整改与验证的,扣5分;有1项未整改到位的,扣2分			
76		10	注重肇因防堵,事故管理向"吓一跳"险肇事故延伸,将险肇事故按照事故模式进行管理,杜绝事故发生	未开展险肇事故管理的,不得分;险肇事故未按"四不放过"原则处理的,不得分;相关记录、档案不符合事故管理要求的,每项扣2分			
77		10	对本单位的事故及其他单位的有关事故进行回顾、学习	未进行回顾的,不得分;有关人员对原因和防范措施不清楚的,每人次扣1分			
78	十三、贯彻落实管理	10	对股份公司下发的相关安全管理制度学习、转化、执行与检查验证	未组织学习的,每次扣2分;未按制度要求定期组织开展与检查验证的,每次扣5分			
79		10	对股份公司下发的相关安全管理通知学习、执行与检查验证	未组织学习的,每次扣2分;未按通知要求组织开展与检查验证的,每次扣5分			
80		10	对股份公司下发的相关安全管理通报学习、执行与检查验证	未组织学习的,每次扣2分;未按通报要求组织开展与检查验证的,每次扣5分			
81		10	集团、股份公司安委会布置的工作和专业部室布置的专业安全工作应贯彻落实执行到位	集团、股份公司安委会布置工作未传达学习和贯彻落实执行到位的,每项扣5分;专业部室布置的专业安全工作未按要求执行到位的,每项扣5分			
82	十四、其他	10	安全检查评价存在问题按整改计划要求及时组织落实与整改	未按要求整改完成或整改不到位的,每项扣2分			
合计		1000					
1	十五、奖惩管理	/	生产安全事故管理扣分标准,事故伤亡程度扣分按生产安全事故统计,迟报、瞒报按所有事故上报情况统计。生产安全事故是指在生产经营单位生产经营活动(包括与生产经营有关的辅助活动,如食堂作业活动)中突然发生的,伤害人身安全和健康,或者损坏设备设施,或者造成经济损失的意外事件(非生产安全事故包括上下班途中、食堂吃饭途中、中午休息途中、浴室洗澡或途中、到宿舍途中、参加文体等活动中受伤)。重大交通事故是指一次造成死亡1至2人,或者重伤3人以上10人以下,或者财产损失3万元以上不足6万元的交通事故	发生工亡责任事故的,每起扣500分;发生重伤事故,每起扣300分;发生轻伤事故,每起扣100分;相关方人员在厂区生产作业过程中发生工亡责任事故的,每起扣200分;单位车辆或厂区内发生交通责任事故致人受伤的,本单位负事故全部或者主要责任的,每起扣200分。员工私家车在厂区内发生主要责任交通事故致使他人受到伤害的,每起扣100分;厂区围墙内的交通事故、摔滑倒等非生产安全事故(除文体活动、健康原因造成的事故外)减半考核。二级部门发生生产安全事故迟报在4小时以上、24小时以内每起扣5分;24小时以上、3天以内扣10分;超过3天扣500分;事故受伤人员损失工作日达到105天的需进行重伤认定,超过10天上报认定情况的按事故迟报考核,未上报重伤认定情况的扣100分;生产安全事故隐瞒不报(不是本单位相关管理人员主动上报)的,扣500分			

续表

序号	考核项目	考评分值	考核内容	考核标准	整改要求	考核得分	备注
2	十五、奖惩管理	/	新增职业病病例扣分标准	新增职业病病例的,每增1例扣500分			
3		/	安全生产标准化达标管理奖惩标准	生产厂区通过一级安标复审的,各部门加30分			
4		/	按照国家《安全生产法》规定,配备注册安全工程师	各二级部门鼓励员工通过注安考试并取得资格证书的,加20分;矿山分厂未鼓励员工考试的,扣20分;四科考试通过并取得资格证书的,加20分			
5		10	参加政府、集团、股份公司、子公司组织的安全专项活动	部门员工代表个人或公司参加政府、集团、股份公司组织的安全专项活动取得前三名的,部门加10分			
6		50	安全生产工作取得成效,获得政府"先进单位""示范单位"等表彰	部门获得:市级主管部门表彰的,加20分;省级(或直辖市)主管部门表彰的,加30分;国家级主管部门表彰的,加50分。个人获得:市级主管部门表彰的,加5分;省级(或直辖市)主管部门表彰的,加10分;国家级主管部门表彰的,加20分(本年度内的表彰,并不重复奖励)			
7		50	公司分解到部门的目标	每项未完成扣10分			
8	十六、否决项	/	重伤责任事故为"0",事故瞒报为"0",新增职业病为"0",公司安全生产标准化达标	未完成其中任何一项,扣300分			
被检查部门: 检查组:							

附件六 水泥企业(班组级)安全生产职业健康目标责任书及考核细则

烧成工段班组级安全生产职业健康目标责任书

为了实现集团、股份公司本年度安全生产职业健康目标和重点工作,层层落实安全生产职业健康责任制,有效控制和减少各类事故发生及财产损失,确保员工人身安全,特制定烧成工段班组级安全生产职业健康目标责任书。

一、目的

按照《中华人民共和国安全生产法》和《国务院关于进一步加强安全生产工作的决定》的要求,真正把安全生产记在心上、抓在手上、落实在行动上。加强对安全生产工作的管理,保障员工生命和财产安全、构建和谐工厂,落实各部门的安全生产责任制,强化各级领导的安全生产责任意识,督促其认真履行安全生产工作职责,落实各项安全防范措施,防止生产安全事故,实现公司安全生产状况持续稳定好转。

二、烧成工段安全生产职业健康目标

1. 轻伤及以上人身伤害事故为"0";

2. 清料灼烫事故为"0";

3. 火灾、爆炸事故为"0";

4. 新增职业病病例为"0";

5. 交通事故(本人原因造成的)为"0";

6. 危险化学品泄漏、中毒事故为"0";

7. 相关方厂区内工亡事故为"0";

8. 相关方安全技术交底、安全告知率达100%;

9. 工段员工安全培训合格率达100%,新进人员三级安全教育,岗前培训时间不得少于24学时,每年接受再培训时间不得少于20学时,明确师徒协议期限不少于6个月;转岗、复岗人员离岗3个月以上重新上岗需二级安全教育,岗前培训时间不得少于24学时,职业健康每年接受再培训时间不得少于4学时;

10. 工段每月至少组织4次安全综合大检查(设备设施、消防、交通等),存在隐患整改率达100%;

11. 每月组织开展工段安全活动不少于2次,班组安全活动不少于4次;

12. 工段区域内特种设备维护合格率达100%;

13. 参加特种作业人员培训取证、复审,持证率达100%;

14. 职业危害因素告知率达100%,对从事接触职业病危害的作业人员的体检率达100%;

15. 组织工段员工参加注册安全工程师考试;

16. 涉及危险作业区域(氨水泄漏事故、煤磨火灾爆炸等)应急演练开展率达100%;

17. 每年组织工段员工参与对《安全生产责任制》《安全操作规程》《四不伤害防护卡》等制度的修订;

18. 工段员工岗位达标率达100%;

19. 规范办理检维修作业票;

20. 未遂事故(未发生健康损害、人身伤亡、重大财产损失与环境破坏的事故)上报数量≥12起;

21. 全年消防安全设施存在问题整改率达100%;

22. 每月危险源检查率达100%;

23. "三违"自查考核不少于3起/季度;

24. 工段隐患"随手曝"上报数量不得少于工段总人数2倍/季度。

三、烧成工段班组级安全生产职业健康目标

1. 轻伤及以上人身伤害事故为"0";

2. 清料灼烫事故为"0";

3. 火灾、爆炸事故为"0";

4. 新增职业病病例为"0";

5. 交通事故(本人原因造成的)为"0";

6. 危险化学品泄漏、中毒事故为"0";

7. 相关方厂区内工亡事故为"0";

8. 相关方安全技术交底、安全告知率达100%;

9. 班组员工安全培训合格率达100%,新进人员三级安全教育,岗前班组级培训时间不得少于8学时,每年接受再培训时间不得少于20学时,明确师徒协议期限不少于6个月;转岗、复岗人员离岗3个月以上重新上岗需二级安全教育,岗前班组培训时间不得少于12学时,职业健康

每年接受再培训时间不得少于 4 学时;

10. 班组每班进行安全检查,对存在隐患及时整改或上报,隐患处理率达 100%;

11. 每月组织开展班组安全活动不少于 4 次;

12. 班组区域内特种设备维护合格率达 100%;

13. 参加特种作业人员培训取证、复审,持证率达 100%;

14. 职业危害因素告知率达 100%;对从事接触职业病危害的作业人员的体检率达 100%;

15. 组织班组员工参加注册安全工程师考试;

16. 涉及危险作业区域(氨水泄漏事故、煤磨火灾爆炸等)应急演练开展率达到 100%;

17. 每年组织班组员工参与对《安全生产责任制》《安全操作规程》《四不伤害防护卡》等制度的修订;

18. 班组员工岗位达标率达 100%;

19. 规范办理检维修作业票;

20. 未遂事故(未发生健康损害、人身伤亡、重大财产损失与环境破坏的事故)上报数量≥3 起;

21. 全年消防安全设施存在问题整改率达 100%;

22. 每月危险源检查率达 100%;

23. "三违"自查考核不少于 1 起/季度;

24. 班组隐患"随手曝"上报数量不得少于班组总人数 2 倍/季度。

四、主要安全职责

1. 各班组安全工作第一负责人为主持工作的班组长、副班长或上级领导指定的其他管理人员。

2. 班组长加强自身安全知识、安全技能学习,杜绝日常工作中的个人违章现象,真正做到"四不伤害"(不伤害自己,不伤害他人,不被他人伤害,保护他人不受伤害),实现零违章。

3. 抓好安全生产的宣传教育,努力提高员工的安全意识,深入现场严抓安全工作,做到勤检查、常指导,发现重大隐患及时汇报。

4. 每周扎实开展班组安全活动,提高质量,每天召开班前安全会,落实当班工作安全措施。

5. 抓好新进人员班组级安全教育,将安全管理延伸至"8 小时"以外,做好日常宣传,确保员工在厂外不发生交通意外等恶性事故。

6. 拒绝一切不符合安全技术要求的指令和意见。

7. 持续开展安全生产标准化各项工作,做好班组成员安全知识学习和安全技能提升,做到岗位达标。

五、奖惩考核

按照《关于下发〈××××年度安全生产职业健康目标管理实施计划及考核奖惩办法〉的通知》和《礼泉海螺安全生产责任追究制度》进行考核,完成目标责任,每月进行考评,季度进行考核兑现。

六、附则

1. 本责任书一式两份,烧成工段与班组各存一份。

2. 考核期限自_____年 1 月 1 日起至_____年 12 月 31 日止。

3. 各类事故、违章、违纪认定以正式发文为准。

4. 本责任书解释权属制造分厂烧成工段。

烧成工段主要负责人　　　　　　　　　烧成工段____班班组长

签字:　　　　　　　　　　　　　　　　签字:

　年　月　日　　　　　　　　　　　　　年　月　日

安全生产职业健康目标考核细则(班组级)

检查时间：　　　年　　月　　日

序号	考核项目	考评分值	考核内容	考核标准	整改要求	考核得分	备注
1	一、安全生产目标与指标	10	督促班组成员参加上级部门组织的安全生产目标培训	未组织参加安全生产目标培训的,不得分;培训人员不全的,每缺1人扣1分			
2		10	根据上级安全生产目标与指标,制定班组级目标与指标考核细则	班组无年度安全生产目标与指标的,不得分;安全生产目标与指标未以部门文件形式发布生效的,不得分;安全生产目标和指标制定程序和内容不符合制度要求的,每项扣2分			
3		10	分解制定各岗位的《安全健康责任书》和《考核细则》;《安全健康责任书》内容包含安全责任目标、安全职责、奖惩考核办法等	无《安全健康责任书》的,不得分;无《考核细则》的,不得分;《安全健康责任书》中安全责任目标、安全职责、奖惩考核办法3项中,每缺1项扣2分;《考核细则》内容未分解和包含公司《考核细则》的,每缺1项扣2分			
4		20	按照安全生产责任制规定,层层签订《安全健康责任书》,人员变动后,及时进行补签	班组负责人与班组成员签订《安全健康责任书》中,每缺1人扣1分			
5		10	每季度对《安全健康责任书》要求的目标完成情况和安全职责执行情况进行检查与考核,保存有关检查考核记录资料	无《安全健康责任书》内容实施情况检查考核记录的,不得分;检查考核内容与《安全健康责任书》内容不符的,扣1分;检查资料不齐全的,扣1分;每季度至少开展1次,缺少1次扣2分			
6		20	每半年对照《考核细则》,组织对各岗位开展检查考核,形成检查考核文件并加以保存	未每半年组织开展检查的(含无检查考核报告的),不得分;未按照《考核细则》开展检查考核的,不得分;班组中缺少1个考核材料的,扣2分;检查考核资料保存不齐全的,扣2分			
7	二、组织机构和职责	10	建立、健全班组级安全生产管理网络	未建立班组级安全管理网络的,不得分;班组调整未及时报送上级部门的,不得分			
8		20	定期召开班组级安全会议,协调解决安全生产问题	班组每周未按时开展班组安全活动的,不得分;安全活动班组长未参加的,不得分;班组每缺少1人参加扣1分;无会议记录的,每次扣2分			
9		10	参与建立针对安全生产责任制的制定、沟通、培训、评审、修订及考核等环节内容的管理制度	班组未参与该项制度修订的,不得分			
10		20	建立、健全安全生产责任制,明确班组级的责任人员、责任范围和考核标准等内容,建立相应的机制并对安全生产责任制落实情况进行考核	班组每缺少1个岗位责任制扣1分;未明确岗位责任人员或责任范围或考核标准的,每个岗位扣1分;责任制内容与岗位工作实际不相符的,每个岗位扣1分;未建立责任制监督考核机制的,不得分;没有对安全生产责任制落实情况进行考核的,每个岗位扣1分			

续表

序号	考核项目	考评分值	考核内容	考核标准	整改要求	考核得分	备注
11	二、组织机构和职责	10	参加上级部门组织的安全生产责任制与权限的培训,管理人员应对管理范围内员工的不安全行为承担管理责任	无该培训的,不得分;无培训记录的,不得分;每缺少1人培训的,扣1分;抽查3人,被抽查人员对责任制不清楚的,每人扣1分;班组管理人员对员工不安全行为未采取有效措施的(包括教育培训、纠正、考核通报等),每次扣1分			
12		10	对安全生产责任制适宜性进行年度评审与更新	未进行年度适宜性评审的,不得分;没有评审记录的,不得分;无修订记录的,不得分;修订记录每缺少1个岗位扣1分;相关人员未参与安全生产责任制修订或不符合实际情况的,每处扣1分;更新后未及时向工段汇总的,扣2分			
13	三、权证办理和管理	30	确保本班组各类特种作业人员的资格证书在有效期	各类特种作业人员资格证书过期失效的,扣10分/人;转岗至特种作业岗位的人员未取得特种作业证安排独立上岗的,扣10分/人			
14	四、安全生产投入	20	根据安全生产费用的使用计划,分类填报	未根据安全生产费用的使用计划,分类填报,不得分;有超范围使用的,每次扣1分			
15		20	将安全生产规章制度发放到相关工作岗位,并对员工进行培训和考核	各班组每1人未参加制度培训的,扣1分;抽查人员对相关内容不清楚的,每人扣1分			
16	五、安全法律法规与文件管理	10	根据生产特点开展岗位风险辨识,参与岗位安全操作规程编制工作	班组未参与岗位风险辨识的,不得分;无岗位安全操作规程的,不得分;岗位安全操作规程不齐全、适用的,每缺1个1分;安全操作规程内容不全如未明确操作流程、风险辨识、安全要点、严禁事项、防护用品配备使用、应急处置措施等内容的,每个安全操作规程扣1分;岗位人员未参与本岗位安全操作规程的制定或讨论的,每个扣1分;无制定或讨论记录的,不得分			
17		20	向员工下发岗位安全操作规程,并对员工进行培训和考核	未发放至岗位的,不得分;每缺1个岗位扣1分;班组未参加操作规程培训的,不得分;培训人员不全的,每缺1人扣1分;抽查3人,对相关内容不清楚的,每人扣1分			
18		10	编制的安全规程应完善、适用,在新技术、新材料、新工艺、新设备设施投产或投用前,组织编制新的操作规程,保证其适用性。员工要严格执行操作规程	岗位操作规程不适用或有错误的,每个扣1分;在新技术、新材料、新工艺、新设备设施投产或投用前,未参与编制新的操作规程,每项扣1分;现场发现违章操作、违章指挥的,每人次扣5分(可累加和超出考评分值扣分)			

序号	考核项目	考评分值	考核内容	考核标准	整改要求	考核得分	备注
19		10	参与上级部门组织的安全生产法律法规、标准规范、规章制度、操作规程的执行情况和适用情况的检查、评估	未参与检查、评估的,不得分;应参与而未参与的,每缺1人扣1分			
20	五、安全法律法规与文件管理	10	参与上级部门组织的安全生产管理规章制度和操作规程的修订,确保其有效和适用	未参与修订的,不得分;该修订而未修订的,每项扣1分;文件规定与实际不符、无修订的计划和记录资料的,不得分;修订参与人员不全的,扣1分;现场不是最新有效版本或新旧版本并存的,每处扣1分			
21		10	对下列主要安全生产资料实行档案管理:培训记录;隐患排查治理记录、检查、整改记录;安全活动记录等	各班组责任档案未实行档案管理的,不得分;档案管理不规范,扣2分;每缺少1类档案扣1分			
22		10	定期收集上报安全教育培训需求	未定期识别需求的,扣1分;识别不充分的,扣1分;未定期上报培训需求的,扣1分			
23		10	按计划进行安全教育培训,按照安全生产教育和培训的时间、内容、参加人员等要求,严格执行	未按计划参加培训的,每次扣1分;培训人员不齐全的,每缺1人扣1分;未建立员工培训档案的,不得分;员工安全培训档案资料不齐全的,每人扣1分			
24		10	对操作岗位人员进行安全教育和生产技能培训和考核,考核不合格的人员,不得上岗	未经培训考核合格就上岗的,每人次扣2分			
25	六、安全教育培训	10	对新员工进行三级安全教育和转岗(离岗3个月复岗)人员进行二级安全教育。安全培训教育时间不得少于国家或地方政府规定学时。经考核合格后,方可上岗工作	未进行三级安全教育的,每人次扣1分;安全培训教育时间、内容达不到国家或地方政府规定的,每人次扣1分;三级安全教育和转岗(复岗)安全教育材料未放入个人档案,不得分;未经培训考核合格就上岗的,每人次扣2分;每缺1个班组级教育培训讲义的,扣5分			
26		10	在新工艺、新技术、新材料、新设备设施投入使用前,应对有关操作岗位人员进行专门的安全教育和培训	在新工艺、新技术、新材料、新设备设施投入使用前,未对岗位操作人员进行专门的安全教育培训的,每人次扣2分			
27		20	新进员工三级安全培训教育合格后,必须签订师徒协议。督促各子公司对新进人员签订师徒协议时,矿山单位要严格按照国家安全监管总局《关于建立和完善非煤矿山师傅带徒弟制度 进一步提高职工安全素质的指导意见》的相关要求,明确师傅带徒弟的期限不少于6个月。其他单位师傅带徒弟的期限不少于3个月	未签订师徒协议或未按国家规定签订的(矿山岗位6个月以上,其他岗位3个月以上),每人次扣2分			

续表

序号	考核项目	考评分值	考核内容	考核标准	整改要求	考核得分	备注
28		10	使用被派遣劳动者和帮扶人员的,应当将其纳入本单位从业人员统一管理,对被派遣劳动者和帮扶人员进行岗位安全操作规程和安全操作技能的教育和培训	未对被派遣劳动者和帮扶人员进行岗位安全操作规程和安全操作技能的教育和培训的,不得分;每缺1人扣1分			
29		10	岗位人员每年应接受再培训,再培训时间不得少于国家或地方政府规定学时	岗位人员每年再培训时间少于国家或地方政府规定学时的,每人次扣1分;抽查3名员工相关内容不清楚的,每人扣1分			
30	六、安全教育培训	10	从事特种作业的人员应取得特种作业操作资格证书,方可上岗作业,并定期复审,有特种设备的企业应有特种设备管理人员持证上岗	有特种作业但未配备特种作业人员的,每次扣2分;特种作业人员配备不合理的,每次扣1分;特种设备操作人员未持证上岗的,每人次扣2分;证书过期未及时审核的,每人次扣2分;安排无证人员从事特种作业的,不得分(在师傅带领下开展特种作业技能培训的除外)			
31		10	作业人员进入作业现场前,应由作业现场所在单位对其进行进入现场前的安全教育培训,保存安全教育培训记录	作业人员进入作业现场前,作业现场所在单位未对其进行安全教育培训的,每人次扣1分;未保存安全教育培训记录,每次扣1分;抽查3名人员相关内容不清楚的,每人扣1分			
32		10	对接收中等职业学校、高等学校学生实习的,应当对实习学生进行三级安全教育,提供必要的劳动防护用品	未对实习学生进行三级安全教育,每人次扣2分;对实习学生未提供必要的劳动防护用品的,每人次扣1分			
33		10	学习集团公司编制的《深挖事故镜子 点亮安全明灯》安全生产培训教材	未参加学习集团公司编制的《深挖事故镜子 点亮安全明灯》安全生产培训教材,不得分;每缺1人扣1分			
34	七、生产设备设施	30	负责本单位生产场所所有设备设施、工业气瓶、变配电系统等应符合有关法律法规、安全标准规范要求	对照安标规范现场检查,每发现1处不符合规定,扣2分			
35		30	按检维修计划定期对设备设施进行检修(记录)。安全设备设施不得随意拆除、挪用或弃置不用;确因检维修拆除的,应采取临时安全措施,检维修完毕后立即复原	未按计划检维修的,每项扣1分;未进行安全验收的,每项扣1分;未对检修人员进行安全教育和施工现场安全交底的,每次扣1分;失修每处扣1分;检修完毕未及时恢复安全装置的,每处扣2分;未经安全生产管理部门同意就拆除安全设备设施的,每处扣2分;安全设备设施确因检维修拆除未采取临时安全措施,每次扣2分;设备设施检维修记录归档不规范及时的,每处扣1分;检修完毕后未按程序试车的,每项扣1分			

续表

序号	考核项目	考评分值	考核内容	考核标准	整改要求	考核得分	备注
36	八、危险作业安全管理	10	各单位应对生产现场和生产过程、环境存在的风险和隐患进行辨识、评估分级，并制定相应的控制措施	各班组无风险和隐患辨识、评估分级汇总资料的，不得分；辨识所涉及的范围，每少1处扣1分；每缺1类风险和隐患辨识、评估分级的，扣1分；缺少控制措施或针对性不强的，每类扣2分；现场岗位人员不清楚岗位有关风险及其控制措施的，每人次扣1分			
37		20	结合生产实际，确定具体的危险场所（纸袋库、油库、油罐、氨水罐、煤磨房、总降、炸药库、危险化学品库等），设置危险标志牌或警告标志牌（内容应包含名称、地点、责任人员、事故模式、控制措施等），并严格管理其区域内的作业	具体的危险场所有1处危险标志牌或警告标志牌不符合要求的，扣1分；有1处作业不符合规定的，不得分			
38		20	生产现场应实行定置管理，规定工器具等物品定点管理，保持作业环境整洁有序	现场环境不整洁，每处扣1分；未开展定置管理，不得分			
39		20	起重设备、吊具等器具安全性能、安全系数应在安全允许范围内使用。应符合《起重机 钢丝绳 保养、维护、检验和报废》（GB/T 5972）等有关规定、标准	未在安全标准和系数允许范围内使用吊具的，不得分；未按规定保养和报废的，不得分；报废台账缺失的，扣2分；抽查管理人员1人、作业人员1人，被抽查人员不清楚吊具的安全性能和钢丝绳的报废标准的，每人次扣1分			
40		10	相关单位负责煤粉制备系统与油泵房、地上柴油罐、煤堆场、危险化学品、纸袋库、氨水罐等防火重点部位的消防设施配置数量应符合消防安全管理规定	未达到配置要求的，每处扣5分			
41		30	对动火作业、有限空间内作业、预热器清堵、水泥筒型储库清库、矿山爆破、临时用电作业等危险性较高的作业活动实施作业许可管理，严格履行审批手续；对吊装、预热器清堵、水泥筒型储库清库、矿山爆破等危险作业，应安排专人进行现场安全管理；作业许可证应包含危害因素分析和安全措施等内容	未执行的，不得分；危险作业申请单中危险分析和控制措施不全的，每次扣5分；签字不全的，每次扣5分；未在现场签字确认的，每次扣5分；危险作业申请未有效保存的，扣5分。吊装、预热器清堵、水泥筒型储库清库、矿山爆破等危险作业时，无专人进行现场安全管理，每次扣5分			
42		30	设备检修作业时应实行停送电制度，并应能量隔离	各班组未执行停送电管理办法的，不得分；未挂牌就作业的，每处扣6分；操作牌污损的，每个扣1分；停电作业时未按制度要求进行能量隔离和上锁的，不得分			

续表

序号	考核项目	考评分值	考核内容	考核标准	整改要求	考核得分	备注
43	八、危险作业安全管理	20	进入有限空间检修,应严格坚持"先通风、再检测、后作业"的原则,有专人监护,执行有限空间作业审批制度;正确使用劳动防护用品;制定安全防范措施和事故应急预案。未经通风和检测合格,任何人员不得进入有限空间作业	各班组未执行的,不得分;不符合要求的,每处扣1分			
44		20	健全完善公司现场安全警示标线标识。在存在较大危险因素的作业场所或有关设备上,设置符合《安全标志及其使用导则》规定的安全警示标志和安全色;消防设施、重要防火部位均设有明显的消防安全标志,并应符合消防安全标准的相关规定	各班组责任区内每发现1处不符合规定的,扣2分;未告知危险种类、后果及应急措施的,每处扣2分			
45		20	在检维修、施工、吊装等作业现场设置警戒区域,应有明显的标志和防护措施	不符合要求的,每处扣2分			
46		30	严格执行检维修作业行为准则	未学习培训的(无培训签到表、讲义、试卷、培训结果),不得分;每缺少1人培训的,扣2分;培训后未执行的,每处扣1分			
47	九、隐患排查治理	20	开展安全隐患"随手曝"活动。制定隐患排查工作方案,发动广大员工积极参与隐患排查治理,及时发现并消除隐患,实行隐患排查、记录、监控、治理、销账、报告的闭环管理	未开展隐患排查不得分;未实行隐患排查闭环管理的,不得分;未按公司方案开展的,扣2分			
48		10	采用综合检查、专业检查、季节性检查、节假日检查、日常检查及领导带班检查等方式进行隐患排查工作	班组每日开展1次安全检查,检查缺少1次的,扣1分;缺少检查表的,扣1分;检查表针对性不强的,每个扣1分;检查表无人签字或签字不全的,每次扣1分			
49		10	对排查出的事故隐患,按照事故隐患的等级进行登记,建立事故隐患信息档案,并按照职责分工实施监控治理	各班组无隐患汇总登记台账的,不得分;无隐患评估分级的,不得分;隐患登记档案资料不全的,扣1分;未按照职责分工实施监控治理的,不得分;每月5号前未将班组隐患台账送上级部门的,不得分			
50		10	严格执行上级部门制定的隐患治理方案	隐患治理工作未形成闭路循环的,每项扣1分;抽查作业人员3人,相关作业人员对方案内容不清楚的,每人次扣1分			
51		10	对事故隐患排查治理情况进行如实记录、统计分析,及时向从业人员进行通报	各部门未进行如实记录、统计分析的,不得分;未及时向班组人员进行通报的,不得分			
52		10	按照上级要求,定期报送隐患排查治理情况	班组每月未上报一条隐患信息的,不得分			

序号	考核项目	考评分值	考核内容	考核标准	整改要求	考核得分	备注
53		10	按照危险源辨识的管理制度,全员参与本单位危险源辨识工作	班组未参与该项制度修订的,不得分			
54	九、隐患排查治理	10	按相关规定对本单位的生产设备设施或场所、进入工作场所的所有人员及常规、非常规的活动和状态进行危险源辨识	未进行辨识和评估的,不得分;无清单的,不得分;未按制度规定进行的,每处扣1分;相关人员参与危险源辨识评价工作不全的,扣2分;辨识和评估不充分、准确的,每处扣1分			
55		10	根据风险评价结果及经营运行情况等,确定不可接受的风险,对其进行分级管理,制定并落实相应的控制措施	未对其进行分级管理的,扣2分;未制定并落实相应控制措施的,每项扣1分			
56		10	对员工及相关方宣传和培训生产过程中的职业危害、预防和应急处理措施	班组未参加职业卫生培训的,不得分;未对员工及相关方宣传生产过程中的职业危害、预防和应急处理措施的,不得分;无培训记录的,不得分;培训每缺少1人扣1分;抽查员工及相关方不清楚培训的,每人次扣1分			
57	十、职业卫生管理	10	对存在或者产生职业病危害的工作场所、作业岗位、设备、设施,应当按照《工作场所职业病危害警示标识》的规定要求,在醒目位置设置警示标识和警示说明;存在或产生高毒物品的作业岗位,应当按照《高毒物品作业岗位职业病危害告知规范》的规定要求,在醒目位置设置高毒物品告知卡,告知卡应当载明高毒物品的名称、理化特性、健康危害、防护措施及应急处理等告知内容与警示标识	对存在或者产生职业病危害的工作场所、作业岗位、设备、设施的班组未设置标志的,不得分;缺少标志的,每处扣1分;标志内容(含职业危害的种类、后果、预防以及应急救治措施等)不全的,每处扣1分			
58		10	按照上级要求,参与安全生产应急管理工作	未按照上级要求,参与安全生产应急管理工作的,不得分			
59	十一、应急管理	10	按照上级要求,参与专兼职应急救援队伍和人员训练	应急救援人员未按计划训练的,不得分;训练科目不全的,每项扣1分;救援人员不清楚职能或不熟悉救援装备使用的,每人次扣1分			
60		20	根据上级要求,参与生产安全事故应急演练	各责任班组未按计划进行演练的,不得分;无应急演练方案和记录的,不得分;演练方案简单或缺乏执行性的,扣1分;高层管理人员未参加演练的,每次扣1分			
61	十二、事故管理	10	相关单位按规定及时向上级单位和有关政府部门报告事故,并保护事故现场及有关证据	未及时报告事故的,不得分;未有效保护现场及有关证据的,不得分;报告的事故信息内容和形式与规定不相符的,扣1分			

序号	考核项目	考评分值	考核内容	考核标准	整改要求	考核得分	备注
62	十二、事故管理	20	根据上级要求,落实事故处理"四不放过"原则	缺少班组学习事故的,扣5分;缺少1项措施未整改验证到位、班组相关管理未纳入考核等情况的,每项扣5分;未开展"举一反三"的安全检查整改与验证的,扣5分;有1项未整改到位的,扣2分			
63		20	注重肇因防堵,事故管理向"吓一跳"险肇事故延伸,将险肇事故按照事故模式进行管理,杜绝事故发生	未开展险肇事故管理的,不得分;险肇事故未按"四不放过"原则处理的,不得分;相关记录、档案不符合事故管理要求的,每项扣2分			
64		20	对本单位的事故及其他单位的有关事故进行回顾、学习	未进行回顾的,不得分;有关人员对原因和防范措施不清楚的,每人次扣1分			
65	十三、贯彻落实管理	10	对股份公司下发的相关安全管理制度学习、转化、执行与检查验证	未组织学习的,每次扣2分;未按制度要求定期组织开展与检查验证的,每次扣5分			
66		10	对股份公司下发的相关安全管理通知学习、执行与检查验证	未组织学习的,每次扣2分;未按通知要求组织开展与检查验证的,每次扣5分			
67		10	对股份公司下发的相关安全管理通报学习、执行与检查验证	未组织学习的,每次扣2分;未按通报要求组织开展与检查验证的,每次扣5分			
68		10	集团、股份公司安委会布置的工作和专业部室布置的专业安全工作应贯彻落实执行到位	集团、股份公司安委会布置工作未传达学习和贯彻落实执行到位的,每项扣5分;专业部室布置的专业安全工作未按要求执行到位的,每项扣5分			
69	十四、其他	10	安全检查评价存在问题按整改计划要求及时组织落实与整改	未按要求整改完成或整改不到位的,每项扣2分			
合计		1000					
1	十五、奖惩管理	/	生产安全事故管理扣分标准,事故伤亡程度扣分按生产安全事故统计,迟报、瞒报按所有事故上报情况统计。生产安全事故是指在生产经营单位生产经营活动(包括与生产经营有关的辅助活动,如食堂作业活动)中突然发生的,伤害人身安全和健康,或者损坏设备设施,或者造成经济损失的意外事件(非生产安全事故包括上下班途中、食堂吃饭途中、中午休息途中、浴室洗澡或途中、到宿舍途中、参加文体等活动中受伤)。重大交通事故是指一次造成死亡1至2人,或者重伤3人以上10人以下,或者财产损失3万元以上不足6万元的交通事故	发生工亡责任事故的,每起扣500分;发生重伤事故,每起扣200分;发生轻伤事故,每起扣100分;相关方人员在厂区生产作业过程中发生工亡责任事故的,每起扣200分;单位车辆或厂区内发生交通责任事故致人受伤的,本单位负事故全部或者主要责任的,每起扣200分。员工私家车在厂区内发生主要责任交通事故致使他人受到伤害的,每起扣100分;厂区围墙内的交通事故、摔滑倒等非生产安全事故(除文体活动、健康原因造成的事故外)减半考核。二级部门发生生产安全事故迟报在4小时以上、24小时以内每起扣5分;24小时以上、3天以内扣10分;超过3天扣500分;事故受伤人员损失工作日达到105天的需进行重伤认定,超过10天上报认定情况的按事故迟报考核,未上报重伤认定情况的扣100分;生产安全事故隐瞒不报(不是本单位相关管理人员主动上报的),扣500分			

序号	考核项目	考评分值	考核内容	考核标准	整改要求	考核得分	备注
2	十五、奖惩管理	/	新增职业病病例扣分标准	新增职业病病例的,每增 1 例扣 500 分			
3		/	安全生产标准化达标管理奖惩标准	生产厂区通过一级安标复审的,各部门加 30 分			
4		/	按照国家《安全生产法》规定,配备注册安全工程师	各二级部门鼓励员工通过注安考试并取得资格证书的,加 20 分;矿山分厂未鼓励员工考试的,扣 20 分;四科考试通过并取得资格证书的,加 20 分			
5		10	参加政府、集团、股份公司、子公司组织的安全专项活动	部门员工代表个人或公司参加政府、集团、股份公司组织的安全专项活动取得前三名的,部门加 10 分			
6		50	安全生产工作取得成效,获得政府"先进单位""示范单位"等表彰	部门获得:市级主管部门表彰的,加 20 分;省级(或直辖市)主管部门表彰的,加 30 分;国家级主管部门表彰的,加 50 分。个人获得:市级主管部门表彰的,加 5 分;省级(或直辖市)主管部门表彰的,加 10 分;国家级主管部门表彰的,加 20 分(本年度内的表彰,并不重复奖励)			
7		50	公司分解到部门的目标	每项未完成扣 10 分			
8	十六、否决项	/	重伤责任事故为"0",事故瞒报为"0",新增职业病为"0",公司安全生产标准化达标	未完成其中任何一项,扣 300 分			

被检查部门:

检查组:

附件七 水泥企业(员工级)安全生产职业健康目标责任书

岗位员工安全生产职业健康目标责任书

为有效完成分厂、工段本年度安全生产目标,层层落实安全生产责任制和责任追究制度,有效控制和减少各类事故发生,避免公司财产损失,确保员工人身安全,特制定员工安全生产职业健康目标责任书。

一、目的

贯彻国家"安全第一、预防为主、综合治理"的方针,真正把安全生产记在心上、抓在手上、落实在行动上。强化各级安全生产责任意识,督促其认真履行安全生产工作职责,实现公司安全生产状况持续稳定好转。

二、班组安全管理目标

1. 轻伤及以上人身伤害事故为"0";

2. 清料灼烫事故为"0";

3. 火灾、爆炸事故为"0";

4. 新增职业病病例为"0"；

5. 交通事故(本人原因造成的)为"0"；

6. 危险化学品泄漏、中毒事故为"0"；

7. 相关方厂区内工亡事故为"0"；

8. 相关方安全技术交底、安全告知率达100%；

9. 班组员工安全培训合格率达100%，新进人员三级安全教育，岗前班组级培训时间不得少于8学时，每年接受再培训时间不得少于20学时，明确师徒协议期限不少于6个月；转岗、复岗人员离岗3个月以上重新上岗需二级安全教育，岗前班组培训时间不得少于12学时，职业健康每年接受再培训时间不得少于4学时；

10. 班组每班进行安全检查，对存在隐患及时整改和上报，隐患处理率达100%；

11. 每月组织开展班组安全活动不少于4次；

12. 班组区域内特种设备维护合格率达100%；

13. 参加特种作业人员培训取证、复审，持证率达100%；

14. 职业危害因素告知率达100%，对从事接触职业病危害的作业人员的体检率达100%；

15. 组织班组员工参加注册安全工程师考试；

16. 涉及危险作业区域(氨水泄漏事故、煤磨火灾爆炸等)应急演练开展率达100%；

17. 每年组织班组员工参与对《安全生产责任制》《安全操作规程》《四不伤害防护卡》等制度的修订；

18. 班组员工岗位达标率达100%；

19. 规范办理检维修作业票；

20. 未遂事故(未发生健康损害、人身伤亡、重大财产损失与环境破坏的事故)上报数量≥3起；

21. 全年消防安全设施存在问题整改率达100%；

22. 每月危险源检查率达100%；

23. "三违"自查考核不少于1起/季度；

24. 班组隐患"随手曝"上报数量不得少于班组总人数2倍/季度。

三、岗位员工安全生产目标与指标

1. 发生轻伤及以上人身伤害事故为"0"；

2. 发生火灾、爆炸事故为"0"；

3. 新增职业病病例为"0"；

4. 发生交通事故(本人原因造成的)为"0"；

5. 发生中毒事故为"0"；

6. 当班期间重大设备事故为"0"；

7. "三违"行为发生次数为"0"；

8. 每年接受再培训时间不得少于20学时；转岗、复岗人员离岗3个月以上重新上岗需二级安全教育，岗前班组培训时间不得少于12学时，职业健康每年接受再培训时间不得少于4学时；

9. 每班进行安全检查，对存在隐患及时整改和上报，隐患处理率达100%；

10. 每月参加班组安全活动不少于4次；

11. 参加特种作业人员培训取证、复审，持证率达100%；

12. 积极参加注册安全工程师考试；

13. 参加上级组织的应急演练率达100%；

14. 每年参与对《安全生产责任制》《安全操作规程》《四不伤害防护卡》等制度的修订;

15. 通过岗位达标考评;

16. 作业规范办理检维修作业票;

17. 事故、未遂事故上报率达100%;

18. 岗位消防设施完好率达100%;

19. 每月危险源检查率达100%;

20. 参与隐患"随手曝"活动。

四、安全生产目标保障措施

1. 认真学习和遵守各项规章制度,不违反劳动纪律,不违章作业。

2. 按时参加班组安全活动、班前会、班组安全会,对本人的安全生产负直接责任。

3. 认真工作,严格执行作业流程,做好各项记录,交接班必须交接安全生产情况。

4. 正确分析、判断和处理各种事故苗头,把事故消灭在萌芽状态。如发生事故,要果断正确处理,及时如实地向上级报告,并保护现场,做好详细记录。

5. 严格履行安全生产责任制,按时认真进行巡检、检查,发现异常情况及时处理和报告。

6. 正确操作、精心维护设备,保持作业环境整洁,做好文明生产、清洁化生产。

7. 上岗必须按规定穿戴劳保用品,妥善保管,正确使用各种防护器具和灭火器材。

8. 积极参加各种安全活动、岗位技术练兵和事故演练。

9. 拒绝一切违章作业的指令和作业,对身边发生的"三违"行为进行劝告和检举,遵守"四不伤害"。

10. 持续开展安全标准化示范企业创建工作。

11. 积极参与隐患排查和治理,消除事故隐患,对不能整改的隐患统计汇报上级。

12. 积极接受安全、职业卫生等各类安全教育培训,提高自身安全技能。

13. 提高职业卫生意识,生产现场正确佩戴合格的防护用品,避免发生职业病。

14. 不随意损坏或拆除安全防护设施,因检修拆除的防护设施及时恢复。

15. 主动接受特种作业岗位培训考核,未考核合格并取得相关证件不得上岗。

16. 上下班途中不违反交通规则,谨慎驾驶交通工具,不发生交通事故。

五、责任考核与处理

按照《关于下发〈××××年度安全生产职业健康目标管理实施计划及考核奖惩办法〉的通知》和《礼泉海螺安全生产责任追究制度》进行考核,完成目标责任,每月进行考评,季度进行考核兑现。

六、附则

1. 本责任书一式两份,由本人签字填写,作为季度安全奖考核依据。

2. 本责任书考核期限自_____年1月1日起至_____年12月31日止。

3. 各类事故、违章、违纪认定以公司、生产处、部门发文为准。

4. 轻伤事故是指提交事故报告单,办公室上报工伤鉴定者。

班组长　　　　　　　　　　　　　责任人

签字:　　　　　　　　　　　　　　签字:

　　　　年　　月　　日　　　　　　　　　年　　月　　日

参考文献

《全国安全生产标准化培训教材》编委会,2011.水泥企业安全生产标准化评定标准//企业安全生产标准化评定标准汇编(建材)[M].北京:气象出版社:114-157.

陈宝智,吴敏,2008.事故致因理论与安全理念[J].中国安全生产科学技术,4(1):42-46.

何伟明,2013.水泥制造企业粉尘危害及防尘措施分析[J].建筑安全,28(1):70-76.

李升友,2016.安全系统思想及其理论核心研究[J].中国安全科学学报(1):28-33.

廖可兵,虞和泳,李升友,2004.安全科学学科的确立与安全系统学派的形成[J].安全与环境工程,11(3):71-74.

刘言刚,2012.工贸企业安全生产标准化建设指南[M].北京:气象出版社.

吕淑然,刘春锋,王树琦,2010.安全生产事故预防控制与案例评析[M].北京:化学工业出版社.

孟超,2010.职业卫生监督与管理[M].北京:中国劳动社会保障出版社.

宁津红,2012.水泥粉尘对职工健康的影响[J].中国城乡企业卫生(1):11-12.

王超洋,秦文华,2013.新型干法水泥生产线职业危害特点及防治对策[J].河南科学,31(5):657-660.

王先华,2000.安全控制论原理和应用[J].工业安全与防尘(1):28-31.

王志,2012.职业卫生概论[M].北京:国防工业出版社.

夏建波,邱阳,2011.露天矿开采技术[M].北京:冶金工业出版社.

邢娟娟,2013.用人单位职业卫生管理与危害防治技术[M].北京:中国工人出版社.

张绍志,2012.露天矿山开采工艺与安全技术[Z].沈阳:东北大学.

中国安全生产协会注册安全工程师工作委员会,2011.全国注册安全工程师执业资格考试辅导教材——安全生产法及相关法律知识[M].北京:中国大百科全书出版社.

中国安全生产协会注册安全工程师工作委员会,2011.全国注册安全工程师执业资格考试辅导教材——安全生产管理知识[M].北京:中国大百科全书出版社.

中国安全生产协会注册安全工程师工作委员会,2011.全国注册安全工程师执业资格考试辅导教材——安全生产技术[M].北京:中国大百科全书出版社.

中华人民共和国工业和信息化部,2015.水泥企业安全生产管理规范:JC/T 2301—2015[S].北京:中国建材工业出版社.